高等职业院校课程思政探索与实践系列教材

工程力学

GONGCHENG LIXUE

主　编◎王　姗　叶　勇　宋丽莉

重庆大学出版社

内容提要

本书是为高职高专机械、近机械类专业编写的教材，注重力学的基本概念、基本原理、基本方法的理解和掌握，注重理论在工程实践中的应用，有利于培养学生分析问题、解决问题的能力。全书共分为两篇 8 个项目单元。第一篇静力学包括静力学的基本概念、平面力系、空间力系；第二篇材料力学包括轴向拉伸与压缩、剪切与挤压、圆轴的扭转、直梁的弯曲、组合变形与压杆稳定。

本书可作为高职高专院校、成人高校及本科院校下设的二级职业技术学院近机械类专业力学课程的教材，也可作为相关的工程技术人员的参考用书。

图书在版编目(CIP)数据

工程力学 / 王姗，叶勇，宋丽莉主编. -- 重庆 ：
重庆大学出版社，2023.1
高职高专机械类专业系列教材
ISBN 978-7-5689-2295-1

Ⅰ.①工… Ⅱ.①王… ②叶… ③宋… Ⅲ.①工程力学—高等职业教育—教材 Ⅳ.①TB12

中国版本图书馆 CIP 数据核字(2020)第 177248 号

工程力学

主 编 王 姗 叶 勇 宋丽莉
副主编 王俊峰 甘守武 李 然 谭 兵
特约编辑：秦旖旎
责任编辑：荀荟羽 版式设计：荀荟羽
责任校对：关德强 责任印制：张 策

*

重庆大学出版社出版发行
出版人：饶帮华
社址：重庆市沙坪坝区大学城西路 21 号
邮编：401331
电话：(023) 88617190 88617185(中小学)
传真：(023) 88617186 88617166
网址：http://www.cqup.com.cn
邮箱：fxk@cqup.com.cn (营销中心)
全国新华书店经销
重庆升光电力印务有限公司印刷

*

开本：787mm×1092mm 1/16 印张：17.75 字数：445千
2023 年 1 月第 1 版 2023年 1 月第 1 次印刷
印数：1—1 000
ISBN 978-7-5689-2295-1 定价：54.00 元

前 言

《工程力学》是机械、近机械类专业的一门重要技术基础课,课程地位上,它具有承上启下的桥梁作用。承上,与高中物理、大学数学等基础课程紧密相连,启下,又为专业设计、专业工艺等课程提供必要的理论基础,也为工程实践提供了一定的技术支持与方法指导。

《工程力学》一书为新形态教材,教材中共设置了8个项目20个任务,每个任务从工程设计师岗位出发,以企业实际工作过程为引线,以受力分析、结构设计、材料选型等技能为向导,着眼于培养工程设计与应用的复合型人才。根据教学实际需求配置了课程相关微课视频、动画、在线模拟实验、虚拟仿真实训等数字化教学资源和二维码,数字化教学资源全部上传到出版社教材及资源平台,方便教师和学生更好地使用教材内容,教师和学生可以通过扫码教材封底二维码或者登录重庆大学出版社教材平台,使用手机、计算机等移动终端,进行资源的在线观看、浏览,教师可以在线备课,学生可根据实践需求进行线上和线下学习。同时本教材对接“1+X”职业资格等级证书要求,做到书证融通、课证融通,满足“四新”内容要求,符合职教教学规律,符合学生学习习惯,为活页式教材的开发提供有力支撑。

本书由王姗、叶勇、宋丽莉任主编,王俊峰、甘守武、李然、谭兵任副主编。作者团队由在校教师和企业工程师共同组成,具体编写分工如下:书中项目1、2、3、4、5由王姗编写,项目6、8由叶勇编写,项目7由谭兵编写,案例优化及习题由宋丽莉和王俊峰负责,校企合作案例由甘守武提供,工程实践案例由企业工程师李然、全国技术能手谭兵提供。全书由王姗统稿、定稿。

由于编者水平有限,时间仓促,书中错误和不妥之处在所难免,恳请广大读者批评指正。

编 者

2022年1月

本书微课视频清单

序号	名称	二维码图形	序号	名称	二维码图形
1	静力学基本概念		7	力对轴之矩	
2	三力汇交平衡公理		8	榫卯结构	
3	柔性约束		9	达瓦孜	
4	中间铰		10	歼 20	
5	活动铰约束		11	桑枣中学校长	
6	平面向一点简化		12	DIY 剪纸	

目　录

项目 1

静力学的基本概念

【工作任务】

任务 1.1　静力学基本概念

任务 1.2　力矩与力偶

任务 1.3　约束与受力分析

任务 1.1　静力学基本概念

[**任务描述**]充分认识静力学的基础知识

[**任务目标**]

目标类型	目标要求
知识目标	①了解静力学学科任务和研究主体； ②掌握力的基础概念与表示方法； ③掌握分力与投影的区别； ④掌握静力学基本公理(5 个公理+2 个推论)。
技能目标	①具备熟练写出力的矢量表达式的能力； ②具备理论联系实际,熟练分析并运用静力学基本公理的能力。
素质目标	①培养学生善于观察生活和勤于归纳总结的素养； ②培养学生树立正确的价值观、人生观； ③贯彻习近平新时代中国特色社会主义思想之奋斗幸福观。

[**关键词**]力、力系、分力、投影、矢量式、刚体、平衡、作用效应

[**知识前哨站**]

①高中数学:解析几何、平面向量等知识；

②高中物理:力的相关知识,牛顿第一、第三定律等。

案例引入

“像极了爱情”

2019年初，一句网络流行语“……像极了爱情”在抖音、快手及各大贴吧平台上迅速流行。究其缘由，想必是广大网友觉得，爱情，是如此的感性多变、缥缈美好，是可以作为一切形容词的合集吧。古往今来的许多文人墨客也喜欢歌颂爱情，创作出许多脍炙人口的佳句和故事。

金风玉露一相逢，便胜却人间无数。

——〔北宋〕秦观《鹊桥仙·纤云弄巧》

蒹葭苍苍，白露为霜。所谓伊人，在水一方。

——《诗经·秦风·蒹葭》

爱情作为人类社会发展中不可或缺的一种美好情感，难以准确形容，却胜过千言万语。所以，每每遇到那些有趣的、感性的、复杂的事，网友们就喜欢用“……像极了爱情”来评论，如图1-1所示。

可爱情是不是真的那么难以描述呢？不妨试着用《工程力学》中的一些基础概念，来聊一聊“什么是爱情”？作为当代大学生，我们又该树立怎样的爱情观呢？

(a)七夕·牛郎织女鹊桥相会　　(b)校园爱情

图1-1　像极了爱情

专业知识

1.1.1　静力学

1)学科任务：平衡与简化

本篇所要学习的静力学，是研究物体平衡规律的科学，通过受力分析研究物体在静力作用下的简化和平衡两大类问题。

所谓**平衡**，在生活中常被用于描述一种稳定的状态，如生态平衡、化学平衡、平衡木等；而在工程上的平衡，则是指物体相对于惯性参照地球保持静止或作匀速直线运动状态，是物体机械运动的一种特殊形式，如图 1-2 所示。一般来说，作用在物体的力不止一个，把作用在物体上的一组力称为**力系**。如果力系可使物体处于平衡状态，则称该力系为**平衡力系**。

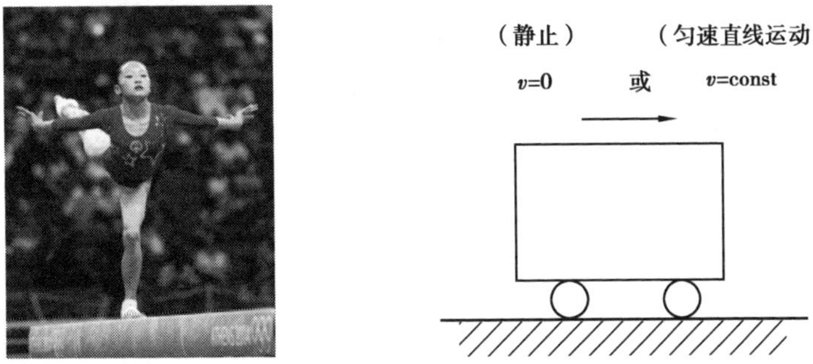

(a)生活中的平衡　　(b)力学中的平衡

图 1-2　力的平衡

所谓**简化**，就是用简单的力系等效替代复杂的力系。如图 1-3 所示，如果作用在物体上的一个力系 A 产生的作用效应与另一个力系 B 产生的作用效应相同，则称 AB 互为**等效力系**；而如果一力 $\boldsymbol{F}$ 与一力系 A 等效，则称此力 F 为该力系 A 的**合力**。

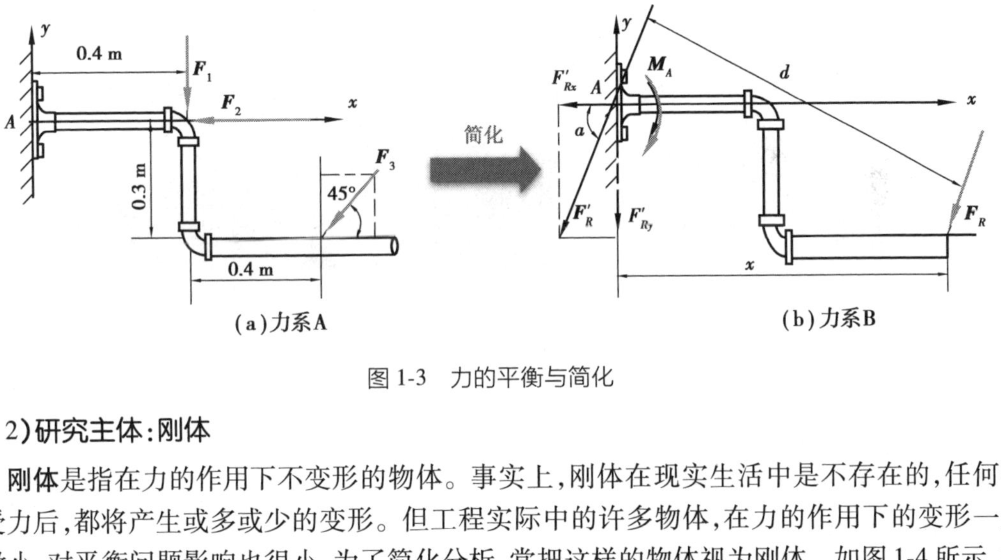

(a)力系A　　(b)力系B

图 1-3　力的平衡与简化

2)研究主体:刚体

刚体是指在力的作用下不变形的物体。事实上，刚体在现实生活中是不存在的，任何物体受力后，都将产生或多或少的变形。但工程实际中的许多物体，在力的作用下的变形一般很微小，对平衡问题影响也很小，为了简化分析，常把这样的物体视为刚体。如图 1-4 所示，在实际工况下，地铁经过时，会使桥墩承重，从而产生变形，但这个变形非常微小，对桥墩的平衡问题分析不起主要作用，因此可以略去不计，故将桥墩近似视为刚体。

这种抓住主要因素，忽略次要因素的方法，就是科学抽象法，会运用在后续很多学习中。所以，刚体实质上是一种理想化的力学模型，是静力学的主要研究对象。

图 1-4　重庆 · 轻轨三号线（摄影：唐安冰）

1.1.2　力的概念

1)定义、作用方式

在中学物理中,同学们都曾学过力这一物理量,**力是物体之间的相互机械作用**。这个概念是人们在长期的生产劳动和生活实践中,通过归纳、概括和科学抽象而建立的。这种相互作用,可通过两种作用方式产生:直接接触和非直接接触(如重力场、磁力场等),如图 1-5 所示。

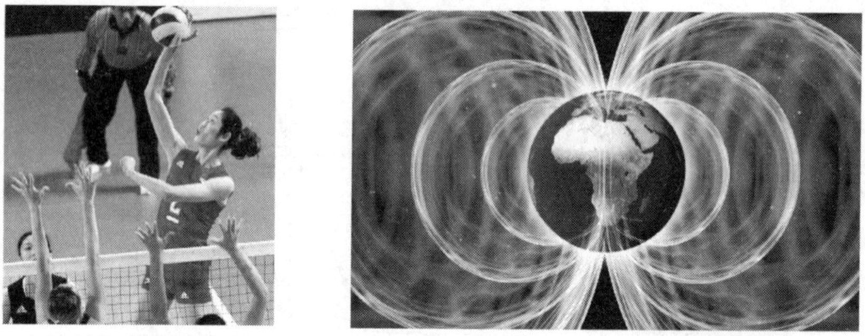

(a)直接接触　　(b)非直接接触（场的作用）

图 1-5　力的作用方式

2)作用效应

力对物体作用时会产生两种作用效应:一种是引起物体机械运动状态变化的效应,称为**外效应**或**运动效应**,系理论力学的研究内容;另一种是使物体产生变形的效应,称为**内效应**或**变形效应**,属材料力学的研究范畴。

如图 1-6 所示,若研究车、船、行人等物体的运动规律,就是研究外效应,而研究钢索的拉伸、桥墩的受压变形,这些就属于内效应。

3)力的三要素

实验表明,力对物体的作用效应取决于以下三要素:

(1)力的**大小**:是物体相互作用的强弱程度。在国际单位制中,力的单位是牛(N)或千牛(kN),$1\ \text{kN}=10^3\ \text{N}$。

(2)力的**方向**:包含力的方位和指向两方面的含义。如重力的方向是“竖直向下”,“竖

图 1-6　力的作用效应

直”是力作用线的方位,“向下”是力的指向。

(3)力的**作用位置**:指物体上承受力的部位。有些力的作用位置可近似看为一个点(**作用点**),这样的力称为**集中力**,如图 1-7(a)所示;有些力的作用位置则较为分散,均匀作用在一条线(**作用线**)、一个面(**作用面**)或一体积(**作用体**)上,无法简化集中,称为**分布力**,如图 1-7(b)所示。

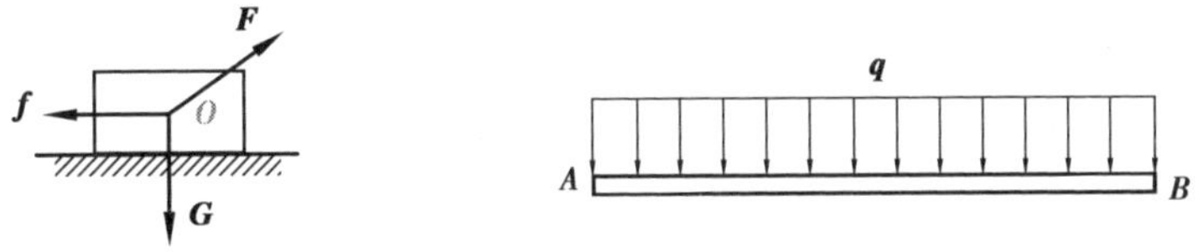

(a)集中力(作用点)　　(b)分布力(作用线/面)

图 1-7　力的作用位置

为便于表示分布力的大小,常引入**载荷集度 q** 的概念,指的是载荷分布的集中程度,包括线载荷集度和面载荷集度。分布力的大小就取决于载荷集度 q 与作用面积 S。图 1-7(b)中所示作用力的大小为 $\boldsymbol{F}=\boldsymbol{q}l$,即线载荷集度 q 与作用长度 l 的乘积。

综上所述,如果改变力的三要素中的任一要素,也就改变了力对物体的作用效应。

> **➢ 高能提醒**
>
> 高中所学力的三要素为大小、方向、作用点,故高中所学力均为集中力;
>
> 本书所学力的三要素为大小、方向、作用位置(点/线/面),既有集中力,又有分布力,是在高中力的基础上的拓展,解题时要注意具体问题具体分析。

4)力的表示方法——几何法、解析式法、矢量式法

力的表示法的实质,是通过不同的表示方法,去诠释力的三要素,即大小、方向、作用点。

(1)几何法:通过绘制一条有向线段来表示力,线段长度表示力的大小,线段指向表示力的方向,线段的起点或终点就是力的作用点,如图 1-8(a)所示。

(2)解析式法:用三角函数解析式来表示力,如式(1-1)所示。

$$\left.\begin{aligned} \boldsymbol{F} &= \sqrt{F_x^2 + F_y^2} \\ \tan\alpha &= \left|\frac{F_y}{F_x}\right| \end{aligned}\right\} \tag{1-1}$$

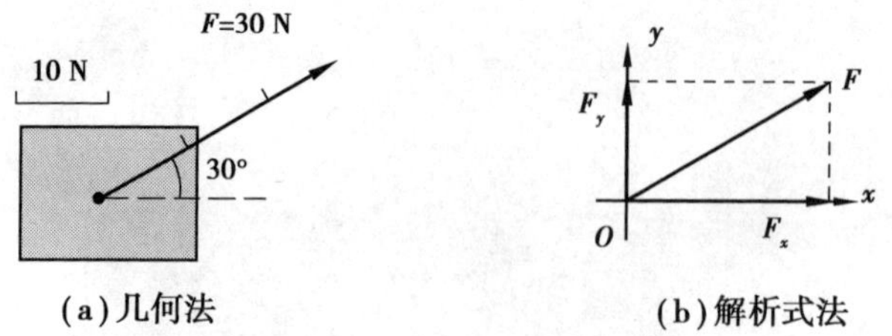

图 1-8　力的表示方法

上式就称为力 $\boldsymbol{F}$ 的**解析式**。其中，F_x，F_y 为力 $\boldsymbol{F}$ 的投影，α 为力 $\boldsymbol{F}$ 与 x 轴夹角。力的投影是代数量，它的正负号与坐标轴的指向有关。

(3)矢量式法：用矢量表达式来表示力，如式(1-2)所示。

$$\boldsymbol{F} = \boldsymbol{F}_x + \boldsymbol{F}_y = F_x\boldsymbol{i} + F_y\boldsymbol{j} \tag{1-2}$$

上式称为力 $\boldsymbol{F}$ 在平面直角坐标系 Oxy 中的矢量表达式。式中，$\boldsymbol{F}_x$ 和 $\boldsymbol{F}_y$ 分别表示力 $\boldsymbol{F}$ 沿 x，y 轴方向的两个分力；F_x 和 F_y 分别表示力 $\boldsymbol{F}$ 在 x，y 轴上的投影；$\boldsymbol{i}$，$\boldsymbol{j}$ 分别为 x，y 轴上的单位矢量。

> **➢ 深思妙想**
>
> 试着写一写空间直角坐标系 $Oxyz$ 中的力的矢量表达式，思考各元素的含义。

5)分力与投影

无论是求力的解析式还是力的矢量式，都要先求出力的投影。求解方法可结合高中平面几何所学，如图 1-9 所示，具体步骤如下：

(1)**建坐标轴**：设力 $\boldsymbol{F}$ 作用在物体上的 A 点，在力 $\boldsymbol{F}$ 作用线所在平面内，取任意原点 O，建立直角坐标系 Oxy；

(2)**作垂线，得投影**：从力 $\boldsymbol{F}$ 的两端向 x 轴作垂线，得到垂足 a，b，则线段 ab 就称为力 $\boldsymbol{F}$ 在 x 轴上的投影，用 F_x 表示；同理向 y 轴作垂线，得到线段 $a'b'$，即力 $\boldsymbol{F}$ 在 y 轴上的投影，用 F_y 表示。

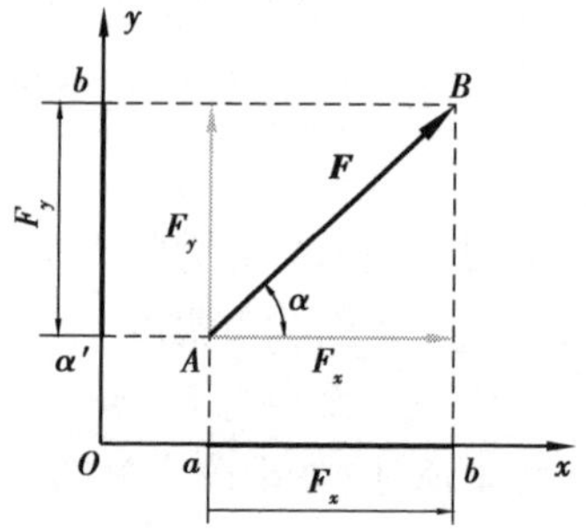

图 1-9　分力与投影

$$\begin{cases} F_x = F\cos\alpha \\ F_y = F\sin\alpha \end{cases} \tag{1-3}$$

F_x，F_y 的符号是与坐标轴的指向有关，一般人为规定，若 ab 的趋向与 x 轴正向一致，则 F_x 取正号“+”；与 x 轴负向一致，则 F_x 取负号“−”。同理可得 F_y 的符号。

(3)**沿轴分解，得分力**：若不作投影，而将力 $\boldsymbol{F}$ 直接正交分解，可得到两条有向线段，这就是力 $\boldsymbol{F}$ 的分力 $\boldsymbol{F}_x$ 和 $\boldsymbol{F}_y$。

可见，在直角坐标系中，正交分力 $\boldsymbol{F}_x$($\boldsymbol{F}_y$)的大小与 F_x(F_y)投影相同，分力的方向由投影的正负号表示。

但分力与投影又具有不同物理含义：

①分力是力，是矢量，是既有大小，又有方向的量，在本书中，用黑体字母 $\boldsymbol{F}$ 表示；

②投影是代数量，仅表示力的大小，其正负号是根据坐标轴方向而人为规定的，用一般字

母 F 表示。

所以,在力的矢量表达式中,更可清晰看出,每个元素的物理意义都是不同的。同学们在书写时,要注意把握区别,如图 1-10 所示。

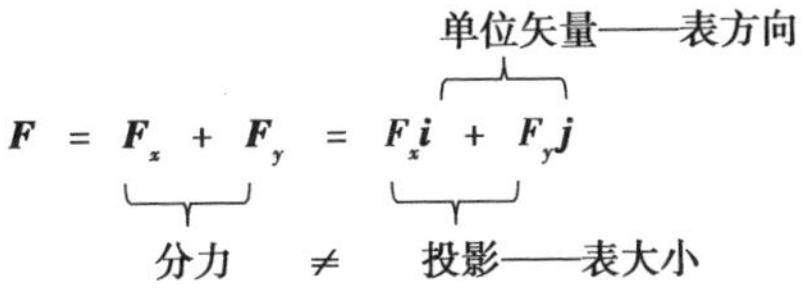

图 1-10　分力与投影

分力与投影

> **深思妙想**
>
> 如图 1-11 所示,在非直角坐标系中,分力的大小与投影还相等吗? 式(1-2)是否还成立?

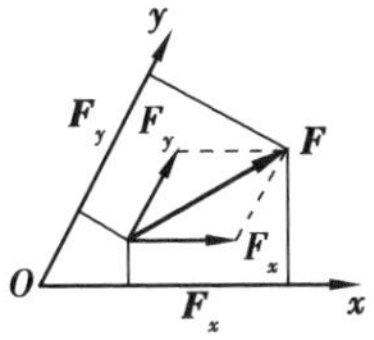

图 1-11　非直角坐标系

显然,当取非直角坐标系时,即在非正交分解的情况下,分力的大小与投影就不再相等。坐标轴如何建立,会直接影响投影的取值,但并不会改变其物理意义,所以力的矢量表达式(1-2)依旧成立。

图 1-11 所示的非直角坐标系,有助于大家进一步理解分力与投影的含义。但在实际工况中,还是以建立直角坐标系为主,以便求解和计算。

例 1.1　已知 $\boldsymbol{F}_1 = 200$ N,$\boldsymbol{F}_2 = 150$ N,$\boldsymbol{F}_3 = 200$ N,$\boldsymbol{F}_4 = 100$ N,各力的方向如图 1-12 所示,试求各力的投影,并写出矢量式。

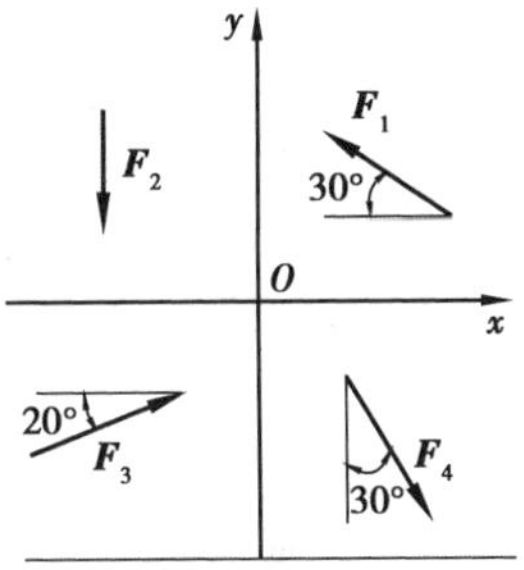

图 1-12　例 1.1 图

解:可先求出投影,再写出矢量式

由图可知 $F_{1x} = -\boldsymbol{F}_1 \cdot \cos 30° = -100\sqrt{3}$ N;

$F_{1y} = \boldsymbol{F}_1 \cdot \sin 30° = 100$ N;

得到 $\boldsymbol{F}_1 = F_{1x}\boldsymbol{i} + F_{1y}\boldsymbol{j} = -100\sqrt{3}\boldsymbol{i} + 100\boldsymbol{j}$(N)

同理可得 $\boldsymbol{F}_2 = F_{2x}\boldsymbol{i} + F_{2y}\boldsymbol{j} = -150\boldsymbol{j}$(N);$\boldsymbol{F}_3 = F_{3x}\boldsymbol{i} + F_{3y}\boldsymbol{j} = 188\boldsymbol{i} + 68\boldsymbol{j}$ (N);

$\boldsymbol{F}_4 = F_{4x}\boldsymbol{i} + F_{4y}\boldsymbol{j} = 50\boldsymbol{i} - 50\sqrt{3}\boldsymbol{j}$ (N)。

6)合力投影定理

可以证明,如图 1-13 所示,合力 $\boldsymbol{F}$ 在任意轴上的投影,等于两分力 $\boldsymbol{F}_1$ 和 $\boldsymbol{F}_2$ 在同一轴上的投影的代数和,即:

$$\begin{cases} F_x = F_{1x} + F_{2x} \\ F_y = F_{1y} + F_{2y} \end{cases} \tag{1-4}$$

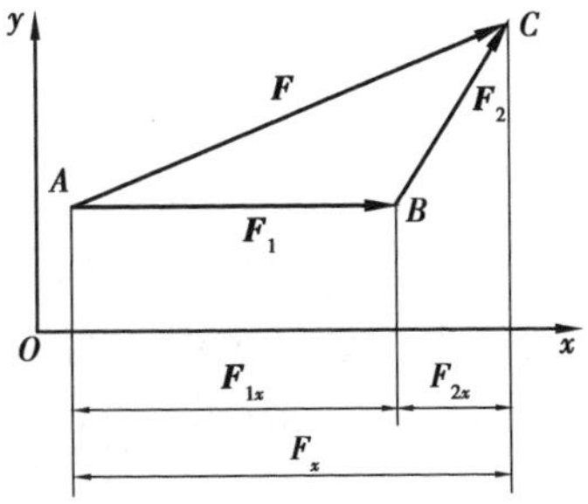

图 1-13　合力投影定理

上述关系可推广到由 n 个力作用的情况。设一刚体受力系 $\boldsymbol{F}_1, \boldsymbol{F}_2, \cdots, \boldsymbol{F}_n$ 作用,力系中各力的作用线共面且汇

交于同一点(称为**平面汇交力系**)。从而得到合力 $\boldsymbol{F}$ 在坐标轴上的投影为

$$\begin{cases} \sum F_x = F_{1x} + F_{2x} + \cdots + F_{nx} = F_x \\ \sum F_y = F_{1y} + F_{2y} + \cdots + F_{ny} = F_y \end{cases} \tag{1-5}$$

上式称为**合力投影定理**,即合力在任一轴上的投影,等于各分力在同一轴上的投影的代数和。

1.1.3 静力学基本公理

所谓公理,就是符合客观现实的真理。静力学的全部理论,都是以静力学公理为依据导出的,是静力学的基础。

公理 1　二力平衡公理

刚体上仅受二力作用而平衡的必要与充分条件是:此二力等值、反向、共线,即$\boldsymbol{F}_1=-\boldsymbol{F}_2$。

这一性质揭示了作用于刚体上的最简单力系平衡时所必须满足的条件,是推证其他力系平衡条件的基础。

工程上常遇到只受两个力作用而平衡的构件,称为**二力构件**。二力构件具有自重不计、形状任意的特点。其中,若其形状是直杆,则称为**二力杆**。

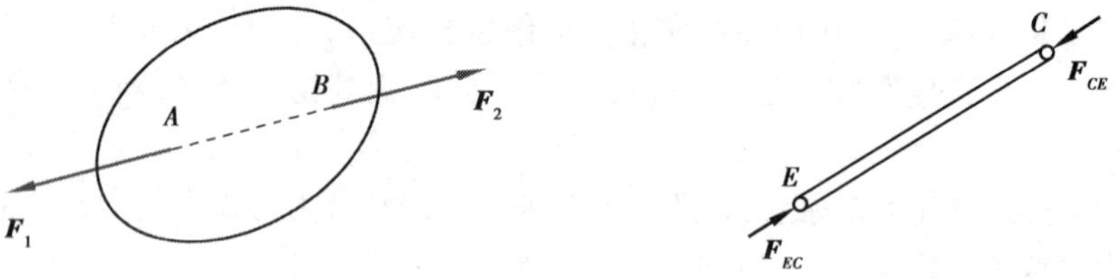

(a)二力构件　　(b)二力杆

图 1-14　二力构件

如图 1-14 所示,根据公理 1,二力构件上 $\boldsymbol{F}_1$,$\boldsymbol{F}_2$ 这两个力连线必在 A,B 两作用点的连线上。

> **深思妙想**
>
> 二力平衡公理适用于非刚体吗? 为什么?
>
> 
>
>
> (a)软绳受拉　　(b)软绳受压
>
> 图 1-15　二力平衡公理的适用性
>
> 提示:以软绳为例(图 1-15),思考其分别承受拉、压时,会发生怎样不同的变形?

公理 2　加减平衡力系公理

对于作用在刚体上的任何一个力系,可以增加或去掉任一平衡力系,而不改变原力系对于刚体的作用效应。

该公理是力系等效代换与简化的理论基础。

推论1　力的可传性原理

刚体上的力可沿其作用线移动到该刚体上任一点而不改变此力对刚体的作用效应。

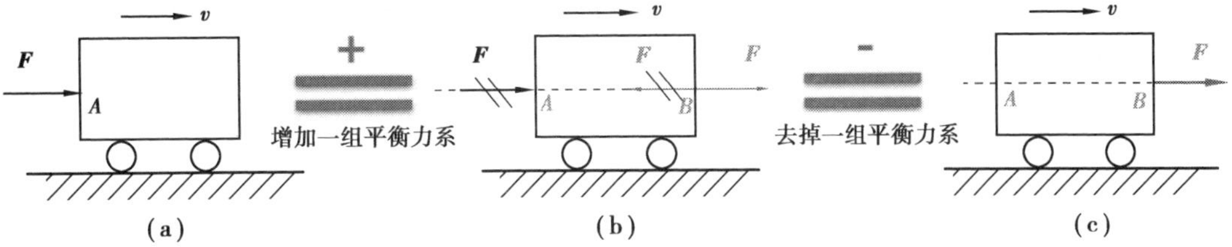

图1-16　力的可传性原理

证明:设有一小车(刚体)正沿桌面做匀速直线运动,上有一力 $\boldsymbol{F}$ 作用于点 A,如图1-16(a)所示。

根据**公理2 加减平衡力系公理**,可在力 $\boldsymbol{F}$ 的作用线上任取一点 B,并在 B 点增加一组平衡力系 $\boldsymbol{F}'$ 与 $\boldsymbol{F}''$,如图1-16(b)所示,并不会改变小车的运动效应,且令 $\boldsymbol{F}'=-\boldsymbol{F}''=\boldsymbol{F}$,使得 $\boldsymbol{F}$ 与 $\boldsymbol{F}''$ 形成了一组新的平衡力系。

则再次应用公理2,去掉 $\boldsymbol{F}$ 与 $\boldsymbol{F}''$ 这组平衡力系,刚体上仅剩 $\boldsymbol{F}'$,小车保持原运动状态不变即保持匀速直线运动,且 $\boldsymbol{F}'=\boldsymbol{F}$。如图1-16(c)所示,相当于力 $\boldsymbol{F}$ 已由点 A 沿作用线移到了点 B,作用效应未发生改变。

故得知　从作用效应而言,推车和拉车是一样的。

由力的可传性原理可以看出,对刚体而言,力是滑移矢量,作用点已不再是决定其效应的要素之一,而是由作用线所取代。因此,作用在刚体上的力的三要素为:力的大小、方向、作用线。

> **➢ 高能提醒**
>
> 力的可传性原理和刚体上力的三要素仅适用于刚体。对于非刚体而言,力在作用线上平移,就意味着力的作用点发生改变,则力对物体作用效应也必然会发生改变。所以,先确定研究对象的类型,才能选用合适的公理。

公理3　力的平行四边形法则

作用于物体上某一点的两个力的合力也作用在该点,且合力的大小和方向,可用这两个力为邻边所做的平行四边形的对角线来确定。

用几何法来表述该公理如图1-17(a)所示:

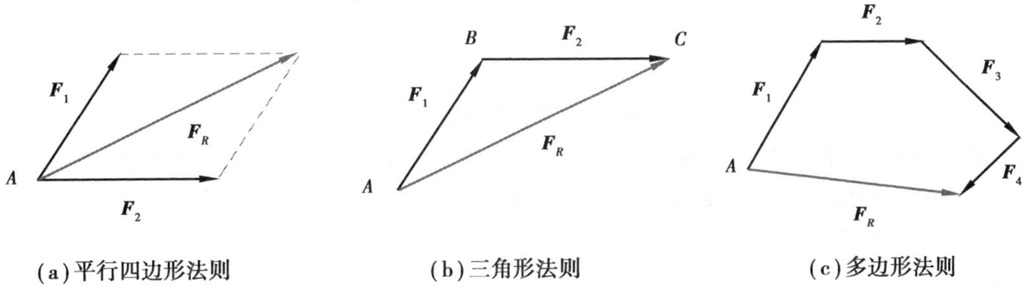

图1-17　力的合成

用矢量式来表述该公理则可写为:

$$\boldsymbol{F}_R = \boldsymbol{F}_1 + \boldsymbol{F}_2 \tag{1-6}$$

即作用于物体上的同一点的两个力的合力等于这两个力的矢量和。力矢量可按平行四边形法则进行合成和分解,揭示了力的矢量运算规则。

> **➢ 百炼成钢**
>
> 试证明平行四边形法则。
>
> 提示:结合力的矢量表达式与合力投影定理。

在求共点的两力合力时,也常使用**力的三角形法则**。如图 1-17(b)所示,$\boldsymbol{F}_1$,$\boldsymbol{F}_2$ 是同时作用于 A 点的两个力,现将 $\boldsymbol{F}_2$ 平移至 B 点,使得 $\boldsymbol{F}_2$ 的起点与 $\boldsymbol{F}_1$ 的终点相连,即首尾相连,则顺次连接起点 A 与终点 C,矢量 $\overrightarrow{AC}$ 就是合力 $\boldsymbol{F}_R$。

$$\overrightarrow{AC} = \boldsymbol{F}_R = \boldsymbol{F}_1 + \boldsymbol{F}_2 \tag{1-7}$$

分力矢与合力矢所构成的三角形称为**力的三角形**,这种求合力的方法称为**力的三角形法则**。

> **➢ 深思妙想**
>
> 1.力的三角形法则与力的四边形法则有什么异同?
>
> 2.当有 $n(n\geqslant 2)$ 个分力时,如何求解?(**多边形法则**)

由此推广到有 n 个分力作用的平面汇交力系,根据公理 3 和式(1-6)可得

$$\boldsymbol{F}_R = \boldsymbol{F}_1 + \boldsymbol{F}_2 + \cdots + \boldsymbol{F}_n = \sum \boldsymbol{F}_i \tag{1-8}$$

可见,平面汇交力系的合力等于力系各分力的矢量和。

推论 2　三力平衡汇交定理

刚体受三个共面但互不平行的力作用而平衡时,三力的作用线必汇交于一点,如图 1-18 所示。

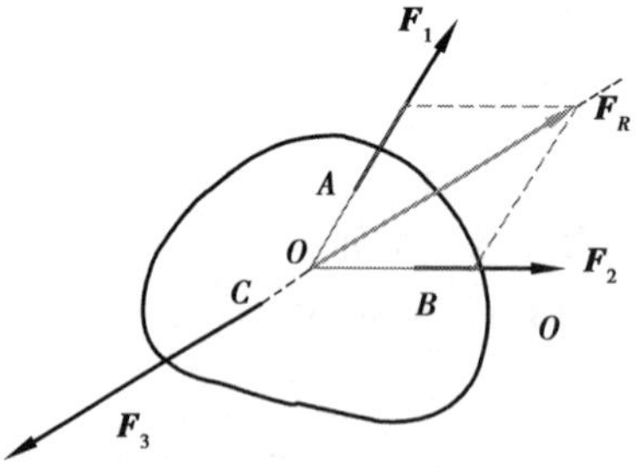

三力汇交
平衡公理

图 1-18　三力平衡汇交定理

证明:设刚体上 A,B,C 点分别受共面不平行的三力 $\boldsymbol{F}_1$,$\boldsymbol{F}_2$,$\boldsymbol{F}_3$ 作用而平衡,

∵ **推论 1 力的可传性原理**,可将 $\boldsymbol{F}_1$,$\boldsymbol{F}_2$ 移至其作用线交点 O 点,

∵ **公理 3 平行四边形法则**,可将 $\boldsymbol{F}_1$,$\boldsymbol{F}_2$ 合成为一合力 $\boldsymbol{F}_R$,则刚体上仅有 $\boldsymbol{F}_3$ 和 $\boldsymbol{F}_R$ 作用而平衡,

∵**公理1二力平衡公理**，知 O，C 两点必共线，即 $\boldsymbol{F}_3$ 与 $\boldsymbol{F}_R$ 必在同一直线上，
由**推论**1可知力是滑移矢量，故 $\boldsymbol{F}_3$ 必通过点 O，
∴ $\boldsymbol{F}_1$，$\boldsymbol{F}_2$，$\boldsymbol{F}_3$ 均通过 O 点，命题得证。

> **➢ 高能提醒**
>
> 虽都有“平衡”二字，但不要混淆三力平衡汇交定理与二力平衡公理。可从联系学习的思路出发，找找其在使用条件和结论判定等方面的异同。
>
> 提示：应用对象？力的数量？充要或必要？共线或相交？

公理4　作用力与反作用力（牛顿第三定律）

两物体间相互作用的力总是成对且同时存在，并且两个力等值、反向、共线，分别作用于两个物体。这两个力互为作用与反作用的关系。

(a)球杆与台球

(b)举重

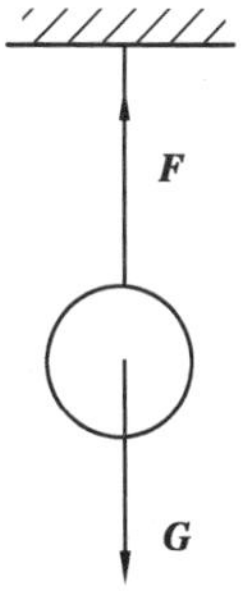

(c)拉力与重力

图1-19　作用力与反作用力

不管是固体还是液体，不管是刚体还是非刚体，也不管物体是静止还是运动，都适用于该公理，它概括了自然界任何两物体间的相互作用关系。

> **➢ 高能提醒**
>
> “平衡”这一概念不适用于作用力与反作用力，公理描述中虽然提及了“等值、反向、共线”，但因为作用力与反作用力是分别作用在两个物体上的，不是同一研究对象，故不能用“平衡”来描述。

公理5　刚化原理

一物体在某一力系作用下处于平衡状态，若将此物体“刚化”，将其视为刚体，则其平衡状态不变。

这里的“物体”是一个广泛的概念，既可以指不变形的物体，如刚体这类理想化物体，也可指变形体，如弹簧、水、空气等；既可以是一个物体，也可以是多个物体构成的物体系，如房屋、桥梁、机车等。“刚化”是指在保持这个物体的几何形状和空间位置不变的前提下，将这个“物体”看成是整个一块刚体，如图1-20所示。

该原理建立了刚体平衡条件与变形体平衡条件之间的关系，提供了刚体模型研究变形体平衡的依据。但需注意，如图1-21所示，一段软绳，在两个大小相等，方向相反的拉力作用下处于平衡，若将软绳视为刚体，则平衡保持不变。反过来，若软绳受到的是两个大小相等，方

(a)重庆·千厮门大桥·悬索　　(b)振华30港机·吊臂钢索

图 1-20　可刚化的物体

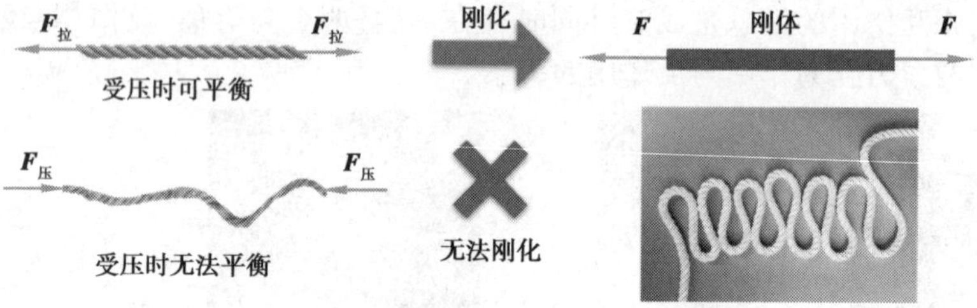

图 1-21　刚化原理

向相反的压力，则不能平衡，就无法视为刚体。可见，刚体的平衡条件对于变形体的平衡只是必要条件而不是充分条件。

课程育人

工科生也懂浪漫——试用牛顿第三定律阐述爱情

作用力与反作用力定律告诉我们爱情的实质是吸引力与被吸引力相互作用的结果。

等值，告诉我们寻找另一半时，要找寻与自己三观（世界观、人生观、价值观）相同或相近的人，这样两个人才能相互吸引聊得来。

反向，告诉我们要理解彼此的差异，相互包容、取长补短。

共线，是说两人要有共同的奋斗目标，一起进步，一起努力，这样的爱情才能长久。

根据公理 4 作用力与反作用力定律，我们知道吸引力与被吸引力总是成对存在的，那就说明这世上既有这样一个你，就也一定会有那样一个 TA，在世界的某个地方等待着你。

如果已经相遇，就请好好珍惜……

如果还未相遇，也请放平心态……

别轻言放弃，也别轻易将就。

这世界太大,你们只是暂时被茫茫人海遮住了彼此相望的视线……
在此之前,请君加油!
不断拼搏!不断努力!让自己站得高一点,再高一点……
登高才能望远,你终将会收获山顶最美的风景……

图 1-22

幸福,需要奋斗,爱情,亦是同理。
加油吧,少年!努力做最好的自己!
你加油努力的样子,就是爱情最纯真的动力与美好!

(a)图书馆自习

(b)校园跑活动

图 1-23　大学生活一角

课后练习

[知识检测]

一、填空题

1. 力是物体间的________作用,这种作用是使物体的________或________发生改变的原因,力是矢量,在图上用一带箭头的________表示,线段的长度(按一定比例)表示力的

________，线段的方位和箭头指向表示力的________，线段的起点或终点表示力的________。

2.在两个力作用下处于平衡的构件称为________，此两力的作用线必过这两力作用点的________。两力平衡中的两个力是作用在________物体上的，作用力与反作用力是分别作用在________物体上的。

3.若一个力对物体的作用效果与一个力系等效，则________为________的合力，________是________的分力。

二、客观题

1.如图 1-24 所示，已将大小为 100 N 的力沿 x, y 方向分解，若 $\boldsymbol{F}$ 在 x 轴上的投影为 86.6 N，而沿 x 轴方向的分力大小为 115.47 N，则 $\boldsymbol{F}$ 沿 y 轴上的投影为(　　)。

A.0　　B.50 N　　C.70.7 N　　D.86.6 N

2.按力的可传性原理，将作用于构件 AC 上的力 F 沿其作用线移至构件 BC 上，如图 1-25 所示，下列说法正确的是(　　)。

A.当以 ACB 整体为研究对象列平衡方程时可用

B.分别以 AC、BC 为研究对象列平衡方程时可用

C.无论研究对象如何，列平衡方程时都无影响

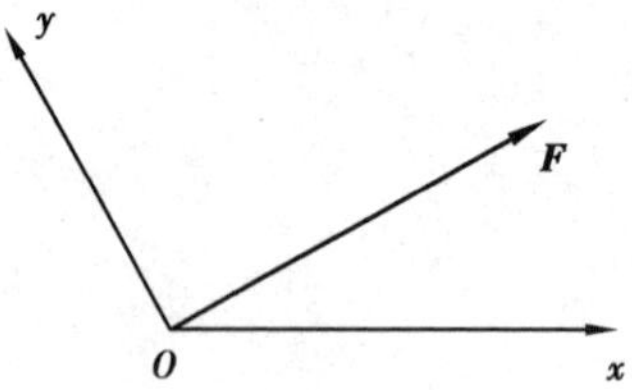

图 1-24　题 1 图

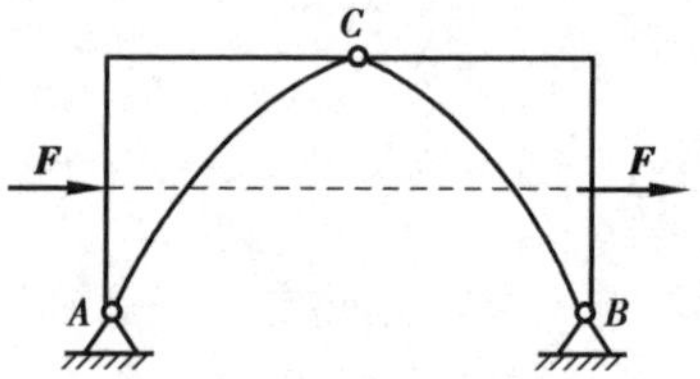

图 1-25　题 2 图

三、主观题

1.说明下列式子的意义和区别。

(1) $\boldsymbol{F}_1=\boldsymbol{F}_2$ 和 $F_1=F_2$；

(2) $\boldsymbol{F}_R=\boldsymbol{F}_1+\boldsymbol{F}_2$ 和 $F_R=F_1+F_2$。

2.试写出图 1-26 中四力的矢量表达式。

已知：$\boldsymbol{F}_1=1\ 000$ N，$\boldsymbol{F}_2=1\ 500$ N，$\boldsymbol{F}_3=3\ 000$ N，$\boldsymbol{F}_4=2\ 000$ N。

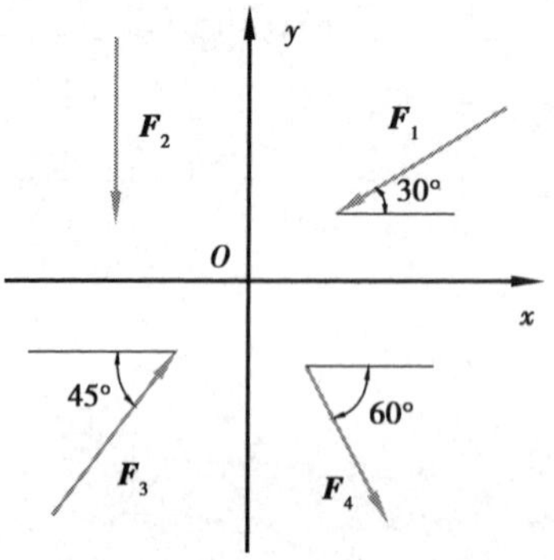

图 1-26　题 2 图

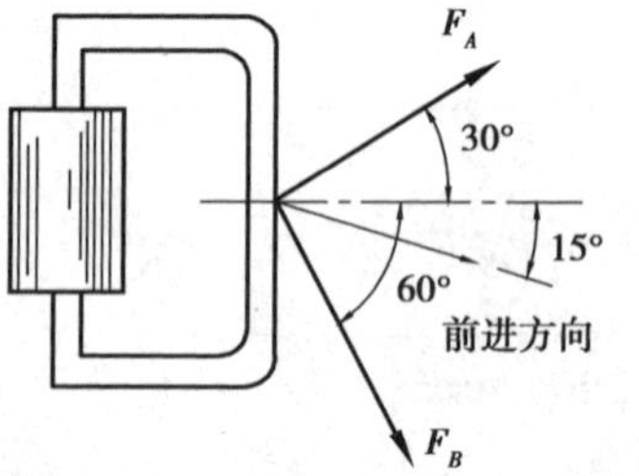

图 1-27　题 3 图

3.A, B 两人拉一压路碾子，如图 1-27 所示，$F_A=400$ N，为使碾子沿图中所示方向前进，B 施加拉力 F_B 应为多大？

[**素质拓展**]

2019年6月29日，兰州大学（简称兰大）校长严纯华做客央视《开讲啦》，其间他分享了自己对“校园爱情”的理解（图1-28）。“爱情用化学术语来解释就是：激发态永远是一个快的、短寿的、高能量的状态，而真正过日子的是基态；激发态让你认识他，而基态会让你爱上他。”转换成工程力学术语就是：“吸引力与被吸引力是瞬发的、短暂的，瞬时力可以产生强烈的相互作用，但想转换成持久力，还需要……”作为当代大学生，你认为下列哪些因素或观点最有助于我们建立起良好、持久的恋爱关系？

《开讲啦》
采访兰大校长严纯华

图1-28　兰大校长谈爱情

□颜值外貌　□家庭背景　□尊重对方　□甜言蜜语　□经济条件
□学会自立　□彼此同化　□责任担当　□自我提升　□忘我投入

任务1.2　力矩与力偶

[**任务描述**]认识两种转动效应力学量——力矩与力偶

[**任务目标**]

目标类型	目标要求
知识目标	（1）熟练掌握力对点之矩的概念与计算； （2）掌握合力矩定理； （3）熟练掌握力偶与力偶矩的概念，熟悉力偶的性质； （4）掌握合力偶定理； （5）掌握力的平移定理及其逆定理。
技能目标	（1）具备合成平面力偶系的能力； （2）具备理论联系实际，解决生活实际问题的能力。
素质目标	（1）培养学生审慎求真的科研学习态度； （2）培养学生遵守交规，安全行车的意识。

[**关键词**]力对点之矩、（力对轴之矩）、力偶、力偶矩、（力偶矩矢）、合力矩、合力偶、（平面力偶系）、力的平移定理及其逆定理

[**知识前哨站**]

（1）高中物理：杠杆原理（杠杆平衡条件）；

(2)静力学基本公理。

案例引入

地表最强“杠精”——阿基米德

图 1-29　阿基米德

古希腊物理学家阿基米德有句经典名言——“给我一个支点，我可以撬动整个地球。”即只要杠杆(力臂)足够长，人力也能产生足以“杠动”地球的力量。连地球都敢杠！我们的阿基米德同志，真可算得上是有史料记载以来的地表最强“杠精”了。

今天，就让我们抱着科学审慎的态度，来看看这股能“杠”动地球的力量，到底是胡搅蛮缠的“杠精”妄言？还是蕴含了某些科学严谨的力学规律呢？

专业知识

1.2.1　力对点之矩

1)从杠杆原理到力矩

我们曾在中学物理中学过杠杆原理，即杠杆平衡条件。作用在杠杆上的两个力(动力和阻力)的大小与其力臂成反比，即动力×动力臂=阻力×阻力臂。

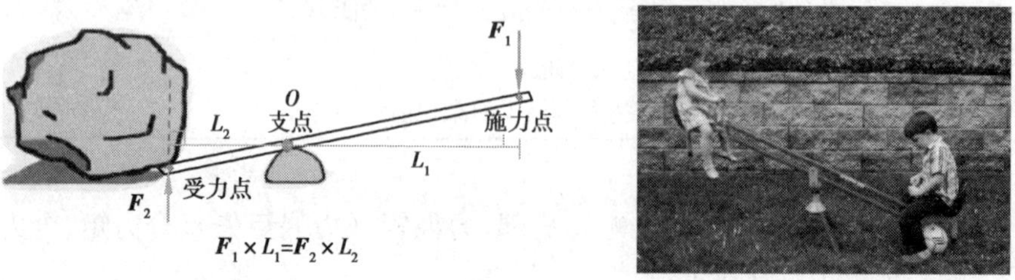

(a)杠杆原理　　(b)跷跷板

图 1-30　杠杆原理及生活实例

其中,动力、动力臂、阻力、阻力臂以及支点,被并称为杠杆“五要素”。杠杆原理的实质,就是力矩平衡。那什么是力矩?又如何实现平衡?我们一一看来。

2)力矩的概念

力对刚体有两种作用效应:平动和转动。即力不仅可以改变刚体的移动状态,而且还能改变刚体的转动状态。力是对移动(平动)效应的度量,而力矩则是对转动效应的度量。

如图1-31所示,用扳手拧螺母时,作用于扳手A点的力$\boldsymbol{F}$可使扳手与螺母一起绕中心O点转动(力$\boldsymbol{F}$作用线与扳手处于同一平面)。所以,平面力$\boldsymbol{F}$使物体绕O点的转动效应就可用$M_O(\boldsymbol{F})$来度量,称为**力$\boldsymbol{F}$对点O之矩**,简称**力矩**。

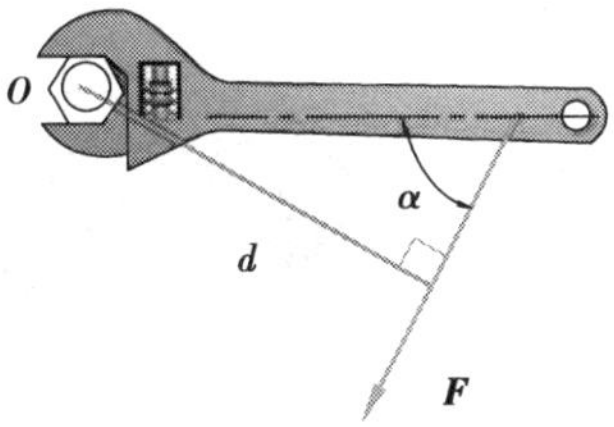

图1-31 力对点之矩

且经验表明,力的这种转动效应,不仅取决于作用力$\boldsymbol{F}$的大小,还与转动中心O到力$\boldsymbol{F}$作用线的垂直距离d有关。当力$\boldsymbol{F}$的大小一定时,d越大,力$\boldsymbol{F}$对螺母转动的效应就越强,拧得就越紧;反之,d越小,转动效应越弱,拧紧程度就越差。

因此,力矩$\boldsymbol{M}_O(\boldsymbol{F})$可表示为

$$\boldsymbol{M}_O(\boldsymbol{F}) = \pm \boldsymbol{F}d \tag{1-9}$$

式中,下标O称为矩心,d称为$\boldsymbol{F}$到O点的力臂,乘积$\boldsymbol{F}d$是力矩的大小,“±”表力矩的转向。

因力矩是代数量,故在平面问题中通常规定:力使物体绕矩心逆时针方向转动时,力矩取正“+”;反之,顺时针方向转动时,力矩取负“-”。

在国际单位制中,力矩的单位是牛·米(N·m)或千牛·米(kN·m)。

也可用几何法来表示力$\boldsymbol{F}$对O点之矩的大小,如图1-32所示,$\boldsymbol{M}_O(\boldsymbol{F})$等于三角形△$OAB$面积的两倍。

$$\boldsymbol{M}_O(\boldsymbol{F}) = \pm \boldsymbol{F}d = \pm 2S_{\triangle OAB} \tag{1-10}$$

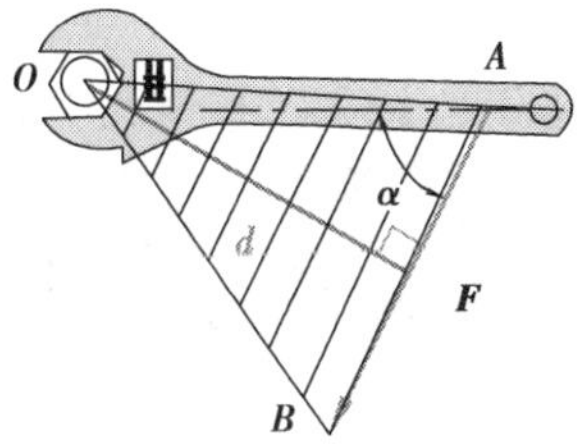

图1-32 几何法表示力矩

3)力矩的性质

显然,力矩不仅取决于作用力$\boldsymbol{F}$,还取决于力臂d,而矩心O的位置又直接决定了d的大小。因此,表示力矩时必须标明矩心,同一个力对不同点的力矩也是不同的。

由概念可以归纳出力矩的性质:

(1)当刚体上的力$\boldsymbol{F}$沿其作用线移动时,因为力的大小、方向和力臂均没有改变,所以力矩不变。

(2)力的大小等于零或力的作用线通过矩心时,力矩等于零;反之,当力矩为零时,力$\boldsymbol{F}$(不为零)的作用线必过矩心O点。即若$\boldsymbol{F}=0$或$d=0$,则$\boldsymbol{M}_O(\boldsymbol{F})=0$;若$\boldsymbol{M}_O(\boldsymbol{F})=0$且$\boldsymbol{F}\neq 0$,则$d\equiv 0$。

> ➢ **生活剧场**
>
> 小珍是一名私家车主,一天在出省高速上开车时,却不幸被尖锐的石子扎破了车胎,她只能赶紧停在路边拨打救援电话,可由于事故位置过于偏远,救援车要等四五个小时才能赶来,小珍只能自己尝试更换备胎。可女生力气小,使用常规扳手根本拧不动轮毂螺母。让我们利用所学知识,试着帮助小珍。

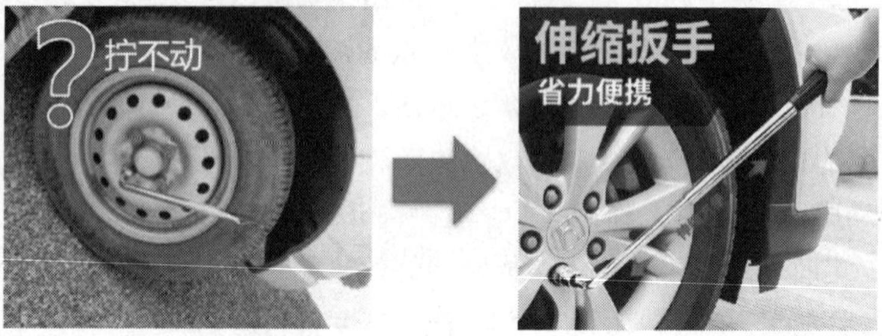

图 1-33　力矩在生活中的应用

> ➢ **深思妙想**
>
> 生活和生产中,还有哪些场景应用到了力矩相关知识呢?能否利用所学,解释或改善一些生活难题呢?

例 1.2　如图 1-34 所示,数值相同的三个力按不同方式分别施加在同一扳手的 A 端。若 $F=200$ N,试求三种情况下力对 O 点之矩。

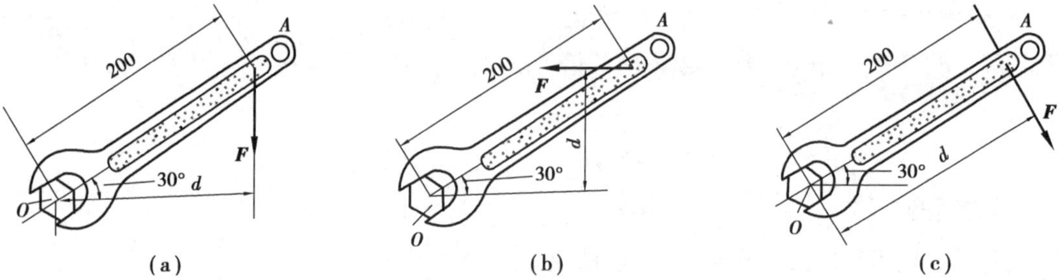

图 1-34　例 1.2 图

解:图示的三种情况下,虽然力的大小、作用点和矩心均相同,但力的方向各异,即力的作用线位置不同,致使力臂均不相同,因此,力 $\boldsymbol{F}$ 对点 O 之矩自然也不同。根据力矩的定义式(1-9)可求出力对点 O 之矩分别为:

图(a):$\boldsymbol{M}_O(\boldsymbol{F}) = -Fd = -200\times200\times10^{-3}\times\cos 30° = -34.64$ N · m

图(b):$\boldsymbol{M}_O(\boldsymbol{F}) = Fd = 200\times200\times10^{-3}\times\sin 30° = 20$ N · m

图(c):$\boldsymbol{M}_O(\boldsymbol{F}) = -Fd = -200\times200\times10^{-3} = -40$ N · m

4)合力矩定理

由于合力与一力系等效,因此在平面问题中,合力对任一点之矩等于该力系中各分力对

同一点之矩的代数和，即

$$M_O(F_R) = M_O(F_1) + M_O(F_2) + \cdots + M_O(F_n) = \sum M_O(F_i) \qquad (1\text{-}11)$$

上式称为**合力矩定理**。同时注意定理的使用条件：

(1)无论是合力，还是力系中的分力，所有力均分布在同一平面内；

(2)转动中心都必须相同，即同矩心力矩才能相加，不同矩心的力矩不能直接相加。

> **➢ 百炼成钢**
>
> 试证明合力矩定理。
>
> 提示：试结合合力投影定理，从几何法角度去证明。

之于杠杆原理而言，如图1-30(a)所示，动力 F_1 与阻力 F_2 分布在同一平面，支点 O 就是它们共同的矩心。当杠杆平衡时，得到

$$M_O(F_R) = M_O(F_1) + M_O(F_2) = 0$$

所以说，杠杆原理(杠杆平衡条件)的实质就是力矩平衡。推广也可证得，若两个力相互平衡，则它们对同一点矩的代数和也为零。

例1.3　如图1-35所示，一齿轮受到与它相啮合的另一齿轮的作用力 $F_n = 1\ 000$ N，齿轮节圆直径 $D = 0.16$ m，压力角(啮合力与齿轮节圆切线间的夹角) $\alpha = 30°$，求啮合力 F_n 对轮心 O 之矩。

解：解法一　直接求合力矩

根据力矩定义式(1-9)可得

$$M_O(F_n) = -F_n r_O = -F_n \cdot D/2 \cdot \cos\alpha$$
$$= -1\ 000 \times 0.16/2 \times \cos 30° = -69.3\ \text{N} \cdot \text{m}$$

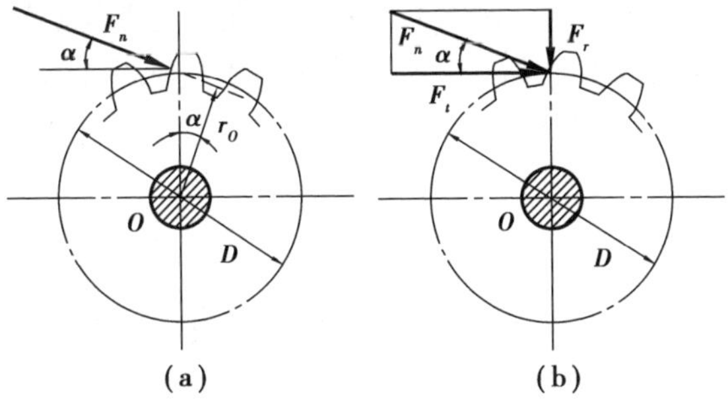

图1-35　例1.3图

解法二　先求分力矩再加和

用合力矩定理(1-11)计算

将合力 F_n 在齿轮啮合点处分解为圆周力 F_t 和 F_r，则 $F_t = F_n \cdot \cos\alpha$，$F_r = F_n \cdot \sin\alpha$，由合力矩定理可得

$$M_O(F_n) = M_O(F_t) + M_O(F_r)$$
$$= -F_t \cdot D/2 + 0 = -(F_n \cos\alpha) \cdot D/2$$
$$= -1\ 000 \times 0.16/2 \times \cos 30° = -69.3\ \text{N} \cdot \text{m}$$

应用合力矩定理求力矩的方法称为**工程实用计算法**。求力矩时，如果力臂不易求出，可

将力分解为两个易确定力臂的分力(通常是正交分解),然后应用合力矩定理计算力矩。

例 1.4 如图 1-36 所示的结构受三个力作用,已知 $\boldsymbol{F}_1=500\ \text{N}$,$\boldsymbol{F}_2=200\ \text{N}$,$\boldsymbol{F}_3=400\ \text{N}$。分别求三个力对 A 点的矩。

解:由力矩的定义式(1-9)得

$$M_A(\boldsymbol{F}_1)=-F_1 d_A=-500\times 0.5=-250\ \text{N}\cdot\text{m}$$

又 $\boldsymbol{F}_2$ 作用线通过 A 点,故 $M_A(\boldsymbol{F}_2)=0$

根据合力矩定理(1-11)

将 $\boldsymbol{F}_3$ 正交分解为 $\boldsymbol{F}_{3x}$,$\boldsymbol{F}_{3y}$,得

$$\begin{aligned}M_A(\boldsymbol{F}_3)&=M_A(\boldsymbol{F}_{3x})+M_A(\boldsymbol{F}_{3y})\\&=\boldsymbol{F}_{3x}\cos 45^\circ\times 0.4+\boldsymbol{F}_{3y}\sin 45^\circ\times(0.5+0.5)=359.92\ \text{N}\cdot\text{m}\end{aligned}$$

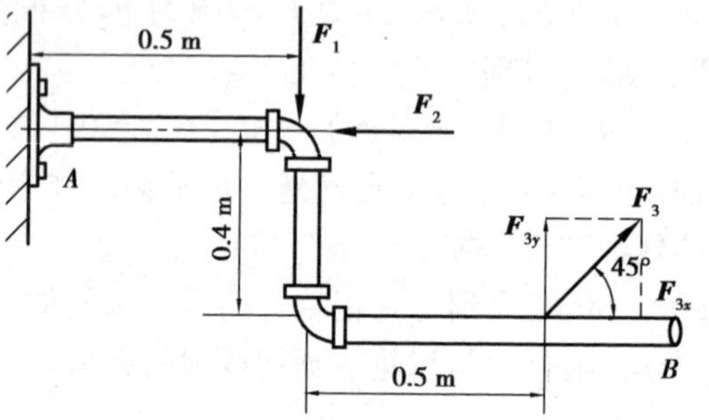

图 1-36 例 1.4 图

1.2.2 力偶

1)力偶的概念

如图 1-37 所示,观察这些生活实例的共同点。水龙头是如何旋转的?方向盘又是如何发生转动的呢?在日常生活和工程实践中,常会遇到物体受到两个反向平行力($\boldsymbol{F}$ 和 $\boldsymbol{F}'$)的同时作用而产生转动的情况,这其实就是力偶。作用在同一刚体上的由一对等值、反向、不共线的平行力组成的特殊力系,称为**力偶**,记为($\boldsymbol{F}$,$\boldsymbol{F}'$)。

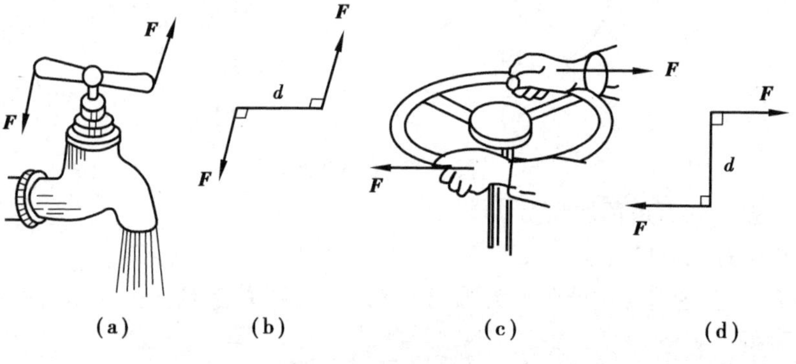

图 1-37 力偶实例

如图 1-37(c)所示,驾驶员开车时,左手和右手分别施加给方向盘的,就是这样一对等值、反向、不共线的平行力 $\boldsymbol{F}$ 和 $\boldsymbol{F}'$,即力偶($\boldsymbol{F}$,$\boldsymbol{F}'$);拧水龙头时,人手施加给龙头开关上的,也是

这样的一组力偶($\boldsymbol{F},\boldsymbol{F}'$)。

力偶两力作用线间的垂直距离称为**力偶臂 $\boldsymbol{d}$**,两力作用线所决定的平面称为**力偶的作用面**。

> **➢ 深思妙想**
> 在生活生产中,还有哪些现象应用了力偶?试举例说明。

2)力偶矩

力偶也是力转动效应的度量,且力偶对刚体的作用效应只有一种:转动。这种转动效应不仅与力 $\boldsymbol{F}$ 的大小相关,还与力偶臂 d 相关,即当力 $\boldsymbol{F}$ 越大或力偶臂 d 越大时,这种转动效应就越显著。故用**力偶矩**作为力偶在其作用面内使刚体产生转动效应的度量,记作 $M(\boldsymbol{F},\boldsymbol{F}')$ 或 M,即

$$M(\boldsymbol{F},\boldsymbol{F}') = \pm \boldsymbol{F}d \tag{1-12}$$

式中,d 称为力偶臂,是 $\boldsymbol{F}$ 和 $\boldsymbol{F}'$作用线间的垂直距离,乘积 $\boldsymbol{F}d$ 是力偶矩的大小,"±"表力偶的转向。平面问题中的力偶矩也是代数量,其正负号由人为规定如下:力偶在其作用面内使物体产生逆时针转动时取正号"+",顺时针转动时取负号"-"。力偶的国际制单位是牛·米(N·m)或千牛·米(kN·m)。

3)力偶矩的性质

性质1 力偶无合力,力偶不能用一个力来替代。

如图1-38所示,由于组成力偶的两个力是等值、反向的,所以它们在任意轴上的投影代数和恒为零,因此力偶对物体只有转动效应,没有移动效应。

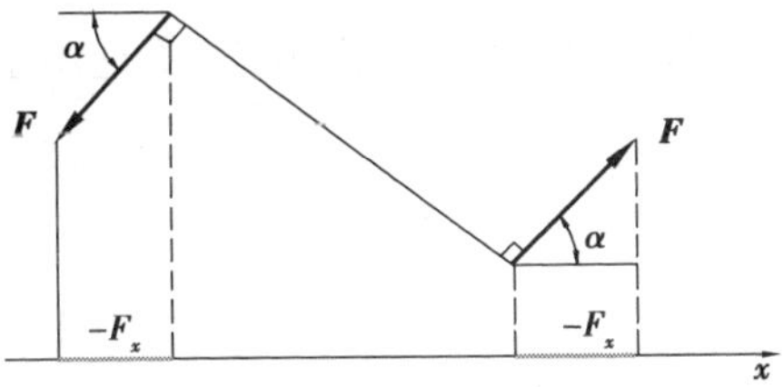

图1-38 力偶的投影

所以说,力偶和力是两个完全不同的力学基本要素。力偶不能简化为一个力,也不能与一个力等效,更不能与一个力平衡,力偶只能与力偶平衡。

性质2 力偶对其作用面内任一点之矩恒等于力偶矩,与该点(矩心)的位置无关。

证明:设有一力偶($\boldsymbol{F}$, $\boldsymbol{F}'$)作用在刚体上,如图1-39所示,其力偶矩为 $M = \boldsymbol{F}d$(逆时针转动)。

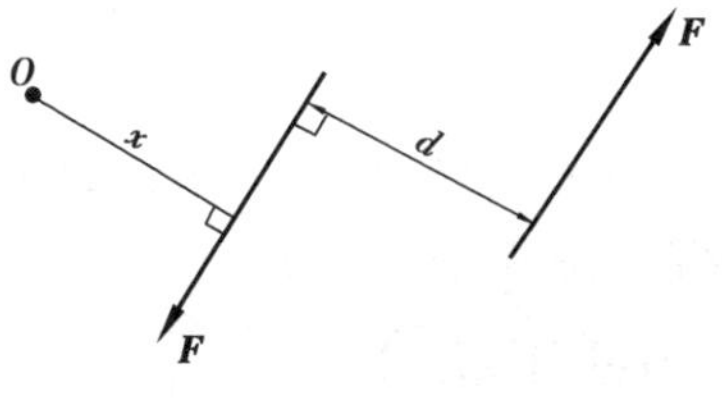

图1-39 力偶的投影

在力偶的作用面内任取一点 O 作为矩心,设 O 点到力 $\boldsymbol{F}'$的垂直距离为 x。显然,力偶使物体绕 O 点转动的效应,等于组成力偶的两个力绕 O 点转动的效应之和。则力偶($\boldsymbol{F}$, $\boldsymbol{F}'$)对 O 点之矩为

$$M_0(\boldsymbol{F}) + M_0(\boldsymbol{F}') = F(x + d) - F'x = Fd \tag{1-13}$$

结果表明:力偶的力矩恒等于力偶矩,与 x 无关,即与矩心的位置无关。

4)力偶的等效性

对刚体上同一平面内的两个力偶,如果两力偶矩的大小相等、力偶的转向相同,则这两个力偶是等效的,即产生同等的转动效应,这就是**力偶的等效性**。其中,力偶矩的大小、力偶的转向、力偶的作用面,被并称为"**力偶的三要素**"。

> ➤ **深思妙想**
>
> 自行总结归纳力、力对点之矩、力偶的三要素。
>
> 提示:大小、方向、作用位置

如图 1-40 所示,驾驶员加在方向盘上的力偶,只要力 $\boldsymbol{F}$ 的大小不变(方向盘的直径为力偶臂 d,是固定不变的),无论力偶的作用位置是在($\boldsymbol{F}_1$,$\boldsymbol{F}_1'$)还是($\boldsymbol{F}_2$,$\boldsymbol{F}_2'$),方向盘的转动效果都是一样的。即力偶三要素相等,则力偶($\boldsymbol{F}_1$,$\boldsymbol{F}_1'$)与($\boldsymbol{F}_2$,$\boldsymbol{F}_2'$)等效。

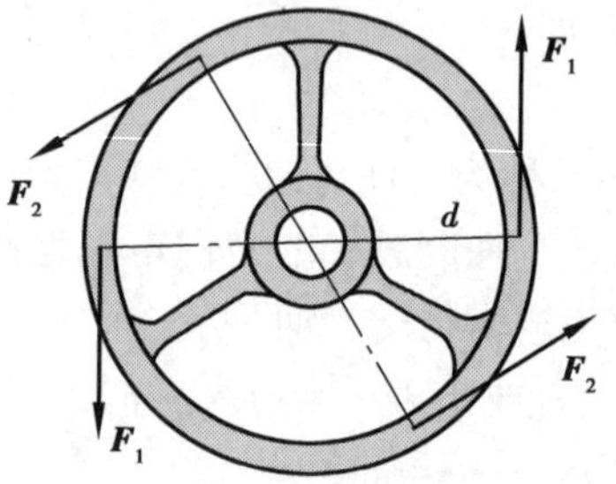

图 1-40　等效力偶实例

综合力偶的基本性质及力偶的等效条件,可得出下面两个推论:

推论 1　力偶可以在其作用面内任意移动和转动,即力偶对刚体的转动效应与它在作用面内的位置无关。

推论 2　只要保持力偶矩大小和力偶转向不变,可同时改变力偶中力的大小和力偶臂的长度,而不改变其作用效应。

应当指明:力偶的等效性及其推论,只适用于刚体而不适用于非刚体。

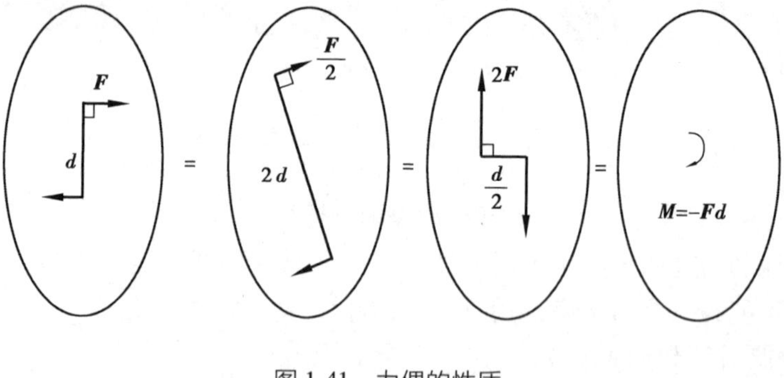

图 1-41　力偶的性质

在平面问题中,力偶对刚体的作用完全取决于力偶矩的大小和转向。因此,力偶可以用一带箭头的弧线来表示。如图 1-41 所示,其中,箭头表示力偶的转向,M 表示力偶矩的大小。

5)合力偶定理

同一作用平面内,仅由力偶组成的力系称为**平面力偶系**,如图 1-42 所示。平面力偶系合成的结果仍为力偶,合力偶矩等于各分力偶矩的代数和,即

$$M = M_1 + M_2 + \cdots + M_n = \sum M_i \tag{1-14}$$

上式称为**合力偶定理**。说明同一作用面内的力偶矩，可以直接相加减。

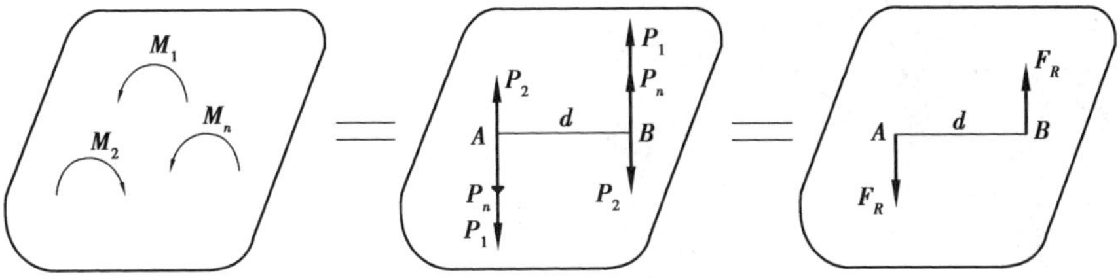

图 1-42　合力偶定理

证明:设一平面力偶系 $\boldsymbol{M}_1,\boldsymbol{M}_2,\cdots,\boldsymbol{M}_n$，作用在刚体某平面上，在平面内任选直线 d 作为公共力偶臂，保持各力偶的力偶矩不变，将各力偶分别表示成作用在 A,B 两点的反向平行力，则有

$$\boldsymbol{F}_1=\frac{\boldsymbol{M}_1}{d},\boldsymbol{F}_2=\frac{\boldsymbol{M}_2}{d},\cdots,\boldsymbol{F}_n=\frac{\boldsymbol{M}_n}{d}$$

于是在 A,B 两点处各得一组共线力系，其合力分别为 $\boldsymbol{F}_R$ 和 $\boldsymbol{F}'_R$，且有

$$\boldsymbol{F}_R=\boldsymbol{F}_1+\boldsymbol{F}_2+\cdots\boldsymbol{F}_n=\sum\boldsymbol{F}_i$$

$$\boldsymbol{F}'_R=\boldsymbol{F}'_1+\boldsymbol{F}'_2+\cdots\boldsymbol{F}'_n=\sum\boldsymbol{F}'_i \tag{1-15}$$

$\boldsymbol{F}_R$ 和 $\boldsymbol{F}'_R$ 为一对等值、反向、不共线的平行力，它们组成的力偶即为合力偶，所以有

$$\boldsymbol{M}=\boldsymbol{F}_Rd=(\boldsymbol{F}_1+\boldsymbol{F}_2+\cdots+\boldsymbol{F}_n)d=\boldsymbol{M}_1+\boldsymbol{M}_2+\cdots\boldsymbol{M}_n=\sum\boldsymbol{M}_i \tag{1-16}$$

例 1.5　如图 1-43 所示，用多轴钻床在水平放置的同时钻四个直径相同的孔，每个钻头的切削力在水平面内组成一力偶，各力偶矩的矩值大小为 15 N·m，试求工件受到的总切削力偶矩为多大。

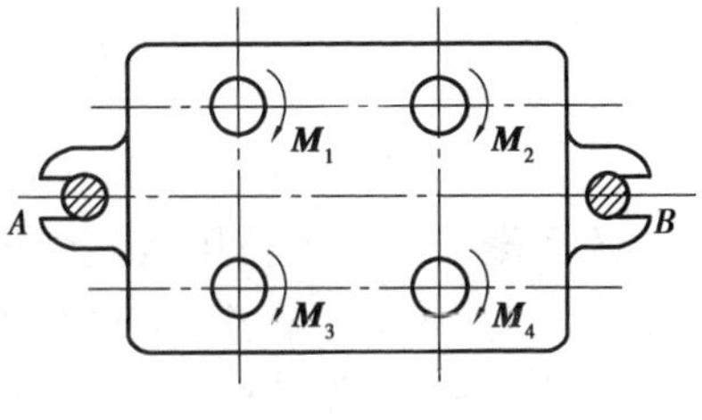

图 1-43　例 1.5 图

解:作用于工件上的四个力偶，各力偶矩的大小相等、转向相同且在同一平面内，根据式(1-14)合力偶定理，可求出合力偶矩(总的钻削力偶矩)为

$$\boldsymbol{M}=\boldsymbol{M}_1+\boldsymbol{M}_2+\boldsymbol{M}_3+\boldsymbol{M}_4=-15\times4=-60\ \text{N}\cdot\text{m}$$

1.2.3　力的平移定理及其逆定理

1)力的平移定理

作用在刚体上的力可以从原作用点等效地平行移动到刚体内任一指定点，但必须在该力与指定点平面内附加一个力偶，其力偶矩等于原力对指定点之矩。这就是**力的平移定理**。

> **➢ 生活剧场**
>
> 乒乓球，被誉为中国的“国球”，是中国人民喜闻乐见的竞技体育项目。中国国家乒乓球队，也因常年在奥运会、世乒赛等各项赛事取得优异战绩，而被国民亲切地称为“梦之队”。

(a)国球名将张继科击球　　(b)新手打乒乓球

图 1-44　乒乓球

认真观察专业选手击球和新手的击球，为什么专业选手打球的威力更大，更不容易接住？

提示：观察击球方式与乒乓球的运行轨迹有什么联系？

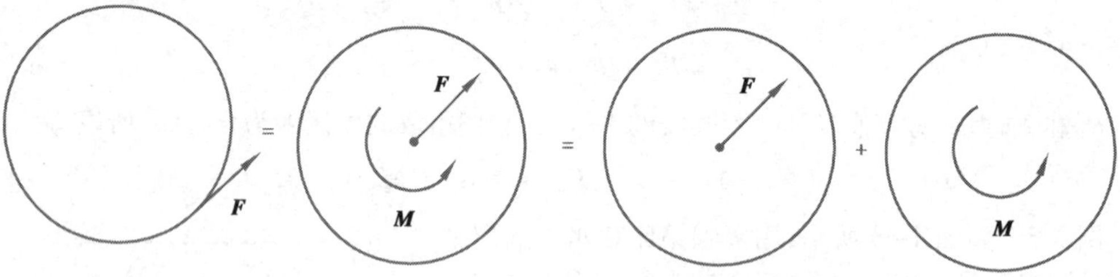

图 1-45　力的平移定理 · 乒乓球实例

力的平移定理揭示了力对刚体产生平动和转动两种运动效应的实质。如图 1-45 所示，当国球手用球拍击球时，相当于在球体外侧施加了一个平动力 $\boldsymbol{F}$，但在力的平移定理作用下，力 $\boldsymbol{F}$ 向球心 O 平移，平移过程中，力 $\boldsymbol{F}$ 的大小不变，指向不变，作用点从球体外侧移至了球心 O，并产生了一附加力偶 M。以示与原力 $\boldsymbol{F}$ 的区别，我们将平移后的力称为 $\boldsymbol{F}'$，则平移力 $\boldsymbol{F}'$ 使球产生平动，附加力偶 M 使球产生绕球心的转动，就复合成了旋转着前进的小球运动轨迹，即弧旋球。极大地增加了对手的回击难度。

> **百炼成钢**

试证命题：力的平移定理。

提示：利用上节所学静力学公理完成证明。

证明：设有一力 $\boldsymbol{F}$ 作用于刚体上 A 点，欲将此力平移到刚体上 B 点。

为此，根据**公理 2 加减平衡力系公理**，可在 B 点上增加一组平衡力系 $\boldsymbol{F}'$，$\boldsymbol{F}''$，并使它们与力 $\boldsymbol{F}$ 平行且大小相等，即 $\boldsymbol{F}'=-\boldsymbol{F}''=\boldsymbol{F}$，如图 1-46(b)所示。

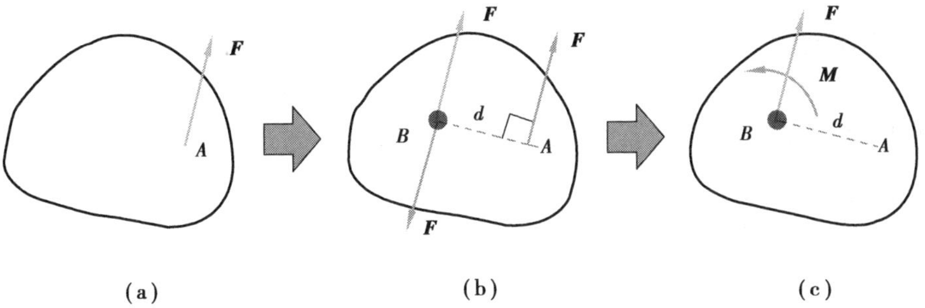

图1-46 力的平移定理

此时,三个力 $\boldsymbol{F}$,$\boldsymbol{F}'$,$\boldsymbol{F}''$构成的新力系与原力系 $\boldsymbol{F}$ 等效。

又由图可看出,力 $\boldsymbol{F}$ 与 $\boldsymbol{F}''$可构成一组力偶($\boldsymbol{F}$,$\boldsymbol{F}''$),就是所谓**附加力偶**,其力偶矩为 $M = Fd = M(\boldsymbol{F})$。

于是,力系 $\boldsymbol{F}$,$\boldsymbol{F}'$,$\boldsymbol{F}''$与力系 $\boldsymbol{F}'$,$\boldsymbol{M}$ 等效。

因此,力系 $\boldsymbol{F}$ 与力系 $\boldsymbol{F}'$,$\boldsymbol{M}$ 等效。

即力 $\boldsymbol{F}$ 可从刚体上 A 点平移 B 点,但必须同时附加一力偶,附加力偶矩等于原力对指定点之矩。命题得证。

> **➢ 高能提醒**
>
> 力的可传性指力在线上的滑移,作用等效,不产生任何附加作用;
> 力的平移定理则指力在面上的平移,会产生附加力偶 $\boldsymbol{M}$。

> **➢ 深思妙想**
>
> 利用力的平移定理,还能解释哪些生活或生产中的现象呢?试举例说明。
> 提示:丝锥攻丝、打乒乓球……

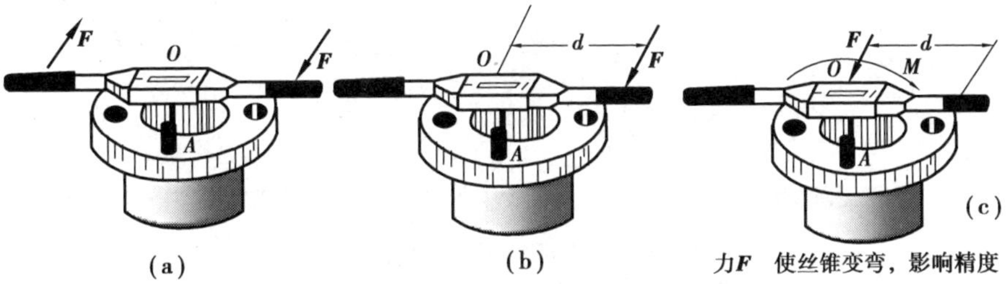

图1-47 丝锥攻丝

2)力的平移定理的逆定理

刚体的某平面上的一力 $\boldsymbol{F}$ 和一力偶 $\boldsymbol{M}$ 可进一步合成得到一合力 $\boldsymbol{F}_R$,$\boldsymbol{F}_R = \boldsymbol{F}$。

> ➢ **高能提醒**
>
> 力偶 $\boldsymbol{M}$ 中的力的大小对合力没有影响。合力大小仅取决于力 $\boldsymbol{F}$，合力方向则由 $\boldsymbol{F}$ 和 $\boldsymbol{M}$ 共同决定。

合力 $\boldsymbol{F}_R$ 与力 $\boldsymbol{F}$ 的距离为力偶臂 d，即

$$d=\frac{|\boldsymbol{M}_O|}{F_R} \tag{1-17}$$

例 1.6 有一圆盘受三力 $\boldsymbol{F}_1,\boldsymbol{F}_2,\boldsymbol{F}_3$ 作用，如图 1-48，已知 $\boldsymbol{F}_1=\boldsymbol{F}_2=1\ 000$ N，$\boldsymbol{F}_3=2\ 000$ N。$\boldsymbol{F}_1$ 与 $\boldsymbol{F}_2$ 组成一力偶，且与水平线成 45°角；圆盘的直径为 100 mm。试求此三力合力的大小和方向及合力作用线到 O 点的距离。

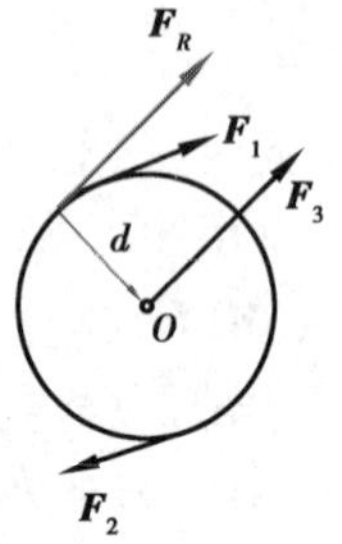

图 1-48 例 1.6 图

解：根据力的平移定理的逆定理可知：

$\boldsymbol{F}_1$ 与 $\boldsymbol{F}_2$ 组成的力偶 $\boldsymbol{M}(\boldsymbol{F}_1,\boldsymbol{F}_2)$，可与 $\boldsymbol{F}_3$ 进一步合成为一合力 $\boldsymbol{F}_R$，

则 $\boldsymbol{F}_R=2\ 000$ N，方向与 $\boldsymbol{F}_3$ 保持一致，

其中 $d=|\boldsymbol{M}|/\boldsymbol{F}_R=|-\boldsymbol{F}_1\times 100|/\boldsymbol{F}_R=50$ mm。

> **[知识拓展]**
>
> 我们所处的空间，是一个三维的（暂不考虑时间维度）、立体的空间，那么力的分布就可分为空间力系（项目 3）与平面力系（项目 2）。
>
> 空间力系：力的作用线分布在空间中的力系（$Oxyz$ 空间坐标系）；
>
> 平面力系：力的作用线都作用在同一平面内的力系（Oxy 平面坐标系）。

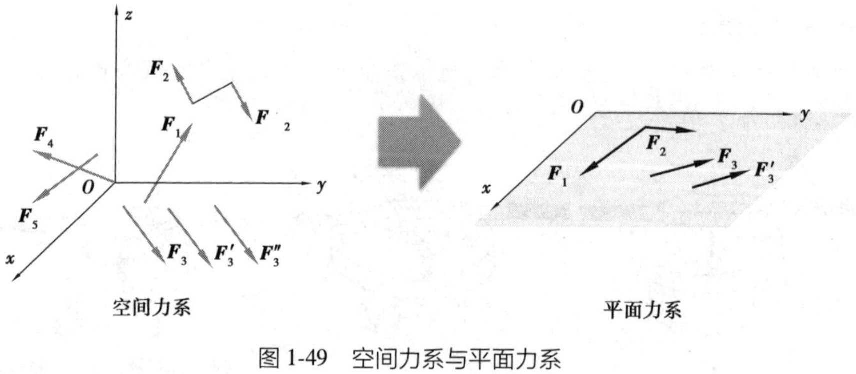

图 1-49 空间力系与平面力系

> 已知力矩是对力旋转效应的度量，在平面问题中，力可以绕一点进行转动，即“力对点之矩”。但延伸至空间概念里，力还可绕一轴进行转动，即“力对轴之矩”，如图 1-50所示。在平面问题中，我们常用力偶矩来度量力偶的作用效应，扩展至空间中，我们还会引入“力偶矩矢”的概念。这些概念都会在后续章节中逐一学习。
>
> 现实生活中，绝大部分受力都属于空间力系。但九层之台，起于累土。认真学好平面力系中的公理与概念，是进一步分析空间受力问题的基础。所以，明确坐标系，明确研究对象，是解决工程分析和计算问题的首要前提。且作为工程人员，在描述问题的措辞方面，也一定要专业、完整、简洁、精准，避免产生歧义与混淆。

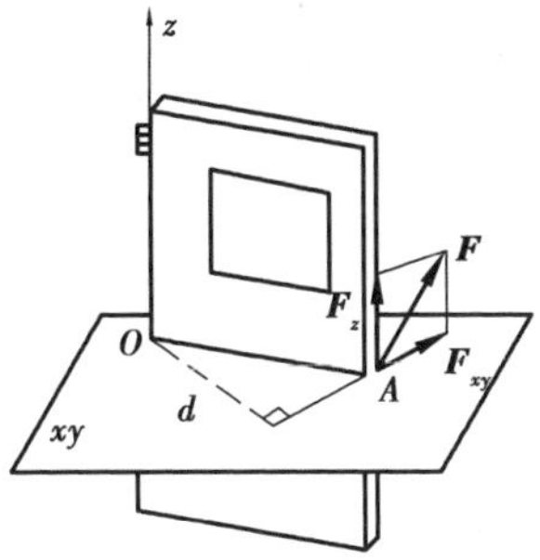

(a) 力对轴之矩

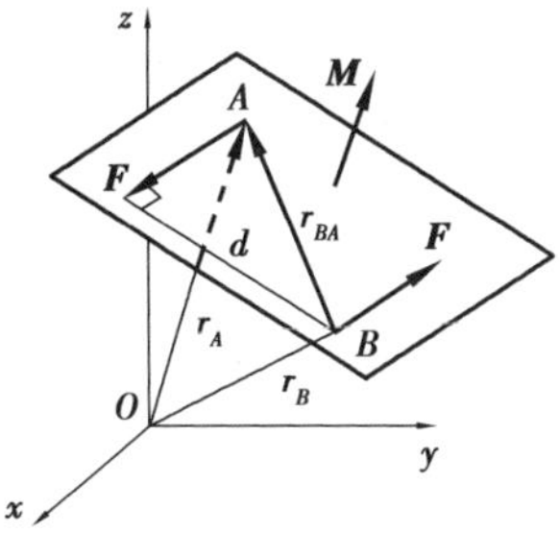

(b) 力偶矩矢

图 1-50　平面力系概念在空间力系的延伸

课程育人

杠杆的支点——科学求真

“给我一个支点，我可以撬动整个地球。”这是古希腊物理学家阿基米德（公元前 287—公元前 212 年）的经典名言。这话现在听来都觉得脑洞够大，可想而知，阿基米德的“豪言壮语”，在当时的年代，会掀起多大的社会舆论风暴。知识水平越是不发达，民众就越难于接受新事物、新观点。意大利著名天文学家布鲁诺（1548—1600 年）就曾为维护“日心说”而被当时的人们视为“异端”，最后被烧死在罗马的鲜花广场上。可见在坚持真理的道路上，是需要莫大的勇气和无比坚定的信念的。阿基米德并没有轻易向“不理解”妥协，这份对科学真理坚持严谨的态度，才是阿基米德这根“杠”的真正支点！为后世的静力学、流体力学等的发展奠定了坚实的理论基础，成就了“力学之父”的美誉。

想成为像阿基米德一样的“科学战士”吗？那首先要明确的是，科学结论的得出，必定要经历一个严谨求实、有客观依据、可重复实验的过程。这是绝不同于主观臆测的。其次，科学的发展无不是站在前人的肩膀上，“平地起高楼”在科学研究的过程中几乎不存在。大量的前期积累和学习，是所有科研工作者的必经之路。学习力和理解力，也是科学战士的基本素质。最后，科学是不怕质疑的，批判质疑，是科学的基本精神之一，科学的进步就是在不断挑战已知概念，不可能符合传统逻辑，引起争议和非议是必然的，要正确看待质疑、面对质疑，也要尊重他人批判质疑的权利。科学发展的最大特点，就是在不断的自我否定中前行。科学史上那些富丽堂皇的大厦无不是在一座座废墟上拔地而起。从地心说到日心说，从牛顿经典力学到爱因斯坦相对论，再到量子力学，去疑存真的“破冰”之路，就是科学成长与进步的过程。每一种重大科学理论的诞生都不是水到渠成的自然演进，而是新理论对旧理论的颠覆与革命。大胆质疑，小心论证。科学精神的魅力就在于，科学是讲证据、看逻辑的，始于质疑，而终于相信。

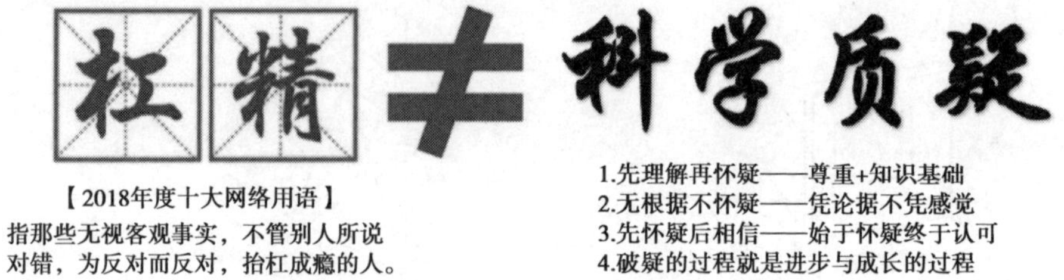

图1-51 “杠精”与“科学质疑”的区别

我们鼓励当代大学生多思多想,科学质疑,从而引发思考、突破桎梏、求真创新,不盲从“大V”,但也能尊重、接收和理解他人的不同声音。在这个网络便捷、言论自由的大环境下,许多同学一看到与自己想法不同的意见,不问缘由就下意识的出言反驳,自以为在“伸张正义”“科学质疑”,殊不知却成了“杠精”或“键盘侠”。“杠精”一词作为2018年网络十大用语之一,可见其存在之广泛、影响之恶劣。作为当代大学生,应分清“杠精”与“科学质疑”的区别,才能更好地分辨是非、过滤网络戾气、抵制负能量信息,这既有利于开展学术研究,也有利于营造一个健康的网络舆论大环境。

课后练习

[知识检测]

一、填空题

1.力矩是力对物体________效果的度量。使物体产生逆时针方向转动的力矩为________,反之为________。力矩的单位是________。

2.当力沿其作用线移动时,力矩________和________不变;当力的作用线通过________时,力矩等于零。

3.力偶是两个________、________、________的平行力组成的力系。力偶对的旋转效应可用________来度量,单位是________。

二、客观题

1.力偶的转动效应与作用在平面内的位置无关,可以在其上任意平移。 ( )

2.力的作用效应与在平面内的位置无关,可以在其上任意平移。 ( )

3.合力矩定理说明合力对矩心的力矩等于分力对同矩心力矩的代数和。 ( )

4.力矩与力偶都是既有大小又有方向的矢量。 ( )

5.力偶的两个力 $\boldsymbol{F}$ 与 $\boldsymbol{F}'$,是一对作用力与反作用力。 ( )

三、主观题

1.如图1-52所示的圆盘,在力偶 $M=\boldsymbol{F}_R$ 和力 $\boldsymbol{F}$ 的作用下保持静止,能否说力偶和力保持平衡?为什么?

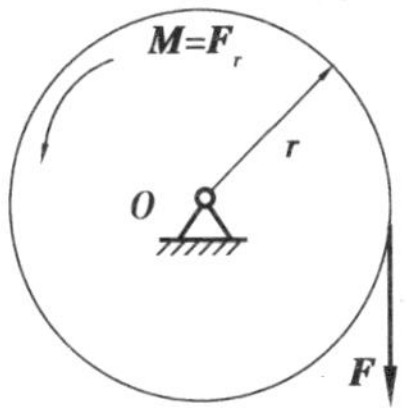

图 1-52　题 1 图

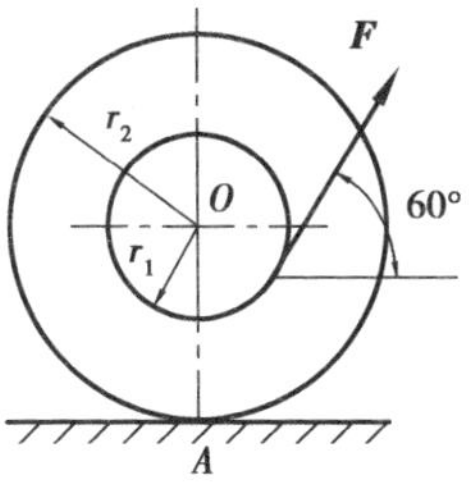

图 1-53　题 2 图

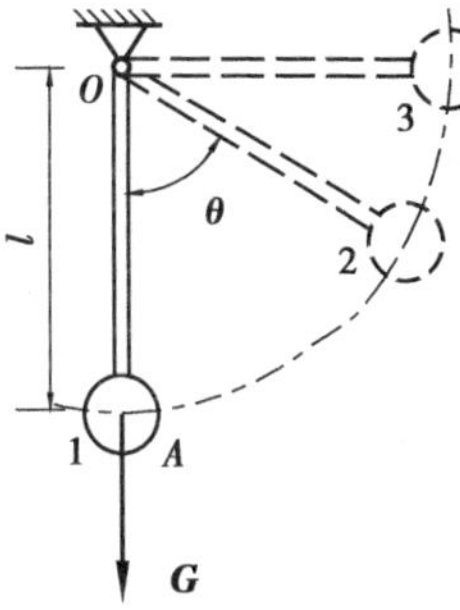

图 1-54　题 3 图

2.求图 1-53 中力 $\boldsymbol{F}$ 对 A 点之矩。若 $r_1=20$ cm，$r_2=50$ cm，$\boldsymbol{F}=300$ N。

3.如图 1-54 所示摆锤重 $\boldsymbol{G}$，其重心 A 到悬挂点 O 的距离为 l。试求在图示三个位置时，重力 $\boldsymbol{G}$ 对 O 点之矩。

4.试计算图 1-55 中力 $\boldsymbol{F}$ 对 O 点之矩。

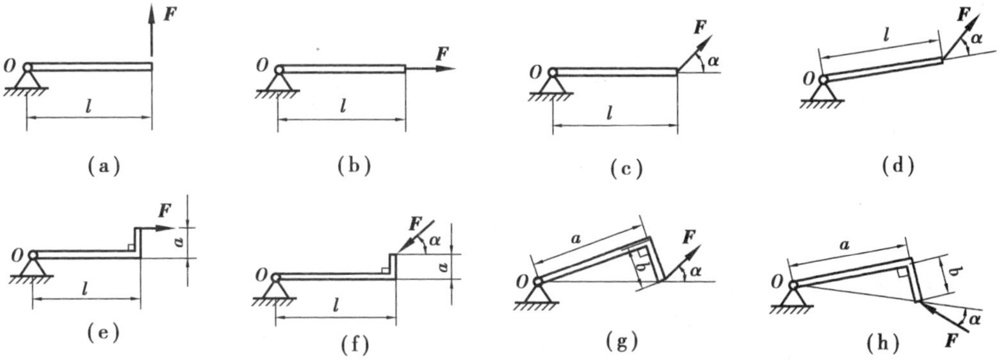

图 1-55　题 4 图

［素质拓展］

小明是一名大二的学生，利用课余时间考取了驾照。为了庆祝小明顺利通过，舅舅大刘非常开心，决定带小明开车出去兜风顺便上路练习。兜风时，只见舅舅大刘全程单手驾驶，一会儿打打电话，一会儿调调音乐。小明试图出言纠正，舅舅却不屑地说：“嗨，你不懂，男人单手开车才叫帅，老司机都是单手开车的，只有你们这种新手菜鸟才双手开车呢。”

(a)双手开车　　　　(b)单手开车

图 1-56　驾驶姿势

对此,你怎么看? 换作你是小明,你会怎么做呢?

A.坚持自己,坚持遵守交规,双手驾驶　B.听舅舅的话,做单手开车"帅男神"

谈谈单手开车的危害,同时设想如果你是小明,你该怎样劝说舅舅养成双手驾驶的正确习惯呢?

①安全角度:________________

②法规角度:________________

③力学角度:________________

任务 1.3　约束与受力分析

[**任务描述**]

熟练掌握各种约束的类型与约束力的画法;初步学会对研究对象进行受力分析,并画出受力图。

[**任务目标**]

目标类型	目标要求
认知目标	(1)熟练掌握五种常见类型的约束及其约束力画法; ⅰ.柔性约束 ⅱ.光滑接触面约束 ⅲ.圆柱形铰链约束 ⅳ.链杆(二力杆)约束 ⅴ.固定端约束 (2)初步学会对研究对象进行受力分析,并画出受力图。
技能目标	(1)具备对物体进行受力分析并画出受力图的能力,以便为后续结构分析与工程计算打好基础。
素质目标	(1)培养学生"四个意识"之大局意识; (2)贯彻"四个全面"之全面依法治国; (3)传播中华优秀传统文化——追求精神境界,重视道德需要。

[**关键词**] 约束、约束(反)力、主动力。

[**知识前哨站**]

(1)静力学第四公理——作用力与反作用力定律;

(2)力与力偶。

案例引入

法律的约束

2020年初，正值庚子鼠年农历春节，在这本该阖家团圆喜迎新春之际，中国，却打响了一场没有硝烟的“战疫”——新型冠状病毒肺炎(Corona Virus Disease 2019, COVID-19)。疫情以迅雷不及掩耳之势迅速扩散至全国，截至2020年4月26日24时，全国累计报告确诊病例84 338例，累计治愈出院78 466例，累计死亡病例4 642例。这一组触目惊心的数字，无不昭示着这场“战疫”的艰巨。可顽强勇敢的中华儿女又岂会就此认输？数以万计的口罩、防护服从世界各地捐往武汉，42 000多名全国各地的医护人员驰援湖北，建筑工人夜以继日，火神山、雷神山两所医院仅用时10天就拔地而起……这一桩桩一件件，无不彰显了中国对这场“战疫”的必胜信念！

可就在这样举国上下同心抗疫的紧要关头，却总有那么一小撮人，无视规定，枉顾法纪，非要当那害群之马。有人躲藏在车后备箱里从疫区“偷渡”，有人倒卖社会捐赠物资、哄抬物价、制假贩假大发不义之财，有人瞒报行踪拒绝隔离传播病毒害人害己，有人强行闯卡辱骂殴打志愿者，有人一边享受着国家医保福利一边高呼着“西方民主万岁”，有人只因在隔离点没喝到矿泉水就对工作人员肆意辱骂……一场疫情，既让我们感动于身边负重前行的“逆行者”，也让我们唾弃于这些自私自利的社会“毒瘤”“毒王”。

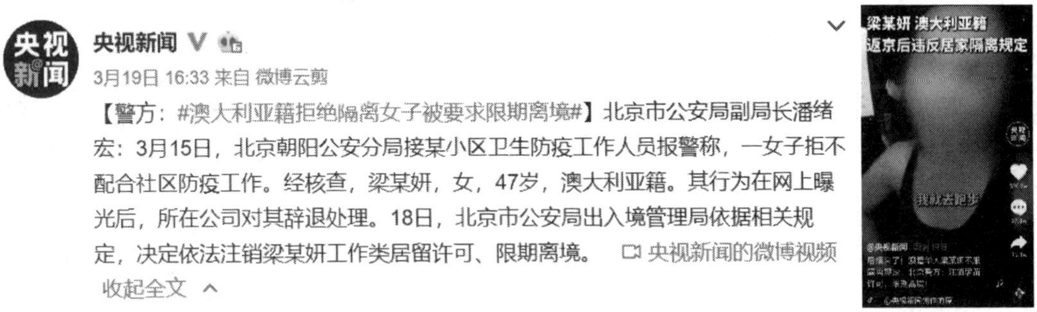

图1-57　新冠疫情中的反面案例之一

然而，这些“毒王”的行为，在一些西方国家眼中，却成了“香饽饽”，成了攻讦中国政府的舆论武器。“居家隔离=不讲人权”，居家隔离就是剥夺了人民的自由，“闯卡”等行为就是中国人民在“反抗暴政”“为自由而战”？无视14亿人防疫努力，无视他人生命安全，只顾自己享乐，无视他人死活，这难道就是所谓的“自由”？

什么是“自由”？什么是“约束”？为什么有人奉献牺牲，负重逆行？又为什么有人枉顾法纪，知法犯法？为了不让前线英雄的血泪白流，为了让恶言恶行得到应有的惩罚，为了不被所谓的“西方民主自由观”混淆视听，就需要我们进一步学习“约束”的力量。

专业知识

1.3.1　约束力概述

1)自由与约束

工程上所说的“自由”,指的是一个物体的运动不受到任何限制,则这个物体的运动是自由的,没有受到约束的。这种在空间做任意运动的物体称为**自由体**,如图 1-58 所示的飞机、火箭等(暂忽略空气阻力)。

(a)长征五号火箭

(b)歼-20战斗机

图 1-58　自由体

而那些运动或运动趋势受到限制,即在全部或局部方向上不能自由运动的物体称为**非自由体**,阻碍物体运动的限制称为**约束**。如图 1-59(a)所示,悬挂的小球,在重力作用下本应向下坠落,但却因受到软绳的限制,使其在垂直向下的方向上不能运动,小球就是非自由体,而软绳就是小球的约束;火车沿钢轨行驶,钢轨就是火车的约束;电动机转子绕轴转动,轴承就是转子的约束;桌面的存在阻止其上的物品掉到地上,则桌面就是其上物品的约束。约束通常是通过物体间的直接接触形成的。

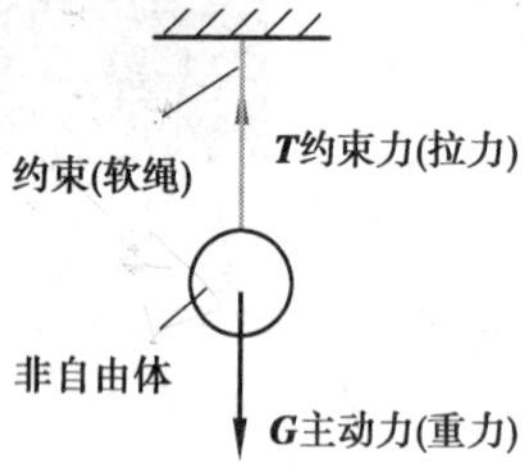

(a)悬绳

(b)复兴号动车

(c)电动机

图 1-59　非自由体

2)主动力与约束力

既然约束阻碍物体沿某些方向运动,那么当物体沿着约束所阻碍的运动方向运动或有运动趋势时,约束必然对其产生作用力以限制其运动,约束对被约束物体的这种作用力称为**约束反力**,简称**约束力**。显然,在物体上作用着两类力:一类是**主动力**,如重力、推力、风载、水压力、油压力等，它可使物体产生运动或运动趋势；另一类是就是限制物体运动的**约束力**。主动力与约束力都是作用于物体的外力，其实质是一组作用力与反作用力。

主动力的大小通常是已知的，而约束力的大小是未知的，且随主动力大小变化而变化，还与约束类型密切相关。静力学研究中，通常可通过刚体的平衡条件求得约束力的大小。若主动力为零，即不存在主动力，则约束力也为零。约束力的方向总是与物体的运动方向或运动趋势相反，阻碍其运动；约束力的作用点就在被约束物体的接触点处。

> **➢ 高能提醒**
>
> 根据**作用力与反作用力定理**可知，约束力的三要素：
>
> **大小**：未知，可求，随主动力变化（正比）；
>
> **方向**：与运动方向相反，阻碍运动；
>
> **作用点**：约束与作用对象的接触点处。

1.3.2　常见类型的约束

1）柔性约束

绳索、链条、皮带等均属于**柔性约束**，其理想化条件是：柔索绝对柔软、无重量、无粗细、不可伸长或缩短。且由于柔索只能承受拉力，不能承受压力。约束特点如下：

柔性约束

柔性约束的约束力为拉力，一般用 $\boldsymbol{F}_T$ 表示，方向沿柔索的中心线而背离物体，即限制物体沿绳索伸长方向的运动；作用在物体与柔索的接触点处；其大小取决于主动力。

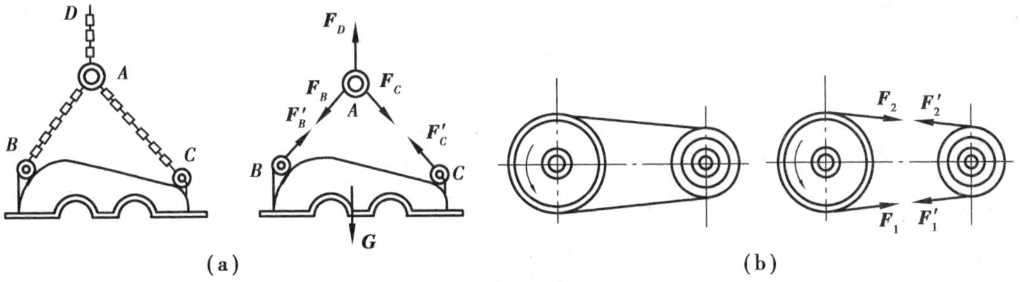

图1-60　柔性约束

如图1-60（a）所示，锁链吊起一减速箱盖，锁链 AB，AC 即为柔性约束，分别作用于箱盖 B，C 点，又汇聚于铁环 A 上。若以减速箱为研究对象，则约束力为拉力 $\boldsymbol{F}'_B$，$\boldsymbol{F}'_C$，分别作用在 B，C 点，方向则沿柔索中心线而背离箱盖。若以铁环 A 为研究对象，则约束力为拉力 $\boldsymbol{F}_A$，$\boldsymbol{F}_B$，$\boldsymbol{F}_C$，方向沿柔索中心线而背离铁环。

> **➢ 高能提醒**
>
> 同一物系结构中，不同的研究对象，约束力的画法也是不一样的，故受力分析的第一步，就是要明确研究对象。

2)光滑接触面约束

当光滑接触面间的摩擦力忽略不计时,即构成**光滑接触面约束**。此时被约束的物体可沿接触面滑动或者脱离约束,但沿接触面公法线且指向接触面的位移受到限制,即不能沿公法线方向压入约束内部。约束特点如下:

光滑接触面约束力恒为压力,一般用 $\boldsymbol{F}_N$ 表示,方向沿接触面的公法线且指向被约束物体,故又称法向约束力;作用于物体与滑面的接触点处;大小随主动力变化。

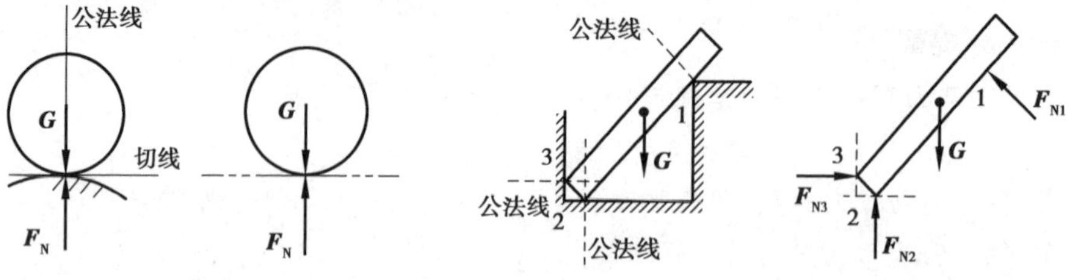

(a)光滑弧面相切　　(b)光滑点面接触

图 1-61　光滑接触面约束

如图 1-61(a)所示,以小球为研究对象,$\boldsymbol{F}_N$ 为光滑弧面的约束力,作用在接触点处。小球可沿弧面滑动或脱离,但无法压入弧面内部。

3)圆柱形铰链约束

圆柱形铰链约束指的是两个带圆孔的构件用圆柱形销钉相连接,且销钉和圆孔的接触面均光滑,即销钉与构件间不计摩擦。工程上常用销钉来连接构件或零件,这类约束只限制构件的相对移动,但不限制转动。通常可分为中间铰、固定铰支座、活动铰支座这三种形式。

- **中间铰**

➢ **生活剧场**

这些构件在结构上都有什么共同点?(注意观察构件连接处)

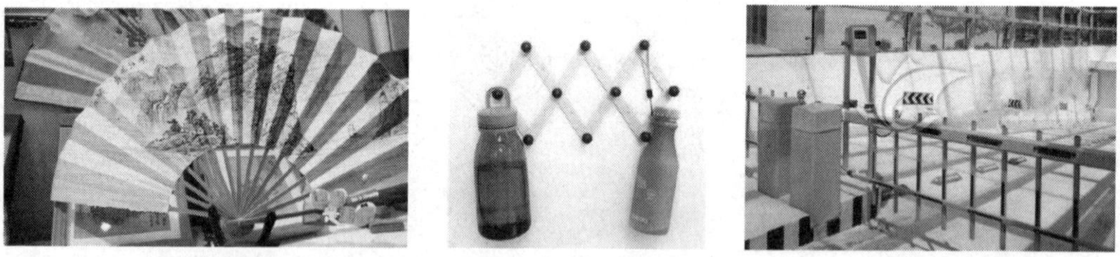

(a)荣昌折扇　　(b)挂衣钩　　(c)车库抬杆

图 1-62　中间铰生活实例

如图 1-63(a)所示,1,2 分别是两个带圆孔的物体,将圆柱形销钉穿入两物体的圆孔中,即构成**中间铰**,约束简图如图 1-63(c)所示。该约束不限制构件 1,2 在垂直于销钉轴线的平面内的旋转,但限制被连接的物体沿垂直于销钉轴线方向的移动。工程上有许多诸如此类约束的应用,如柴油机中活塞与连杆、曲柄与连杆的连接等。

因销钉和圆孔的接触面是光滑的,所以中间铰约束本质上是光滑接触面约束,接触点就

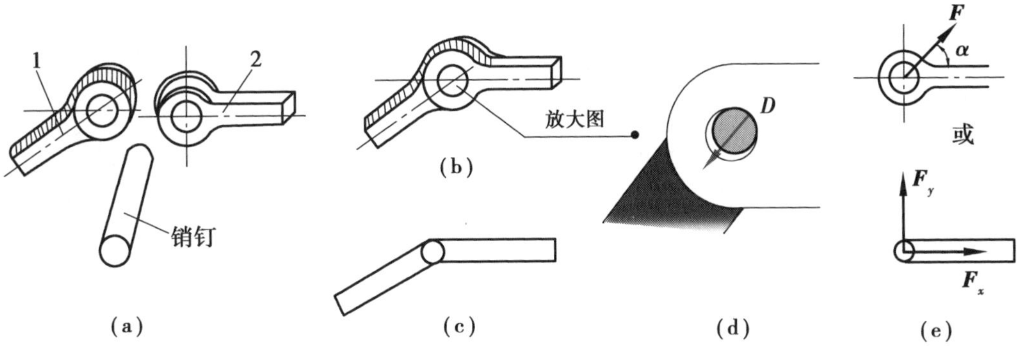

图1-63　中间铰约束

是销钉与圆孔内表面的内切点 D。如图1-63(d)所示,销钉对物体的约束力 F_R 应通过构件圆孔中心,但因存在间隙,构件在主动力作用下的转动中,切点 D 的位置不确定,致使约束力 F_R 的指向也无法固定。所以可用正交分解的思路来表示该约束,约束特点如下:

中间铰的约束力一般用 F_R 表示,作用点为销钉中心;如图1-63(e)所示,若能明确转动方向(α 已知),则约束力可用力 F_R 表示;若转动方向不明确(α 未知),为了便于计算,也可用两正交分力 F_{Rx},F_{Ry} 来表示约束力。F_R 与 F_{Rx},F_{Ry} 其实就是合力与分力的关系。

• **固定铰支座**

用销钉将物体和固定机架或支承面等连接起来,称为**固定铰链支座**(图1-64)。实际上就是将中间铰结构中的一个构件换成固定支座,但并不影响另一个构件的自由转动。如图1-65所示的门窗合页,起重机吊臂等。固定铰支座的约束力特点与中间铰完全相同,约束简图和约束力表示分别如图1-64(b)(c)所示。

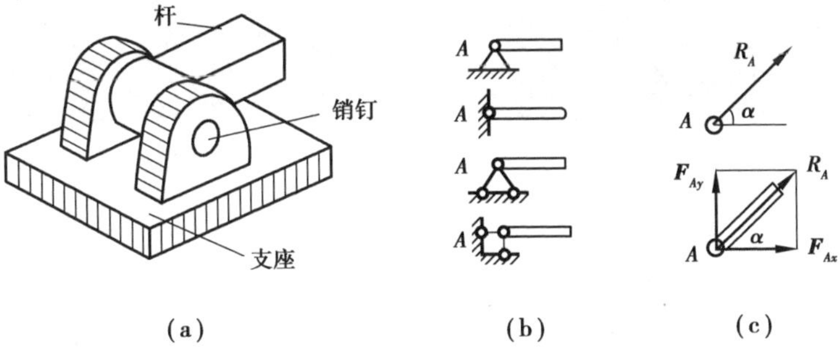

图1-64　固定铰支座

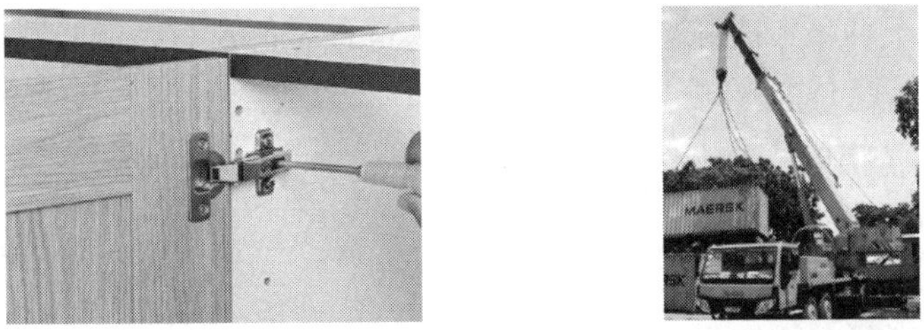

(a)柜门合页　　(b)起重机

图1-65　固定铰支座实例

- **活动铰支座(辊轴支座)**

将固定铰支座底部安放若干辊轴，并与支承面相接触，就构成**活动铰支座**(图 1-66)，又称**辊轴支座**。这类支座常见于桥梁、屋架等结构中，如图 1-67 所示的龙门吊、天车梁都是典型的活动铰支座结构。活动铰支座只限制构件沿支承面法线方向运动，而不限制构件沿支承面移动和或绕销钉轴线转动。因此约束特点如下：

活动铰约束

活动铰支座的约束力一般用 $\boldsymbol{F}$ 表示，作用点为销钉中心；方向垂直于支承面，指向可假设。简化记号和约束力如图 1-66(c)所示。

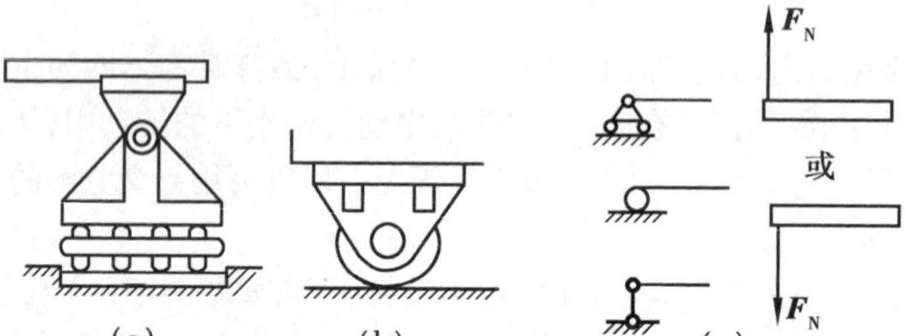

(a)　　(b)　　(c)

图 1-66　活动铰支座

(a)厂房 · 天车梁　　(b)建筑 · 龙门吊

图 1-67　活动铰支座实例

4)链杆约束(二力杆约束)

不计自重，两端均用铰链的方式与周围物体相连，且不受其他外力作用的刚性直杆称为链杆，是二力杆的一种特殊情形。如图 1-68 所示的铁路桁架桥，各杆之间通常采用铆接或焊接的方法连接，力学上抽象为铰链连接，其弦杆即为链杆。这种约束只能限制物体沿链杆轴线方向运动，既能受拉，也能受压，故约束特点如下：

链杆的约束力一般用 $\boldsymbol{F}$ 表示，作用点为铰链中心；方向沿着链杆两端中心连线方向，指向为拉力或为压力，如图 1-69(b)所示。

(a)铁路桁架桥

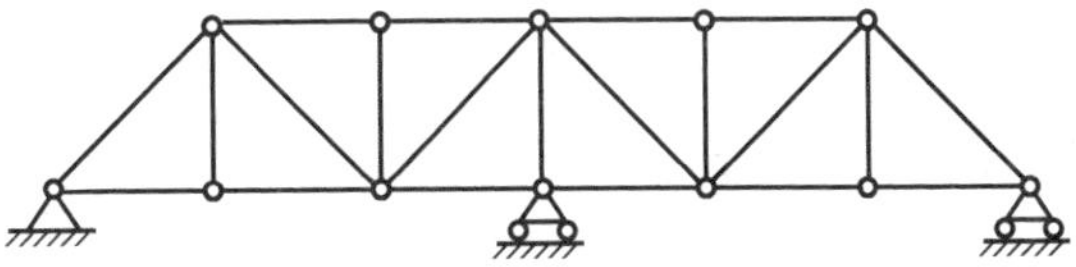

(b)桁架桥简图

图1-68　链杆（二力杆）实例

(a)　(b)

图1-69　链杆约束

5)固定端约束

将构件的一端插入一固定物体中,就构成了**固定端约束**。如图1-70所示,嵌入墙体内的阳台,固定在刀架中的车刀,立于路旁的电线杆,都是典型的固定端约束。这类约束在连接处具有较大的刚性,被约束物体在该处被完全固定,既不能移动,也不能转动。因此约束特点如下:

固定端约束作用在固定点处,一般用两个正交约束力 $\boldsymbol{F}_{Ax}$,$\boldsymbol{F}_{Ay}$ 和一个约束力偶 $\boldsymbol{M}_A$ 来表示,正交约束力限制了构件的移动,约束力偶限制了构件的转动。简化记号和约束力如图1-71(b)所示。

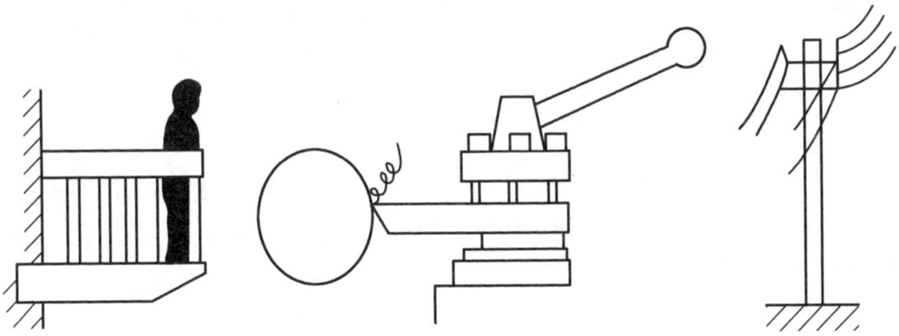

图1-70　固定端约束实例

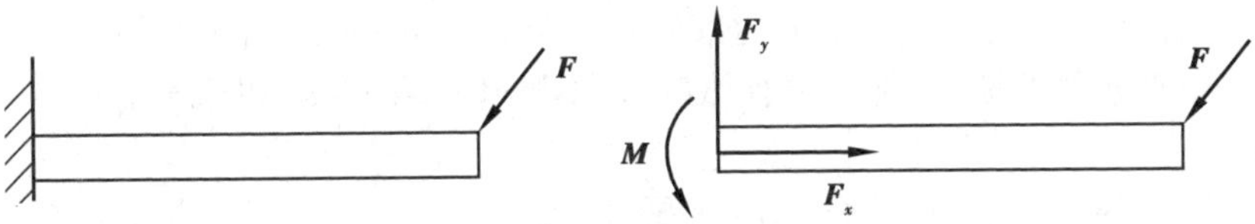

(a)　(b)

图1-71　固定端约束

> **百炼成钢**
>
> 试梳理并总结上述不同类型的约束，完善表1-1：

表1-1　约束受力图

<table>
<tr><th colspan="2">类型</th><th>简图</th><th>受力分析</th></tr>
<tr><td colspan="2">柔性约束</td><td></td><td></td></tr>
<tr><td colspan="2">光滑接触面约束</td><td></td><td></td></tr>
<tr><td rowspan="3">圆柱形
铰链约束</td><td>中间铰</td><td></td><td></td></tr>
<tr><td>固定铰</td><td></td><td></td></tr>
<tr><td>活动铰</td><td></td><td></td></tr>
<tr><td colspan="2">链杆(二力杆约束)</td><td></td><td></td></tr>
<tr><td colspan="2">固定端约束</td><td></td><td></td></tr>
</table>

1.3.3　受力分析与受力图

1)受力分析

静力学问题大多是受一定约束的非自由刚体的平衡问题，解决此类问题的关键是找出主动力与约束力之间的关系。工程中的结构与机构十分复杂，为了清楚地表达出研究对象的受力情况，必须对物体的受力情况作全面分析，即**物体的受力分析**，同时，将受力分析的结果在物体上画出来，即画出所受的全部主动力和约束力，此图就称为研究对象的**受力图**。这都是后续力学计算的前提和关键。

2)画受力图

通过绘制直观、清晰的受力图，才能将物体的受力分析表示出来。绘制受力图大致可分为如下几个步骤。

(1)确定研究对象，取分离体

按问题的条件和要求，确定研究对象(它可以是一个物体，也可以是几个物体的组合成的物体系)，解除与研究对象相连接的其他物体的约束，用简图表示出其形状特征。被解除约束后的研究对象称为**分离体**。

(2)画主动力

在分离体上画出该研究对象所受的全部主动力，如重力、风载、水压、油压、电磁力等。

(3)画约束力

在解除约束的位置(接触点)，根据约束的不同类型，逐一画出相应的约束力。凡是研究对象与周围物体相接触的地方，都一定有约束力，不可随意增加或减少。

(4)校核

检查受力图画的是否正确，是否错画、多画、漏画。

例1.7　如图1-72(a)所示，绳 AB 悬挂一重力为 $\boldsymbol{G}$ 的球。试画出球 C 的受力图(摩擦不计)。

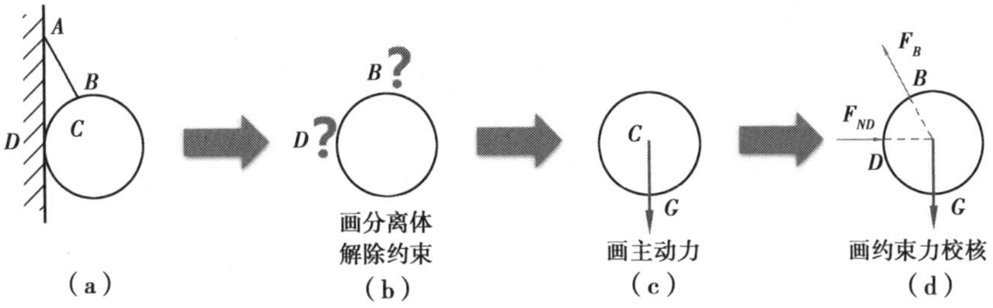

图 1-72　例 1.7 图

解:按照画受力图的基本步骤

(1)确定研究对象,取分离体

确定小球 C 为研究对象,解除周围约束,画出分离体,如图 1-72(b)所示。

(2)画主动力

在球心点 C 画出唯一的主动力 $\boldsymbol{G}$(重力),如图 1-72(c)所示。

(3)画约束力

画分离体时共解除了两处约束,B 点与 D 点。B 点处原有一软绳施加于球 C 的柔性约束,故在解除约束的 B 点处画上表示柔性约束的拉力 $\boldsymbol{F}_B$;D 点处原有一光滑接触面约束,故在解除约束的 D 点处画上表示光滑接触面约束的法向约束力 $\boldsymbol{F}_D$。

(4)校核

例 1.8　如图 1-73(a)所示的一根静止的水平梁 AB,若不计自重,试画出梁 AB 的受力图。

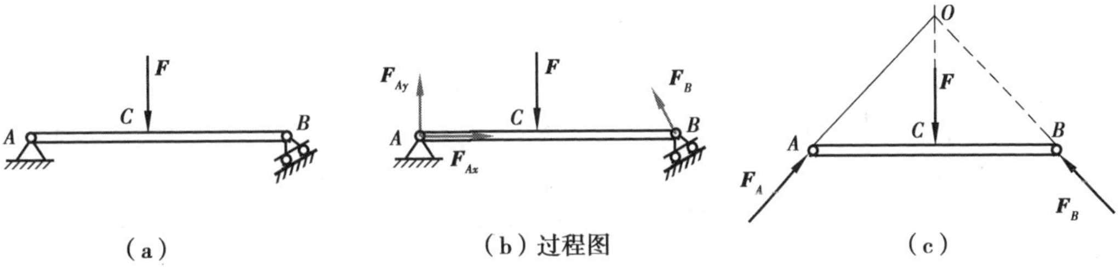

图 1-73　例 1.8 图

解:按照画受力图的基本步骤

(1)取分离体:确定水平梁 AB 为研究对象;

(2)画主动力:在梁 AB 上标出主动力 $\boldsymbol{F}$;

(3)画约束力:A 点是固定铰支座,其约束力可用一个力 $\boldsymbol{F}_A$(方向待定)表示,也可以两个正交分力 $\boldsymbol{F}_{Ax}$,$\boldsymbol{F}_{Ay}$表示;B 点是活动铰支座,其约束力为垂直于支承面的力 $\boldsymbol{F}_B$。

(4)校核

> **➢ 高能提醒**
>
> 题中静止说明梁 AB 处于平衡状态,其上受不共线三力 $\boldsymbol{F}$,$\boldsymbol{F}_A$,$\boldsymbol{F}_B$。故根据**三力平衡汇交定理**,则三力 F,$\boldsymbol{F}_A$,$\boldsymbol{F}_B$必汇交于一点。又因 F,$\boldsymbol{F}_B$已确定,相交于 O 点,则 $\boldsymbol{F}_A$也过点 O。故如图 1-73(c)所示,A 点的约束可用一个力 $\boldsymbol{F}_A$来表示,就无须再用两正交分力表示了。

如研究对象为几个物体组成的物体系统，还必须区分外力和内力。物体系统以外的周围物体对系统的作用力称为**外力**。系统内部各物体之间的相互作用称为系统的**内力**。随着所取系统的范围不同，某些内力和外力也会相互转化。由于系统的内力总是成对出现的，且等值、共线、反向，在系统内自成平衡力系，不影响系统整体的静力平衡，因此，当研究对象是物体系统时，只画作用于系统上的外力，不画系统的内力。

例 1.9 如图 1-74(a)所示，三铰拱桥由左右两拱铰接而成，设各拱自重不计，在拱 AC 上作用荷载 $\boldsymbol{F}$。试分别画出拱 AC、拱 CB 和整体的受力图。

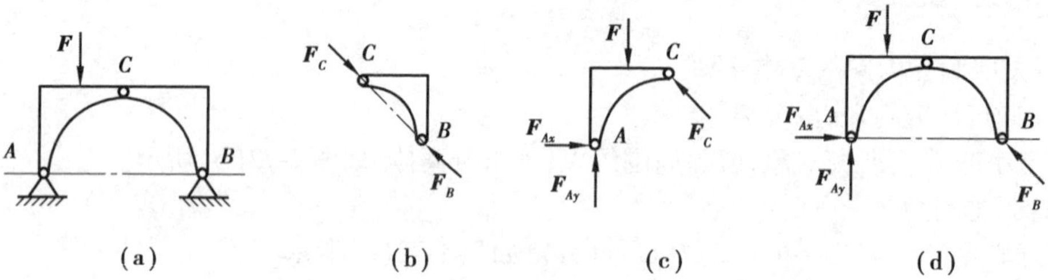

图 1-74 例 1.9 图

解：按照画受力图的基本步骤

(1)先取**拱 CB** 为研究对象

由于自重不计，故构件无主动力，且只在 B、C 处受到铰约束，因此拱 CB 为二力构件(仅受两个力作用而平衡的构件称为**二力构件**，B 处受固定铰约束力 $\boldsymbol{F}_B$，C 处受中间铰约束力 $\boldsymbol{F}_C$，故拱 CB 为二力构件，且 $\boldsymbol{F}_B=-\boldsymbol{F}_C$)。故拱 CB 的受力图如图 1-74(b)所示。

(2)再取**拱 AB** 为研究对象

由于自重不计，故主动力仅为荷载 $\boldsymbol{F}$。点 C 处受中间铰约束力 $\boldsymbol{F}'_C$，也是 $\boldsymbol{F}_C$ 的反作用力，故 $\boldsymbol{F}_C=-\boldsymbol{F}'_C$。点 A 处的约束力可分解为 $\boldsymbol{F}_{Ax}$ 和 $\boldsymbol{F}_{Ay}$。故拱 CB 的受力图如图 1-74(c)所示。

(3)再取**整体**为研究对象

主动力：荷载 $\boldsymbol{F}$；约束力：A、B 两处的铰约束(此时 C 处的约束力就可视为系统内力，自成平衡力系，无须画出)。整体的受力图为图 1-74(d)所示。

(4)校核

> **➢ 高能提醒**
>
> ①明确研究对象，以物体系为研究对象时，内力不必画出；
>
> ②二力构件要优先分析；
>
> ③要根据约束的类型画约束力，即先判断约束的性质，确定约束力的作用位置及效果，再下笔绘制，不能主观臆断；
>
> ④对物体系进行分析时，应注意同一力在不同受力图上的画法要完全一致；在分析两个相互作用的力时，应遵循作用和反作用关系；作用方向一经确定，则反作用力必与之相反，不可再假设指向。

例 1.10 如图 1-75(a)所示，卸货汽车的翻斗可绕铰链支座 A 转动，液压缸推杆视为二力杆。已知汽车本身重 $\boldsymbol{G}_1$，翻斗重 $\boldsymbol{G}_2$。试画出整车和翻斗的受力图。

解：按照画受力图的基本步骤

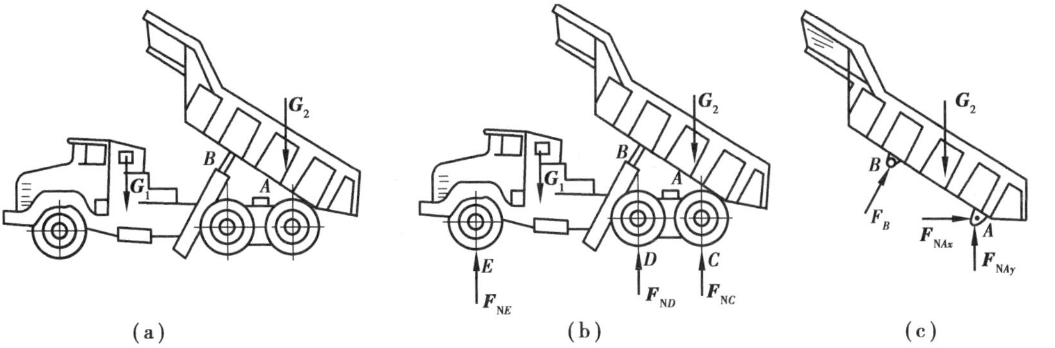

图1-75 例1.10图

(1)取**整车**为研究对象,内力无须画出。

主动力:汽身重 $\boldsymbol{G}_1$,翻斗重 $\boldsymbol{G}_2$;

约束力:E,D,C 点处受光滑接触面约束力 $\boldsymbol{F}_{NE}$,$\boldsymbol{F}_{ND}$,$\boldsymbol{F}_{NC}$。受力图如图1-75(b)所示。

(2)取**翻斗**为研究对象,画出分离体。

主动力:翻斗重 $\boldsymbol{G}_2$,B 点处受液压缸推杆(二力杆)推力 $\boldsymbol{F}_B$;

约束力:A 点为固定铰链支座作用,以两正交分力 $\boldsymbol{F}_{NAx}$,$\boldsymbol{F}_{NAy}$ 表示。受力图如图1-75(c)所示。

(3)校核

例1.11 如图1-76(a)所示的结构由杆 AC、CD 和滑轮 B 铰接而成。物体重为 $\boldsymbol{G}$,用绳子挂在滑轮上。如杆、滑轮及绳子的自重不计,并忽略各处的摩擦,试分别画出滑轮 B、杆 AC,CD 及整个系统的受力图。

解:按照画受力图的基本步骤

(1)取**滑轮 B** 为研究对象,画出分离体。

主动力:柔性约束力 $\boldsymbol{F}_{TE}$ 与 $\boldsymbol{F}_{TH}$;

约束力:B 点处受中间铰约束力,分解为正交分力 $\boldsymbol{F}_{Bx}$ 和 $\boldsymbol{F}_{By}$。受力如图1-76(b)所示。

(2)取杆 **CD** 为研究对象,画出分离体。

主动力:C 点受中间铰约束力 $\boldsymbol{F}_{CD}$;

约束力:杆 CD 为二力杆。D 点处受一固定铰约束力 $\boldsymbol{F}_{DC}$。$\boldsymbol{F}_{CD}$ 与 $\boldsymbol{F}_{DC}$ 互为作用力和反作用力,故等值、反向、共线,即 $\boldsymbol{F}_{CD}=-\boldsymbol{F}_{DC}$,如图1-76(c)所示。

(3)取**杆 AC** 为研究对象,画出分离体。

主动力:B 点受中间铰约束力,分解为正交分力 $\boldsymbol{F}'_{Bx}$ 和 $\boldsymbol{F}'_{By}$,它们是 $\boldsymbol{F}_{Bx}$ 和 $\boldsymbol{F}_{By}$ 的反作用力;

约束力:A 点受固定铰约束力,分解为正交分力 $\boldsymbol{F}_{Ax}$ 和 $\boldsymbol{F}_{Ay}$;C 点受中间铰约束力 F'_{CD},它是 $\boldsymbol{F}_{CD}$ 的反作用力,如图1-76(d)所示。

(4)取整体为研究对象,内力不画。

主动力:重力 $\boldsymbol{G}$;

约束力:①绳索 EH 受柔性约束力 $\boldsymbol{F}_{TE}$;②A 点受固定铰约束力,分解为正交分力 $\boldsymbol{F}_{Ax}$ 和 $\boldsymbol{F}_{Ay}$;③D 点处受一固定铰约束力 $\boldsymbol{F}_{DC}$,如图1-76(e)所示。

其他力如 $\boldsymbol{F}_{Bx}$ 和 $\boldsymbol{F}_{By}$,$\boldsymbol{F}'_{Bx}$ 和 $\boldsymbol{F}'_{By}$,$\boldsymbol{F}'_{CD}$ 和 $\boldsymbol{F}_{CD}$ 均为系统内力,无须画出。

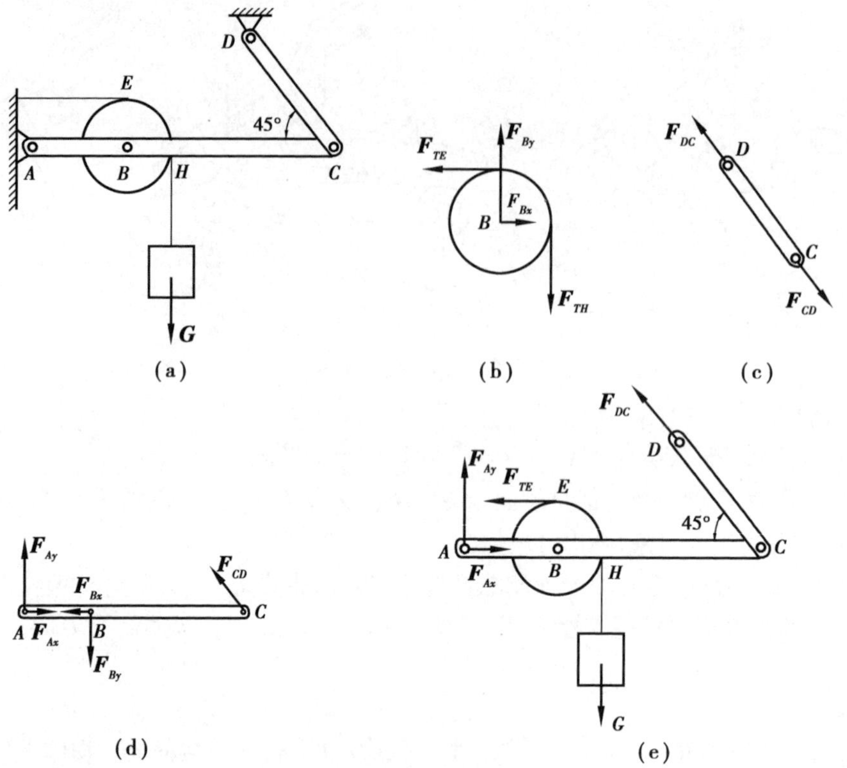

图 1-76　例 1.11 图

(5)校核:对受力分析结果进行检查,查看有无错漏。

课程育人

全面推进依法治国

通过今天的学习,我们进一步了解了主动力和约束力,它们是不是像极了犯罪违法行为与法律约束的关系?犯罪违法是因,而法律制裁就是果,先有因,再有果;无犯法,不违法;无主动,不约束。天网恢恢疏而不漏,法律从不冤枉一个好人,却也绝不姑息任何犯罪,切不可心存侥幸,谁若枉顾法纪,背道而驰,必将会自食恶果,受到法律最严厉的制裁。

2017 年 10 月 18 日,习近平同志在十九大报告中特别指出,深化依法治国实践。全面依法治国是国家治理的一场深刻革命,必须坚持厉行法治,推进科学立法、严格执法、公正司法、全民守法。成立中央全面依法治国领导小组,加强对法治中国建设的统一领导。各级党组织和全体党员要带头遵法学法守法用法,任何组织和个人都不得有超越宪法法律的特权,绝不允许以言代法、以权压法、逐利违法、徇私枉法。

图1-77　全面推进依法治国

通过这次“战疫”，我们深刻认识到，在危难关头，服从安排加强自我隔离就是大局意识；遇到不法现象要及时抵制并举报，不漠视、不无视、不助长其嚣张气焰；在舆情面前，保持一定的自我分析和鉴别能力，网络不是法外之地，不跟风、不带节奏，不当“喷子”“键盘侠”。学会通过官方渠道去印证舆论的正确性，不造谣、不信谣、不传谣。

作为当代大学生，我们应在今后的学习生活中，应当更注重增强法律意识，加强普法学习，同时更要加强内在约束力——提升道德修养。也不能总是依赖外力约束，也要寻求内在升华。公民法律素养的高低，是衡量一个国家、一个民族、一个社会文明程度的标准之一。我国高校大学生法律素养如何，将直接影响当前和未来一个阶段我们的法治建设，影响整个社会的协调发展。

（2001年，中共中央、国务院决定将我国现行宪法实施日12月4日，作为每年的**全国法制宣传日**，对全面推进依法治国具有重要的意义。）

课后练习

[知识检测]

一、填空题

1.凡是对物体的________或________起阻碍作用的________称为约束。它作用在________上的力称为约束力。其方向总是________________。

2.铰链约束可分为________铰链、________铰支座和________铰支座。

3.中间铰约束限制了两构件之间的相对移动，其约束力的作用线通过铰链的________，方向________，通常用正交分力________、________表示。

4.画物体受力图的步骤为：________、________、________、________。

二、画图题

1.试分别画出如图1-78所示各物体的受力图。设各接触面光滑，未标重力的物体自重不计。

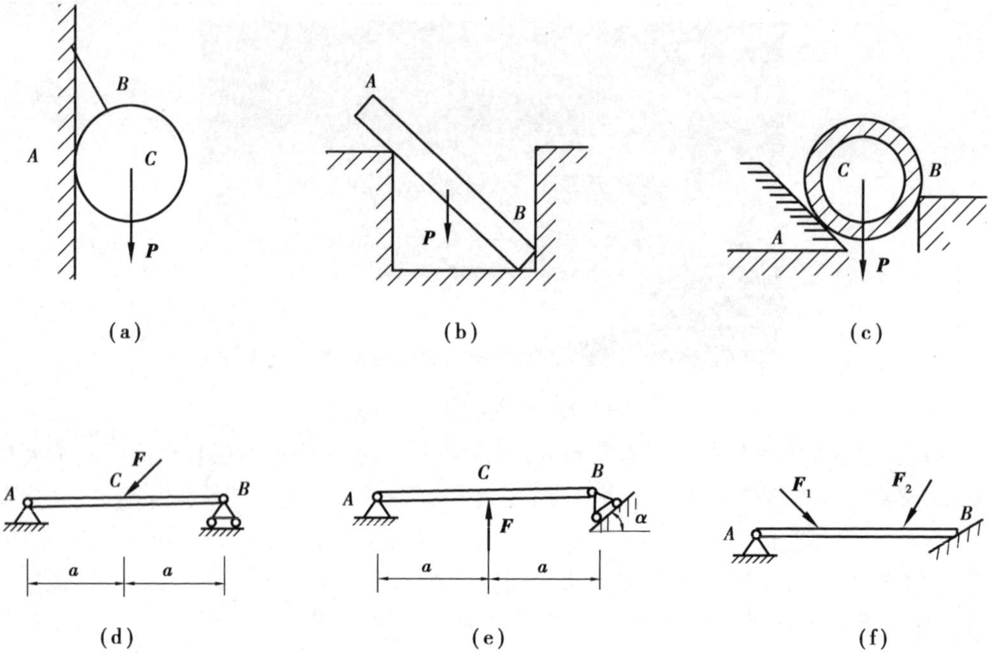

图 1-78

2.指出图 1-79 中的约束类型,并画出受力图。

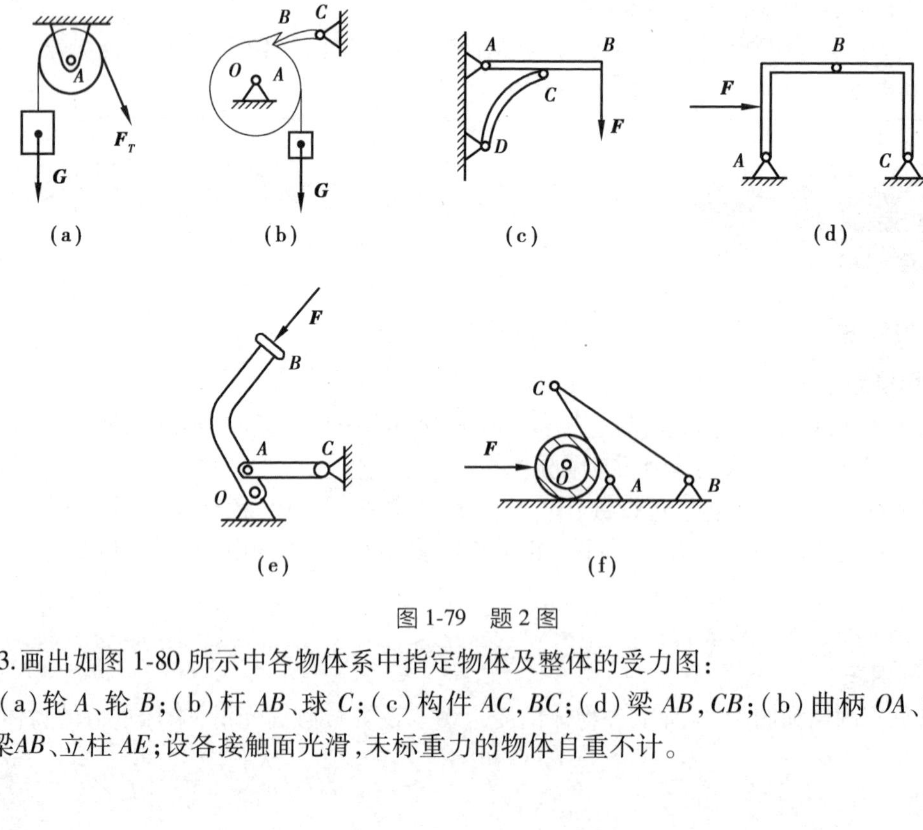

图 1-79　题 2 图

3.画出如图 1-80 所示中各物体系中指定物体及整体的受力图:

(a)轮 A、轮 B;(b)杆 AB、球 C;(c)构件 AC,BC;(d)梁 AB,CB;(b)曲柄 OA、滑块 B;(e)梁AB、立柱 AE;设各接触面光滑,未标重力的物体自重不计。

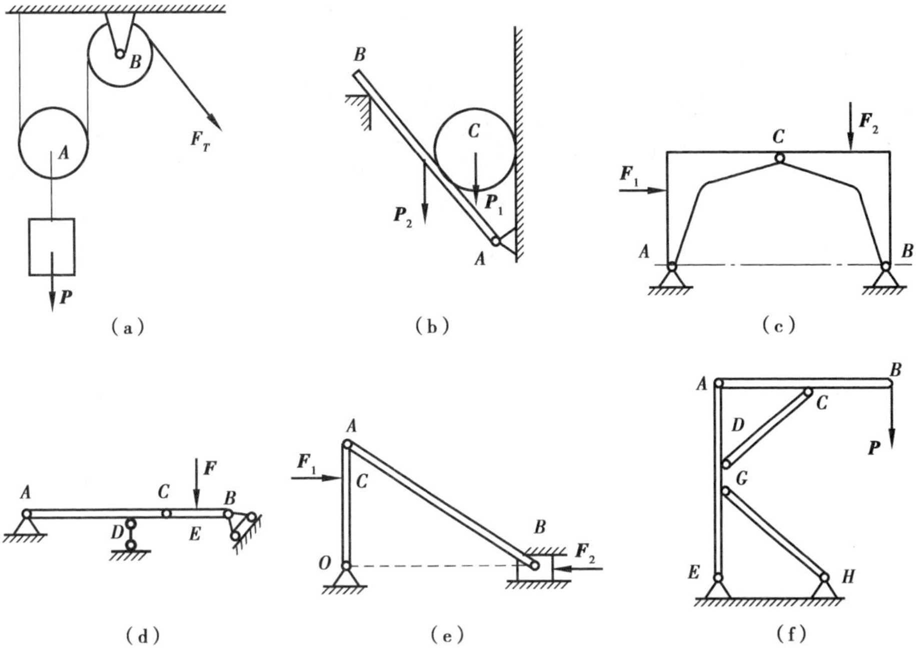

图 1-80　题 3 图

4.试画出图 1-81 工程构件中指定物体的受力图。

(a)板、杆、滑块、滑轮及整体的受力图;

(b)动臂 *AB*、斗杆与铲斗组合体 *CD* 的受力图(*HF*,*EC* 为油缸)。

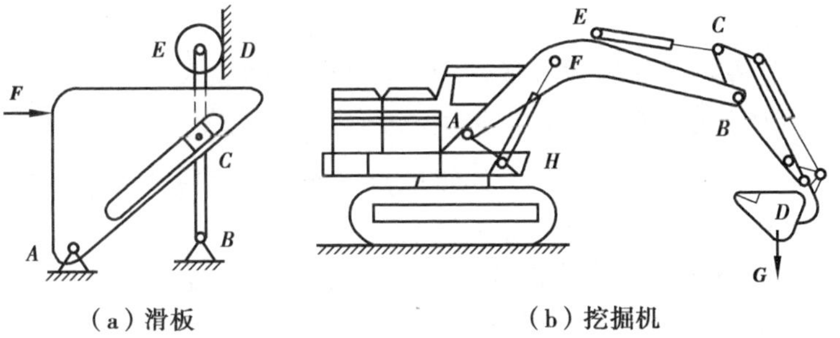

图 1-81　题 4 图

[素质拓展]

大学校园,是一个健康的、向上的文化氛围集合,但在这片阳光下,却总有些屡禁不止的“暗影”。对于以下这些校园违法行为,你都了解多少? 这些行为违反了哪些法律法规? 结合自身谈一谈,如何加强自我约束,远离违法行为呢? 如果不幸遇到这些问题,又该如何处理呢?

(a)校园贷　　(b)校园霸凌　　(c)考场作弊

图 1-82

□校园贷　　□考场作弊　　□校园霸凌(言语+肢体)　　□泄露他人隐私

□其他________________

(2015 年起,国家已将作弊、组织作弊、买卖作弊设备、买卖考题、替考等作弊以及帮助作弊行为纳入刑法范畴。)

项目小结

(1)静力学研究的两大内容:**刚体上力系的简化和力系平衡规律**。

(2)静力学的四个基本公理阐明力的基本性质,是研究静力学的基础。

(3)注意区分力对坐标轴的投影和力沿坐标轴的分力,前者是代数量,后者是矢量。前者也是力矢量的代数表示法。

(4)力矩是力对物体转动效应的度量,可按力矩的定义式 $M_O\boldsymbol{F} = \pm \boldsymbol{F}d$ 和合力矩定理 $M_O(\boldsymbol{F}_R) = \sum M_O(\boldsymbol{F}_i)$ 来计算平面上力对点之矩。

(5)力偶是另一个基本力学量,用力偶矩度量力偶转动效应的大小,定义为 $M(\boldsymbol{F},\boldsymbol{F}') = \pm \boldsymbol{F}d$。力偶在运算中的特点:①力偶对任一轴上的投影恒等于 0;②力偶对任一点之矩恒等于力偶矩;③在平面力系中只要保持力偶的三要素(力偶的作用面、力偶矩的大小、力偶的转动方向)不变,力偶对刚体的作用效果就保持不变。

(6)工程上常见的约束类型有:①柔性约束:只能承受沿柔索的拉力;②光滑面约束:只能承受位于接触点的法向力;③铰链约束:能限制物体沿垂直于销钉轴线方向的移动,一般表示为两个正交分力。

(7)画受力图的基本步骤为:①明确研究对象,取分离体画出简图;②画出主动力;③画出约束力;④检查所画的受力图。

画约束力事先要明确约束类型,然后在解除约束的位置上画出相应的约束力;不能多画力、少画力和错画力;物系的受力图上只画外力,不画内力;凡属二力构件的物体,其约束力必须按二力平衡条件来画;检查受力图时,要注意各物体间的相互作用力是否符合作用与反作用的关系。

项目 2

平面力系

【工作任务】

任务 2.1　平面力系的简化

[任务描述]认识不同类型的平面力系,并掌握其简化方法。

[任务目标]

目标类型	目标要求
认知目标	(1)认识及判定不同类型的平面力系; (2)正确、熟练运用力的平移定理将力进行平移计算; (3)掌握平面任意力系向任意点的简化、主矢和主矩的概念; (4)熟练分析平面任意力系简化的最后结果。
技能目标	(1)掌握平面特殊力系(汇交、力偶、平行)的简化方法; (2)掌握平面任意力系向任一点的简化方法。
素质目标	(1)学会运用唯物辩证法认识事物; (2)学会把握主次,集中资源解决主要矛盾; (3)赏析国画之美及其中蕴含的哲学智慧。

[关键词] 平面(汇交、力偶、平行、任意)力系、简化、平移、主矢、主矩

[知识前哨站]

(1)力的合成:几何法——多边形法则;
　　　　　　解析法——合力投影定理;

(2)力偶的合成:合力偶定理;

(3)力的平移定理及其逆定理。

案例引入

毕加索的牛

※请同学们观察一组简笔画

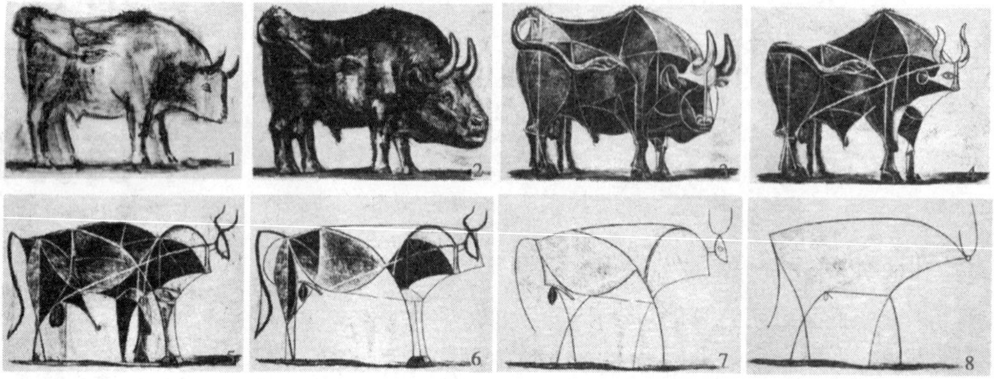

图 2-1　毕加索《牛》

这是一组来自西班牙著名画家毕加索[1]的简笔画作品——《牛》。在作品中，我们可以清晰地看到，毕加索是如何一步一步，对牛的轮廓、肌肉等线条进行合并、简化，最后形成一幅简笔画的《牛》。别看只有寥寥几笔，却也抓住了牛的精髓，形简而意不散，让人一眼望去，就能领会其意。

(a) 北京·鸟巢体育馆

(b) 重庆·黄桷湾立交桥

图 2-2　生活中的工程结构

随着经济建设的发展，在我们的周围，出现了越来越多综合性的、具有多功能的、复杂多变的工程结构。若想把握其中的力学规律，学会抓住重点、化繁为简，即学会力系的简化，可是必要的基本功。

1　毕加索（1881 年 10 月 25 日—1973 年 4 月 8 日），西班牙画家、雕塑家。法国共产党党员。是现代艺术的创始人，西方现代派绘画的主要代表，是当代西方最有创造性和影响最深远的艺术家之一，立体画派创始人，他和他的画在世界艺术史上占据了不朽的地位。毕加索是位多产画家。据统计，他的作品总计近 37 000 件，对 20 世纪的艺术史有着浓墨重彩的一笔，人们称他为“人类艺术史上罕见的天才”。在西班牙内战和纳粹占领法国期间，毕加索坚定地站在民主和进步势力一边，积极参与反法西斯斗争。

专业知识

2.1.1　平面力系的类型

力系简化理论是研究静力学问题的基础和重要内容。根据力系中各力作用线在空间中的分布情况,可分为空间力系和平面力系。若力系中各力的作用线均在同在一平面内,该力系称为**平面力系**,如图2-3(a)所示。在工程上的诸多空间力系问题,由于结构与受力具有平面对称性,也可将其在对称平面内简化为平面力系问题来处理,如图2-3(b)所示。

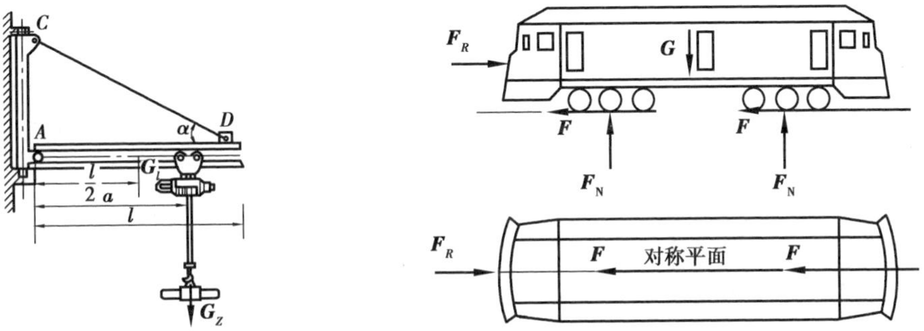

(a)平面力系　　(b)对称平面

图2-3　平面力系

根据平面力系中各力作用线的分布特征,将其划分为平面特殊力系(平面汇交力系、平面力偶系、平面平行力系)和平面任意力系两大类。

平面汇交力系:平面上各力作用线汇交于一点,如图2-4(a)所示。

平面力偶系:平面内仅由力偶组成,如图2-4(b)所示。

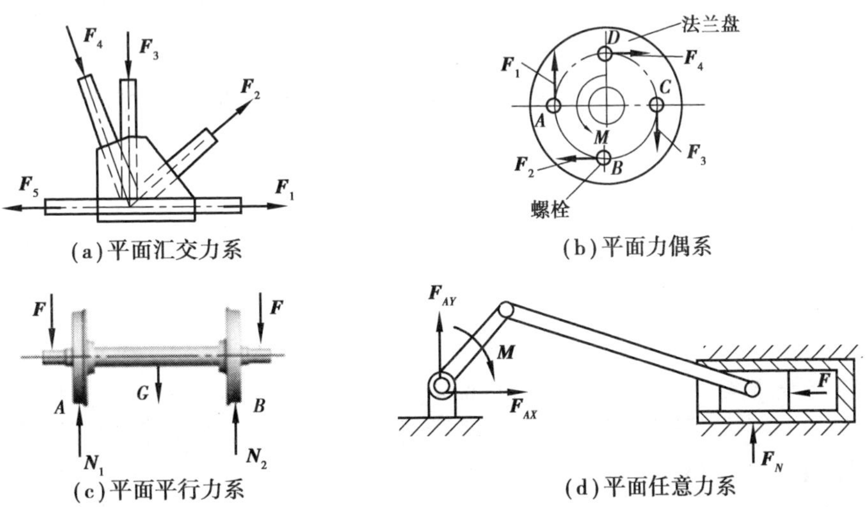

(a)平面汇交力系　　(b)平面力偶系

(c)平面平行力系　　(d)平面任意力系

图2-4　平面力系的类型

平面平行力系：平面内各力的作用线相互平行，如图 2-4(c)所示。

平面任意力系：各力的作用线在平面内任意分布，如图 2-4(d)所示。

在工程实际问题中，物体的受力情况往往比较复杂，为了研究力系对物体的作用效应或平衡规律，需要将力系进行等效简化，即用一合力等效替代原有复杂力系的过程。以下分别讨论不同类型力系的简化。

2.1.2 平面汇交力系的简化

1)几何法

以图 2-5(a)所示的平面汇交力系为例，说明简化过程。

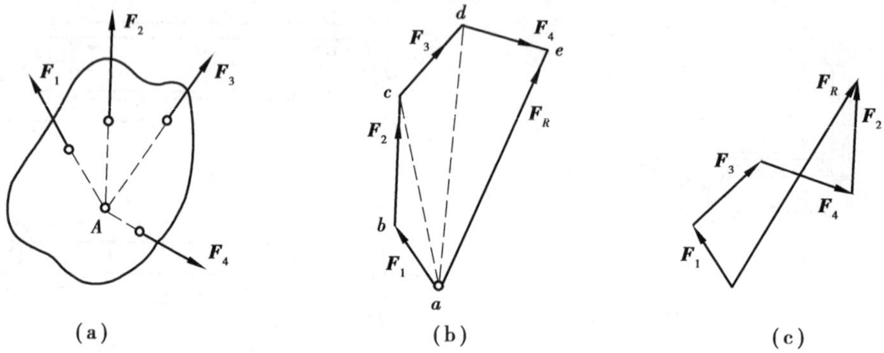

图 2-5 几何法简化平面汇交力系

一刚体上作用有 4 个共面的力 $\boldsymbol{F}_1$、$\boldsymbol{F}_2$、$\boldsymbol{F}_3$和 $\boldsymbol{F}_4$，皆汇交于 A 点，即构成一平面汇交力系。连续应用力的可传性及力的三角形法则，则可得到开口的多边形 $abcde$，最后将多边形封闭起来，闭口线矢量$\overrightarrow{ae}$就是合力矢 $\boldsymbol{F}_R$，如图 2-5(b)所示。其实，虚线 ac 和 ad 也可不必画出，只需直接将各分力首尾相连，依然可得力的多边形。若改变分力的连接顺序，则力多边形的形状也将随之改变，但封闭边即合力 $\boldsymbol{F}_R$不会改变。说明分力作图顺序不会影响合力，合力是确定的、唯一的，如图 2-5(c)所示。

分力矢与合力矢共同构成的多边形 $abcde$ 称为**力的多边形**，边 ae 称为力多边形的**逆封边**，矢量$\overrightarrow{ae}$就是合力矢 $\boldsymbol{F}_R$，这种求合力的方法称为**力的多边形法则**。

$$\overrightarrow{ae} = \overrightarrow{\boldsymbol{AE}} = \boldsymbol{F}_R = \boldsymbol{F}_1 + \boldsymbol{F}_2 + \cdots + \boldsymbol{F}_n = \sum \boldsymbol{F}_i \tag{2-1}$$

> **➢ 深思妙想**
>
> 对于空间力系，力的多边形法则是否也适用呢？
>
> 提示：力是矢量，多边形法则是矢量运算法则。

2)解析法

在任务 1.1 中，我们曾证明和学习过**合力投影定理**。试从矢量式的角度再次证明。

以如图 2-6 所示为例，根据力的平行四边形法则，力可按平行四边形法则进行合成与分

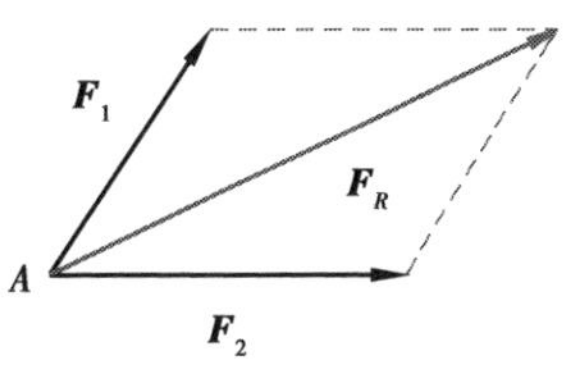

图 2-6 平行四边形法则

解,合力矢 $\boldsymbol{F}_R$ 与分力矢 $\boldsymbol{F}_1$,$\boldsymbol{F}_2$ 之间的关系符合矢量运算法则 $\boldsymbol{F}_R=\boldsymbol{F}_1+\boldsymbol{F}_2$,即合力等于两分力的矢量和。

故在 Oxy 平面坐标系中,结合力的解析式,可得

左式 $=\boldsymbol{F}_R=F_{Rx}+F_{Ry}=F_{Rx}\boldsymbol{i}+F_{Ry}\boldsymbol{j}$

右式 $=\boldsymbol{F}_1+\boldsymbol{F}_2=(F_{1x}\boldsymbol{i}+F_{1y}\boldsymbol{j})+(F_{2x}\boldsymbol{i}+F_{2y}\boldsymbol{j})$

$=(F_{1x}+F_{2x})\,\boldsymbol{i}+(F_{1y}+F_{2y})\,\boldsymbol{j}$

所以 $F_{Rx}=F_{1x}+F_{2x}$,$F_{Ry}=F_{1y}+F_{2y}$

由此可推广到由 n 个力 $\boldsymbol{F}_1,\boldsymbol{F}_2,\cdots,\boldsymbol{F}_n$ 组成的平面汇交力系中,可得**合力投影定理**,即式(1-5)

$$\begin{cases}\sum F_x=F_{1x}+F_{2x}+\cdots+F_{nx}=F_x\\ \sum F_y=F_{1y}+F_{2y}+\cdots+F_{ny}=F_y\end{cases}$$

力系的合力在某轴上的投影等于力系中各分力在同一轴上投影的代数和。

合力则可用矢量式表示

$$\boldsymbol{F}_R=\boldsymbol{F}_1+\boldsymbol{F}_2+\cdots+\boldsymbol{F}_n=\sum \boldsymbol{F}_i \tag{2-2}$$

可见,平面汇交力系的简化结果是一合力,简化就是求合力,且该合力等于原力系中所有分力的矢量和,作用线通过汇交点。

例 2.1 同一平面的三根钢索连接在一固定环上,如图 2-7(a)所示,已知三钢索的拉力分别为:$\boldsymbol{F}_1=500$ N,$\boldsymbol{F}_2=1\ 000$ N,$\boldsymbol{F}_3=2\ 000$ N,试用几何法和解析法分别求出三根钢索在环上作用的合力。

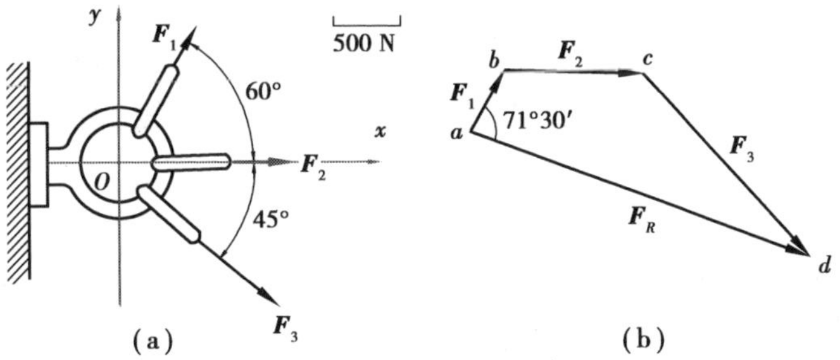

图 2-7 例 2.1 图

解:基本思路:可用几何法、解析法分别求解

(1)几何法

先定力的比例尺,然后作力多边形,先将各分力乘以比例尺得到各力的长度,然后作出力多边形,如图 2-7(a)所示。量得代表合力矢的长度,则 $\boldsymbol{F}_R$ 的实际值为 $\boldsymbol{F}_R=2\ 800$ N,$\boldsymbol{F}_R$ 的方向可由量角器直接量出,$\boldsymbol{F}_R$ 与 $\boldsymbol{F}_1$ 的夹角为 71°31′。

(2)解析法

以 $\boldsymbol{F}_1$,$\boldsymbol{F}_2$,$\boldsymbol{F}_3$ 的汇交点 O 为原点,建立直角坐标系,根据式(1-5)合力投影定理得:

$$F_{Rx}=F_{1x}+F_{2x}+F_{3x}=\boldsymbol{F}_1\cos 60^\circ+\boldsymbol{F}_2+\boldsymbol{F}_3\cos 45^\circ$$

$$= 500 \times 0.5 + 1\ 000 + 2\ 000 \times 0.7 = 2\ 650\ \mathrm{N}$$

同理可得 $F_{Ry} = -950$ N

根据
$$\begin{cases} \boldsymbol{F}_R = \sqrt{F_x^2 + F_y^2} = \sqrt{\left(\sum F_x\right)^2 + \left(\sum F_y\right)^2} \\ \tan\theta = \left|\dfrac{\sum F_y}{\sum F_x}\right| \end{cases} \tag{2-3}$$

得 $\boldsymbol{F}_R = 2\ 815$ N, $\tan\theta = 0.358$, $\theta = 19°41'$

$\boldsymbol{F}_R$位于第四象限,是一大小为 2 815 N,与 x 轴夹角为 19°41′的力。

综上所述,几何法求合力更加快速、简便,但误差较大,解析法求合力更精确,但不够便捷直观。可根据实际工况,选择适宜的简化方法。

2.1.3 平面力偶系的简化

平面力偶系的简化,实质上就是平面力偶系的合成(详见任务 1.2)。

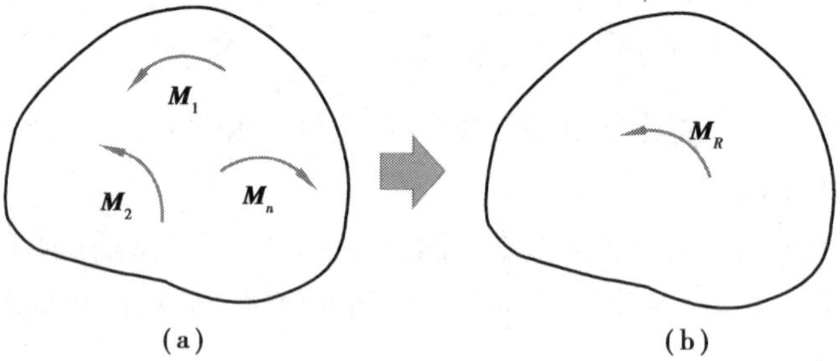

图 2-8 平面力偶系的简化

如图 2-8(a)所示,若刚体上作用有由力偶 $\boldsymbol{M}_1, \boldsymbol{M}_2, \cdots, \boldsymbol{M}_n$ 组成的平面力偶系,根据力偶的性质,力偶对其作用面内任一点之矩恒等于力偶矩,与该点(矩心)的位置无关。故利用式(1-16)合力偶定理,可将在作用面内的所有分力偶直接合成,即将多个分力偶简化为一个合力偶,即

$$M = M_1 + M_2 + \cdots + M_n = \sum M_i$$

由此可知,平面力偶系的简化结果为一合力偶,合力偶 M_R 的方向由各分力偶之和决定。

例 2.2 如图 2-9 所示,物体在同一平面内受到三个力偶的作用。已知 $\boldsymbol{F}_1 = 200$ N, $\boldsymbol{F}_2 = 600$ N, $\boldsymbol{M} = 100$ N·m,求它们的合力偶矩。

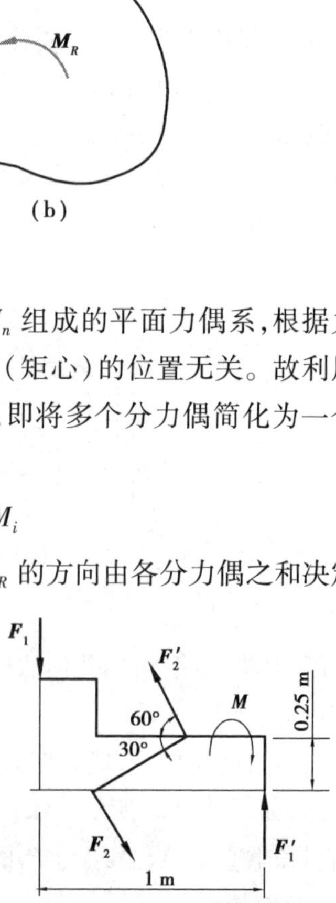

图 2-9 例 2.2 图

解: 各分力力偶矩为

$\boldsymbol{M}_1 = F_1 d_1 = 200 \times 1 = 200$ N·m

$\boldsymbol{M}_2 = F_2 d_2 = 600 \times 0.25 / \sin 30° = 300$ N·m

$\boldsymbol{M}_3 = -M = -100$ N·m

根据合力偶定理求得合力偶矩为

$$\boldsymbol{M}_R = \boldsymbol{M}_1 + \boldsymbol{M}_2 + \boldsymbol{M}_3 = 200 + 300 - 100 = 400\ \mathrm{N \cdot m}$$

2.1.4　平面任意力系的简化

平面任意力系的力线分布呈现任意无规律的状态，因而不能像汇交力系或力偶系那样直接求矢量和得到最终简化结果。但我们可以根据之前所学，将平面任意力系化简成一平面汇交力系与一平面力偶系的复合力系，以便于计算。

1）平面任意力系向任一点简化

设刚体受到平面任意力系 $\boldsymbol{F}_1,\boldsymbol{F}_2,\cdots,\boldsymbol{F}_n$ 的作用，如图2-10（a）所示，在力系所在的平面内任取一点 O，称 O 点为简化中心，简称**简心**。运用力的平移定理，将力系中的各力依次分别平移至 O 点，建立平面直角坐标系 Oxy，就可得到一**平面汇交力系**和一**平面力偶系**（由各力在平移过程中产生的附加力偶组成）。

平面向一点简化

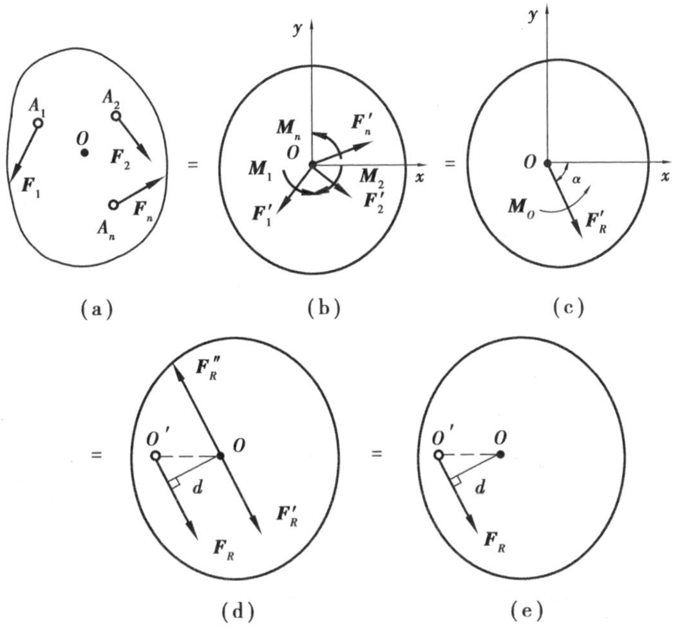

图2-10　平面任意力系向任一点的简化

其中，平面汇交力系中各力的大小和方向分别与原力系中对应的各力相同，即

$$\boldsymbol{F}_1=\boldsymbol{F}'_1,\boldsymbol{F}_2=\boldsymbol{F}'_2,\cdots,\boldsymbol{F}_n=\boldsymbol{F}'_n$$

所得平面汇交力系可以合成为一个力 $\boldsymbol{F}'_R$，也作用于点 O，其力矢 $\boldsymbol{F}'_R$ 等于各力矢 $\boldsymbol{F}'_1$，$\boldsymbol{F}'_2,\cdots,\boldsymbol{F}'_n$ 的矢量和，即

$$\boldsymbol{F}'_R=\boldsymbol{F}'_1+\boldsymbol{F}'_2+\cdots+\boldsymbol{F}'_n=\sum\boldsymbol{F}'_i$$

$\boldsymbol{F}'_R$ 称为原力系的**主矢**，是这个构建出来的平面汇交力系的矢量和。主矢的作用线通过简心 O，但其大小与方向却与 O 点的位置无关。

根据式（2-2）和式（2-3），在平面直角坐标系 Oxy 中，有

$$\begin{cases}F'_{Rx}=\sum F_x\\F'_{Ry}=\sum F_y\end{cases}\tag{2-4}$$

$$\begin{cases} F'_R = \sqrt{(F'_{Rx})^2 + (F'_{Ry})^2} = \sqrt{(\sum F_x)^2 + (\sum F_y)^2} \\ \tan\alpha = \dfrac{\sum F_y}{\sum F_x} \end{cases} \tag{2-5}$$

式中，F'_{Rx}，F'_{Ry}，F_x，F_y分别为主矢与各力在 x 轴和 y 轴上的投影；F'_R为主矢的大小；α 为主矢 $\boldsymbol{F}'_R$与 x 轴的夹角；$\boldsymbol{F}'_R$的指向由 $\sum F_x$ 与 $\sum F_y$ 的正负号共同决定。

又根据力的平移定理可知，一力 $\boldsymbol{F}_n$从原作用点平移至简心 O 时，会产生一个附加力偶 $\boldsymbol{M}_n$，则若干个力 $\boldsymbol{F}_1$，$\boldsymbol{F}_2$，…，$\boldsymbol{F}_n$的平移就会产生若干个力偶 $\boldsymbol{M}_1$，$\boldsymbol{M}_2$，…，$\boldsymbol{M}_n$，即构成了一个平面力偶系。各附加力偶的力偶矩分别等于原力系中各力对简心 O 之矩，即

$$\boldsymbol{M}_1 = \boldsymbol{M}_O(\boldsymbol{F}_1), \boldsymbol{M}_2 = \boldsymbol{M}_O(\boldsymbol{F}_2), \cdots, \boldsymbol{M}_n = \boldsymbol{M}_O(\boldsymbol{F}_n)$$

根据式(1-16)合力偶定理可得

$$\boldsymbol{M}_O = \boldsymbol{M}_1 + \boldsymbol{M}_2 + \cdots + \boldsymbol{M}_n = \sum \boldsymbol{M}_i \tag{2-6}$$

$\boldsymbol{M}_O$称为原力系对简心 O 点的**主矩**。在选取不同的简心时，每个附加力偶的力偶臂一般都要发生变化，所以主矩一般都与简心 O 点的位置有关。

综上所述，平面任意力系向作用面内任一点简化，可简化为一平面汇交力系和一平面力偶系，进一步合成可得到一力(主矢 $\boldsymbol{F}'_R$)和一力偶(主矩 $\boldsymbol{M}_O$)。原力系等效于主矢和主矩的联合作用。

> ➢ **高能提醒**
>
> 平面任意力系向一点简化，一般可得一力(主矢)和一力偶(主矩)，但这并不是简化的最终结果。主矢也不等同于合力，简化的最终结果还需要进一步讨论。

2)简化结果讨论

根据主矢 $\boldsymbol{F}'_R$和主矩 $\boldsymbol{M}_O$的不同情况，可能会出现四种简化结果。

(1) $\boldsymbol{F}'_R \neq 0$，$\boldsymbol{M}_O = 0$，原力系简化为一个力，此时合力即为主矢，即 $\boldsymbol{F}_R = \boldsymbol{F}'_R = \sum F$。合力 $\boldsymbol{F}_R$的作用线过简心 O，但其大小与方向与简心 O 无关。

(2) $\boldsymbol{F}'_R = 0$，$\boldsymbol{M}_O \neq 0$，原力系简化为一力偶，此时主矩就是原力系的合力偶矩，即 $\boldsymbol{M}_O = \sum \boldsymbol{M}_i$。此时，主矩 $\boldsymbol{M}_O$与简心 O 点的位置无关。

(3) $\boldsymbol{F}'_R = 0$，$\boldsymbol{M}_O = 0$，原力系平衡，将于下节详细讨论。

(4) $\boldsymbol{F}'_R \neq 0$，$\boldsymbol{M}_O \neq 0$，原力系简化为一主矢 $\boldsymbol{F}'_R$与一个主矩 $\boldsymbol{M}_O$。之后，再根据力的平移定理的逆定理，将主矢 $\boldsymbol{F}'_R$和主矩 $\boldsymbol{M}_O$合成为一个力 $\boldsymbol{F}_R$，如图 2-10(d)所示，显然，力 $\boldsymbol{F}_R$就是原力系的合力。合力 $\boldsymbol{F}_R$的大小为 $F_R = F'_R$，指向与 F'_R相同，其力的作用线到简化中心 O 的距离为 d，即

$$d = \frac{|\boldsymbol{M}_O|}{\boldsymbol{F}_R} = \frac{|\boldsymbol{M}_O|}{\boldsymbol{F}'_R} \tag{2-7}$$

在图 2-11(a)所示的情况中，当 $M_O>0$ 时，合力 $\boldsymbol{F}_R$在 F'_R的右边；当 $M_O<0$ 时，合力 $\boldsymbol{F}_R$在 F'_R

的左边。

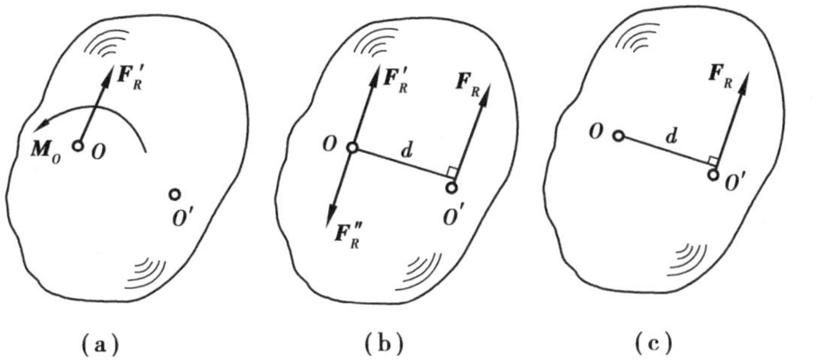

图 2-11 力的平移定理逆定理

> **➢ 高能提醒**
>
> 1.主矢不是合力,两者虽大小相等、指向相同,但作用点不同,意义也不同。主矢只是力系简化中的过程量,其作用点是简心,位置是人为选定的、任意的、可更改的;而合力的作用点是真实的、唯一的、最终的结果量。在求出主矢和主矩后,需通过力的平移的逆定理,将主矢(向左或向右)平移一个力偶臂 d 的距离后,即可确定。
>
> 2.合力位于主矢的哪一侧,要视最后主矩的正负(逆时针或顺时针方向)而定,具体情况需具体分析。

表 2-1 平面任意力系简化结果

主矢 $\boldsymbol{F}_R'$	主矩 $\boldsymbol{M}_O$	简化结果	说明
$\boldsymbol{F}_R' \neq 0$	$\boldsymbol{M}_O \neq 0$	合力 $\boldsymbol{F}_R$	$\boldsymbol{F}_R=\boldsymbol{F}_R', d=\dfrac{\vert\boldsymbol{M}_O\vert}{\boldsymbol{F}_R}$
	$\boldsymbol{M}_O=0$		$\boldsymbol{F}_R=\boldsymbol{F}_R'$
$\boldsymbol{F}_R'=0$	$\boldsymbol{M}_O \neq 0$	合力偶 $\boldsymbol{M}_O$	$\boldsymbol{M}_O=\sum \boldsymbol{M}_O(\boldsymbol{F})$
	$\boldsymbol{M}_O=0$	力系平衡	主矢 $\boldsymbol{F}_R'=0$,主矩 $\boldsymbol{M}_O=0$

例 2.3 如图 2-12 所示,自来水厂的排水管线一端固定在墙内,一端连通在水池内。运转中,管线受到来自同一平面的三个力的作用,已知 $\boldsymbol{F}_1=600$ N,$\boldsymbol{F}_2=100$ N,$\boldsymbol{F}_3=400$ N。试分析力系向固定端 A 点的简化结果。

解:基本思路:判定类型→向一点简化(力的平移)→求主矢主矩→结果讨论

(1)判定类型:

根据 $\boldsymbol{F}_1$,$\boldsymbol{F}_2$,$\boldsymbol{F}_3$的力线分布,判定该力系为平面任意力系;

(2)向一点简化(力的平移):

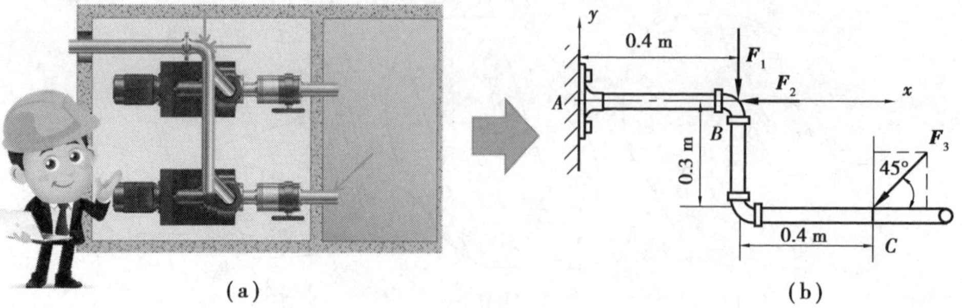

图 2-12　自来水厂排水管线

根据题目要求,向固定端 A 点简化,即以 A 为简心,建立 Axy 平面直角坐标系。并将 $\boldsymbol{F}_1$,$\boldsymbol{F}_2$,$\boldsymbol{F}_3$向 A 点进行平移,根据力的平移定理,还会产生附加力偶 $\boldsymbol{M}_1$,$\boldsymbol{M}_2$,$\boldsymbol{M}_3$,力系简化结果如图 2-13(a)所示。现 Z 型管上共作用有 3 个力和 2 个力偶,即一平面汇交力系($\boldsymbol{F}'_1$,$\boldsymbol{F}'_2$,$\boldsymbol{F}'_3$)和一平面力偶系($\boldsymbol{M}_1$,$\boldsymbol{M}_3$),即

$$\boldsymbol{F}_1 = \boldsymbol{F}'_1,\boldsymbol{F}_2 = \boldsymbol{F}'_2,\boldsymbol{F}_3 = \boldsymbol{F}'_3$$

$$\boldsymbol{M}_1 = \boldsymbol{M}_A(F_1),\boldsymbol{M}_2 = \boldsymbol{M}_A(F_2) = 0,\boldsymbol{M}_3 = \boldsymbol{M}_A(F_3)$$

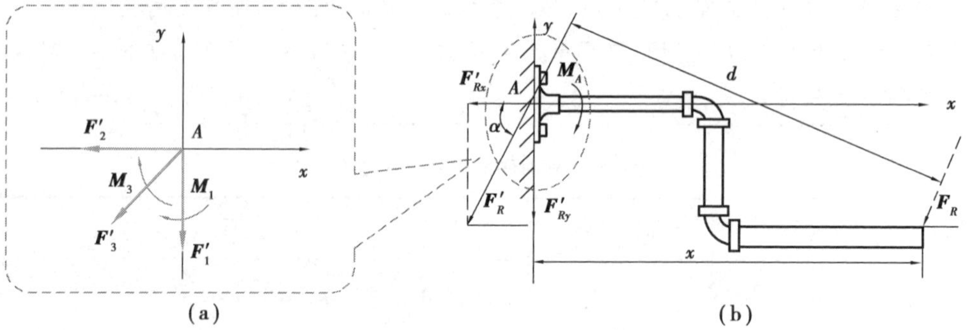

图 2-13　平面任意力系向 A 点的简化

(3)求主矢和主矩:

先求主矢 $\boldsymbol{F}'_R$,即平面汇交力系的简化:

根据式(2-4)和式(2-5)可得

$$\boldsymbol{F}'_{Rx} = \sum \boldsymbol{F}_x = -\boldsymbol{F}'_2 - \boldsymbol{F}'_3\cos 45°$$
$$= -100 - 400\cos 45° = -382.8\ \text{N}$$

$$\boldsymbol{F}'_{Ry} = \sum \boldsymbol{F}_y = -\boldsymbol{F}'_1 - \boldsymbol{F}'_3\sin 45°$$
$$= -600 - 400\sin 45° = -882.8\ \text{N}$$

$$\boldsymbol{F}'_R = \sqrt{(\boldsymbol{F}'_{Rx})^2 + (\boldsymbol{F}'_{Ry})^2} = 962.2\ \text{N}$$

$$\tan\alpha = \left|\frac{\sum F_y}{\sum F_x}\right| = 2.360\,2,\alpha = 66.56°$$

由于 $\boldsymbol{F}'_{Rx}$与 $\boldsymbol{F}'_{Ry}$均为负值,所以主矢 $\boldsymbol{F}'_R$指向第三象限;

再求主矩 $\boldsymbol{M}_O$,即平面力偶系的简化:

$$\boldsymbol{M}_A=\sum \boldsymbol{M}_A(F)=\boldsymbol{M}_1+\boldsymbol{M}_2+\boldsymbol{M}_3=\boldsymbol{M}_A(F_1)+\boldsymbol{M}_A(F_2)+\boldsymbol{M}_A(F_3)$$
$$=-\boldsymbol{F}_1\times 0.4+0+(-\boldsymbol{F}_3\sin 45°\times 0.8-\boldsymbol{F}_3\cos 45°\times 0.3)$$
$$=-600\times 0.4+0+(-400\sin 45°\times 0.8-400\cos 45°\times 0.3)$$
$$=-551.1\ \mathrm{N\cdot m}$$

由上述计算可知,力系向固定端 A 点简化,所得主矢 $\boldsymbol{F}'_R$大小为 962.2 N,方向指向第三象限,且与 x 轴的夹角为 66.56°;所得主矩 M_A 大小为 551.1 N · m,顺时针旋转。

(4)简化结果讨论:

由于 $\boldsymbol{F}'_R\neq 0, M_O\neq 0$,简化力系最终的结果得一合力 $\boldsymbol{F}_R$,根据力的平移定理的逆定理,可得到力系的合力 $\boldsymbol{F}_R$,合力 $\boldsymbol{F}_R$与主矢 $\boldsymbol{F}'_R$大小相等,指向相同,但合力 $\boldsymbol{F}_R$作用线与 A 点的垂直距离 d 为

$$d=\frac{|M_A|}{F_R}=\frac{|M_A|}{F'_R}=\frac{|-551.1|}{962.2}=0.57\ \mathrm{m}$$

又 $M_A<0$,故合力 $\boldsymbol{F}_R$位于 $\boldsymbol{F}'_R$的右侧,最终得到合力 $\boldsymbol{F}_R$,如图 2-14(b)所示。

(5)校核

例 2.4 如图 2-14 所示,已知 $\boldsymbol{F}_1=60$ N,$\boldsymbol{F}_2=80$ N,$\boldsymbol{F}_3=150$ N,$m=100$ N · m,转向为逆时针,$\theta=30°$,图中距离单位为 m,试将图中力系向 O 点简化,求最终简化的结果。

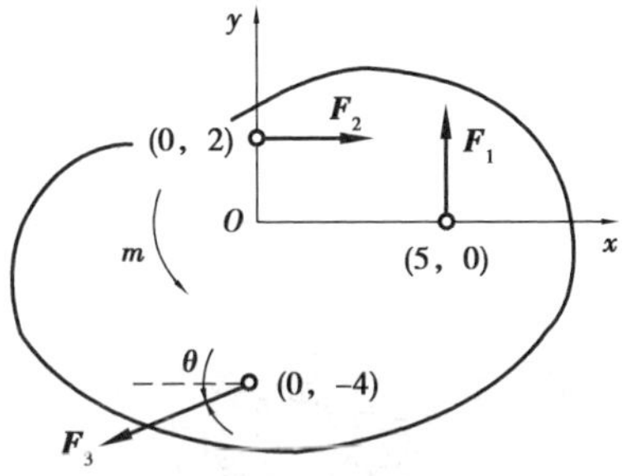

图 2-14 例 2.4 图

解:(1)判定类型:平面任意力系

(2)向一点简化(力的平移):以 O 为简心,Oxy 上整理得到一平面汇交力系和一平面力偶系;

(3)求主矢和主矩:

$$\boldsymbol{F}'_{Rx}=\sum \boldsymbol{F}_x=\boldsymbol{F}'_2-\boldsymbol{F}'_3\cos 30°=80-150\cos 30°=-49.9\ \mathrm{N}$$

$$\boldsymbol{F}'_{Ry}=\sum \boldsymbol{F}_y=\boldsymbol{F}'_1-\boldsymbol{F}'_3\sin 30°=60-150\sin 30°=-15\ \mathrm{N}$$

得到主矢 $\boldsymbol{F}'_R=\sqrt{(\boldsymbol{F}'_{Rx})^2+(\boldsymbol{F}'_{Ry})^2}=52.1$ N

$$\tan\alpha=\left|\frac{\sum \boldsymbol{F}_y}{\sum \boldsymbol{F}_x}\right|=0.3,\alpha=16°42'$$

$$M_O=\sum M_O(F)=\boldsymbol{F}_1\times 5-\boldsymbol{F}_2\times 2-\boldsymbol{F}_3\cos 30°\times 4+m=-279.6\ \mathrm{N\cdot m}$$

得到主矢 $M_O=-279.6$ N · m

由上述计算可知,力系向固定端 O 点简化,所得主矢 $\boldsymbol{F}'_R$大小为 52.1 N,方向指向第三象限,且与 x 轴的夹角为 16°42′;所得主矩 $\boldsymbol{M}_A$ 大小为 279.6 N · m,顺时针旋转。

(4)简化结果讨论:

由于 $F'_R \neq 0$,$M_O \neq 0$,简化力系最终的结果得一合力 F_R,根据力的平移定理的逆定理,可得到力系的合力 F_R,合力 F_R与主矢 F'_R大小相等,指向相同,但合力 F_R作用线与 A 点的垂直距离 d 为

$$d = \frac{|M_O|}{F_R} = 5.37\ \text{m}$$

又 $M_A<0$,故合力 F_R位于主矢 F'_R的右侧。

(5)校核

> **百炼成钢**
>
> 试根据平面任意力系向一点的简化,自行完成平面平行力系的简化。
>
> 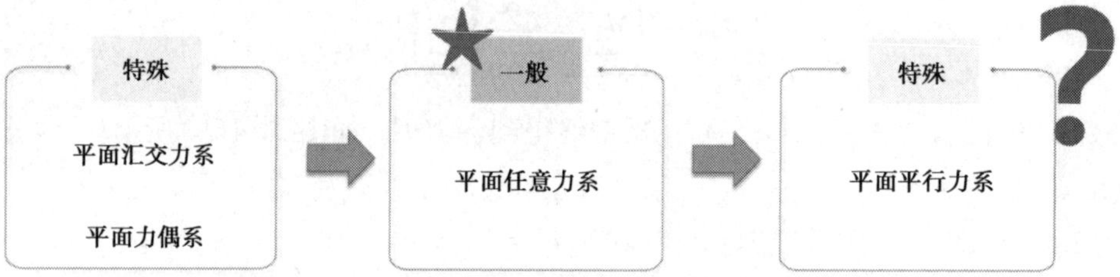
>
>
> 图 2-15　平面平行力系
>
> 提示:注意把握事物间的联系,利用之前所学,完善知识链。

课程育人

用唯物辩证法学习力系

今天,我们学习了对平面任意力系向一点的简化,学习中,要学会运用唯物辩证法的观点,用联系的观点看问题,认识和把握平面特殊力系和平面任意力系之间的联系性,才能达到最好的学习效果。同时,也要会用矛盾的观点看事物,即学会正确认识事物,掌握力系递进学习规律,善于抓住重点,集中主要力量解决主要矛盾,这样才能更好地完成力系的简化。从典型中总结出一般规律,再用一般规律指导具体工作,推动学习螺旋性上升进步。

图2-16　水墨山水图

相较于开篇案例中毕加索的《牛》，中国水墨画其实早就把抓住事物主要矛盾这一唯物辩证法贯彻通透了。水，无形无色，那如何通过画笔绘制出宽广的江面呢？一舟、一影足矣。轻舟，衬托出江面之壮阔，倒影，则衬托出水之静、水之清，无须用颜料涂满整块画布，抓住主要矛盾即可，画布所在之处，就皆成了江面，让观者感受到了静谧的水墨意境。再缀以远山和群鸟，碧水、云天、远山、小舟，一幅构图极为宏大的山水图就跃然纸上了。可见，无论是生活、艺术，还是学习，都有其相通的地方，学会科学的运用唯物辩证法认识事物、总结规律，就可以更好地帮助我们提高效能，达到事半功倍的效果。

课后练习

［知识检测］

一、填空题

1.力的正交分力是________量，其大小与力的投影的________相等。

2.平面任意力系向任一点简化可得________和________，若 $\boldsymbol{F}'_R \neq 0$，$\boldsymbol{M}_O \neq 0$，则简化结果为________。

3.平面汇交力系的简化主要运用到了________定理；平面力偶系的简化主要运用到了________定理；平面任意力系的简化则主要运用到了________定理。

二、客观题

1.平面任意力系的简化过程中，主矢 $\boldsymbol{F}'_R$ 其实就是合力 $\boldsymbol{F}_R$。（　　）

2.平面平行力系的简化与平面任意力系的简化步骤及运用定理都相同。（　　）

3.平面任意力系与主矢和主矩的联合作用等效。（　　）

4.关于平面力系的主矢与主矩，下述表述正确的是（　　）

A.主矢的大小、方向与简化中心的选择无关；

B.主矩的大小、转向一定与简化中心的选择有关；

C.当平面力系对某点的主矩为零时，该力系向任何一点简化的结果为一合力；

D.当平面力系对某点的主矩不为零时，该力系向任何一点简化的结果均不可能为一合力。

三、主观题

1.将图 2-17 所示 A 点的力 $\boldsymbol{F}$ 沿作用线移至 B 点，是否改变该力对 O 点之矩？

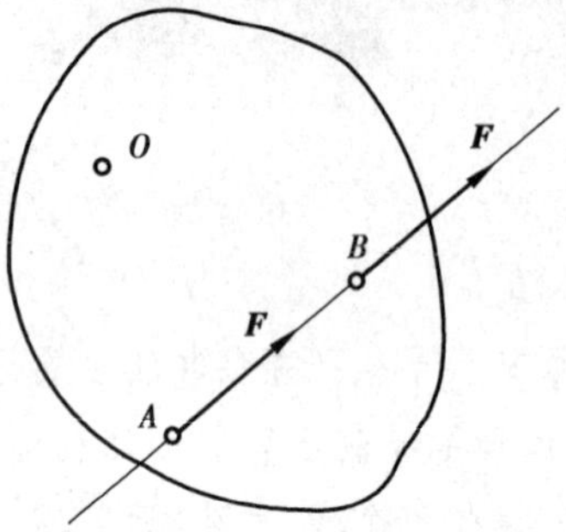

图 2-17　题 1 图

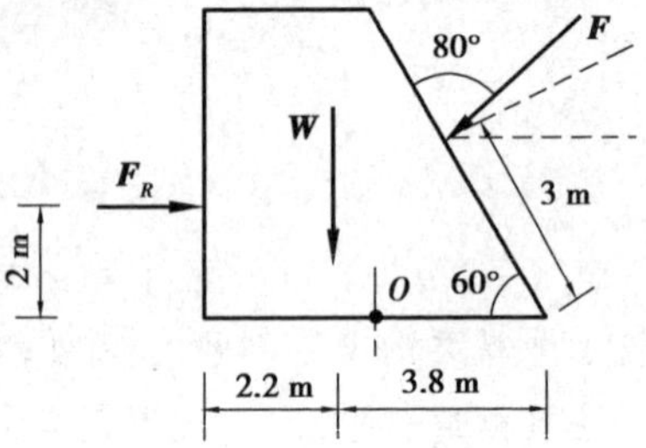

图 2-18　题 2 图

2.“山城”重庆，以其多山的地貌特征而著称。某施工单位在修筑道路时，遇到一高数米的边坡，需要修筑一重力式挡土墙以防止滑坡，如图 2-19 所示。试求这些力向底边中点简化的结果，并求合力作用线的位置。

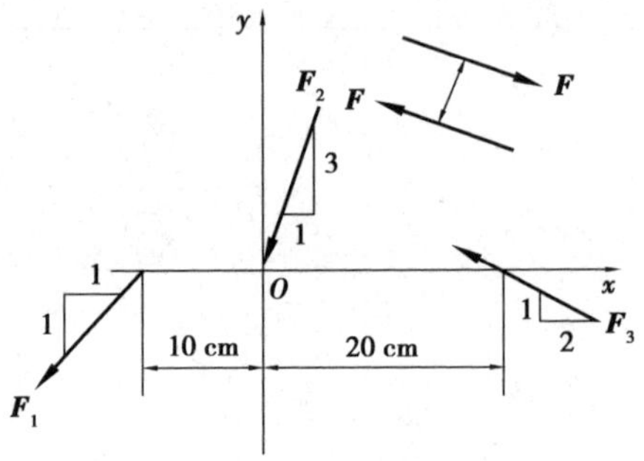

图 2-19　题 3 图

3.如图 2-19 所示平面力系，其中 $F_1 = 150$ N，$F_2 = 200$ N，$F_3 = 300$ N，力偶的臂等于 8 cm，力偶的力 $F = 200$ N，试将平面力系向 O 点简化，并求力系合力的大小及其与原点 O 的距离 d。

［素质拓展］

前有毕加索绘制简笔画《牛》，今有《工程力学》求平面力系的简化，同是简化，都需要注意把握主要特征，忽略次要矛盾。请同学们观察下列事物，画出其简笔画。试最简单的线条完成对事物的表述。

(a)注射器

(b)猫头鹰

(c)千斤顶

(d)自画像

图2-20　简笔画

任务2.2　平面力系的平衡

[任务描述]掌握各类型平面力系的平衡条件,熟练地应用平面任意力系的平衡方程求解单个物体平衡问题。

[任务目标]

目标类型	目标要求
认知目标	(1)熟练掌握平面任意力系的平衡方程并运用求解; ⅰ.基本形式 ⅱ.二矩式 ⅲ.三矩式 (2)熟练掌握平面特殊力系(汇交、力偶、平行)的平衡方程并运用求解。
技能目标	结合受力分析,熟练地应用平面任意力系的平衡方程求解单个物体平衡问题。
素质目标	(1)养成良好的自我管理习惯,能平衡好学习、兴趣爱好等之间的关系; (2)认识经济发展与环境保护之间的平衡关系——“绿水青山就是金山银山”; (3)通过“新冠疫情”,深刻认识保护人与自然之间平衡的重要性。

[关键词] 简化结果、主矢、主矩、平衡、合力为零

[知识前哨站]

(1) 牛顿第一定律(惯性定律);

(2) 平面任意力系的简化;

(3) 约束与受力分析。

案例引入

平衡的哲学

月亮绕着地球转，地球绕着太阳转，天体之间平稳运行，这是宇宙的平衡。

有月盈就有月缺，有潮起就有潮落，能量之间相互转换，这是能量的平衡。

动物吃植物，植物吸收微生物，微生物腐蚀动物，这是生态的平衡。

大国之间相互掣肘，形成三国鼎立之势，这是全球局势的平衡。

万事万物为什么会以平衡的形式存在？

天体运行不平衡就会出现宇宙大爆炸。

能量不平衡就会出现极冷极热等极端天气。

生态不平衡就会出现海平面上升，地表沙漠化，物种灭绝。

国力不平衡就会发生战争。

所以，只有平衡才能存在，若要存在必须平衡。

(a)天平(重量平衡)

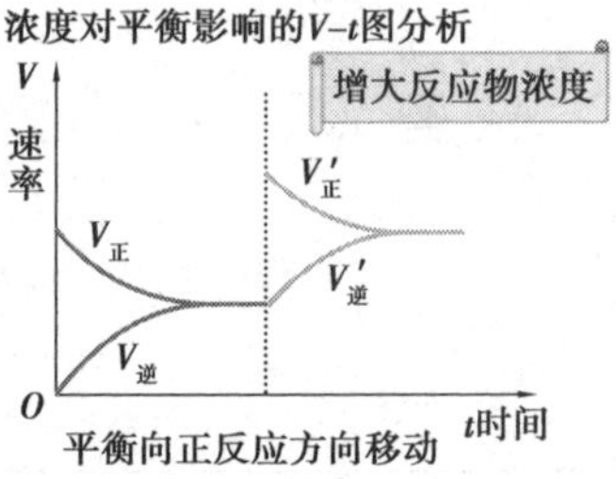

(b)化学平衡

(c)平衡木（身体平衡）

图 2-21　各个领域的平衡

“平衡”一词可谓由来已久，运用广泛，它被普遍用来描述一种稳定、均衡、等效的状态。平衡的概念被广泛应用于生活、体育、医学、化学、环保等各个领域，从实体到虚拟，从物质到精神。你还能说出哪些领域的平衡？思考一下，在工程领域中的平衡，又代表着怎样的含义呢？今天，就让我们一起走进——“平衡”的哲学。

专业知识

2.2.1　平衡

在任务 1.1 中，我们首次阐述了在《工程力学》的学科范畴内什么是“平衡”？平衡是指物体相对于地球处于静止状态或匀速直线运动，是物体机械运动中的特殊状态。

定义中明确了平衡的两个要素，一是参照系为地球(在本书中，除非特别强调，一般都默认地球是参照系)；二是物体做静止或匀速直线运动。

是不是有些熟悉？还记得高中物理学过的牛顿第一定律吗？一切物体在不受外力的作用时，总保持静止状态或匀速直线运动状态。该定律揭示的是运动状态和所受合力之间的关系。据此我们可知，一般来说，平衡、静止或匀速直线运动、合力为零这三个词，其实是同义词。

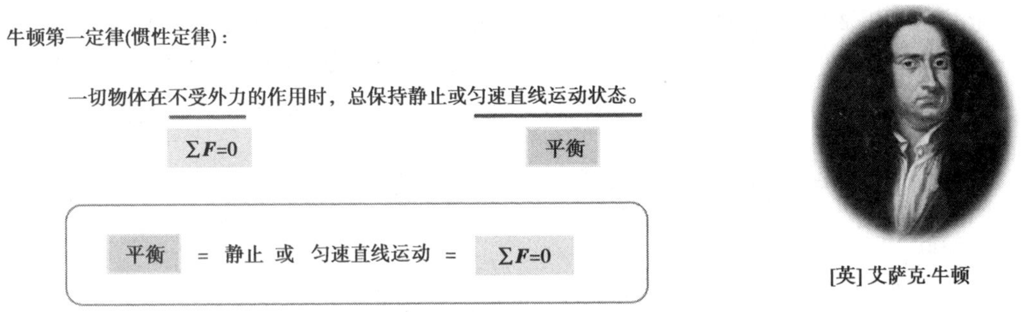

图2-22　牛顿第一定律

所以，我们今天要研究的平衡问题，本质上其实是合力为零的力系问题。

> **➢ 深思妙想**
>
> 想想平衡对工程结构的意义，什么情况下会破坏平衡？
>
> 
>
> (a)汶川地震·房屋倒塌　　　(b)加拿大魁北克桥·二次垮塌
>
> 图2-23　工程结构失衡引发的事故
>
> 提示：自行调研了解“加拿大魁北克大桥”垮塌背后的故事。思考对于工程行业从业者来说，最重要的品质是什么，底线是什么。

2.2.2　平面任意力系的平衡方程

在上节任务中，我们曾对平面任意力系的简化结果讨论分析，当主矢 $\boldsymbol{F}'_R$ 和主矩 $\boldsymbol{M}_O$ 都为零时，力系平衡，即物体既不能平动也不能转动。因此平面任意力系平衡的充要条件为力系的主矢与主矩均为零，即

$$\begin{cases} \boldsymbol{F}'_R = 0 \\ \boldsymbol{M}_O = 0 \end{cases} \tag{2-8}$$

故有

$$\begin{cases} \sum F_x = 0 \\ \sum F_y = 0 \\ \sum M_O(F) = 0 \end{cases} \tag{2-9}$$

上式称为**平面任意力系的平衡方程基本形式**。它表明平面任意力系平衡的解析充要条件为：力系中各力在平面内两个任选坐标轴(常选 Oxy 直角坐标系)上投影的代数和均为零，各力对平面内任意一点之矩的代数和也为零。这 3 个独立方程至多可求得包括力的大小和方向在内的 3 个未知量。

除了这个基本形式外，还有二矩式、三矩式，方程如下：

二矩式

$$\begin{cases} \sum F_x = 0 (\text{或} \sum F_y = 0) \\ \sum M_A(F) = 0 \\ \sum M_B(F) = 0 \end{cases} \tag{2-10}$$

附加条件：其中 A、B 两点连线不能与 x 轴(或 y 轴)垂直。

三矩式

$$\begin{cases} \sum M_A(F) = 0 \\ \sum M_B(F) = 0 \\ \sum M_C(F) = 0 \end{cases} \tag{2-11}$$

附加条件：其中 A,B,C 三点不能共线。

在应用二矩式和三矩式时，必须满足附加条件，否则所列三个平衡方程将不再是充要条件。解决具体工程问题时，可根据已知条件，遵循便于解题的原则，选择某一种形式。

下面介绍平面力系的几种特殊情况，即平面汇交力系、平面力偶系、平面平行力系的平衡方程。

2.2.3 平面特殊力系的平衡方程

1)平面汇交力系的平衡方程

平面汇交力系的简化合成结果是一合力，故其平衡的充要条件就是合力为零，即 $\boldsymbol{F}_R = 0$。换言之，就是力系中各力在两个坐标轴上投影的代数和分别等于零，即

$$\begin{cases} \sum F_x = 0 \\ \sum F_y = 0 \end{cases} \tag{2-12}$$

上式称为**平面汇交力系的平衡方程**，至多可求解 2 个未知量。

2)**平面力偶系的平衡方程**

平面力偶系的简化合成结果是一合力偶,故其平衡的充要条件就是合力偶矩为零,即 $\boldsymbol{M}_O=0$。换言之,就是平面力偶系中各力偶矩的代数和等于零,即

$$\sum M_i = 0 \tag{2-13}$$

上式称为**平面力偶系的平衡方程**,此方程只能求解1个未知量。

3)**平面平行力系的平衡方程**

可以将平面平行力系看成是平面任意力系的特殊情况,它的平衡方程可由平面任意力系的平衡方程(2-9)导出。若力系中各力的作用线与 y 轴平行,则显然在 x 轴上的合力就恒为零,于是平面平行力系的平衡方程为:

$$\begin{cases} \sum F_x = 0 \\ \sum M_O(F) = 0 \end{cases} \tag{2-14}$$

反之,若各力作用线与 x 轴平行,则有:

$$\begin{cases} \sum F_y = 0 \\ \sum M_O(F) = 0 \end{cases} \tag{2-15}$$

上式表明平面平行力系平衡的充要条件为:力系中各力在与力平行的坐标轴上投影的代数和为零,各力对任意点之矩的代数和也为零。同时,方程还有二矩式形式,即

$$\begin{cases} \sum M_A(F) = 0 \\ \sum M_B(F) = 0 \end{cases} \tag{2-16}$$

附加条件:矩心 A,B 两点连线不能与各力 $\boldsymbol{F}$ 的作用线平行。

下面举例说明各种平面力系平衡方程的运用。

例2.5　如图2-24(a)所示的三角支架由 AB,AC 组成,A,B,C 处均为光滑铰链,在销钉 B 上悬挂一重物 $\boldsymbol{G}$=10 kN,杆件自重不计。试求杆件 AB,AC 所受的力。

解:基本思路:画受力图→列平衡方程

(1)取销钉 A 为研究对象

(2)取分离体 A,画受力图

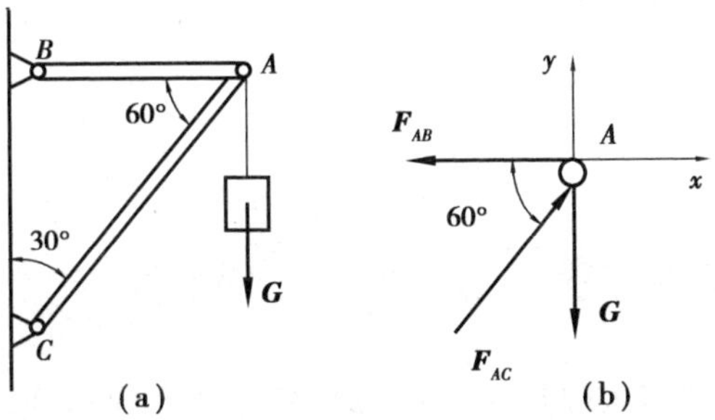

图2-24

经分析,销钉 A 连接着杆 AB,AC 及一重物 $\boldsymbol{G}$,故 A 受三个力共同作用。

$\boldsymbol{G}$ 为主动力,以及二力杆 AB,AC 的约束力 $\boldsymbol{F}_{AB}$,$\boldsymbol{F}_{AC}$,方向沿杆件轴线,假设指向如图 2-24(b)所示。

(3)列平衡方程

观察各力分布规律,得知这是一个典型的平面汇交力系。故以 A 为原点,建立直角坐标系 Axy,根据平面汇交力系的平衡方程(2-12),得

$$\begin{cases} \sum \boldsymbol{F}_x = 0, \boldsymbol{F}_{AC} \cdot \cos 60^\circ - \boldsymbol{F}_{AB} = 0 \\ \sum \boldsymbol{F}_y = 0, \boldsymbol{F}_{AC} \cdot \sin 60^\circ - \boldsymbol{G} = 0 \end{cases}$$

(4)求解并校核

解得 $\boldsymbol{F}_{AC} = 11.54\ \text{kN}$,$\boldsymbol{F}_{AB} = 5.77\ \text{kN}$

说明销钉 A 所受的力的方向与假设一致。又根据作用力与反作用力定律,杆件 AB 所受的力为 5.77 kN,为拉力;杆件 AC 所受的力为 11.54 kN,为压力。

> **➤ 高能提醒**
>
> 1.计算结果为正,说明各未知力的实际方向与假设相同;为负,则相反。
>
> 2.本题是要求杆件 AB,AC 所受的力,但为了建立汇交力系以便于计算,取的是销钉 A 为研究对象,所以根据作用力与反作用力定律,AB,AC 所受的是与 A 大小相等但方向相反的力。

例 2.6 用多轴钻床在一水平放置的工件上同时加工 4 个直径相同的孔,两个固定螺栓 A,B 之间的距离为 200 mm,如图 2-25(a)所示。钻孔时每个钻头的主切削力组成了一个力偶,各力偶矩的大小为 $\boldsymbol{M}_1 = \boldsymbol{M}_2 = \boldsymbol{M}_3 = \boldsymbol{M}_4 = \boldsymbol{M} = 15\ \text{N} \cdot \text{m}$。若不计摩擦,试求加工时两个固定螺栓 A,B 所受的力。

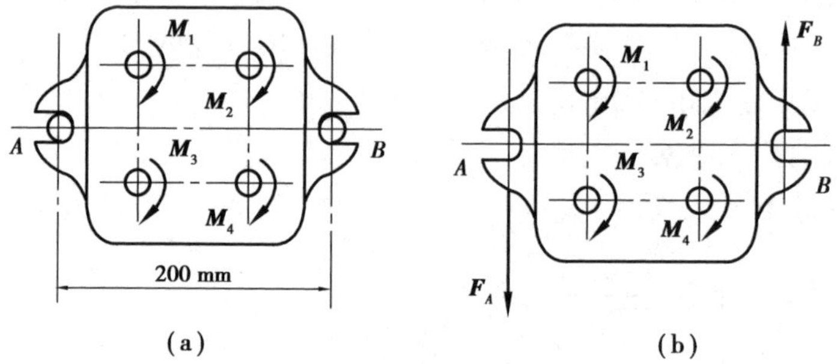

图 2-25　例 2.6 图

解:(1)取整体工件为研究对象

(2)画受力图

经分析,工件受 4 个主动力偶 $\boldsymbol{M}_1$,$\boldsymbol{M}_2$,$\boldsymbol{M}_3$,$\boldsymbol{M}_4$ 作用,及约束力偶($\boldsymbol{F}_A$,$\boldsymbol{F}_B$)共同作用。因主动力偶全部为顺时针方向,则约束力偶($\boldsymbol{F}_A$,$\boldsymbol{F}_B$)必为逆时针方向如图 2-25(b)所示。

(3)列平衡方程

观察各力分布规律,得知这是一个典型的平面力偶系。无须建立坐标系,根据平面力偶系的平衡方程(2-13),将作用平面内的力偶直接加和,得

$$\sum M = 0,\ -4 \times 15 + F_A \times 0.2 = 0$$

(4)求解并校核

解得 $\boldsymbol{F}_A = \boldsymbol{F}_B = 300\ \text{N}$

则根据作用力与反作用力定律,两个固定螺栓 A、B 所受的力分别为 300 N。

例 2.7　如图 2-26(a)所示,梁长 $l=2$ m,$\boldsymbol{F}=100$ N,求固定端 A 处的约束力。

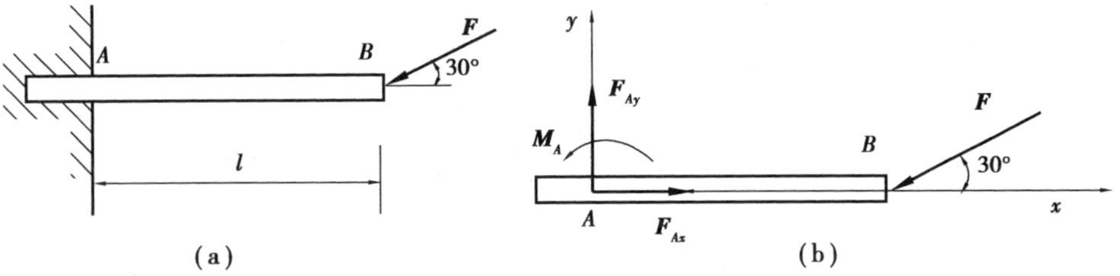

图 2-26　例 2.7 图

解:(1)取梁 AB 为研究对象

(2)取分离体 AB,画受力图

经分析,梁 AB 受到主动力 $\boldsymbol{F}$ 和固定端 A 点的约束力 $\boldsymbol{F}_{Ax}$,$\boldsymbol{F}_{Ay}$,$\boldsymbol{M}_A$。力的假设指向如图 2-27(b)所示。

(3)列平衡方程

观察各力分布规律,得知这是一个典型的平面任意力系。故以 A 为原点,建立直角坐标系 Axy,根据平面任意力系的平衡方程(2-9),得

$$\sum \boldsymbol{F}_x = 0, \boldsymbol{F}_{Ax} - \boldsymbol{F}\cos 30° = 0$$

$$\sum \boldsymbol{F}_y = 0, \boldsymbol{F}_{Ay} - \boldsymbol{F}\sin 30° = 0$$

$$\sum \boldsymbol{M}_A(F) = 0, \boldsymbol{M}_A - \boldsymbol{F}l\sin 30° = 0$$

(4)求解并校核

代入已知量,解得

$$\boldsymbol{F}_{Ax} = \boldsymbol{F}\cos 30° = 100 \times \cos 30° = 86.6\ \text{N}$$

$$\boldsymbol{F}_{Ay} = \boldsymbol{F}\sin 30° = 100 \times \sin 30° = 50.0\ \text{N}$$

$$M_A = \boldsymbol{F}l\sin 30° = 100 \times 2 \times \sin 30° = 100\ \text{N}\cdot\text{m}$$

若选择 B 点为矩心,重新计算约束力偶 M_A

$$\sum \boldsymbol{M}_B(\boldsymbol{F}) = 0, \boldsymbol{M}_A - \boldsymbol{F}_{Ay} \times l = 0$$

$$\boldsymbol{M}_A = \boldsymbol{F}_{Ay} \times l = 50 \times 2 = 100\ \text{N}\cdot\text{m}$$

验证结果与计算结果一致,且计算结果又为正,与图中假设方向一致。

综上所述,固定端 A 处的约束力 $\boldsymbol{F}_{Ax}$ 为 86.6 N,$\boldsymbol{F}_{Ay}$ 为 50.0 N,约束力偶为 100 N·m,逆时针方向。

> **➢ 高能提醒**
>
> 1. 确定研究对象,画其受力图;
> 一般应选取有已知力和未知力共同作用的物体为研究对象,取出分离体画受力图;
> 2. 选取投影坐标轴和矩心,列平衡方程,求得已知量;
> (1)由于坐标轴和矩心的选择是任意的,在选择时应遵循以下原则:
> ①坐标轴应与尽可能多的未知力垂直(或平行);
> ②矩心应选在较多未知力的汇交点处。
> (2)列平衡方程时要注意力的投影和力矩的"+""-"号。
> 3. 校核
> 不要忽视校核,常用求另一点矩的方法,以验证原结果是否平衡。

例 2.8 图 2-27(a)是某石油厂的卧式密闭油罐结构简图。设油罐总重量沿筒体轴向均匀分布,集度为 $q=20$ kN/m,容器两端端部折算重力为 $\boldsymbol{G}=10$ kN,力矩为 $\boldsymbol{M}=800$ kN · m,油罐鞍座结构可简化为一端为固定铰链支座,另一端为活动铰链支座,容器计算简图如图 2-27(b)所示。试求支座 A,B 的约束力。

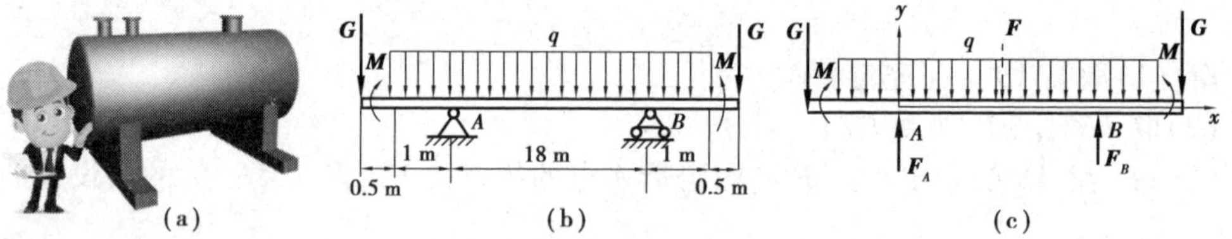

图 2-27 例 2.8 图

解:(1)取油罐整体为研究对象

(2)画受力图

经分析,油罐受到的主动力为重力 $\boldsymbol{G}$ 和载荷集度 $\boldsymbol{q}$,以及支座 A,B 的约束力。$\boldsymbol{G}$ 和 $\boldsymbol{q}$ 的方向都是垂直向下,则约束力 $\boldsymbol{F}_A$,$\boldsymbol{F}_B$ 就会与之相反,竖直向上。

(3)列平衡方程

观察各力分布规律,得知这是一个典型的平面平行力系。故以 A 为原点,建立直角坐标系 Axy,根据平面平行力系的平衡方程(2-14),得

$$\sum \boldsymbol{F}_y = 0,\ -\boldsymbol{G} - \boldsymbol{F} - \boldsymbol{G} + \boldsymbol{F}_A + \boldsymbol{F}_B = 0$$

$$\sum M_A(F) = 0, G \times 1.5 - \boldsymbol{M} - \boldsymbol{F} \times 9 + \boldsymbol{F}_B \times 18 + \boldsymbol{M} - \boldsymbol{G} \times 19.5 = 0$$

(4)求解并校核

代入已知量,其中 $\boldsymbol{F}=\boldsymbol{q}l=q\times(18+1+1)=20\times20=400$ kN

解得 $\boldsymbol{F}_A=\boldsymbol{F}_B=$ 210 N

故支座 A,B 的约束力大小均为 210 N,方向竖直向上的支持力。

> **➢ 高能提醒**
>
> **均布载荷:**在一定范围内连续均匀分布的载荷,常用载荷集度 $\boldsymbol{q}$(常数)表示。均布载荷一般分为体均布载荷、面均布载荷、线均布载荷。实际中许多均布载荷都可以简化为线均布载荷,其载荷集度 $\boldsymbol{q}$ 单位为 N/m 或 N/km。列平衡方程时,常将均布载荷简化为一个集中力 $\boldsymbol{F}$,其大小为 $\boldsymbol{F}=\boldsymbol{q}l$($l$ 为载荷作用长度),作用线通过作用长度中点。

例 2.9　悬臂吊车如图 2-28(a)所示，横梁 AB 长 $l=2.5$ m，自重 $\boldsymbol{G}_1=1.2$ kN；拉杆 CD 倾斜角 $\alpha=30°$ 自重不计；电葫芦连同重物共重 $\boldsymbol{G}_2=7.5$ kN。当电葫芦在图示位置时平衡，$a=2$ m，试求拉杆的拉力和铰链 A 的约束力。

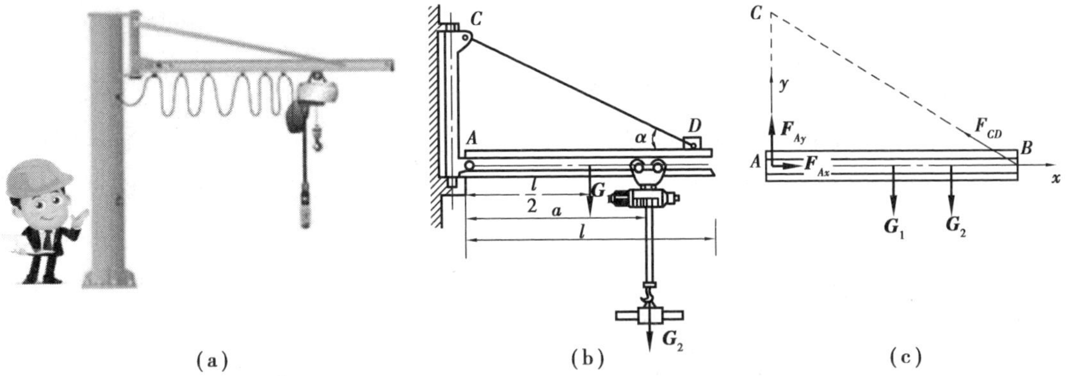

图 2-28　例 2.9 图

解：(1)取横梁 AB 为研究对象

(2)画受力图

经分析，横梁 AB 受到的主动力为重力 $\boldsymbol{G}_1$(在横梁中点)、载荷 $\boldsymbol{G}_2$，约束力为拉杆的拉力 $\boldsymbol{F}_{CD}$ 和铰链 A 的约束力 $\boldsymbol{F}_{Ax}$ 和 $\boldsymbol{F}_{Ay}$，受力图和假设指向都如图 2-28(c)所示。

(3)列平衡方程

观察各力分布规律，得知这是一个平面任意力系。故以 A 为原点，建立直角坐标系 Axy，根据平面任意力系的平衡方程(2-9)，得

$$\sum \boldsymbol{F}_x = 0, \boldsymbol{F}_{Ax} - \boldsymbol{F}_{CD}\cos\alpha = 0 \qquad (\text{I})$$

$$\sum \boldsymbol{F}_y = 0, \boldsymbol{F}_{Ay} - G_1 - G_2 + \boldsymbol{F}_{CD}\sin\alpha = 0 \qquad (\text{II})$$

$$\sum M_A(F) = 0, \boldsymbol{F}_{CD} \times l \times \sin\alpha - G_1 \times l/2 - G_2 \times a = 0 \qquad (\text{III})$$

(4)求解并校核

代入已知量，解得

拉杆的拉力 $\boldsymbol{F}_{CD}=13.2$ kN，铰链 A 的约束力 $\boldsymbol{F}_{Ax}=11.43$ kN，$\boldsymbol{F}_{Ay}=2.1$ kN，计算结果为正，则力的实际指向与假设方向一致。

①若取 B 为矩心，列出力矩方程为：

$$\sum M_B(\boldsymbol{F}) = 0, -F_{Ay} \times l + \boldsymbol{G}_1 \times l/2 + \boldsymbol{G}_2 \times (l-a) = 0 \qquad (\text{IV})$$

用(IV)代替式(II)，同样可得到 $F_{Ay}=2.1$ kN。此时，平面一般力系的平衡方程变为二矩式(2-10)(满足 AB 连线与 x 轴不垂直的条件)；

②若再取 C 为矩心，列出力矩方程为：

$$\sum M_C(\boldsymbol{F}) = 0, F_{Ax} \times l \times \tan\alpha - G_1 \times l/2 - G_2 \times a = 0 \qquad (\text{V})$$

用(V)代替式(I)，同样可得到 $\boldsymbol{F}_{Ax}=11.43$ kN 此时，平面任意力系的平衡方程变为三矩式(2-11)(满足 A,B,C 不共点，不在同一条直线上)。

以上分析可知，只要便于解题，可以采用平面任意力系中的三种平衡方程中的任一种。

课程育人

从新冠疫情看生态平衡

二零二零，庚子鼠年，正当全国人民欢度新春佳节之际，一场意想不到的厄运席卷而来，举国震惊，举世震惊。这次新冠疫情，是中华人民共和国成立以来在我国发生的传播速度最快、感染范围最广、防控难度最大的一次重大突发公共卫生事件。可以想象，亲人的离世，医护工作者的牺牲，疫情肆虐过后，留给我们的是持久的精神创伤，以及给国家、给民族的带来的极其深刻的警示与反思。

目前，病毒的起源虽未有定论，但病毒的肆虐绝非偶然，一个极其重要的原因就是人与自然的平衡关系被打破了。当矛盾积累到不可调和后，就通过一场疫情，整体地爆发出来。环境保护与经济建设，就像处在天平两端的砝码，每一次的失衡也许不明显，但都会被积累，最终，将会以更突然、更激烈的方式报复给人类。维护生态平衡绝不是一句口号，而是要铭记于心，落实于行。这不仅是政府的责任，也是全人类的责任和义务，地球只有一个，自己的家园必要自己守护。

习近平总书记指出，要坚持人与自然和谐共生。必须树立和践行绿水青山就是金山银山的理念，坚持节约资源和保护环境的基本国策。我们要建设的现代化是人与自然和谐共生的现代化，还自然以宁静、和谐、美丽。

经受疫情的惨痛教训，我们对此的理解和感悟会更加真切和深切，自然一旦不平衡了是多么可怕。因此，对于生态环境治理，我们不仅要将自己在工业化进程中那些看得见摸得着的污染作为治理对象，而且要立足于大自然整个生物系统、生命系统来进行，把生物安全纳入国家安全体系，打造全方位的生态平衡、生物平衡、人文平衡、经济平衡，转变发展方式、生活方式，禁止非法野生动物交易，革除滥食野生动物陋习。没有买卖，就没有杀戮，消弭传播隐患。保护环境，人人有责，从我做起，从小事做起，从身边做起。

课后练习

［知识检测］

一、填空题

1.平面任意力系的平衡是指力系的________和________等于零，$\sum F_y=0$ 表示________________，$\sum M_O(F)=0$ 表示________________________。

2.为了简化计算,选取直角坐标系时,应尽可能使未知力与坐标轴________或________,力矩中心应尽可能选在未知力的________或________,计算结果得出未知力为负值,说明该力的________方向与受力图上的________方向________。

3.均布载荷 $\boldsymbol{q}$ 的单位是________,若作用在分布长度为 l 的梁段上,其简化结果为一合力 $\boldsymbol{F}=$________,合力 $\boldsymbol{F}$ 的作用点在分布长度的________处,方向与载荷 $\boldsymbol{q}$ 的方向________。$\boldsymbol{q}$ 对平面上任一点的力矩,等于均布载荷的合力 $\boldsymbol{F}$ 乘以分布长度________到________的距离。

二、客观题

1.在列平衡方程之前,需将力系中的所有力平移至矩心。　　(　　)

2.平面任意力系的平衡方程,除基本形式外,还有二矩式、三矩式,它们皆适用于所有工程问题。　　(　　)

3.平面力偶系的平衡,实质上就是作用平面内的合力偶矩为零。　　(　　)

4.关于平面力系与其平衡方程,下列表述正确的是(　　)。

A.任何平面力系都具有三个独立的平衡方程

B.任何平面力系只能列出三个平衡方程

C.在平面力系的平衡方程的基本形式中,两个投影轴必须互相垂直

D.平面力系如果平衡,则该力系在任意选取的投影轴上投影的代数和必为零

三、主观题

1.求如图2-29所示梁支座上的水平分力和垂直分力,忽略梁的厚度。

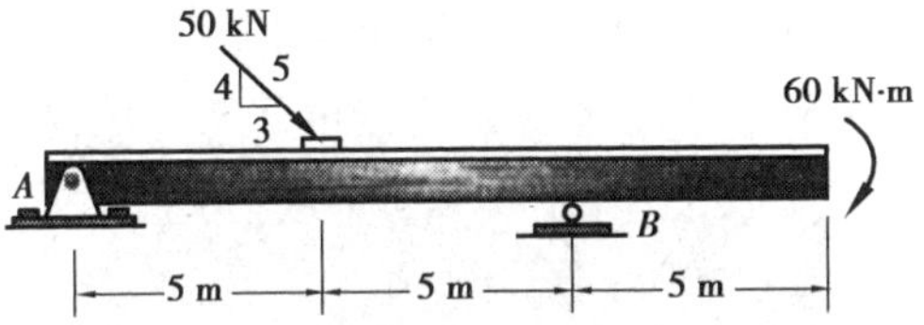

图2-29　题1图

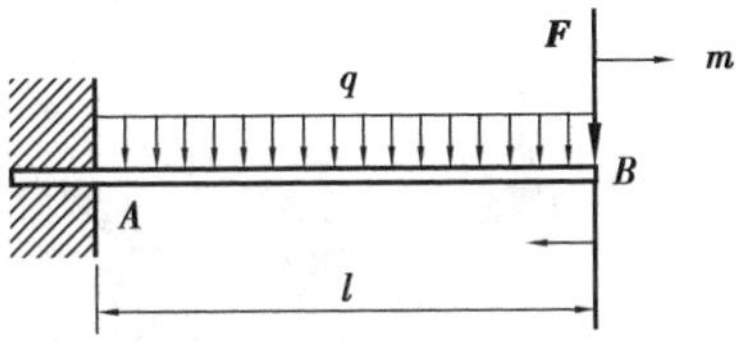

图2-30　题2图

2.如图2-30所示,A,B,C 三处均为铰链约束,不计横梁 AB 和撑杆 CD 的自身重量,横梁 AB 在 B 处受集中力 $\boldsymbol{F}_P$,结构各部分尺寸均示于图中,若已知 $\boldsymbol{F}_P$ 和 l,试求撑杆 CD 的受力和 A 处的约束力。

3.一端固定的悬臂梁如图2-31所示,梁上作用均布荷载,荷载集度为 q,在梁的自由端还受一集中力 $\boldsymbol{F}$ 和一力偶矩为 m 的力偶的作用。试求固定端 A 处的约束力。

4.如图2-32所示一女士的体重为48 kg($g=10\ \mathrm{m/s^2}$),假设女士的重量都放在一只脚上,并且约束力产生在图示的 A 点和 B 点,当女士穿平底鞋和细跟鞋时,比较施加在脚跟和脚尖的力。

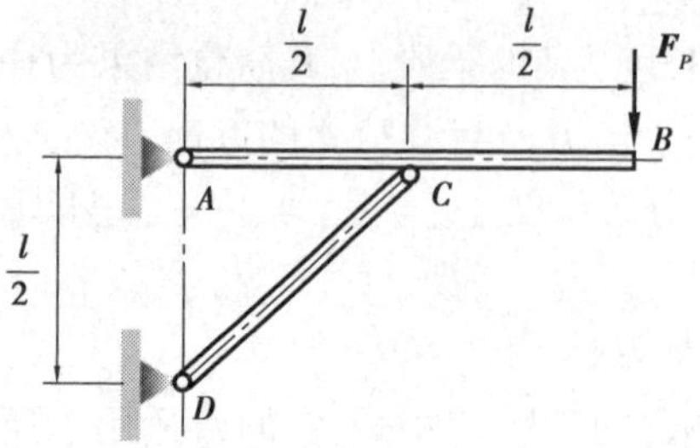

图 2-31　题 3 图

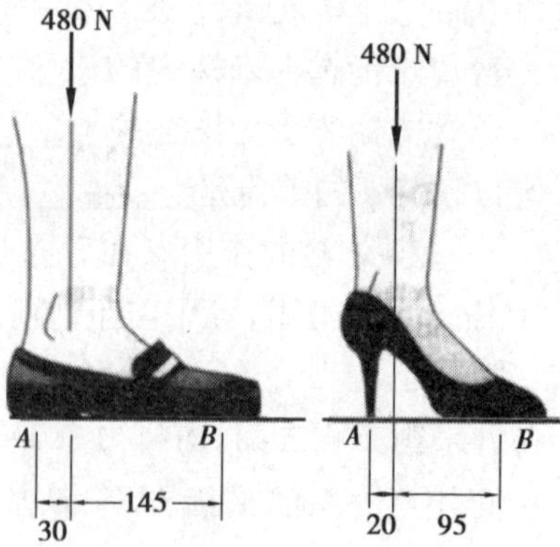

图 2-32　题 4 图

[素质拓展]

平衡是一种智慧，一种哲学，可以将“平衡”的理念运用到生活生产的各个领域。一辆汽车需要 4 个轮子，少了一个都跑不起来，只有平衡才能平稳驾驶，扬帆远行。换言之，合理地、有效地分配我们现有的资源，才能使其转换为更大的产能。对于当代大学生而言，最大的资源莫过于青春了，青春意味着时间、意味着机会、也意味着激情。许多同学在步入大学校园后，既想学习，又想参加社团活动，还想谈一场轰轰烈烈的恋爱，或者搞搞创新创业……总之，想法很精彩，但时间和精力都有限，没法做到“鱼和熊掌”兼得。你的校园生活有遇到过上述“选择困难症”吗？如何平衡校园生活？分享你的经验，亦或聊聊“失衡”的影响与危害。

(a)生活与工作的平衡

(b)丰富的校园文化生活

图 2-33　校园生活中的“平衡”

任务 2.3　静定与超静定 物系的平衡

[任务描述]掌握静定、超静定的概念，熟练掌握物系平衡问题的求解

[任务目标]

目标类型	目标要求
认知目标	(1)掌握静定的概念及求解方法(静力学范畴); (2)了解超静定与超静定次数的概念(材料力学范畴); (3)熟练掌握物体系平衡问题的求解。
技能目标	熟练地应用平面力系的平衡方程解决物体系平衡问题。
素质目标	(1)了解赵州桥在工程发展史上的里程碑意义; (2)从桥梁建设看历史变迁与经济发展,体悟工匠精神,培养民族自豪感。

[**关键词**] 静定、超静定、超静定次数、方程数、未知量个数、物系、平衡

[**知识前哨站**]

(1) 平面任意力系的平衡方程(单个物体的平衡);

(2) 约束与受力分析;

(3) 高中数学:方程数与未知量的关系。

案例引入

天下第一桥——赵州桥

同学们还记得赵州桥吗?这是我们小学语文曾学过的一篇课文,节选自桥梁学家茅以升的《中国石拱桥》。有多少同学曾因这篇《赵州桥》,慨叹于中国古代人民的勤劳与智慧,从而开启了对工程建筑学习的兴趣大门。今天,就让我们从《工程力学》的角度出发,试着分析赵州桥能够屹立千年不倒的秘密。

(a)赵州桥　　(b)国际土木工程里程碑

图2-34　天下第一桥——赵州桥

赵州桥，坐落在河北省石家庄市赵县的洨河上，建于隋大业(公元595—605年)年间，由著名匠师李春设计建造，是当今世界上现存第二早、保存最完整的古代单孔敞肩石拱桥。赵州桥距今已有1 400多年的历史，经历10次水灾、8次战乱和多次地震，特别是1966年的邢台7.6级地震，仅距赵县40余公里，本地也有4级以上的地震，而赵州桥却没有被破坏。1991年9月，赵州桥被美国土木工程师协会选为全球第十二个“国际土木工程里程碑”。

“赵州桥是中国最古老的桥，先不管桥的内部结构，仅就它能够存在1 400多年就说明了一切。”

——茅以升[1]

图2-35　中国桥梁学家茅以升对赵州桥的评价

专业知识

2.3.1　静定与超静定问题

1)静定与超静定的概念

认真观察上节课中所介绍的不同类型平面力系的平衡方程，观察它们方程个数与未知量个数之间有怎样的联系？

表2-2　平面力系的平衡方程

	平衡方程	方程个数	未知量个数
平面汇交力系	$\sum \boldsymbol{F}_x = 0$ $\sum \boldsymbol{F}_y = 0$	2	2
平面力偶系	$\boldsymbol{M} = \sum M_i = 0$	1	1

1　茅以升(1896—1989)，中国土木工程学家、桥梁专家、工程教育家，中国科学院院士，美国工程院院士，中央研究院院士。

续表

	平衡方程		方程个数	未知量个数
平面平行力系	基本形式	$\sum \boldsymbol{F}_y = 0$(或$\sum \boldsymbol{F}_x = 0$) $\sum M_O(F) = 0$	2	2
	二矩式	$\sum M_A(F) = 0$ $\sum M_B(F) = 0$	2	2
平面任意力系	基本形式	$\left.\begin{array}{l}\sum F_x = 0\\ \sum F_y = 0\\ \sum M_O(\boldsymbol{F}) = 0\end{array}\right\}$	3	3
	二矩式	$\left.\begin{array}{l}\sum F_x = 0(或\sum F_y = 0)\\ \sum M_A(\boldsymbol{F}) = 0\\ \sum M_B(\boldsymbol{F}) = 0\end{array}\right\}$	3	3
	三矩式	$\left.\begin{array}{l}\sum M_A(\boldsymbol{F}) = 0\\ \sum M_B(\boldsymbol{F}) = 0\\ \sum M_C(\boldsymbol{F}) = 0\end{array}\right\}$	3	3

在工程问题中,每一种力系所能列出的独立的平衡方程的数目是一定的。能求解的未知数的数目也是一定的。从表2-2中我们不难发现,对于一个平衡物体而言,若未知量的数目少于或等于所能列出的独立方程的数目,则全部未知量就都可求出,这样的问题称为**静定问题**,且结果都是唯一解。我们之前讨论的都属这类问题。

反之,若未知量的数目多于所能列出的独立方程的数目,则所有未知量就不能由静力学平衡方程完全解出,这类问题称为**静不定问题**或**超静定问题**。工程中有许多构件和结构,为了提高其安全可靠性,常采用增加约束的方法,这就使得所受力的个数增加,超过了相应的独立平衡方程的个数,就形成了超静定问题。

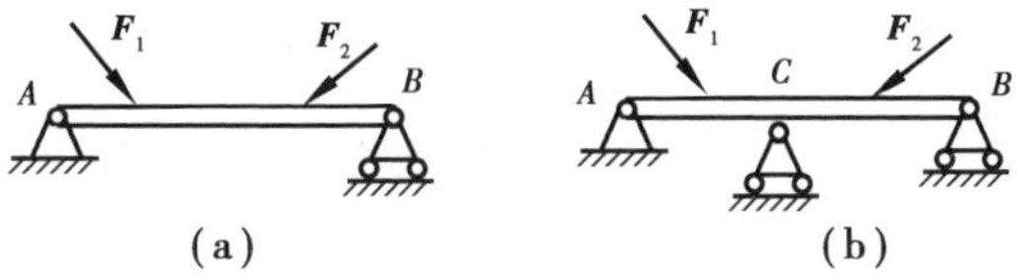

图2-36　静定与超静定问题

图2-36是单个物体AB梁的平衡问题,对AB梁来说,所受各力组成平面任意力系,可列3个独立的平衡方程。图2-36(a)中的梁有3个未知约束反力,等于独立的平衡方程的数目,属于**静定问题**;图2-36(b)中的梁有4个约束反力,多于独立的平衡方程数目,属于**(一次)超静定问题**。

> ➢ **深思妙想**
>
> 一次超静定,就代表多了一个约束。多一份约束,就意味着多一份保障,所以说,在工程上,超静定次数越多,是不是就代表着越稳固、越安全?
>
> 
>
> 图 2-37　驾驶规范要系安全带
>
> 提示:例如行车驾驶时,交规要求必须系安全带,是不是系的越多越安全?

2)方程个数与未知量个数之间的关系

每个平面力系作用的物体,最多列出 3 个独立的平衡方程。故若一般力系由 n 个物体组成,则整个系统共有不超过 $3n$ 个独立的平衡方程,设未知量即未知约束力个数为 m 个,它们之间就存在着如下关系:

若 $m \leqslant 3n$,即约束力数量不超过方程数量,为静定问题;

若 $m>3n$,即约束力数量超过方程数量,为超静定问题;

其中,$(m-3n)$ 为超静定次数。

如图 2-37(b) 中的梁有 4 个约束力,只有 3 个独立的平衡方程数目,则只能解出 3 个未知量,肯定有 1 个未知量无法确定,即未知量比方程数多 1,系**一次超静定问题**。依次类推,也会有二次超静定问题,三次超静定问题,n 次超静定问题。

此类超静定问题可以求解,但仅依靠静力学方程是不够的,还须考虑物体后受力后产生的变形,建立变形协调方程,然后才能解出全部未知方程。具体解法将在第二篇材料力学中介绍。

应当指出的是,这里说的静定与超静定问题,是对整个系统而言的。若从该系统中取出一分离体,即研究对象改变了,那么它的未知量的数目多于它的独立平衡方程的数目,也并不能说明该系统就是超静定问题,分析要从整个系统的未知量数目和独立平衡方程的数目入手。下面就来介绍物系的概念。

2.3.2　物系

1)物系的概念

在工程实际问题中,往往遇到由多个物体通过适当的约束相互连接而成的系统,这种系统称为**物体系统**,简称**物系**。

2)内力与外力

工程中的结构,一般是由几个构件通过一定的约束联系在一起的,如图 2-38(a)所示的三铰拱。作用于物体系统上的力,可分为**内力**和**外力**两大类。系统外的物体作用于该物体系统的力,称为**外力**;系统内部各物体之间的相互作用力,称为**内力**。对于整个物体系统来说,内力总是成对出现的,两两平衡,故无须考虑,如图 2-38(b)所示的铰 C 处。而当取系统内某一部分为研究对象时,作用于系统上的内力变成了作用在该部分上的外力,必须在受力图中画出,如图 2-38(c)所示中铰 C 处的 F_{Cx} 和 F_{Cy}。

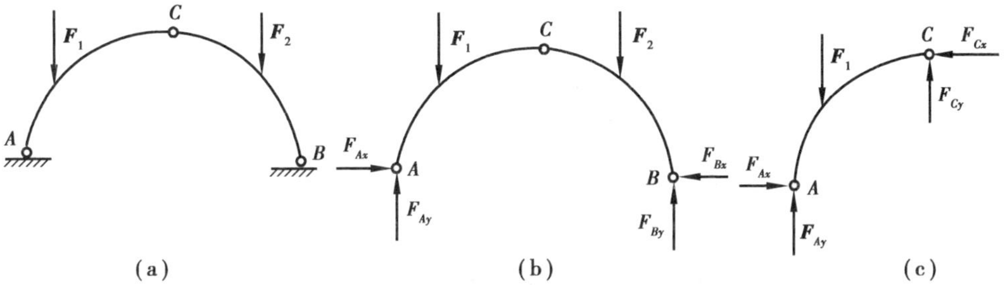

图 2-38　物系的内力与外力

> **深思妙想**
>
> 举例说明生活中,有哪些常见的物系结构?以局部为研究对象时,哪些力为外力?当以整体为研究对象时,哪些力又成为了内力?
>
> 
>
> (a)石油抽油机(磕头机)
>
> 
>
> (b)汽车
>
> 图 2-39　生活生产中常见的物系结构
>
> 提示:磕头机的机架与抽油杆?汽车的整车与车轮?

2.3.3　物系的平衡

物系平衡是静定问题时,才能使用平衡方程求解(非静定问题要联立变形方程,在任务 4 中再讨论)。且当物系平衡时,不只是整个系统,其系统内的每个物体或某一局部也都处于平衡状态。这时,既可以选择整个物系为研究对象,也可选择某一局部的几个物体,或单个物体作为研究对象。作用于研究对象上的力系都满足平衡方程,所有未知力均可以通过平衡方程求得。

例 2.10 如图 2-40(a)所示的人字形折梯放在光滑地面上,重 $\boldsymbol{W}=800$ N 的人站在梯子 AC 边的中点 H,C 是铰链,已知 $AC=BC=2$ m;$AD=EB=0.5$ m,梯子的自重不计,求地面 A、B 两处的约束力和绳 DE 的拉力。

解:基本思路:先整体再局部。

整体(折梯)

(1)确定研究对象

取人字形折梯整体为研究对象,即铰链 C 受力可视为系统内力,暂无须研究。

(2)分析受力,画受力图

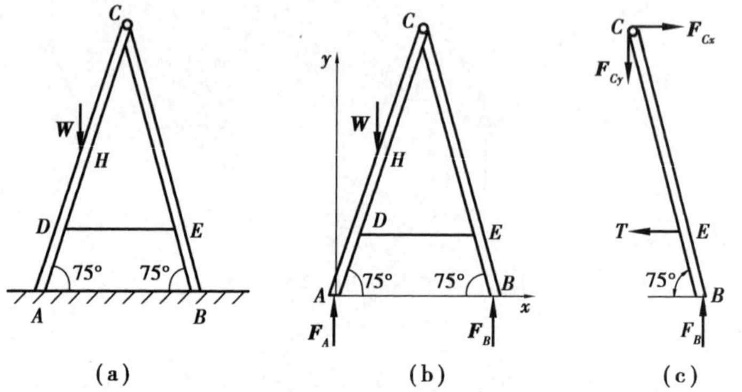

图 2-40 例 2.10 图

经分析,折梯受到的主动力为重力 $\boldsymbol{W}$, 约束力为 $\boldsymbol{F}_A$,$\boldsymbol{F}_B$(A、B 两处为光滑水平面约束),方向沿公法线方向竖直向上,受力图如图 2-40(a)所示。

(3)列平衡方程并求解

观察 $\boldsymbol{W}$,$\boldsymbol{F}_A$,$\boldsymbol{F}_B$三力分布规律,为一平面平行力系。故以 A 为原点,建立直角坐标系 Axy,根据平面平行力系的平衡方程(2-14),得

$$\sum \boldsymbol{F}_y = 0, \boldsymbol{F}_A + \boldsymbol{F}_B - W = 0$$

$$\sum M_A(F) = 0, \ -W \cdot AH \cdot \cos 75^\circ + F_B \cdot AB = 0$$

其中,$AH=AC/2$,$AB=2 \cdot AC \cdot \cos 75^\circ$

联立求得,$\boldsymbol{F}_A=600$ N,$\boldsymbol{F}_B=200$ N,方向竖直向上。

局部(BC 边)

(4)确定研究对象

取 BC 边为研究对象,就不能再无视铰链 C 的受力。对 BC 而言,此时铰链 C 所受约束力为外力。

(5)分析受力,画受力图

经分析,BC 边受到的主动力为作用点在 E 点处的拉力 $\boldsymbol{T}$,约束力为 B 点的光滑水平面约束力 $\boldsymbol{F}_B$,与 C 点的中间铰约束力 $\boldsymbol{F}_{Cx}$,$\boldsymbol{F}_{Cy}$,受力图如图 2-40(c)所示。

(6)列平衡方程并求解

观察 $\boldsymbol{T}$,$\boldsymbol{F}_B$,$\boldsymbol{F}_{Cx}$,$\boldsymbol{F}_{Cy}$四个力的分布规律,为一平面任意力系。故以 C 为矩心,根据平面任意力系的平衡方程(2-9),得

$$\sum F_x = 0, F_{Cx} - T = 0$$

$$\sum F_y = 0, F_B - F_{Cy} = 0$$

$$\sum M_C(F) = 0,\ -T \cdot EC \cdot \sin 75^\circ + F_B \cdot BC \cdot \cos 75^\circ = 0$$

联立求得，T=71.5 N。

(7)校核

物体系统处于平衡状态时，组成该系统的每一个物体也都处于平衡状态。故取 B 为矩心，验证得

$$\begin{aligned}\sum M_B(F) &= T \cdot BE \cdot \sin 75^\circ + F_{Cy} \cdot BC \cdot \cos 75^\circ - F_{Cx} \cdot BC \cdot \sin 75^\circ \\ &= 71.5 \times 0.5 \times \sin 75^\circ + 200 \times 2 \times \cos 75^\circ - 71.5 \times 2 \times \sin 75^\circ = 0\end{aligned}$$

故，所求解正确。

综上所述，A,B 两处的约束力大小为 F_A=600 N，F_B=200 N，方向都为竖直向上；绳 DE 的拉力为 T=71.5 N。

> **➢ 高能提醒**
>
> 为了简化计算过程，必须有序地选取研究对象。对简单的静定物系平衡问题，可按下列步骤进行：
>
> (1)先画受力图。
>
> 以系统整体、局部及每个分离体依次为研究对象画受力图，判断有无二力杆、二力构件，要注意各受力图之间是否协调，是否符合作用与反作用定律。
>
> (2)分析是否静定。
>
> 若为静定问题，则全部可解；超静定目前虽无法全部可解，但要掌握判断方法，有利于后续学习。
>
> (3)在分析受力的基础上确定求解顺序。
>
> 先从可解的或局部可解的分离体着手，求出某些未知力。将求出的未知力视为已知力，从而使其他暂不可解的分离体转化为可解的分离体，这样按题意可依次解出待求的未知力。对物系中各受力图均为暂不可解的，则应选取包含两个相同未知力的分离体，列出联立平衡方程求解，从而同样起到转化暂不可解分离体的目的。
>
> (4)列平衡方程，求解并校核。

例 2.11　一静定多跨梁由梁 AB 和 BC 用中间铰 B 连接而成，支承和载荷情况如图 2-41(a)所示。已知：F=20 kN，q=5 kN/m，α=45°。试求支座 A,C 和中间铰 B 处的约束反力。

解：基本思路：先画出所有受力图，再从简单易解的部分入手。

分别画出梁 AB,BC 及整体的受力图，经分析可知，梁 BC 的受力图是可解的，求出 F_{NC}，F_{Bx},F_{By}后，因 F_{Bx}与 F'_{Bx},F_{By}与 F'_{By}是作用力与反作用力关系，从而可使梁 AB 的从暂不可解转化为可解，于是可按先 BC 再 AB 的顺序求解本题。

局部(梁 BC)

BC 受 F_{NC},F,F_{Bx},F_{By}四个力共同作用，如图 2-41(b)所示。为一平面任意力系，根据平面任意力系的平衡方程(2-9)，得

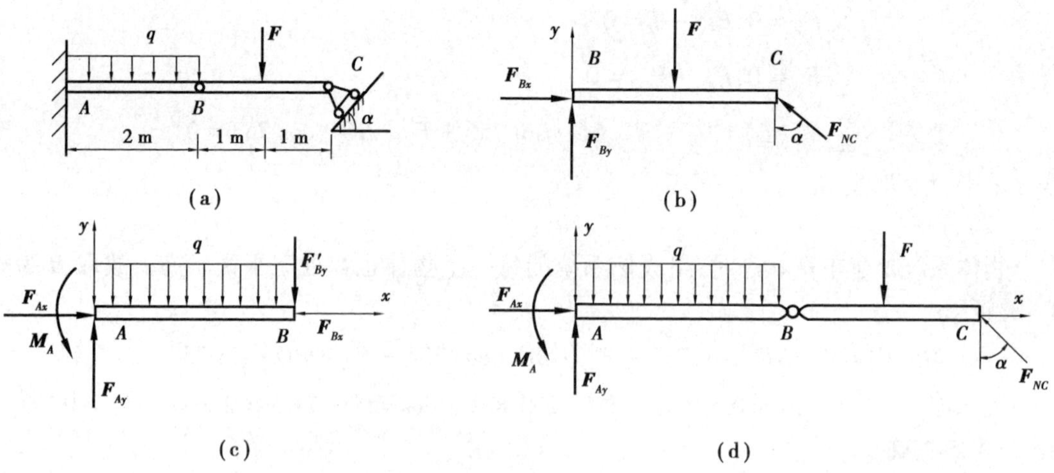

图 2-41　例 2.11 图

$$\sum F_x = 0, F_{Bx} - F_{NC} \cdot \sin\alpha = 0$$

$$\sum F_y = 0, F_{By} - F + F_{NC} \cdot \cos\alpha = 0$$

$$\sum M_B(F) = 0, -F \times 1 + F_{NC} \cdot \cos\alpha \times 2 = 0$$

解得　$F_{NC} = 14.14\ \text{kN}, F_{Bx} = 10\ \text{kN}, F_{By} = 10\ \text{kN}$。

局部(梁 AB)

AB 受 $F_{Ax}, F_{Ay}, q, F'_{Bx}, F'_{By}$ 五个力共同作用,如图 2-41(c)所示,为一平面任意力系,根据平面任意力系的平衡方程(2-9),得

$$\sum F_x = 0, F_{Ax} - F'_{Bx} = 0$$

$$\sum F_y = 0, F_{Ay} - q \times 2 - F'_{By} = 0$$

$$\sum M_A(F) = 0, M_A - q \times 2 \times 1 - F'_{By} \times 2 = 0$$

将 $F'_{Bx} = F_{Bx} = 10\ \text{kN}, F'_{By} = F_{By} = 10\ \text{kN}$ 代入方程,解得

$F_{Ax} = 10\ \text{kN}, F_{Ay} = 20\ \text{kN}, M_A = 30\ \text{kN} \cdot \text{m}$。

整体(多跨梁)

(以梁整体为研究对象受力分析,进行校核,自行完成,步骤略)

综上所述,固定支座 A 的约束正交分力为 $F_{Ax}, F_{Ay}, F_{Ax} = 10\ \text{kN}, F_{Ay} = 20\ \text{kN}$,结果为正,即与图中假设方向一致;活动铰支座 C 的约束力为 $\boldsymbol{F}_{NC}$,大小为 14.14 kN,方向垂直桌面向上;B 处的约束力由两正交分力 F_{Bx}, F_{By},以及一约束力偶 M_A 共同组成,$F_{Bx} = 10\ \text{kN}, F_{By} = 10\ \text{kN}$,结果为正,即与图中假设方向一致;$M_A = 30\ \text{kN} \cdot \text{m}$,逆时针转动。

例 2.12　曲柄滑块机构如图 2-42(a)所示。设曲柄 OB 在水平位置时机构平衡,滑块所受工作阻力为 $\boldsymbol{F}$。已知 $AB = l, OB = 2\ \text{m}$,不计滑块和杆件的自重。试求作用于曲柄上的力偶矩 $\boldsymbol{M}$ 和支座 O 处的约束力。

解:解题思路:先画受力图,再从易解的入手

(* 可按力的传递顺序依次画受力图)

对于这类运动机构,一般可以按照力的传递顺序,依次取研究对象。例如对本题,因连杆 AB

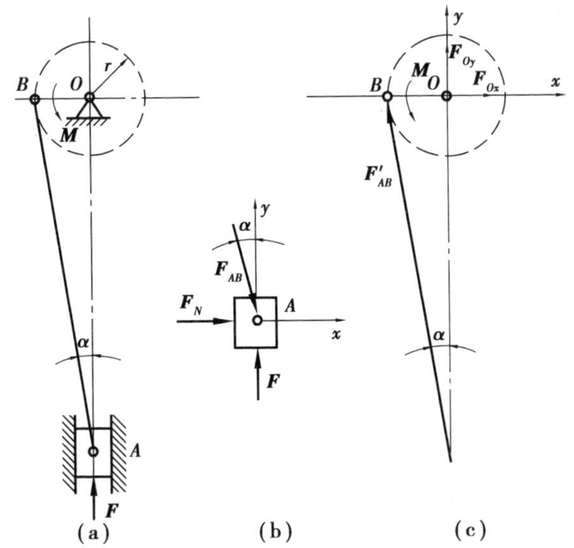

图 2-42 例 2.12 图

为二力杆,所以可取滑块 A 为研究对象,待求出连杆 AB 的约束力后,再取曲柄 OB 为研究对象。

局部(滑块 A)

滑块 A 在 y 轴方向仅受两个力作用,如图 2-42(b)所示。列平衡方程为

$$\sum F_y = 0,\ \boldsymbol{F} - \boldsymbol{F}_{AB} \cdot \cos\alpha = 0$$

解得 $\boldsymbol{F}_{AB} = \boldsymbol{F}/\cos\alpha$

(* 根据解题实际,列出所需方程即可,不需要时也无须全部写出)

局部(曲柄 OB)

曲柄 OB 受力情况如图 2-42(c)所示,为一平面任意力系,根据平面任意力系的平衡方程(2-9),得

$$\sum \boldsymbol{F}_x = 0, F_{Ox} - F'_{AB} \cdot \sin\alpha = 0$$

$$\sum \boldsymbol{F}_y = 0,\ F_{Oy} + F'_{AB} \cdot \cos\alpha = 0$$

$$\sum M_O(F) = 0, M - F'_{AB} \cdot \cos\alpha \cdot OB = 0$$

其中,$\boldsymbol{F}'_{AB} = \boldsymbol{F}_{AB}$,$\sin\alpha = r/l$,$\cos\alpha = \sqrt{l^2 - r^2/l}$

解得,

$$F_{Ox} = \boldsymbol{F}'_{AB} \cdot \sin\alpha = \frac{F \cdot r}{\sqrt{l^2 - r^2}},$$

$$F_{Oy} = -\boldsymbol{F}'_{AB}\cos\alpha = -F$$

$$\boldsymbol{M} = \boldsymbol{F}'_{AB} \cdot \cos\alpha \cdot \overline{OB} = \boldsymbol{F} \cdot r$$

整体(曲柄滑块机构)

(以整体为研究对象受力分析,进行校核,自行完成,步骤略)

综上所述,固定支座 O 的约束正交分力为 F_{Ox},F_{Oy},方向如图所示,大小

$$F_{Ox} = \frac{F \cdot r}{\sqrt{l^2 - r^2}}, F_{Oy} = -\boldsymbol{F}$$

曲柄上的力偶矩 $\boldsymbol{M}$ 的大小为 Fr,方向为逆时针。

课程育人

赵州桥的静定分析

【二级建造师】中国古代著名的赵州桥(石拱桥)属于(　　)桥型。

A.无铰拱　　B.铰拱　　C.两铰拱　　D.三铰拱

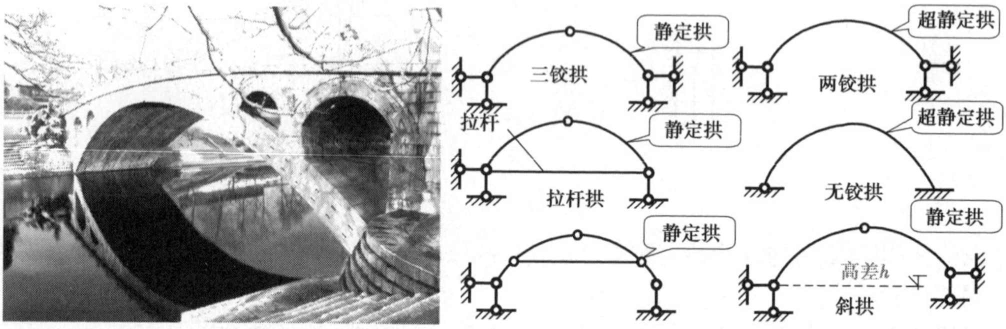

图 2-43　赵州桥及不同的静定拱结构

中国古代著名的赵州桥是典型的无拱铰结构,属外部三次超静定结构,桥梁中间和两端都没有设置铰,桥两端属固定端约束。在自重及外荷载作用下,拱内的弯矩分布比两铰拱均匀,材料用量省。由于不设铰,结构的整体刚度大,构造简单,施工方便,维护费用少。因此,尤其是基础较好、跨径较大时,无铰拱结构广泛用于石拱桥和钢筋混凝土拱桥之中。故本题选择“A”。

其实,中国桥梁的历史可以上溯到 6 000 年前的氏族公社时代,几千年间,桥梁结构在不断优化,材料也在不断发展。桥梁,为跨越山水增添了极大的交通便利,更是中国劳动人民智慧与汗水的结晶。“古有赵州桥,今有港珠澳”,于中国而言,“基建狂魔”绝非虚名,港珠澳大桥(世界最长跨海大桥),北盘江大桥(世界最高大桥),“桥都”重庆(世界拥有最多桥的城市)等,中国劳动人民正在用双手,书写着世界工程史上一个又一个的奇迹。

(a)港珠澳大桥　　(b)北盘江大桥

图 2-44　中国著名桥梁

课后练习

[知识检测]

一、填空题

1.若一物系由 n 个物体组成，则该物系最多可列出________个独立的平衡方程。若有 m 个未知量，当________________，系统为静定问题；当________________，系统为超静定问题，且超静定次数为________。

2.解决物系平衡问题的首要任务是确定该力系是否________。

二、客观题

1.外力指的就是物体所受主动力，内力则指约束力。（　　）

2.若一物体平衡，则物体所在的系统也平衡。（　　）

3.超静定结构一定比静定结构更稳固，故被更多工程采用。（　　）

三、主观题

1.指出下列受力图哪些为静定问题？哪些为超静定问题？

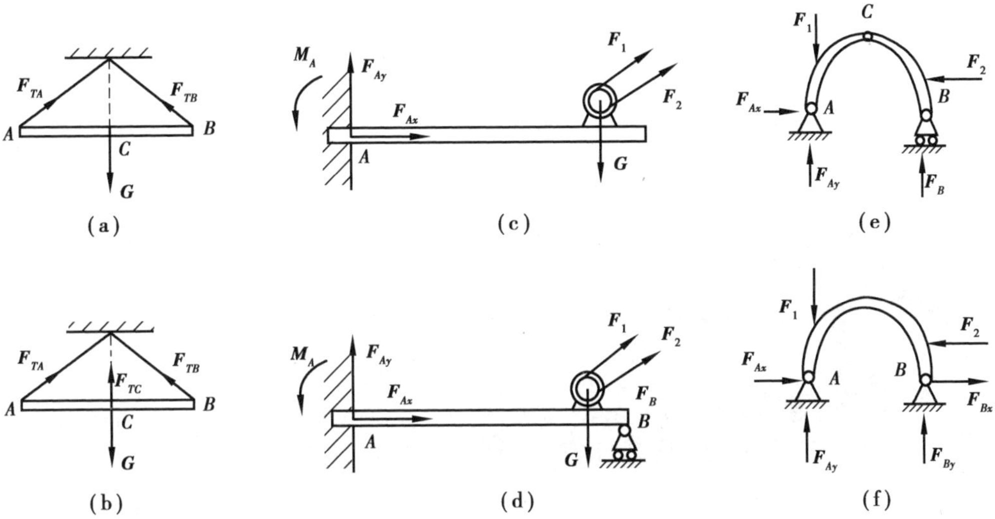

图 2-45　题 1 图

2.如图 2-46 所示，水平梁由 AB 和 BC 两部分组成，A 端为固定端约束，C 处为活动铰支座，B 处用铰链连接，试求 A、C 处的约束力，不计梁重与摩擦。

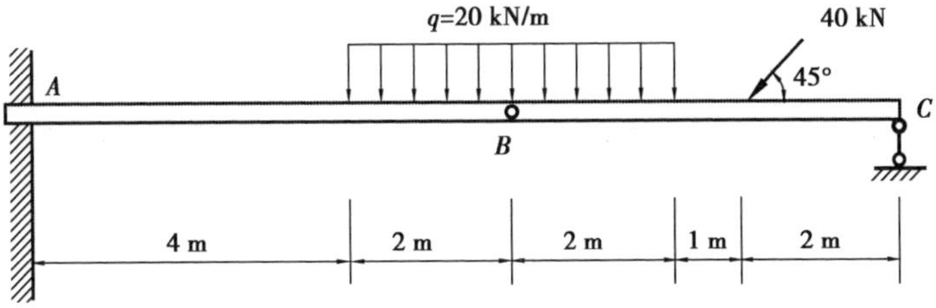

图 2-46　题 2 图

3. 在图 2-47 所示结构中二曲杆自重不计，曲杆 AB 上作用有主动力偶，其力偶矩为 M，试求 A 和 C 点处的约束力。

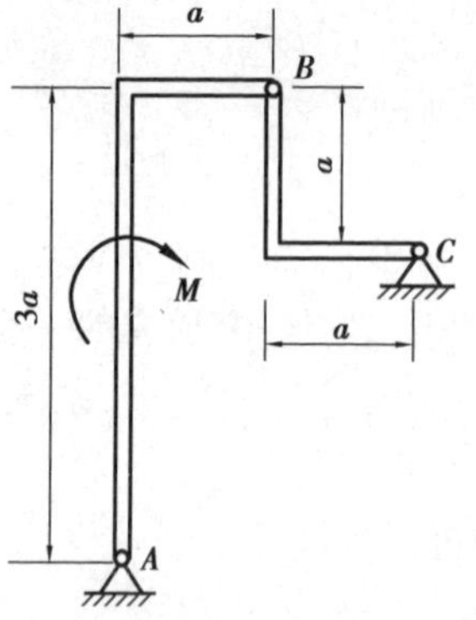

图 2-47　题 3 图

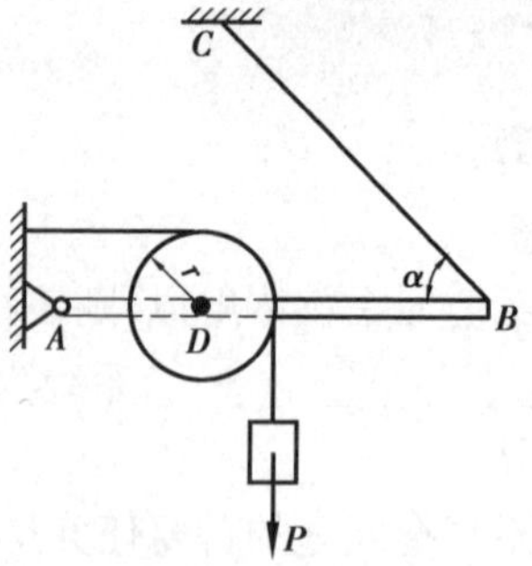

图 2-48　题 4 图

4. 水平梁 AB 如图 2-48 所示，由铰链 A 和绳索 BC 支持，在梁上 D 处用销子安装有半径为 $r=100$ mm 的滑轮，跨过滑轮的绳子，其水平部分的末端系在墙上，竖直部分的末端挂有 $P=1.8$ kN 的重物。如 $AD=200$ mm，$BD=400$ mm，$\alpha=45°$，且不计梁、滑轮和绳索的重量，试求铰链 A 和绳索 BC 作用于梁 AB 上的力。

［素质拓展］

中国桥梁的发展史，也见证了中华民族的发展和崛起。桥梁，对于中华儿女而言，不只是跨越山水的通道，也承载着历史与故事。除了本节课程中所提及的桥，你还知道哪些桥？你的家乡有哪些桥？谈谈桥和桥背后的故事。

(a) 北京·卢沟桥

(b) 西湖·断桥

图 2-49　中国著名桥梁

任务 2.4　考虑摩擦时物体的平衡

[任务描述] 会熟练求解静滑动摩擦时物体的平衡问题(不用苛求难度)

[任务目标]

目标类型	目标要求
认知目标	(1)了解摩擦的类型,滑动摩擦和滚动摩擦; (2)掌握静、动滑动摩擦的特点; (3)掌握滑动摩擦定律,以及最大静摩擦力的概念; (4)了解摩擦角、摩擦锥的概念和自锁现象。
技能目标	熟练掌握考虑摩擦临界平衡问题时的解题步骤
素质目标	(1)能够正确看待生活中遇到的困难与挫折,逆流而上; (2)了解国家对贫困大学生的帮扶政策; (3)学习了解马斯洛需求层次理论,并能够进行自我分析; (4)培养学生应具有努力奋斗的“中国精神”。

[关键词] 滑动、摩擦、静/动摩擦力、滑动摩擦定律(库伦摩擦定律)、最大静摩擦力、摩擦系数、全约束力、摩擦角、摩擦锥、自锁现象。

[知识前哨站]

(1) 任务 2.3:平面力系的平衡(光滑接触面,不考虑摩擦);

(2) 高中物理:摩擦力。

案例引入

小明的“摩擦”

又是一年开学季,怀揣着对新生活的憧憬,小明带着某大学的录取通知书踏上了求学之路。小明的家坐落在西部某个小村庄里,是个典型留守儿童,从小跟爷爷奶奶一起长大,父母在外地务工,虽每月定期会寄生活费回来,但却错过了孩子成长过程中的陪伴,这使得小明的性格多少有些自卑和内向。幸而小明还算勤奋,立志要努力学习,去大城市发展,出人头地。

大学的校园生活无疑是精彩的,小明也积极参与想要融入其中,但却因性格内向、不善表达,在社团招新、班级竞选中接连落选,新生文艺汇演时,小明作为观众看着台上弹奏着钢琴的同学羡慕不已,奈何他哪里有什么才艺,跟着爷爷奶奶干农活能把肚子填饱就不错了,哪里来的余钱报特长班?城里花销高,爷爷奶奶又因常年劳作累垮了身体,小明不得不利用课余时间做兼职挣生活费,每天上课打工连轴转。有天当小明拖着疲惫的身体回到宿舍时,就听到舍友阿亮一边玩着游戏,一边炫耀着他爸爸给他买的限量版球鞋。

(a)乡村学习环境

(b)城市学习环境

图2-50 农村与城市学习生活环境对比

说不羡慕那是假话,小明做梦都想有双自己的新球鞋,但他连生活费都得精打细算着花,哪里还有余钱买新球鞋?本以为考上大学就是改变命运,但现在看来哪儿有这么简单?他觉得自己很努力了,生在农村,生活贫困也不是他能选择的,但自己与城市舍友之间的差距,仿佛一条无法逾越的鸿沟。小明觉得自己与大学校园格格不入,觉得自己样样不如人。就仿佛深陷泥淖的小船,快被生活的磨难压沉了。如果你是小明的朋友,你打算如何帮帮小明呢?

专业知识

2.4.1 摩擦力概述

1)摩擦实例

之前各项目中分析物体受力时,都把物体表面看作是绝对光滑,即忽略了物体之间的摩擦。但我们知道,在现实生活中绝对光滑的表面并不存在,物体接触面之间都会产生摩擦。在有些工况中,摩擦并不是主要因素,为了简便计算,我们可以忽略不计。但在有些问题中,摩擦起着重要甚至决定性的作用,例如,闸瓦制动、摩擦轮传动等,这类问题就必须考虑摩擦。

2)摩擦的类型

按摩擦的性质,摩擦可分为滚动摩擦和滑动摩擦,本任务中只讨论滑动摩擦。互相接触的两个物体,当它们发生相对滑动或产生滑动趋势时,在两物体的接触面上就会产生阻碍相互滑动的力,称为**滑动摩擦力**,其方向与物体相对运动(或运动趋势)相反。物体接触表面的凹凸不平和表面分子的相互吸引是滑动摩擦力的主要成因。当两物体尚未发生滑动而仅有滑动趋势时,两物体间的摩擦力称为**静滑动摩擦力**,简称**静摩擦力**;当两物体已经发生滑动,则两物体间的摩擦力称为**动滑动摩擦力**,简称**动摩擦力**。

(a)夹具固定　　(b)闸瓦制动

图 2-51　摩擦的工程实例

2.4.2　滑动摩擦与滑动摩擦定律

1)静摩擦力与最大静摩擦力

如图 2-52 所示,一物体在桌面上受重力 $\boldsymbol{G}$ 和拉力 $\boldsymbol{F}_T$ 的作用,拉力 $\boldsymbol{F}_T$ 水平向右,大小则由砝码的重量决定。同时,物体还受到摩擦力 $\boldsymbol{F}_f$ 的作用,方向与拉力 $\boldsymbol{F}_T$ 相反,会阻碍物体的向右滑动(或向右滑动趋势)。

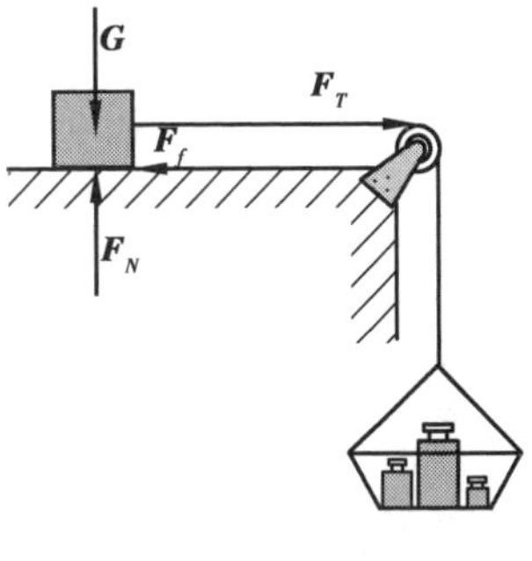

图 2-52　静摩擦力

当拉力 $\boldsymbol{F}_T$ 不大时,物体只是产生向右滑动的趋势(并未真正滑动),则从外观看来,物体仍处于平衡(静止),此时,摩擦力 $\boldsymbol{F}_f$ 与拉力 $\boldsymbol{F}_T$ 大小相等,即 $F_f = F_T$。

当 $\boldsymbol{F}_T$ 逐渐增大,滑动趋势也逐渐增大,静摩擦力 $\boldsymbol{F}_f$ 也相应增大;当拉力 $\boldsymbol{F}_T$ 增大一定限度时,物体的平衡状态将被破坏而产生滑动。我们将物体这种将动而未动的状态称为**临界平衡状态**或**临界状态**。显然,临界状态下的静摩擦力将达到最大值,称为**最大静摩擦力**,也称**极限摩擦力**,用 $\boldsymbol{F}_m$ 表示。

由图中所示实验可知,静摩擦力 $\boldsymbol{F}_f$ 随外力增大而增大,但它不会无限制地增大下去,$\boldsymbol{F}_f$ 最多等于最大静摩擦力 $\boldsymbol{F}_m$,即静摩擦力 $\boldsymbol{F}_f$ 的取值区间为

$$0 \leqslant \boldsymbol{F}_f \leqslant \boldsymbol{F}_m \tag{2-17}$$

这也就是说,如果水平力 $\boldsymbol{F}_T$ 的值不超过 $\boldsymbol{F}_m$,则由于摩擦力 $\boldsymbol{F}$ 的存在,物体总能保持平衡(相对静止)。

> **➢ 高能提醒**
>
> **静摩擦力 $\boldsymbol{F}_f$ 的三要素**
>
> **大小:**$0 \leqslant \boldsymbol{F}_f \leqslant \boldsymbol{F}_m = f\boldsymbol{F}_N$;
>
> **方向:**沿接触处的公切线,与滑动或滑动趋势相反;
>
> **作用点:**两物体接触面处。

2）静滑动摩擦定律（库伦摩擦定律）

实验表明，最大静摩擦力的大小与接触面之间的正压力 $\boldsymbol{F}_N$（即法向压力）成正比，即

$$\boldsymbol{F}_m = f\boldsymbol{F}_N \tag{2-18}$$

这就是**静滑动摩擦定律**，也称**库伦摩擦定律**。式中，f 称为**静滑动摩擦系数**，简称**静摩擦系数**，是一个无量纲的正数。该系数主要取决于接触物体的材料以及接触面状况（如粗糙度、湿度、温度等），而与接触面积的大小无关。

式(2-18)表示的只是近似关系，适用于本书以及一般的工程问题，但对于一些重要工程，如采用上式，则必须通过现场测量与试验精确的测定摩擦系数的值作为设计计算的依据。

3）动滑动摩擦定律

当水平拉力 $\boldsymbol{F}_T$进一步增大时，物体进入相对滑动状态，此时物体接触表面仍有阻碍运动的摩擦力 $\boldsymbol{F}_f'$，称为**动滑动摩擦力**，简称**动摩擦力**。通过实验，也可得出与静滑动摩擦定律相似的**动滑动摩擦定律**，即

$$\boldsymbol{F}_f' = f'\boldsymbol{F}_N \tag{2-19}$$

动滑动摩擦力 $\boldsymbol{F}_f'$的大小也与接触面上的正压力 $\boldsymbol{F}_N$（即法向压力）成正比。式中，f'称为**动滑动摩擦系数**，简称**动摩擦系数**，它也是无量纲正数。动摩擦系数一般小于静摩擦系数，即 $f'<f$。f'不仅与接触物体的材料和表面情况有关，还与接触物体间的滑动速度有关。

大多数情况下，动摩擦系数随相对滑动速度的增大而稍减小。这也从侧面解释了物体从静止到开始滑动时比较费力，但一旦滑动起来，后续维持继续滑动就会省力一些。而当相对滑动速度不大时，动摩擦系数可近似地视为常数，即不考虑速度变化对 f'的影响。在精确度要求不高时，可近似认为动摩擦系数 f'与静摩擦系数 f 相等，即 $f'\approx f$。

摩擦系数的数值一般可从工程手册中查到，下表列举了一部分常用材料的静摩擦系数与动摩擦系数。

表 2-3　常用材料的滑动摩擦因数

材料名称	静摩擦系数 f	动摩擦系数 f'
钢-钢	0.15	0.15
钢-铸铁	0.3	0.18
钢-青铜	0.15	0.15
软钢-铸铁	0.2	0.18
木材-木材	0.4~0.6	0.2~0.5
皮革-铸铁	0.3~0.5	0.6

综上所述，当考虑摩擦问题时首先要确定物体是处于静止状态，还是临界状态或滑动状态。然后再选用相应的公式来计算摩擦力。

静止（平衡）

静摩擦力 $\boldsymbol{F}_f$大小在 0 与 $\boldsymbol{F}_m$之间，随作用在物体上的外力大小而变化，

$$0 \leqslant \boldsymbol{F}_f \leqslant \boldsymbol{F}_m \tag{2-20}$$

具体取值可由静力平衡条件($\sum F_x = 0$)确定。

临界状态

$$F_m = fF_N \tag{2-21}$$

相对滑动

$$F_f' = f'F_N \tag{2-22}$$

对于一般工程问题的非精确计算,可近似认为$f' \approx f$。

2.4.3　摩擦角与自锁现象

1)全约束力、摩擦角与摩擦锥

如图2-53(a)所示,在物体上施加一水平推力 F,物体与水平面间有相对滑动的趋势,便产生了摩擦力 F_f。此时,物块受到的接触面的总约束力为光滑水平面约束力(法向反力)F_N和静摩擦力(切向反力)F_f的合力 F_R,称为**全约束力**,或称**全反力**。

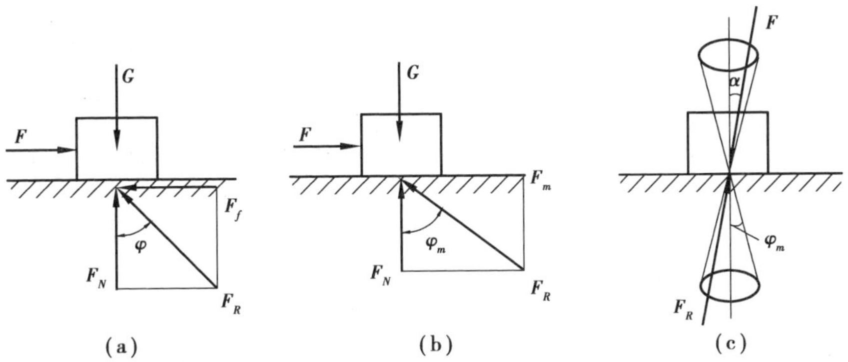

图2-53　摩擦角与摩擦锥

当物体处于临界状态时,摩擦力为 F_m,全约束力 F_R为

$$F_R = F_N + F_m \tag{2-23}$$

全约束力 F_R与法向力 F_N之间的夹角为 φ 将随着摩擦力 F_f的增大而增大,但当摩擦力 F_f达到 F_m时,夹角 φ 也达到最大值 φ_m,称为**摩擦角**,如图2-53(b)所示可得

$$\tan \varphi_m = \frac{F_m}{F_N} = \frac{fF_N}{F_N} = f \tag{2-24}$$

上式表明,摩擦角 φ_m的正切等于静摩擦系数 f。说明摩擦角也是表示材料摩擦性质的物理量,表示全约束力 F_R能够偏离接触面法线方向的范围。若物体与支承面的摩擦系数在各个方向都相同,全约束力 F_R的作用线将形成一个以接触点为顶点、顶角为 $2\varphi_m$的空间锥面,该正圆锥面体称为**摩擦锥**,如图2-53(c)所示。

> **➢ 高能提醒**
>
> **静摩擦力 F_f的范围:**$0 \leqslant F_f \leqslant F_m$;
>
> **夹角(全约束力 F_R与法向力 F_N)φ 的范围:**$0 \leqslant \varphi \leqslant \varphi_m$;
>
> **全约束力 F_R的作用线的范围:**摩擦锥以内

2)自锁现象

当物体处于临界状态时,全约束力 $\boldsymbol{F}_R$的作用线在摩擦角的边缘。因此,如果作用在物体上的主动力的合力 $\boldsymbol{F}_P$的作用线在摩擦角 φ_m以内,则不论这个力多大,支承面总会产生一个全约束力 $\boldsymbol{F}_R$与之平衡(等值、反向、共线),使物体保持静止。反之,如果主动力合力 $\boldsymbol{F}_P$的作用线在摩擦角之外,则不论这个力多小,物体都将发生运动,这种与力的大小无关而与摩擦角或摩擦系数有关的平衡现象称为**自锁现象**。自锁的条件为

$$\alpha \leqslant \varphi_m \tag{2-25}$$

自锁在工程上有广泛的应用,如图 2-54 所示,例如螺旋千斤顶在举起重物后不会自动落下,设计时就要求千斤顶的螺旋升角 α 必须小于摩擦角 φ。

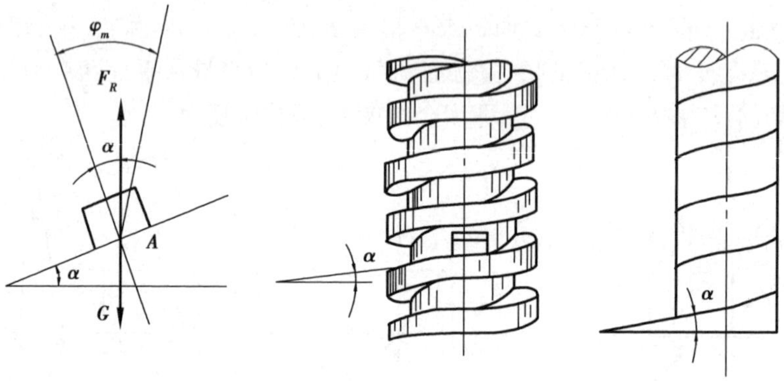

图 2-54　自锁现象

> **➢ 深思妙想**
>
> 生活或生产中,还有哪些自锁的妙用?

2.4.4　考虑摩擦时的平衡问题

有考虑摩擦的平衡问题与上节任务点所学的不考虑摩擦的平衡问题基本相同,唯一不同就在于:画受力图和列平衡方程时,都必须考虑摩擦力。

静摩擦力 $\boldsymbol{F}_f$的方向不能随意假定,它总是沿着接触面的公切线方向并与物体相对滑动或滑动趋势的方向相反。大小与物体所处的状态有关,物体未达到临界状态时,静摩擦力 $\boldsymbol{F}_f$仅由平衡方程决定;达到临界状态时,静摩擦力 $\boldsymbol{F}_f$既满足平衡方程,又有补充方程,即库伦摩擦定律 $\boldsymbol{F}_m = f\boldsymbol{F}_N$。

由于静摩擦力的变化范围为 $0 \leqslant \boldsymbol{F}_f \leqslant \boldsymbol{F}_m$,所以物体平衡时的解答也有一个变化范围,称为**平衡范围**。

例 2.13　如图 2-55(a)所示,重 $\boldsymbol{W}$ 的物块放在倾角为 θ 的斜面上,若静摩擦因数为 f_s,摩擦角为 φ_m($\theta>\varphi_m$)。试求物块静止时水平推力 $\boldsymbol{F}$ 的大小。

解:基本思路:分析题意→确定最值→列平衡方程求解

因为斜面倾角 $\theta>\varphi_m$,物体处于非自锁状态,当物体上没有其他力作用时,物体将沿斜面

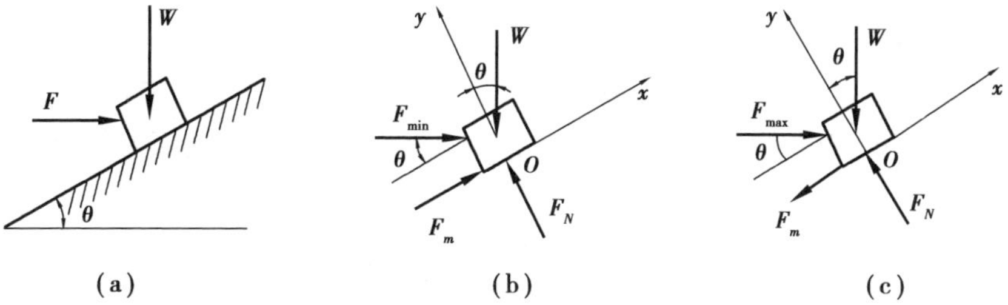

图2-55　例2.13图

下滑。要使物块在斜面上保持静止，作用于物块上的水平推力 **F** 不能太大也不能太小，**F** 太小，物块可能沿斜面下滑；**F** 太大，物块有可能沿斜面上滑。因此，力 **F** 的大小应在某一个范围内，即

$$F_{min} \leqslant F \leqslant F_{max}$$

(1)求 F_{min}；

F_{min}为使物体不致下滑的力 **F** 的最小值，此时，物体处于下滑临界状态，受力情况如图2-55(b)所示。

列平衡方程：

$$\sum F_x = 0, F_{min}\cos\theta - W\sin\theta + F_m = 0$$

$$\sum F_y = 0, F_N - F_{min}\sin\theta - W\cos\theta = 0$$

列补充方程：

$$F_m = f_s F_N = \tan\varphi_m F_N$$

解得

$$F_{min} = \frac{\sin\theta - f_s\cos\theta}{\cos\theta + f_s\sin\theta}W = \frac{\sin\theta - \text{tain}\,\varphi_m\cos\theta}{\cos\theta + \tan\varphi_m\sin\theta}W = W\tan(\theta - \varphi_m)$$

(2)求 $\boldsymbol{F}_{max}$；

$\boldsymbol{F}_{max}$为使物体不致上滑的力 **F** 的最大值，此时，物体处于上滑临界状态，受力情况如图2-55(c)所示。

列平衡方程：

$$\sum F_x = 0, F_{max}\cos\theta - W\sin\theta - F_m = 0$$

$$\sum F_y = 0, F_n - F_{max}\sin\theta - W\cos\theta = 0$$

列补充方程：

$$F_m = f_s F_N = \tan\varphi_m F_N$$

解得

$$F_{max} = \frac{\sin\theta + f_s\cos\theta}{\cos\theta - f_s\sin\theta}W = \frac{\sin\theta + \text{tain}\,\varphi_m\cos\theta}{\cos\theta - \tan\varphi_m\sin\theta}W = W\tan(\theta + \varphi_m)$$

综上所述，可知使得物体保持静止的水平推力 **F** 的大小应满足下列条件：

$$\boldsymbol{W}\tan(\theta - \varphi_m) \leqslant \boldsymbol{F} \leqslant \boldsymbol{W}\tan(\theta + \varphi_m)$$

> **➤ 高能提醒**
>
> 本题也可用全约束力 $\boldsymbol{F}_R$ 来表示接触面的约束力，同样可得上述结论。但应注意，如果用全约束力 $\boldsymbol{F}_R$ 来表示接触面的约束力，则受力图上就不应再画摩擦力，反之亦然。$\boldsymbol{F}_R$ 不能与 $\boldsymbol{F}_f$ 重复表示。

例 2.14　如图 2-56(a)所示，梯子 AB 重为 $\boldsymbol{W}$=200 N，靠在光滑墙上，已知梯子与地面间的摩擦因数为 f=0.25，今有重为 650 N 的人沿梯子向上爬，试问人达到最高点 A，而梯子保持平衡的最小角度 α 应为多少？

解：基本思路：分析题意→确定最值→列平衡方程求解

按题意，当人到达最高点 A 时，梯子应为即将倒下的临界状态，此时摩擦力达到最大值，AB 杆受力图如图 2-56(b)所示。

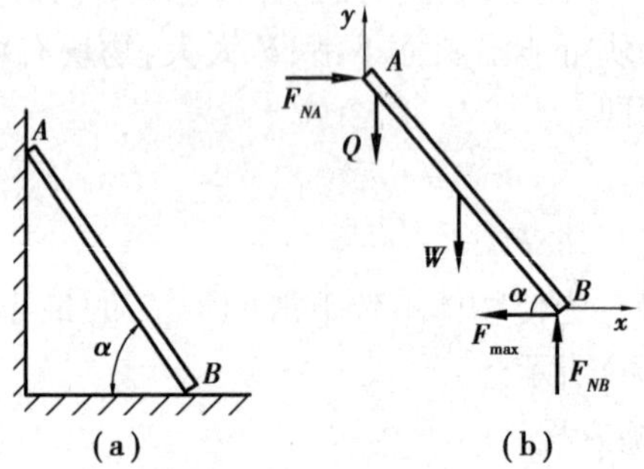

图 2-56　例 2.14 图

列平衡方程：

$$\sum F_y = 0, F_{NB} - W - Q = 0$$

$$\sum M_A = 0, W\frac{l}{2}\cdot\cos\alpha - F_{NB}l\cos\alpha + F_{max}l\sin\alpha = 0$$

列补充方程：

$$F_{max} = fF_{NB}$$

解得

$$\tan\alpha = \frac{F_{NB} - \dfrac{W}{2}}{F_{max}} = \frac{W + Q - \dfrac{W}{2}}{f(W + Q)}$$

$$\frac{200 + 650 - \dfrac{200}{2}}{0.25(200 + 650)} \approx 3.53$$

故

$$\alpha = 74.18°$$

课程育人

> **克服摩擦，砥砺前行**
>
> 古人有云："天将降大任于是人也，必先苦其心志，劳其筋骨，饿其体肤，空乏其身，行拂乱其所为，所以动心忍性，曾益其所不能。"

无数的实践告诉我们，逆境就像摩擦、像阻力，绝对光滑的平面在现实生活中是不存在的，原地踏步自然不费力，但想要前进就必须克服摩擦。逆境是通往成功的必经之路，没人能毫不费力的取得成功，逆境才能让人成长。没有风吹雨打，哪会有秋实的成熟；没有刺骨的寒风，哪会有松柏的坚韧；没有经历九九八十一难，唐僧师徒一行又怎能取得最后的真经？正是因为投入了汗水与辛劳，酿造出成功才能如此馥郁香甜，受人称颂。

但没人喜欢挫折，遇到困难时，难免会心生沮丧。就像前例中说到的小明，相比于同龄人单纯的求学，他肩膀上承担了过多生活的压力，艺术特长、人际交往等也不甚擅长，无法融入校园和集体，有多少同学在“小明”身上看到了自己的影子？

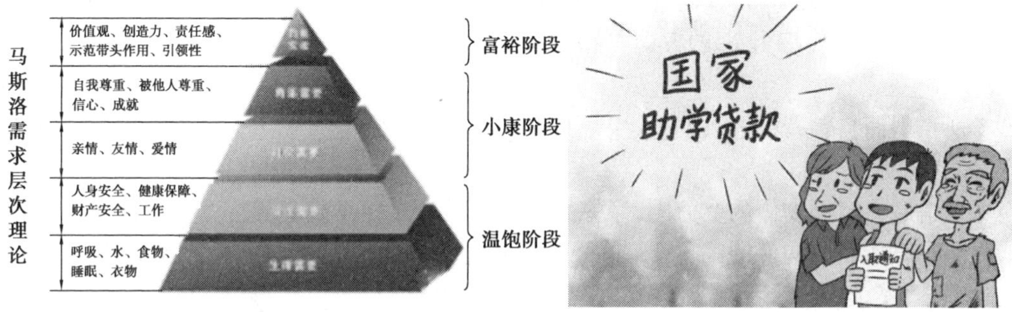

(a) 马斯洛需求层次理论　　(b) 国家助学贷款

图2-57　积极应对，克服“摩擦”

作为“小明”的朋友，老师首先想说，越是深陷逆境，就越不能怨天尤人自暴自弃。“自助者天助之，自弃者天弃之”，自己都放弃自己了，那还指望谁能来帮你呢？于逆境中须得坚定信念，心怀希望，才能激发潜能，找出办法，摆脱困境，加速成长。同时，积极沟通，寻求助力。对贫困大学生，国家制订并出台了一系列帮扶政策，如“无息助学贷款”和“助学金”等，只要达到贫困标准和成绩标准的同学，就可积极申请（政策可详询辅导员）。申请成功，就能帮助他解决生活上的后顾之忧，同时减少打工的时间，可以更专心地投入学习。其次，希望“小明”能主动一些，无论是学习方面，还是交友方面。就好像最大静摩擦力，起始状态的阻力会越来越大，一旦突破临界状态，物体运动起来后的阻力就会越来越小。正所谓“万事开头难”嘛。积极主动的迈出第一步，在学习上更勤奋，获得好成绩，可以获得老师的认可、同学的尊重；在交友上更主动，不攀比吃穿，与有内涵、有追求的同学主动交流沟通，付出定会有收获。最后，要找准成功的参照系。不要攀比物质，也无须攀比“别人家的孩子”，昨天的自己就是很好的比照对象，今天要比昨天好，明天会比今天好，这就足够了。这条路或许注定要披荆斩棘，但只要怀揣着永不言弃的坚毅，谁又能说，我们闯不出来自己的一片天呢？宝剑锋从磨砺出，梅花香自苦寒来。也许我们没法决定自己人生的起点，但终点在哪儿，由你说了算！

课后练习

[知识检测]

一、填空题

1.物体接触面间产生相对________或________时,就存在阻碍物体相对滑动或相对滑动趋势的力称为________;有相对滑动时称为________摩擦力,有相对滑动趋势时称为________摩擦力。

2.静滑动摩擦力 $\boldsymbol{F}_f$ 的方向与滑动趋势的方向________。静摩擦力的最大值为 $\boldsymbol{F}_m=$ ________。动滑动摩擦力 $\boldsymbol{F}_f'$ 的方向与物体滑动的方向________,大小与接触面的正压力 $\boldsymbol{F}_N$ 成________关系,即 $\boldsymbol{F}_f'=$ ________。

3.所谓斜面自锁,就是不论________为多大,物体都将在________上保持________状态。

二、客观题

1.考虑摩擦时画物体的受力图,摩擦力的指向是可以任意假定的。 (　　)

2.考虑摩擦研究构件的临界平衡时,除了列出该物体上力系的独立平衡方程,还需列出补充方程,即 $\boldsymbol{F}_m=f\boldsymbol{F}_N$,然后才能联立求得所有未知力。 (　　)

3.在堆放松散物资如沙土、谷堆等,能够堆起的最大坡度(物资不滑落)的大小就是摩擦角,也是自锁现象的应用。 (　　)

三、主观题

1.如图 2-58 所示,已知一重量为 $\boldsymbol{G}=100$ N 的物块放在水平面上,其摩擦因数 $f=0.3$,当作用在物块上的水平推力的大小分别为 10 N、20 N、40 N 时,试分析这三种情形下物块是否平衡?摩擦力等于多少?

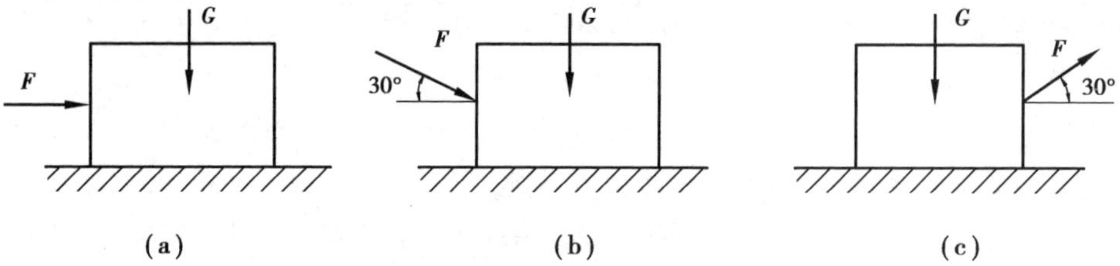

图 2-58　题 1 图

2.如图 2-59 所示,水平力 $\boldsymbol{F}=80$ N 作用在重为 300 N 的板条箱上,设箱与斜面间静摩擦因数为 $f=0.3$,试确定作用在箱上的法向力和摩擦力。

3.如图 2-60 所示,一架 5 m 长质量均匀的梯子重为 400 N,靠在光滑墙面的 B 处。如果 A 点的静摩擦因数 $f=0.4$,确定倾角 θ 为 60°时梯子是否会滑倒。

4.如图 2-61 所示,残疾人使用轮椅上坡,人重 $\boldsymbol{W}_1$,轮椅重 $\boldsymbol{W}_2$,轮的半径为 R,坡的倾斜度为 α,轮与地面的摩擦不计,问人在轮缘上必须施加多大的切向力 $\boldsymbol{F}$,才能使人和轮椅向上运动?为使轮不打滑,斜坡的摩擦因数应为多少?

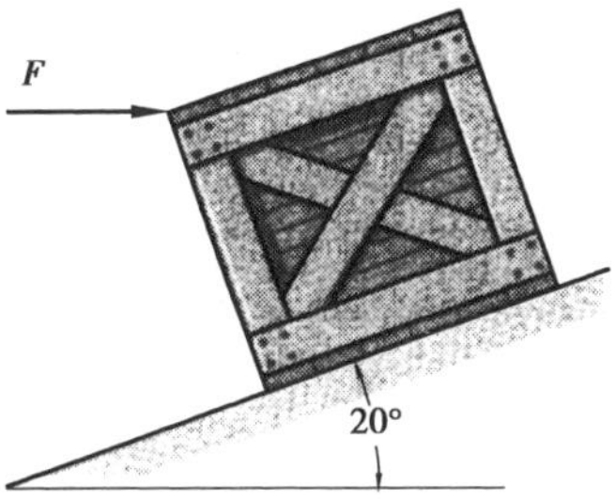

图2-59　题2图

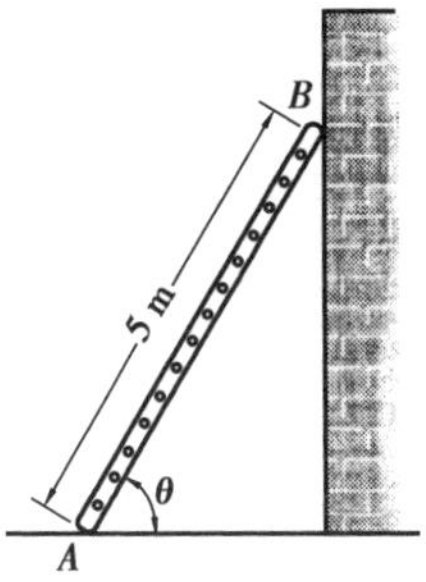

图2-60　题3图

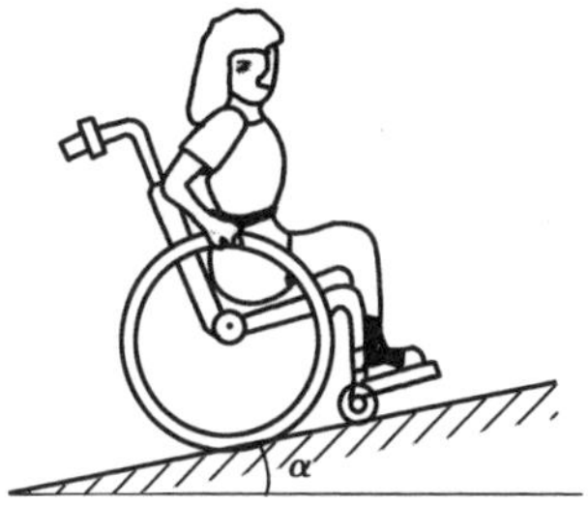

图2-61　题4图

[素质拓展]

逆境使人成长，无论是对于个人，还是国家民族，都是如此。2019年10月1日，是新中国成立70周年的日子，70岁华诞，也是70载风雨，我国很多科研工程都曾因技术落后而受制于人，那我们又是如何顶住压力，逆风前行，一步步克服困难发展而来的？这又带给我们怎样的启示呢？自行选取任一案例调研了解，并与同学们分享。

提示：两弹一星、京张铁路……

(a) 1949年·开国大典阅兵　　(b) 2019年·新中国70周年阅兵

图2-62　中华民族的伟大复兴

项目小结

(1)力系简化的主要依据是**力的平移定理**。

(2)平面任意力系向一点简化的结果是：

一个主矢 $F'_R = \sum F$，作用线通过简心，大小、方向与简心位置无关；一个主矩 $M_o = \sum M_o(F)$，一般与简心位置有关。其最后结果可能出现三种情况：合力、力偶、平衡。

(3)平面任意力系的平衡方程有三种形式：

平衡方程	基本形式	二矩式	三矩式
平衡公式	$\begin{cases}\sum F_x = 0\\ \sum F_y = 0\\ \sum M_O(F) = 0\end{cases}$	$\begin{cases}\sum F_x(\text{或}\sum F_y) = 0\\ \sum M_A(F) = 0\\ \sum M_B(F) = 0\end{cases}$	$\begin{cases}\sum M_A(F) = 0\\ \sum M_B(F) = 0\\ \sum M_C(F) = 0\end{cases}$
附加条件	—	连线 AB 不能与 x 轴（或 y 轴）垂直	A、B、C 三点不共线

无论哪种形式，平面任意力系只能有 3 个独立的平衡方程，求解 3 个未知量。

(4)平面特殊力系的平衡方程：

平面力偶系	平面汇交力系	平面平行力系
$\sum M_i = 0$	$\begin{cases}\sum F_x = 0\\ \sum F_y = 0\end{cases}$	$\begin{cases}\sum F_x = 0\\ \sum M_O(F) = 0\end{cases}$ 或 $\begin{cases}\sum M_A(F) = 0\\ \sum M_B(F) = 0\end{cases}$ （连线 AB 不能与 x 轴（或 y 轴）平行）

(5)求解物系平衡问题时的注意点：

①首先确定给物体的平衡问题是静定的，还是超静定的。虽然静力学问题只研究静定问题，但学会判断超静定问题对今后的学习有益，也是必要的。

②正确画出系统整体、局部及每个物体的分离体受力图。要判断出物系中有无二力杆、二力构件，要注意各受力图之间彼此是否协调，是否符合作用与反作用定律。

③具体求解前要比较解题方案。一般应从可解的和局部可解的分离体着手，求出部分未知力后，使其他暂不可解的转化为可解的分离体，依次解出待求未知力；若所有分离体都是暂不可解的，则应按题意选取包含两个相同未知力的分离体列方程联立求解。对运动机构，可按力的传递顺序依次取研究对象。

在列方程时，尽可能避免出现不必要求解的未知力。

(6)求解考虑摩擦的平衡问题时，可将滑动摩擦力作为未知约束力对待，应会判断物体在主动力作用下的运动趋势，从而决定静摩擦力的方向。在列平衡方程时，要考虑静摩擦力的变化有一个范围，从而解出的答案也是一个有范围的值，只有判断物体已处于临界平衡状态的前提下，才能应用补充方程 $\boldsymbol{F}_m = f\boldsymbol{F}_N$，求得的答案也是临界值，否则，只能应用平衡条件来决定静摩擦力大小的范围。

项目 3

空间力系

【工作任务】

任务 3.1　空间力系的平衡

任务 3.2　重心、质心与形心

任务 3.1　空间力系的平衡

[**任务描述**]了解空间力系相关知识及平衡问题的求解方法

[**任务目标**]

目标类型	目标要求
认知目标	(1)了解空间力系的概念,正确表示刚体受空间约束力; (2)掌握力在空间直角坐标轴上的投影; (3)掌握计算力对轴之矩; (4)熟练掌握空间任意力系的平衡方程。
技能目标	能运用平面投影法,求解一般空间力系的平衡问题。
素质目标	(1)认识故宫,了解中国古建筑文化,感悟中国古代劳动人民的勤劳与智慧; (2)透过榫卯体悟其背后的匠心,传承工匠精神。

[**关键词**] 空间力系、力的轴投影/面投影、直接投影法、二次投影法、力对轴之矩、右手螺旋法则、空间约束力、平衡。

[**知识前哨站**]

(1)力在平面坐标轴上的投影;

(2)(平面)力对点之矩;

(3)(平面)约束及约束力;

(4)平面力系的简化与平衡。

案例引入

故宫屹立千年不倒的秘密:榫卯结构

北京故宫是中国明清两代的皇家宫殿,旧称为紫禁城,是中国古代宫廷建筑之精华,被誉为“世界五大宫之首”(北京故宫、法国凡尔赛宫、英国白金汉宫、美国白宫、俄罗斯克里姆林宫)。也是世界上现存规模最大、保存最为完整的木质结构古建筑之一。

(a)故宫(紫禁城)　　(b)榫卯与斗拱

图 3-1　故宫与榫卯

除了深厚的历史意义和艺术价值,故宫在建筑史上也留下了浓墨重彩的一笔。北京故宫始建于明成祖永乐四年(1406 年),曾居住过 24 位皇帝。无论朝代如何更迭,故宫却依然挺立。谈及这其中的奥妙,就不得不提到中国古建筑中一个凝聚了匠人智慧的重要发明——榫卯结构。故宫绝不是一路风平浪静安安稳稳地保存至今的,遑论风霜雨雪、春夏秋冬,光是地震就经历过大大小小 200 多次。小小的榫卯,又是如何做到让如此庞大的空间结构,保持了上千年的平衡稳固呢?每年的 6、7 月份,都是北京的雨季,大雨倾城也导致了故宫积水严重,常有网友调侃,欢迎来故宫“看海”。总之,自然灾害年年有,但故宫依然健在。这偌大的紫禁城仿若历史的见证者,600 年风风雨雨,600 年历史情仇,见证了中华民族的历史兴衰,也将继续见证中华民族的伟大复兴!

今天,就让我们来走近故宫,走近它背后屹立千年不倒的秘密——空间力系的平衡。

专业知识

3.1.1　空间力系概述

所谓**空间力系**,即各力的作用线都不在同一个平面内的力系。按力系各力作用线的分布特征,可将空间力系分为**空间汇交力系**、**空间平行力系**和**空间任意力系**。

如图 3-2(b)所示,用钢绳吊一块矩形混凝土预制板,板的重力 $\boldsymbol{G}$ 和绳的拉力 $\boldsymbol{F}_1$,$\boldsymbol{F}_2$,$\boldsymbol{F}_3$,$\boldsymbol{F}_4$ 都汇交于一点,系**空间汇交力系**。又如图 3-2(a)所示,作用于传动轴的带轮 C 上的拉力 $\boldsymbol{F}_{T1}$,$\boldsymbol{F}_{T2}$,斜齿轮 D 上的力 $\boldsymbol{F}_t$,$\boldsymbol{F}_r$,轴承 A,B 处的 $\boldsymbol{F}_{Ax}$,$\boldsymbol{F}_{Az}$,$\boldsymbol{F}_{Bx}$,$\boldsymbol{F}_{Bz}$ 构成**空间任意力系**。

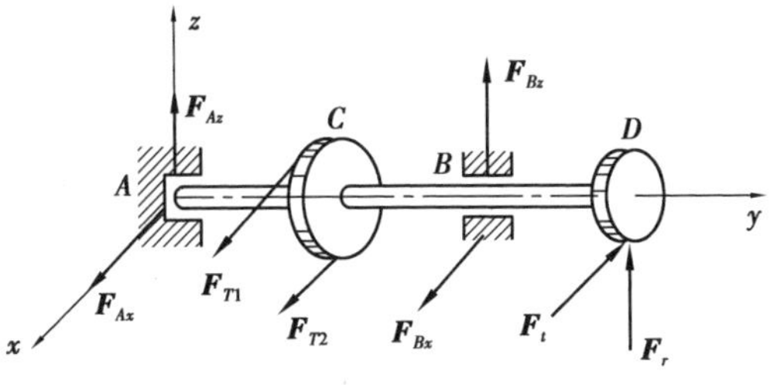

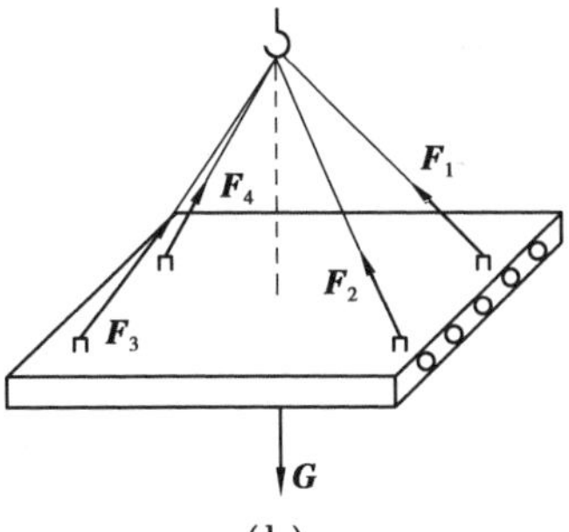

图 3-2　不同类型的空间力系

有一小部分空间力系问题,因结构与受力均具有平面对称性,可转化成平面力系问题来处理。但在工程上的绝大部分工程实际,仍都是空间力系问题。相较于上个项目所学的平面力系,空间力系的研究范畴从 Oxy 直角坐标系,拓展至了 $Oxyz$ 空间坐标系。本节任务将主要讨论力在空间坐标轴上的投影、力对轴之矩的概念与运算以及空间力系平衡问题的求解方法。

3.1.2　力在空间轴上的投影

1)轴投影和面投影

轴投影

已知力 $\boldsymbol{F}$ 与 x 轴如图 3-3(a)所示,过力 $\boldsymbol{F}$ 的两端点 A,B 分别作垂直于 x 轴的平面 M 及 N,与 x 轴交于 a、b,则力 $\boldsymbol{F}$ 在 x 轴上的投影为 $F_x = \pm ab$。

符号规定:若从 a 到 b 的方向与 x 轴的正向一致取正号,反之取负号。

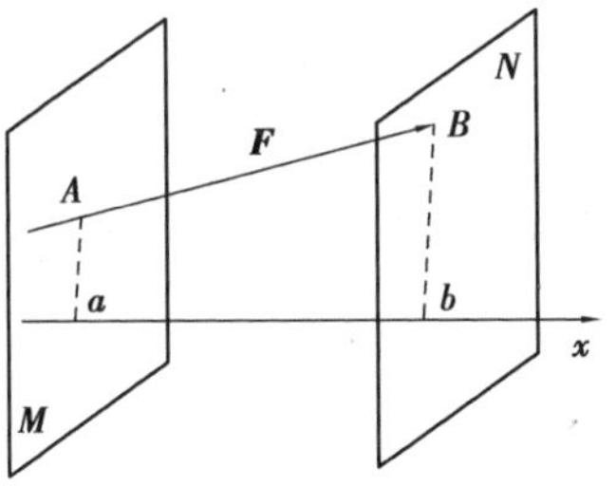

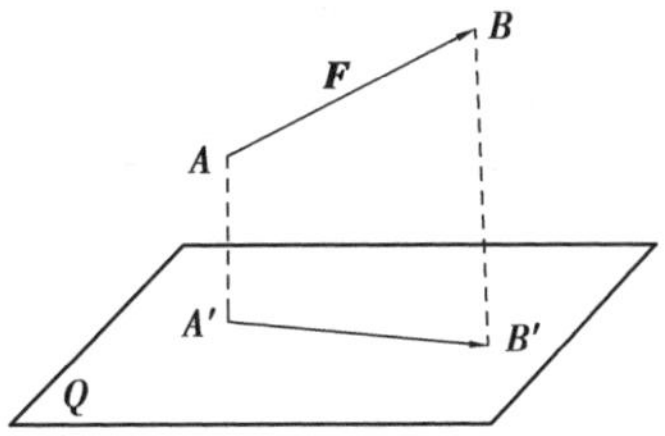

图 3-3　空间力的轴投影和面投影

面投影

已知力 $\boldsymbol{F}$ 与平面 Q,如图 3-3(b)所示,过力的两端点 A、B 分别作平面 Q 的垂直线 AA'、BB',则矢量 $\overrightarrow{\boldsymbol{A'B'}}$ 称为**力 $\boldsymbol{F}$ 在平面 $\boldsymbol{Q}$ 上的投影**。

> ➤ **高能提醒**
>
> 力在轴上的投影(轴投影)是代数量,但力在平面上的投影(面投影)则是矢量。

故在求解力在空间轴上的投影问题上,可分为两种运算方法:直接投影法和二次投影法。

直接投影法——确定空间力与轴的夹角,直接求出投影;

二次投影法——先确定空间力与面的夹角,求出面投影,再借由面投影与轴的夹角,求出轴投影,通过二次计算求出投影。

2)求解力在空间轴上的投影

直接投影法

若已知力 $\boldsymbol{F}$ 的大小,力 $\boldsymbol{F}$ 的作用线如图 3-4(a)所示,与空间直角坐标系三个坐标轴的夹角为 α,β,γ,由几何关系可直接得到力 $\boldsymbol{F}$ 在空间直角坐标轴上的投影 F_x,F_y,F_z 分别为

$$\begin{cases} F_x = \boldsymbol{F}\cos\alpha \\ F_y = \boldsymbol{F}\cos\beta \\ F_z = \boldsymbol{F}\cos\gamma \end{cases} \tag{3-1}$$

符号规定:与平面的情况相同,规定当力的起点投影至终点投影的连线方向与坐标轴正向一致时取正号"+";反之取负号"-"。

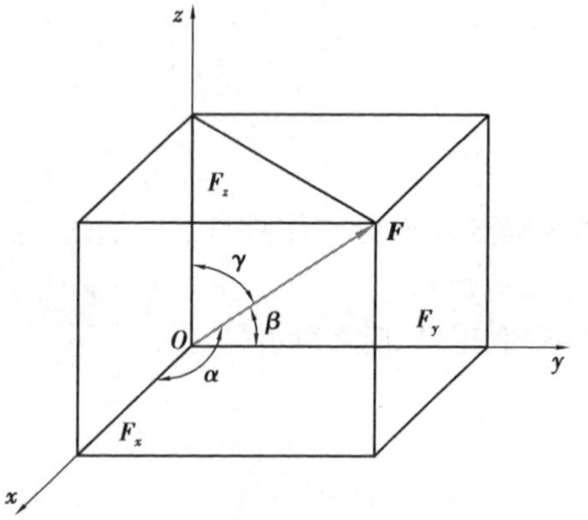

(a)直接投影法

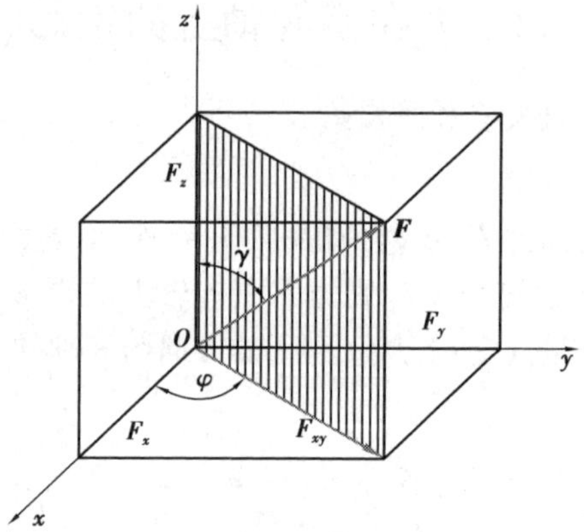

(b)二次投影法

图 3-4　力在空间坐标轴上的投影

二次投影法

如图 3-4(b)所示,已知力 $\boldsymbol{F}$ 的大小、力 $\boldsymbol{F}$ 的作用线与坐标轴 z 轴的夹角 γ、力 $\boldsymbol{F}$ 与 z 轴决定的平面与 x 轴的夹角为 φ,则可先将力 $\boldsymbol{F}$ 分别投影至 z 轴和坐标平面 Oxy 上,得到 z 轴上的投影 F_z 和平面上的投影 F_{xy};然后,再将 F_{xy} 分别投影至 x 轴和 y 轴,得到轴上投影 F_x,F_y。

此过程需要经过两次投影才能得到结果,因此称为二次投影法。二次投影法的过程可列式如下:

$$\boldsymbol{F} \Rightarrow \begin{cases} F_z = \boldsymbol{F}\cos\gamma \\ F_{xy} = \boldsymbol{F}\sin\gamma \Rightarrow \begin{cases} F_x = F_{xy}\cos\varphi = \boldsymbol{F}\sin\gamma\cos\varphi \\ F_y = F_{xy}\sin\varphi = \boldsymbol{F}\sin\gamma\sin\varphi \end{cases} \end{cases}$$

进一步整理成

$$\begin{cases} F_x = F_{xy}\cos\varphi = \boldsymbol{F}\sin\gamma\cos\varphi \\ F_y = F_{xy}\sin\varphi = \boldsymbol{F}\sin\gamma\sin\varphi \\ F_z = \boldsymbol{F}\cos\gamma \end{cases} \tag{3-2}$$

3)空间力的矢量表达式

若 $\boldsymbol{i},\boldsymbol{j},\boldsymbol{k}$ 分别为坐标轴 x,y,z 上的 3 个单位矢量,则空间力矢量的表达式为

$$\boldsymbol{F} = F_x + F_y + F_z = F_x\boldsymbol{i} + F_y\boldsymbol{j} + F_z\boldsymbol{k} \tag{3-3}$$

其中,F_x,F_y,F_z 分别表示力 $\boldsymbol{F}$ 在空间直角坐标轴上的 3 个分力,F_x,F_y,F_z 分别表示力矢 $\boldsymbol{F}$ 在空间坐标轴上的 3 个投影。如果把一个力沿空间直角坐标轴分解,则沿 3 个坐标轴分力的大小等于力在这 3 个坐标轴上投影的绝对值。

反之,若已知力 $\boldsymbol{F}$ 在三个坐标轴上的投影 F_x,F_y,F_z,也可求出力 $\boldsymbol{F}$ 的大小和方向。即

$$\begin{cases} \boldsymbol{F} = \sqrt{F_x^2 + F_y^2 + F_z^2} \\ \cos\alpha = \dfrac{F_x}{\sqrt{F_x^2 + F_y^2 + F_z^2}} \\ \cos\beta = \dfrac{F_y}{\sqrt{F_x^2 + F_y^2 + F_z^2}} \\ \cos\gamma = \dfrac{F_z}{\sqrt{F_x^2 + F_y^2 + F_z^2}} \end{cases} \tag{3-4}$$

其中 $\cos\alpha,\cos\beta,\cos\gamma$ 称为力 $\boldsymbol{F}$ 的方向余弦。

一般情况下,不易全部找到力与 3 个轴的夹角,可根据实际情况选择其中一种方法或综合两种方法求力的投影。

4)空间合力投影定理

设有一空间汇交力系 $\boldsymbol{F}_1,\boldsymbol{F}_2,\cdots,\boldsymbol{F}_n$,利用力的平行四边形法则,可将其逐步合成为一个合力 $\boldsymbol{F}_R$,且有

$$\boldsymbol{F}_R = \boldsymbol{F}_1 + \boldsymbol{F}_2 + \cdots + \boldsymbol{F}_n = \sum \boldsymbol{F}_i \tag{3-5}$$

再结合力的矢量表达式(3-1)可得

$$\begin{cases} F_{Rx} = \sum F_x \\ F_{Ry} = \sum F_y \\ F_{Rz} = \sum F_z \end{cases} \tag{3-6}$$

上式称为**空间力系的合力投影定理**,说明空间汇交力系的合力在某一轴上的投影,等于力系中各力在同一轴上投影的代数和。

例 3.1 如图 3-5 所示,已知力 $\boldsymbol{F}_1=2$ kN,$\boldsymbol{F}_2=1$ kN,$\boldsymbol{F}_3=3$ kN,试分别计算三力在 x,y,z 轴上的投影。

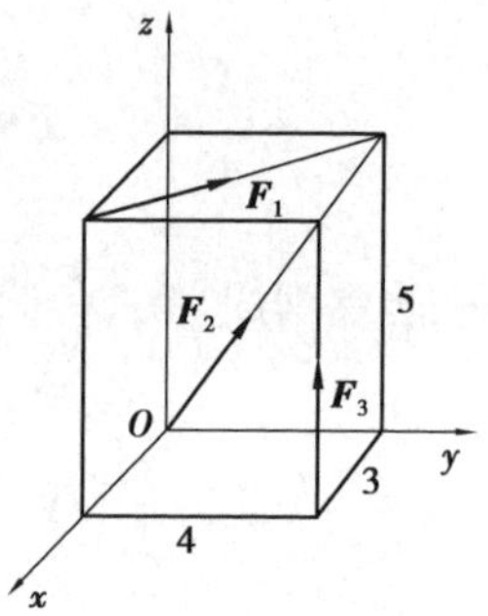

图 3-5 例 3.1 图

解:基本思路:根据已知力的分布特点选择对应的求解方法

直接投影法:直接求轴投影

观察三力分布,其中 $\boldsymbol{F}_1$,$\boldsymbol{F}_3$ 的轴投影可由式(3-1)得

$F_{3x}=0,F_{3y}=0,F_{3z}=F_3=3$ kN,

$F_{1x}=-F_1\times3/5=-1.2$ kN,$F_{1y}=F_1\times4/5=1.6$ kN,$F_{1z}=0$

二次投影法:先求面投影再投轴投影

$\boldsymbol{F}_2$ 的轴投影由式(3-2)得

$$F_{2x}=F_2\times\frac{\sqrt{2}}{2}\times\frac{3}{5}=0.424\ \text{kN},$$

$$F_{2y}=F_2\times\frac{\sqrt{2}}{2}\times\frac{4}{5}=0.566\ \text{kN},$$

$$F_{2z}=F_2\times\frac{\sqrt{2}}{2}=0.707\ \text{kN}$$

3.1.3 力对轴之矩

1)力对轴之矩

在项目 1 中我们曾学过,平面力的转动效应可通过力对点之矩来度量。在空间力系中,空间力的转动效应则可通过**力对轴之矩**来度量。实践表明,力使物体绕一个轴转动的效应,不仅与力的大小有关,而且和力与转轴之间的相对位置有关。

> **➢ 深思妙想**
>
> 生活中还有哪些力绕轴旋转的实例应用?转轴在哪里?力对轴之矩等于多少?试举例说明。

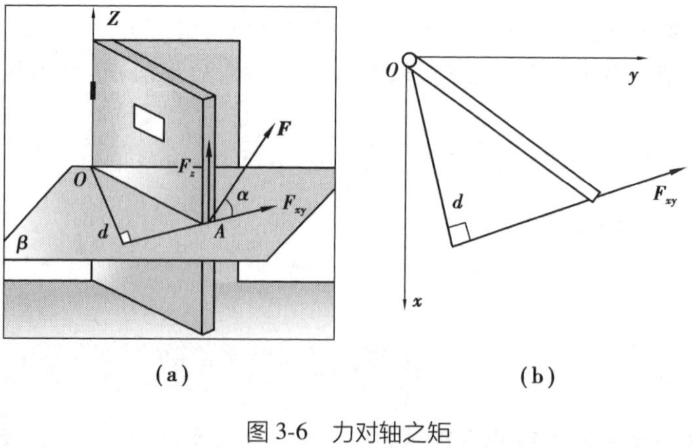

图 3-6 力对轴之矩

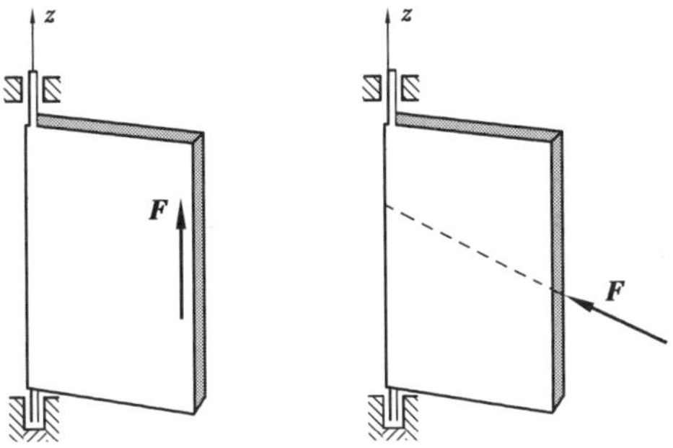

(a)　　　　(b)

图 3-7　力矩为零

如图 3-6(a)所示,以开门为例,一力 $\boldsymbol{F}$ 可使得一扇门绕固定轴转动,若以此轴为 z 轴建立空间坐标系,则空间力 $\boldsymbol{F}$ 使物体绕 z 轴产生的转动效应可用**力对 z 轴之矩 $M_z(\boldsymbol{F})$** 来度量。为便于计算,可将力 $\boldsymbol{F}$ 在其作用点 A 处进一步分解,如图 3-6(b)所示,可得一轴分力 F_z(平行于 z 轴的分力)和一面分力 F_{xy}(垂直于 z 轴的分力)。由经验可知,分力 F_z 并不能使门绕 z 轴转动,即力 F_z 对 z 轴的矩为零;只有分力 F_{xy} 才能使门绕 z 轴转动。力 $\boldsymbol{F}$ 对 z 轴之矩 $M_z(\boldsymbol{F})$ 与其分力 F_{xy} 对点 O 的矩等效,即

$$\boldsymbol{M}_z(\boldsymbol{F}) = \boldsymbol{M}_z(F_{xy}) = \boldsymbol{M}_O(F_{xy}) = \pm F_{xy}d \tag{3-7}$$

其中,下标 z 表示**矩轴**,点 O 为平面 A 与 z 轴的交点,d 为 O 点到**力 F_{xy} 作用线的距离**。该式揭示了力对轴之矩与力对点之矩的内在联系。力对轴之矩为代数量,国际制单位为牛顿·米(N·m)或千牛·米(kN·m),其正负号可用右手螺旋法则判定。

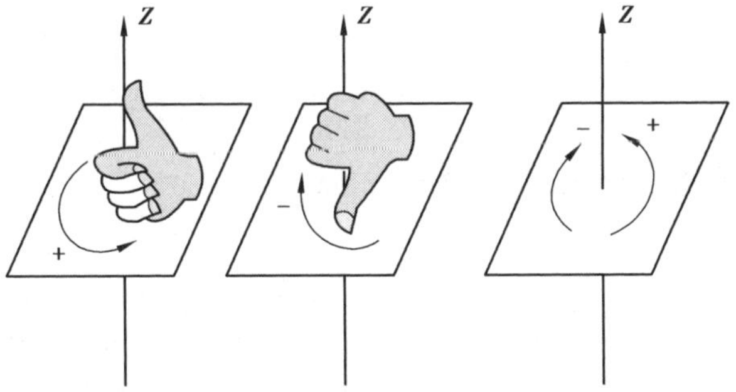

力对轴之矩

图 3-8　右手螺旋法则

将右手掌心朝向转动轴并握住它,四指指尖与物体转动方向一致,伸开拇指,若拇指与转轴正向一致,则力对该轴之矩为正;反之,为负。或者从转轴的正端俯视,逆时针转向的力矩为正,顺时针转向为负。

由此可知,当力的作用线与轴相交或平行时,力对轴之矩等于零。也就是说,力的作用线与轴共面时,力不能使物体绕该轴转动。

> **➢ 高能提醒**
>
> 力 $\boldsymbol{F}$ 的作用线与轴平行,说明力在垂直于轴的平面上投影为零(类同 $F_{xy}=0$);力 $\boldsymbol{F}$ 的作用线与轴相交,说明 $d=0$。

2)合力矩定理

合力矩定理在空间问题中的表述为:空间力系的合力 $\boldsymbol{F}_R$ 对某一轴之矩等于力系中各分力对同一轴之矩的代数和。表达式为

$$\begin{cases} M_x(\boldsymbol{F}_R) = M_x(\boldsymbol{F}_1) + M_x(\boldsymbol{F}_2) + \cdots + M_x(\boldsymbol{F}_n) = \sum M_x(\boldsymbol{F}) \\ M_y(\boldsymbol{F}_R) = M_y(\boldsymbol{F}_1) + M_y(\boldsymbol{F}_2) + \cdots + M_y(\boldsymbol{F}_n) = \sum M_y(\boldsymbol{F}) \\ M_z(\boldsymbol{F}_R) = M_z(\boldsymbol{F}_1) + M_z(\boldsymbol{F}_2) + \cdots + M_z(\boldsymbol{F}_n) = \sum M_z(\boldsymbol{F}) \end{cases} \tag{3-8}$$

例 3.2 如图 3-9(a)所示,水平圆轮上 A 处有一力 $\boldsymbol{F}=100$ N,$\boldsymbol{F}$ 在垂直平面内,且与过 A 点的切线形成的夹角为 60°,OA 与 y 轴的夹角为 45°,$h=r=1$ m。

试求:(1)力 $\boldsymbol{F}$ 在 x、y、z 轴上的投影;(2)力 $\boldsymbol{F}$ 对 x、y、z 轴之矩。

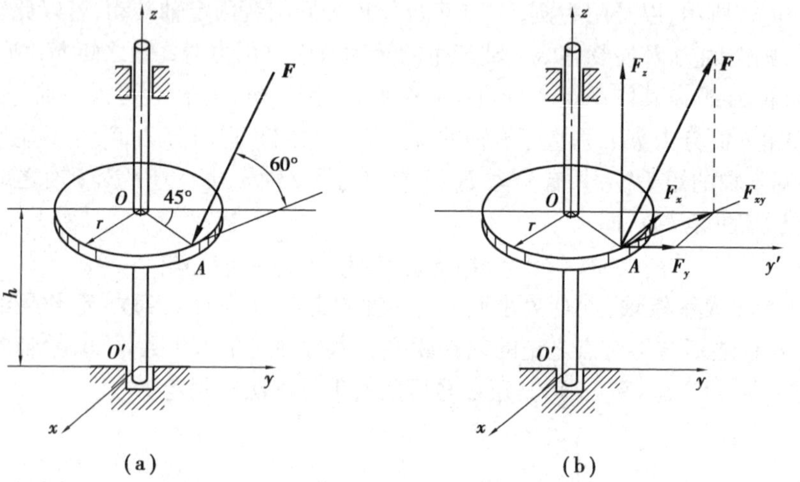

图 3-9 例 3.2 图

解:基本思路:力的轴投影→力对轴之矩

(1)力的轴投影

根据 $\boldsymbol{F}$ 的分布特点,适合用二次投影法求解。如图 3-9(b)所示,可先将力 $\boldsymbol{F}$ 向 A_{xy} 平面和 z 轴上投影,得到 F_{xy} 和 F_z;再将 F_{xy} 向 x,y 轴投影,便得到 F_x 和 F_y。由式(3-2)可得

$$\begin{aligned} F_x &= -F_{xy} \cdot \sin 45° = -\boldsymbol{F} \cdot \cos 60° \cdot \sin 45° \\ &= -100 \times 0.5 \times 0.707 = -35.4 \text{ N} \\ F_y &= F_{xy} \cdot \cos 45° = \boldsymbol{F} \cdot \cos 60° \cdot \cos 45° \\ &= 100 \times 0.5 \times 0.707 = 35.4 \text{ N} \\ F_z &= \boldsymbol{F} \cdot \sin 60° = 100 \times 0.866 = 86.6 \text{ N} \end{aligned}$$

(2)力对轴之矩

根据 $\boldsymbol{F}$ 的分布特点,适合用合力矩定理求解。如图 3-9(b)所示,可先将力 $\boldsymbol{F}$ 在作用点处沿 x、y、z 方向分解,得到 3 个分量 $\boldsymbol{F}_x$,$\boldsymbol{F}_y$,$\boldsymbol{F}_z$,它们的大小分别等于投影 F_x,F_y,F_z 的大小。再由式(3-7)可得

$$\begin{aligned} M_x(\boldsymbol{F}) &= M_x(\boldsymbol{F}_x) + M_x(\boldsymbol{F}_y) + M_x(\boldsymbol{F}_z) \\ &= 0 - F_y h + F_z r \cos 45° \end{aligned}$$

$$= -35.4\ \text{N} \times 1\ \text{m} + 86.6\ \text{N} \times 1\ \text{m} \times \cos 45^\circ$$
$$= 25.8\ \text{N} \cdot \text{m}$$
$$M_y(\boldsymbol{F}) = M_y(\boldsymbol{F}_x) + M_y(\boldsymbol{F}_y) + M_y(\boldsymbol{F}_z)$$
$$= -F_x h - 0 - F_z r \sin 45^\circ$$
$$= -35.4\ \text{N} \times 1\ \text{m} - 86.6\ \text{N} \times 1\ \text{m} \times \sin 45^\circ$$
$$= -96.6\ \text{N} \cdot \text{m}$$
$$M_z(\boldsymbol{F}) = M_z(\boldsymbol{F}_x) + M_z(\boldsymbol{F}_y) + M_z(\boldsymbol{F}_z)$$
$$= F_x r \cos 45^\circ + F_y r \sin 45^\circ + 0$$
$$= 35.4\ \text{N} \times 1\ \text{m} \times \cos 45^\circ + 35.4 \times 1\ \text{m} \times \sin 45^\circ$$
$$= 50.1\ \text{N} \cdot \text{m}$$

3.1.4 空间力系的平衡方程及其应用

1)空间任意力系的平衡方程

类似于平面力系,将空间任意力系向一点简化,可以得到一个主矢和一个主矩,对简化结果进一步分析,可得到空间力系平衡的必要充分条件,即当主矢和主矩同时为零时,物体处于平衡状态。

$$\begin{cases} \sum F_x = 0, \sum F_y = 0, \sum F_z = 0 \\ \sum M_x = 0, \sum M_y = 0, \sum M_z = 0 \end{cases} \tag{3-9}$$

上式称为**空间任意力系的平衡方程**,即各力在三个坐标轴上投影的代数和以及各力对三个坐标轴之矩的代数和分别等于零。式中6个方程各自独立,利用该方程组可以求解6个未知量。

> **➢ 深思妙想**
>
> 试自行完成空间任意力系向一点的简化。
>
> 提示:空间力的投影+平面任意力系向一点的简化

2)空间约束及约束力

类似于平面力系,在对空间任意力系进行受力分析时,也会涉及约束力,现将空间常见约束和它们的约束力列成表3-1,以供参考。

表3-1 空间常见约束类型及约束力

约束类型	约束示意图	约束力画法
 球较	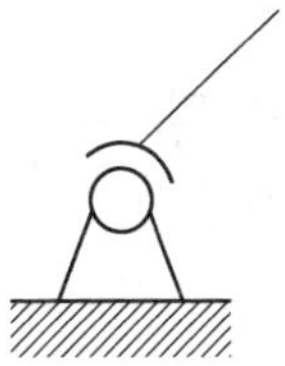	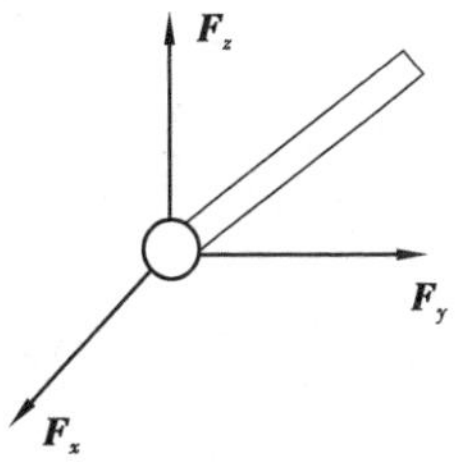

续表

约束类型	约束示意图	约束力画法
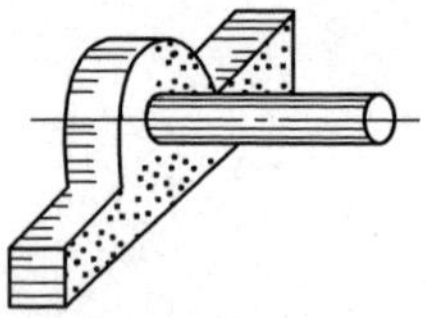 向心(径向)轴承	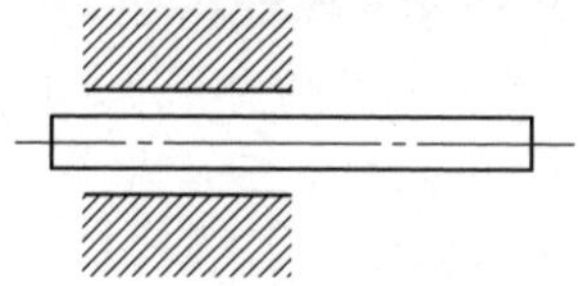	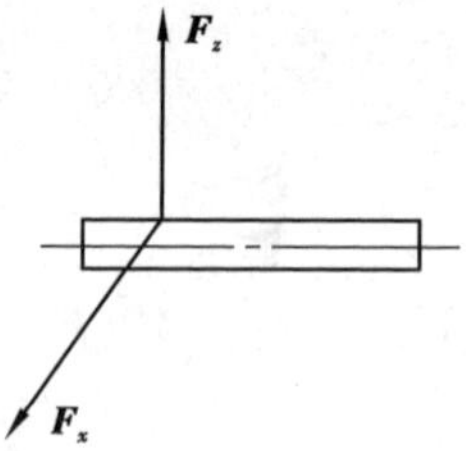
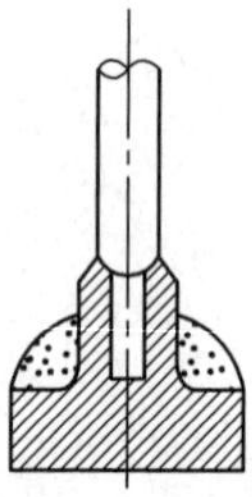 向心推力(止推)轴承	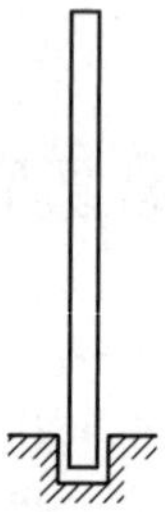	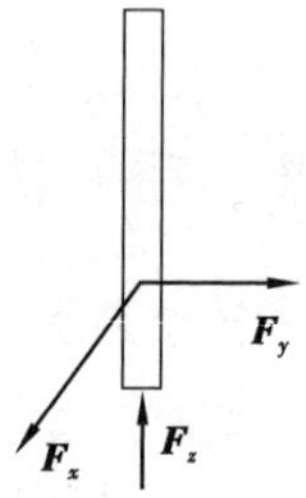
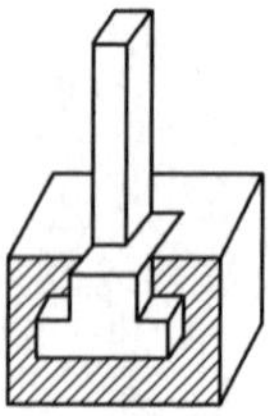 空间固定端	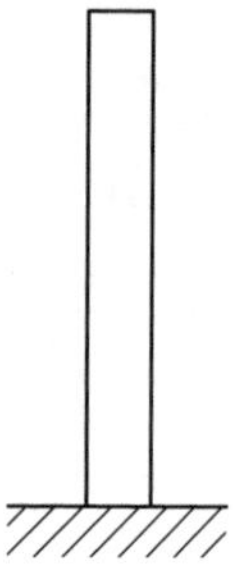	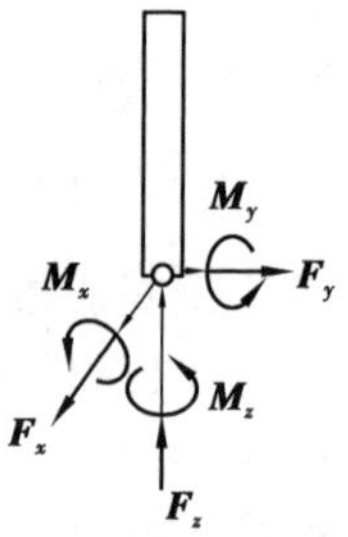

3)求解空间力系平衡问题

求解空间力系平衡问题的步骤与平面力系相同,即选取研究对象、画受力图、列平衡方程和求解校核等四步。

例 3.3　图 3-10 所示为直齿圆柱齿轮轴的受力情况。圆周力 $F_{t1}=3.58$ kN,径向力 $F_{r1}=1.3$ kN,$F_{r2}=2.6$ kN,分度圆的半径 $r_C=100$ mm,$r_D=50$ mm,不计自重。

试求:齿轮圆周力 F_{t2}及轴承的约束反力。

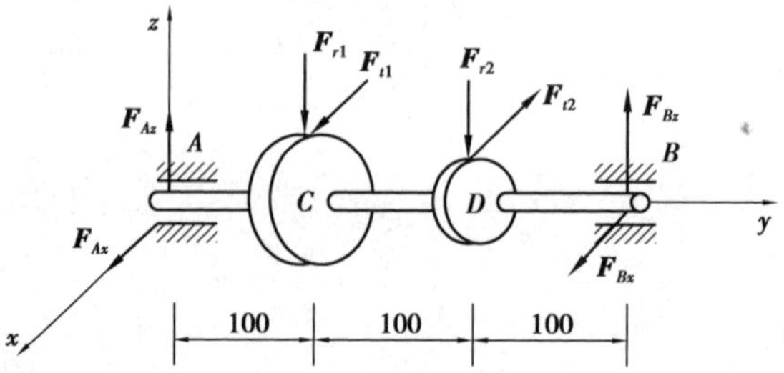

图 3-10　例 3.3 图

解:试用两种方法对本题求解

方法一:空间求法

基本思路:确定研究对象→画受力图→列平衡方程→求解校核

取齿轮轴 AB 连同齿轮 C 和 D 为研究对象,其受力图如图 3-10 所示,齿轮轴共受 8 个力作用,为空间力系。由式(3-9)可得

$$\sum F_x = 0, F_{t1} - F_{t2} + F_{Ax} + F_{Bx} = 0$$

$$\sum F_z = 0, F_{Az} + F_{Bz} - F_{r1} - F_{r2} = 0$$

$$\sum M_x(\boldsymbol{F}) = 0, F_{Bz} \times 0.3 - F_{r1} \times 0.1 - F_{r2} \times 0.2 = 0$$

$$\sum M_y(\boldsymbol{F}) = 0, F_{t1} \times 0.1 - F_{t2} \times 0.05 = 0$$

$$\sum M_z(\boldsymbol{F}) = 0, -F_{t1} \times 0.1 + F_{t2} \times 0.2 - F_{Bx} \times 0.3 = 0$$

解得　$\boldsymbol{F}_{Ax}=0, \boldsymbol{F}_{Az}=1.73\ \text{kN}, \boldsymbol{F}_{t2}=7.16\ \text{kN}, \boldsymbol{F}_{Bx}=3.58\ \text{kN}, \boldsymbol{F}_{Bz}=2.17\ \text{kN}$

方法二:平面求法

基本思路:将空间力系转化为平面力系求解

把空间的受力图投影到三个坐标平面上,画出主视图、俯视图、侧视图。分别列出它们的平衡方程,同样可求解出所求的未知。

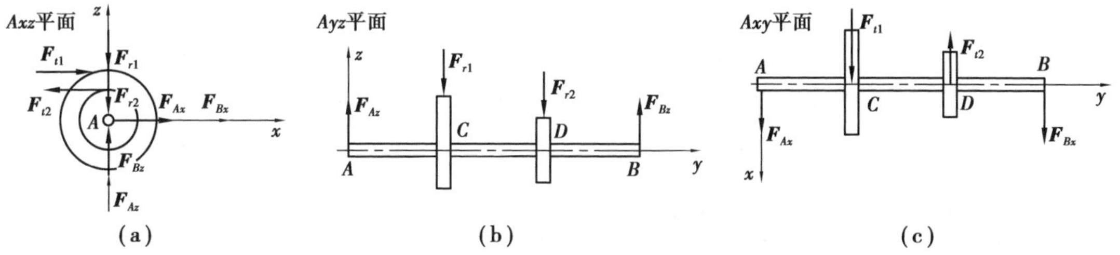

图 3-11

(1)在 Axz 平面内,如图 3-11(a)所示

由 $\sum M_A(\boldsymbol{F}) = 0, -F_{t1} \times 0.1 + F_{t2} \times 0.05 = 0$

解得 $\boldsymbol{F}_{t2}=7.16\ \text{kN}$

(2)在 Ayz 平面内,如图 3-11(b)所示

由 $\sum M_A(\boldsymbol{F}) = 0, F_{Bz} \times 0.3 - F_{t1} \times 0.1 - F_{t2} \times 0.2 = 0$

$$\sum F_z = 0, F_{Az} + F_{Bz} - F_{r1} - F_{r2} = 0$$

解得 $\boldsymbol{F}_{Az}=1.73\ \text{kN}, \boldsymbol{F}_{Bz}=2.17\ \text{kN}$

(3)在 Axy 平面内,如图 3-11(c)所示

由 $\sum M_A(\boldsymbol{F}) = 0, -F_{t1} \times 0.1 + F_{t2} \times 0.2 - F_{Bx} \times 0.3 = 0$

$$\sum F_x = 0, F_{t1} - F_{t2} + F_{Ax} + F_{Bx} = 0$$

解得 $\boldsymbol{F}_{Ax}=0, \boldsymbol{F}_{Bx}=3.58\ \text{kN}$

综上所述,用方法二解题时,关键在于正确地将空间力系投影到三个坐标平面上,转化为平面力系。对比两种方法可以看出,后一种方法较易掌握,适用于受力较多的轴类构件。

例 3.4 简易起重机如图 3-12(a)所示,已知 $AD=BD=1\ \text{m}$, $CD=15\ \text{m}$, $CM=1\ \text{m}$, $ME=4\ \text{m}$, $MS=0.5\ \text{m}$,机身的重力 $\boldsymbol{G}_1=100\ \text{kN}$,起吊重物的重力 $\boldsymbol{G}_2=10\ \text{kN}$。试求 A,B,C 三轮对地面的压力。

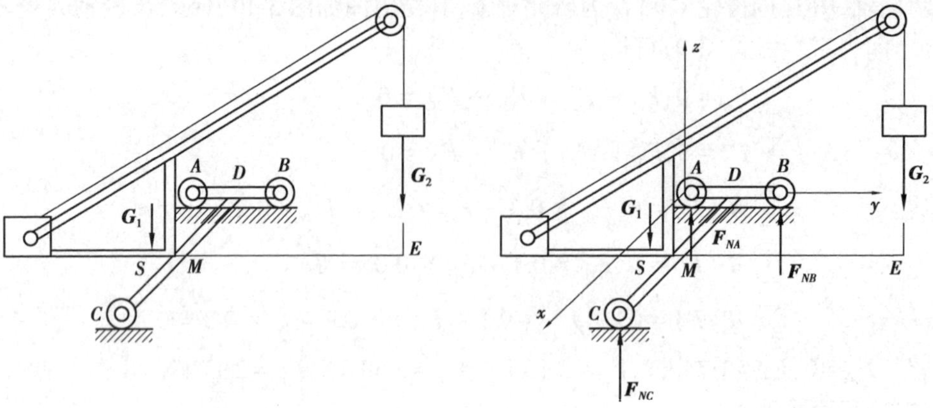

(a) (b)

图 3-12 例 3.4 图

解:基本思路:确定研究对象→画受力图→列平衡方程→求解校核

取起重机为研究对象,画受力图,并建立空间直角坐标系 $Axyz$,如图 3-12(b)所示。由式(3-9)可得

由 $\sum M_y(F)=0,\ -F_{NC}CD+G_1\cdot DM+G_2\cdot DM=0$

得 $F_{NC}=(G_1+G_2)DM/CD$

$$=(100+10)\times\frac{1}{3}=36.7\ \text{kN}$$

由 $\sum M_x(F)=0, F_{NB}AB+F_{NC}AD-G_1(AD-MS)-G_2(AD+ME)=0$

得 $F_{NB}=[-F_{NC}AD+G_1(AD-MS)+G_2(AD+ME)]/AB$

$$=(-36.7\times1+100\times0.5+10\times5)/2=31.6\ \text{kN}$$

由 $\sum F_z=0, F_{NA}+F_{NB}+F_{NC}-G_1-G_2=0$

得 $F_{NA}=-F_{NB}-F_{NC}+G_1+G_2$

$$=-36.7-31.6+100+10=41.1\ \text{kN}$$

根据作用与反作用定律,得知 A,B,C 三轮对地面的压力分别为 41.1 kN, 31.6 kN, 36.7 kN,方向沿地面法向方向竖直向下。

> **➤ 高能提醒**
>
> 解题时,空间任意力系的平衡方程式(3-10)中的 6 个方程式无需全部列出,根据所求未知量列出对应方程即可。

课程育人

榫卯的发展

中国榫卯起源于距今约7 000年前的河姆渡时期，说来你们可能不信，其历史的悠久甚至超过了汉字。它是古代中国建筑、家具及很多器械的主要结构方式，是在两个构件上采用凹凸部位相结合的一种连接方式。

我们经常看到凸出来的那一部分就是称为榫(或叫榫头)，而凹进去的我们都叫它卯(或叫榫眼、榫槽)，这样就形成了一个完整的榫卯结构。其特点便是不使用钉子，用卯榫就能加固物件，还可限制木件向各个方向的扭动。相比之下，铁钉连接的家具就做不到如此灵活。在古代，榫卯是木匠必须具备的基本技能，榫卯使用得当，两块木结构之间才能严密扣合，构件之间，完全不用金属钉子，全凭榫卯就可以做到上下、左右、粗细斜直连接合理，面面俱到，达到“天衣无缝”的程度。工匠手艺的高低，通过榫卯的结构就能清楚的反映出来。

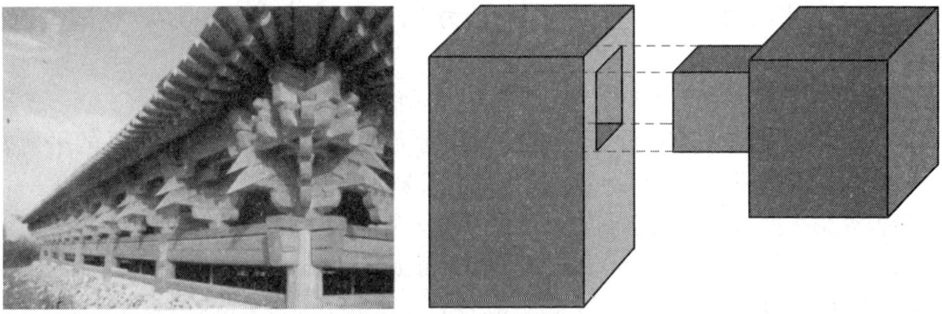

图3-13　榫卯结构

更重要的是，金属容易锈蚀或氧化，许多用榫卯工艺制作的明式家具虽已距今百年但木质仍坚硬如初。当初如果用铁钉组合这样的家具，随着金属的锈蚀、老化等因素，几十年后家具就会散架，更别提传到现在了。可以说榫卯工艺是传统木作最重要的设计语言，其结构精细、样式繁杂、结构稳固(空间力系的平衡)，站在天坛祈年殿下，每一块榫卯结构，都在带领我们重温曾惊艳世界的中国之美。

榫卯是我国劳动人民智慧的结晶，含而不露，透露着儒家思想的平和中庸；内蕴阴阳，相生相克，以制为衡，又闪耀着道家思想的光辉。榫卯结构也深刻影响着中国人的思想，《楚辞》中就曾以方枘圆凿作比，来比喻双方意见不合，不能相容。

中国榫卯工艺是媲美京剧的国粹，不仅外形精致优美，而且遵循力学原理，实用性极强，不易锈蚀又方便拆卸。没有榫卯，屹立于世界建筑之林的中国传统木建筑就无从说起。在7 000多年的发展中，榫卯这种古老的工艺曾应用于各种领域。现今，生活在钢筋水泥世界中的我们，是让榫卯这项传统技艺淹没于历史长河？还是通过认真学习，让这项古老的技艺，重新焕发出时代的生机与活力？选择，就在同学们的手中。

课后练习

[知识检测]

一、填空题

1.力在空间直角坐标轴上的投影法有________法和________法。已知力 **F** 与各轴间的夹角时,用________法求力的投影;已知力 **F** 与某坐标轴的夹角及力 **F** 与这个轴组成的平面与另一轴的夹角时,用________法求力的投影。

2.力对轴之矩是________量,用________法判断其正负。

3.空间任意力系有________个独立方程,最多能解出________未知量。且从空间任意力系的平衡方程可推出空间汇交力系有________个独立的平衡方程,空间力偶系有________个独立的平衡方程,空间平行力系有________个独立的平衡方程。

二、客观题

1.无论是力在坐标轴上的投影,还是力在平面上的投影,都是代数量。 (　　)

2.若力对轴之矩为零,则说明作用力与转轴共面。 (　　)

3.对于受力较多的轴类零件,可以将其转换为平面力系再求解。 (　　)

三、主观题

1.解空间任意力系平衡问题时,应怎样选取坐标轴,使所列方程便于求解?

2.空间力系的求解方法有两种,即空间求法和平面求法。用空间一般力系的平衡方程最多可求解 6 个未知量;将空间力系平面化后,每个投影平面中可列出 3 个平衡方程,一共得 9 个方程,能否说用平面法可求出空间力系中的 9 个未知量,为什么?

3.如图 3-14 所示,在边长 $a=50$ mm,$b=100$ mm,$c=150$ mm 的六面体上,作用有 3 个空间力。$\boldsymbol{F}_1=6$ kN,$\boldsymbol{F}_2=10$ kN,$\boldsymbol{F}_3=20$ kN。试计算各力在 3 个坐标轴上的投影。

4.如图 3-15 所示,一空间直角折杆 $ABCD$,已知 $AB=BC=CD=0.5$ m,$\boldsymbol{F}_1=15$ N,$\boldsymbol{F}_2=10$ N,$\boldsymbol{F}_3=8$ N,不计折杆自重,求固定端的约束力。

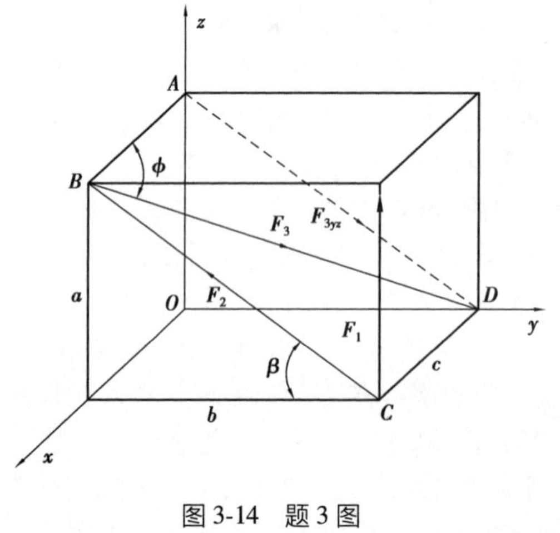

图 3-14　题 3 图

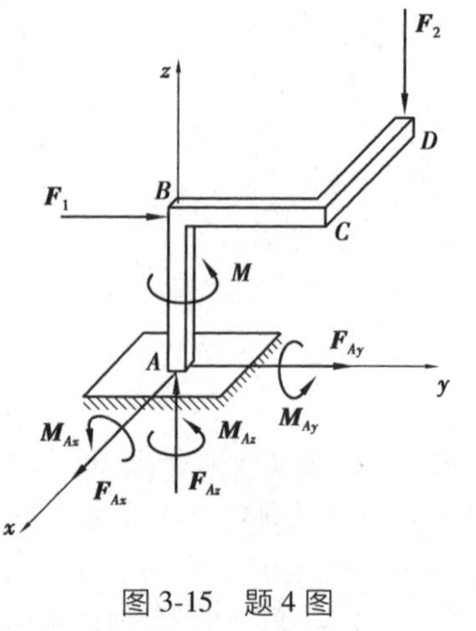

图 3-15　题 4 图

5.作用于半径为 120 mm 的齿轮上的啮合力 **F** 推动皮带绕水平轴 AB 作匀速转动。已知皮带紧边拉力为 200 N,松边拉力为 100 N,尺寸如图 3-16 所示。试求力 $\boldsymbol{F}$ 的大小以及轴承 A、B 的约束力。

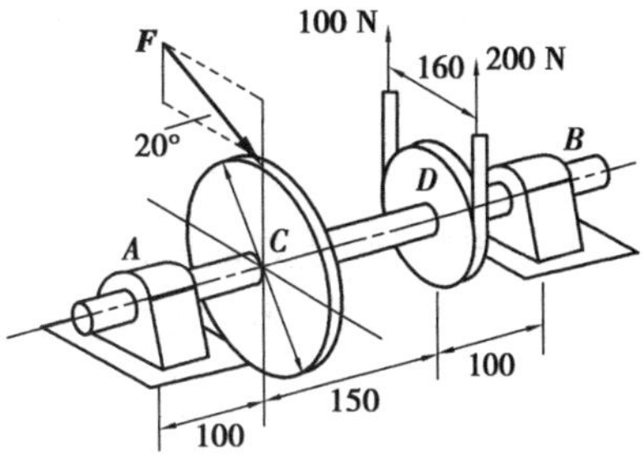

图 3-16　题 5 图

［**素质拓展**］

榫卯结构是中国古建筑的代表特色,也是中国古代劳动人民智慧与勤劳的缩影,透过现象看本质,通过榫卯,我们可以与千年前的古人智慧对话,通过严丝合缝的榫卯结构,体悟背后代代传承的工匠精神。

图 3-17　不同类型的榫卯结构

榫卯结构

了解至少三种类型的榫卯结构及应用,体悟结构背后的匠心独运:

(1)____________________;

(2)____________________;

(3)____________________。

任务 3.2　重心、质心与形心

［任务描述］了解重心、质心与形心的概念及异同并求解

［任务目标］

目标类型	目标要求
认知目标	(1)了解重心的含义及工程实例,及与质心、形心的异同; (2)掌握静矩(截面一次矩)的意义; (3)熟悉重心、质心、形心坐标公式的求法; (4)掌握求解重心的不同方法。
技能目标	能熟练运用分割法或负面积法求解一般重心问题。 (1)能用对称法和实验法确定一般物体的重心位置; (2)能熟练运用分割法或负面积法求解较规则形状物体的重心坐标。
素质目标	(1)走近非遗文化,坚定"四个自信"之文化自信; (2)发扬艰苦奋斗和吃苦耐劳的精神,明确付出才会收获; (3)通过了解非遗文化,贯彻"四个自信"之文化自信; (4)"台上一分钟,台下十年功",培养学生刻苦训练吃苦耐劳的坚毅品格; (5)助力非遗传承,培养学生求实创新、与时俱进的思考力与创新力。

[关键词] 重心、质心、形心、静矩(截面一次矩)、对称法、实验法(悬挂法、称重法)、分割法(积分法、组合法)。

[知识前哨站]

(1)高中数学:平面几何相关知识;

(2)高中物理:重力与质量;

(3)高数:定积分。

案例引入

非遗明珠:达瓦孜

“达瓦孜”是维吾尔族一种古老的传统杂技表演艺术,传承至今已有2 000多年的历史。“达瓦孜”是维语“高空走索”的意思,表演者在不系保险带的情况下,手持平衡杆,在数十米的露天高空绳索上保持平衡,前后走动,配合着维吾尔族民间乐曲,进行一系列惊心动魄的杂耍技艺表演,如盘腿端坐、蒙眼行走、顶碗、骑独轮车、飞身跳跃等。整个表演难度系数极高,带给观众惊险刺激的感官享受。2006年达瓦孜被国务院列入第一批国家级非物质文化遗产名录。

(a)“高空王子”阿迪力[1]　　(b)达瓦孜·高空劈叉

图3-18　达瓦孜表演

那你知道,在数十米的高空绳索上,达瓦孜表演者是如何保持平衡的吗?他们是如何克服高空摇晃的呢?

1　阿迪力·吾守尔,维吾尔族,全国人大代表、中国杂技艺术家协会副主席、新疆达瓦孜艺术的第六代传人,国家一级演员,被誉为“中国高空王子”。1997年7月4日,阿迪力没带任何保险绳,用13分48秒徒步走完600 m跨越长江三峡高空钢绳,首次打破吉尼斯世界纪录。

专业知识

3.2.1　重心的概念

1)重心

重心问题是日常生活和工程实际中经常遇到的问题,例如:滑板或骑自行车时,要保持重心的位置,才不致翻倒;体操运动员和杂技演员在表演时,也需要时刻保持重心的平衡,在此基础上才能做出高难度动作。那到底什么是重心呢?我们该如何表述?又该如何求解呢?

(a)滑板　(b)杂技·独轮车顶碗　(c)塔式起重机

图3-19　重心实例

地球上的物体都受到地心引力的作用,即**重力**。设想一下,若将物体分割成无数的小块(质量微元),则每个微元都受到重力作用,对物体而言,这些重力就近似的组成了空间平行力系(方向垂直向下),重力就是该力系的合力,合力的作用点就称为**重心**。在重力场中,无论物体怎样放置,重心总是一个确定点。

> **➢ 深思妙想**
>
> 想一想重心问题还有哪些应用?
>
> 提示:塔式起重机,如图3-19(c)所示。

2)质心与形心

顾名思义,**质心**是质量的中心,物体或物体系上质量集中于此的一个假想点。质量是物体的故有性质,不同于重力,一物体无论是在地球上还是在月球上,其质量大小恒定不变,但重力会发生变化。**形心**就是物体几何形状的中心,该形心唯一,这是一个几何问题,形状规则的物体如圆柱体、三棱锥等,其形心通过公式容易求出,形状不规则的物体也有形心,至于求解方法本节暂不讨论。在均匀重力场中,形状规则且介质均匀连续的物体,其形心、质心和重心位置是重合的。

> ➢ **生活剧场**
>
> 装满水的气球 vs.未装满水的气球,它们的形心位置一样吗?质心呢?重心呢?自身又是否重合呢?
>
> 提示:在本书中,默认地球为均匀重力场。

图 3-20　注水气球

3.2.2　重心坐标公式

1)重心坐标公式

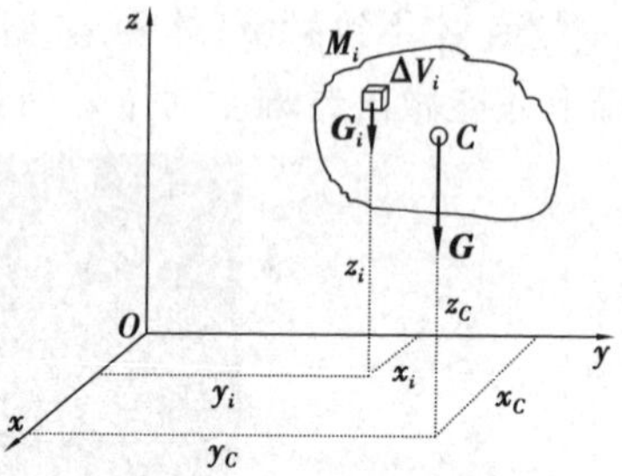

图 3-21　重心坐标公式

将一重力为 $\boldsymbol{G}$ 的物体放在空间直角坐标系 $Oxyz$ 中,设物体的重心 C 点坐标为(x_C,y_C,z_C),如图 3-21 所示。将物体分割成 n 个微元,每个微元所受重力分别为 $\boldsymbol{G}_1,\boldsymbol{G}_2,\cdots,\boldsymbol{G}_n$,组成空间平行力系,各微元重心的坐标分别为$(x_1,y_1,z_1),(x_2,y_2,z_2),\cdots,(x_n,y_n,z_n)$。又由于物体重力 $\boldsymbol{G}$ 是个微元重力 $\boldsymbol{G}_1,\boldsymbol{G}_2,\cdots,\boldsymbol{G}_n$ 的合力,即 $\boldsymbol{G}=\sum \boldsymbol{G}_i$,根据合力矩定理,对 y 轴有

$$M_y(\boldsymbol{G})=\sum_{i=1}^{n} M_y(\boldsymbol{G}_i)$$

即

$$\boldsymbol{G}x_C=\boldsymbol{G}_1x_1+\boldsymbol{G}_2x_2+\cdots+\boldsymbol{G}_nx_n=\sum \boldsymbol{G}_ix_i$$

则

$$x_C=\frac{\sum \boldsymbol{G}_ix_i}{\boldsymbol{G}}$$

同理对 x 轴,z 轴都有对应可得

$$\begin{cases} x_C=\dfrac{\sum \boldsymbol{G}_ix_i}{\boldsymbol{G}} \\ y_C=\dfrac{\sum \boldsymbol{G}_iy_i}{\boldsymbol{G}} \\ z_C=\dfrac{\sum \boldsymbol{G}_iz_i}{\boldsymbol{G}} \end{cases} \tag{3-10}$$

上式称为物体的**重心坐标公式**。式中 $\boldsymbol{G}=\sum \boldsymbol{G}_i$ 。

2)质心及形心公式

若将 $\boldsymbol{G}=mg$,$\boldsymbol{G}_i=m_ig$ 代入式(3-10),并消去重力加速度 g,则可得:

$$\begin{cases} x_C=\dfrac{\sum m_ix_i}{m} \\ y_C=\dfrac{\sum m_iy_i}{m} \\ z_C=\dfrac{\sum m_iz_i}{m} \end{cases} \tag{3-11}$$

上式称为物体的**质心坐标公式**。式中 $m=\sum m_i$。由该式确定的 C 点就称为物体的质心。在均匀重力场内,物体的质心与重心的位置相重合;在重力场外,物体的重心消失,而质心依然存在。

对于均质物体而言,密度为常数 ρ,物体的总体积为 V,微元体积为 V_i,则 $\boldsymbol{G}=\rho gV$,$\boldsymbol{G}=\rho gV_i$,代入式(3-11),整理后得

$$\begin{cases} x_C=\dfrac{\sum V_i x_i}{V} \\ y_C=\dfrac{\sum V_i y_i}{V} \\ z_C=\dfrac{\sum V_i z_i}{V} \end{cases} \tag{3-12}$$

上式称为物体的**形心坐标公式**。式中 $V=\sum V_i$。可见,均质物体的重心位置完全取决于物体的几何形状,而与物体的重量无关,因此均质物体的重心也称为形心。

3)静矩(截面一次矩)

如果物体是均质薄板(或平面图形),消去式(3-12)中的板厚,则有

$$\begin{cases} x_C=\dfrac{\sum A_i x_i}{A} \\ y_C=\dfrac{\sum A_i y_i}{A} \end{cases} \tag{3-13}$$

上式称为**平面图形的形心坐标公式**。式中 A_i,A 分别为微元的面积和薄板的总面积。$\sum y_i A_i$ 和 $\sum x_i A_i$ 分别称为平面图形对 x,y 轴的**静矩**或**截面一次矩**,用 S_x,S_y 来表示,即

$$\begin{cases} S_x=y_C A=\sum x_i A_i \\ S_y=x_C A=\sum y_i A_i \end{cases} \tag{3-14}$$

由式(3-13)可得到如下结论:若某轴通过图形的形心($y_C=0$ 或 $x_C=0$),则图形对该轴的静矩必为零;反之,若图形对某轴的静矩为零($S_x=0$ 或 $S_y=0$),则该轴必通过图形的形心。此结论将在项目5中进一步使用到。

3.2.3 重心位置的求法

1)对称法

凡是具有对称面、对称轴或对称中心的简单形状的均质物体,其重心一定在它的对称面、对称轴或对称中心上。例如,球心是圆球的对称中心,也是它的重心或形心。

若物体有两个对称面,则中心必在两面的交线上;若物体有两个对称轴,则重心必在两轴的交点上。如图3-22所示,矩形、圆形、工字钢、空心砖等都有两根对称轴,其重心必为两轴交点;T形钢、槽形钢截面都有对称轴,它们的重心一定在对称轴上。

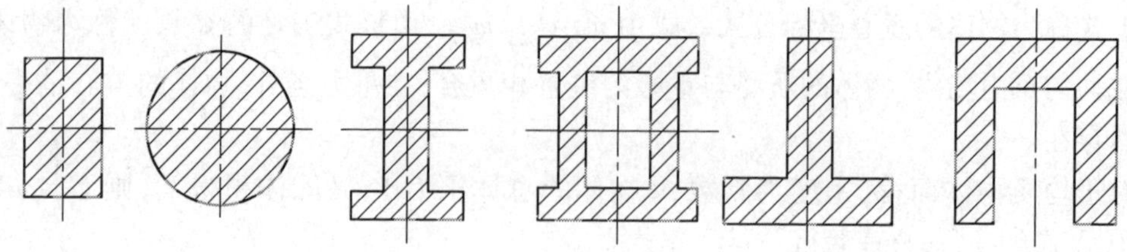

图 3-22　对称法求重心

2)实验法

对于形状不规则,不便于利用公式计算的物体,常用实验法确定其重心位置。常用的方法有悬挂法和称重法。

悬挂法

对于平板物体或具有对称面的薄零件,可将其悬挂于任一点 A,根据二力平衡条件,重心必在过悬挂点 A 的铅垂线上,标记此铅垂线 AB。再悬挂于一点 D,重复以上过程,得到另一条铅垂线 DE。则两条铅垂线的交点 C 即为物体重心,如图 3-23(a)所示。也可多重复几次上述操作,重复验证以提升精度。

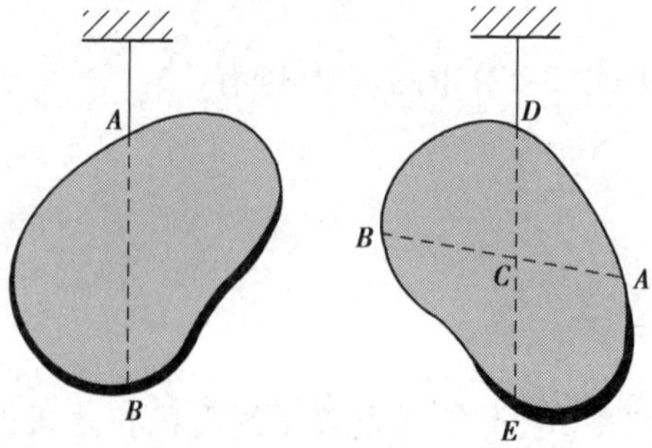

(a)悬挂法

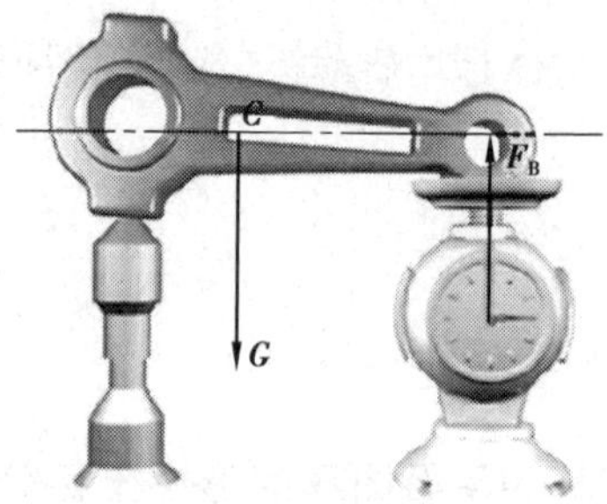

(b)称重法

图 3-23　实验法求重心

称重法

对于体积庞大或形状复杂的零件,以及多构件组成的机械,常用称重法测定其重心的位置。例如,用称重法测定连杆重心位置。如图 3-23(b)所示,连杆本身具有两个互相垂直的纵向对称面,其重心必位于两对称面的交线 AB 上。将连杆一端支在固定点 A 处,并使另一端支承于磅秤 B 上,使中心线 AB 处于水平。设连杆重力为 $\boldsymbol{G}$,重心与左端点相距为 x_C,量出两支点间的距离 l,由磅秤读出 B 端约束力 $\boldsymbol{F}_B$,则由

$$\sum M_A(F) = 0, F_B l - G x_C = 0$$

得

$$x_C = \frac{F_B}{G} l \tag{3-15}$$

3)分割法

积分法

对于规则形状的均质物体,可将式(3-10)写成定积分形式,用积分法计算其重心位置。

$$
\begin{cases}
x_C = \dfrac{\int_G x\mathrm{d}G}{G} \\
y_C = \dfrac{\int_G y\mathrm{d}G}{G} \\
z_C = \dfrac{\int_G z\mathrm{d}G}{G}
\end{cases}
\tag{3-16}
$$

上式称为**物体重心坐标的积分计算式**。式中，$G=\int \mathrm{d}G$。同理还可写出物体质心(3-11)、体积形心(3-12)、面积形心(3-13)的坐标积分计算式。从工程手册中可查得此法求出的常用基本几何形体的形心计算式，列表3-2所示。在均匀重力场中且介质均匀连续，形心位置即为重心位置。

表3-2　常用图形形心位置

<table>
<tr><th>图形</th><th>形心位置</th><th>图形</th><th>形心位置</th></tr>
<tr><td>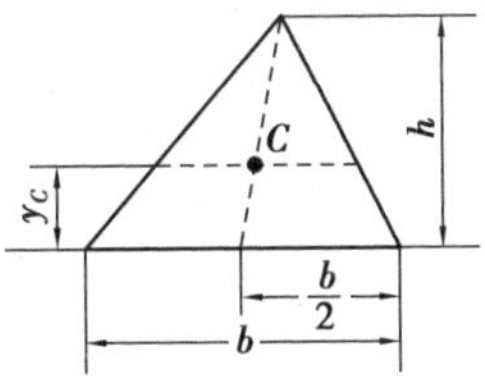

三角形</td><td>在中线的交点
$y_C=\dfrac{1}{3}h$</td><td>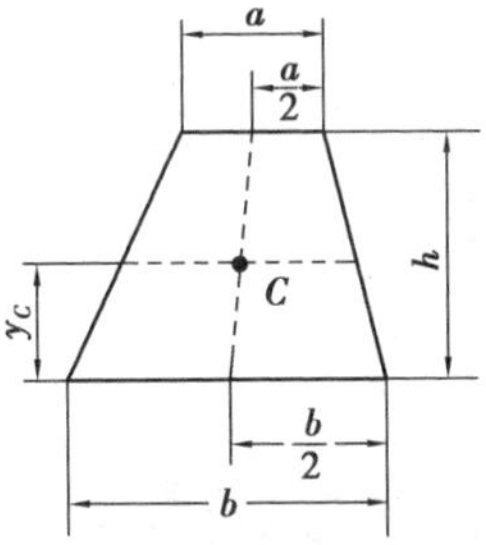

梯形</td><td>$y_C=\dfrac{h(2a+b)}{3(a+b)}$</td></tr>
<tr><td>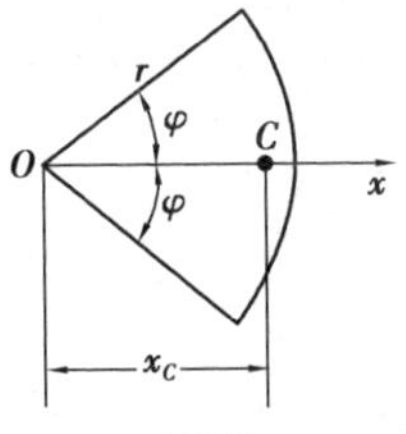

圆弧</td><td>$x_C=\dfrac{r\sin\varphi}{\varphi}$
对于半圆弧
$x_C=\dfrac{2r}{\pi}$</td><td>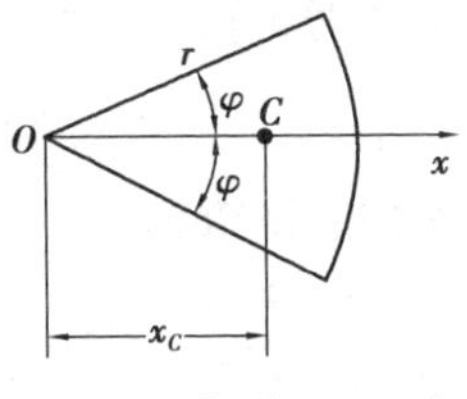

扇形</td><td>$x_C=\dfrac{2}{3}\dfrac{r\sin\varphi}{\varphi}$
对于半圆
$x_C=\dfrac{4r}{3\pi}$</td></tr>
<tr><td>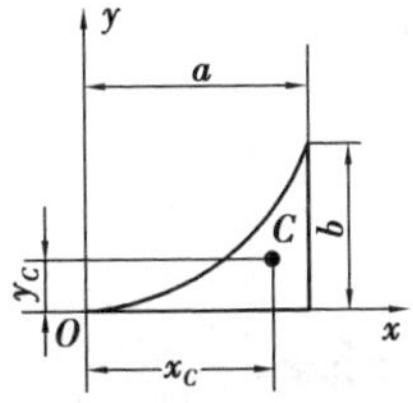

二次抛物线</td><td>$x_C=\dfrac{3}{4}a$
$y_C=\dfrac{3}{10}b$</td><td>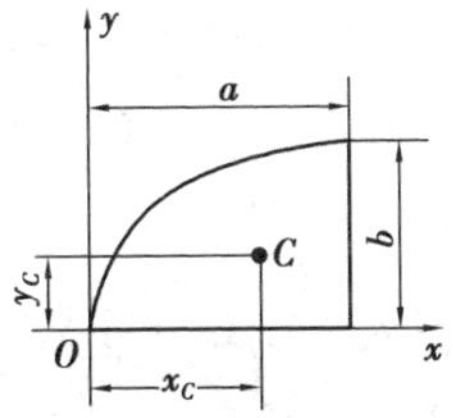

二次抛物线</td><td>$x_C=\dfrac{5}{8}a$
$y_C=\dfrac{2}{5}b$</td></tr>
</table>

续表

图形	形心位置	图形	形心位置
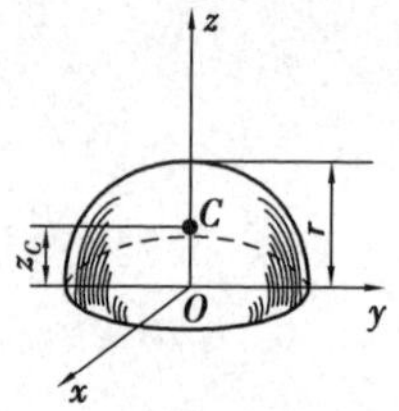 半圆球	$z_C=\frac{3}{8}r$	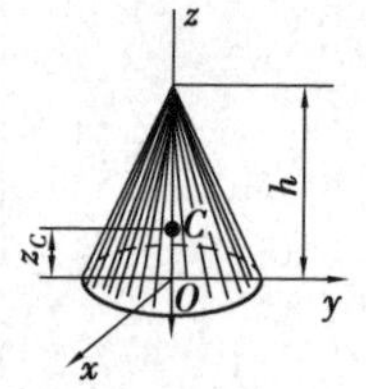 正圆锥体	$z_C=\frac{1}{4}h$

组合法

工程中的零部件往往是由几个简单基本图形（如圆形、矩形、三角形等）组合而成的**组合图形**。在计算形心时，可先将其分割为几块形心位置已知或可查表的基本图形，再利用形心计算公式（3-12）或（3-13）得出整体形心的位置，称为**组合法**。

例 3.5 热轧不等边角钢的横截面近似简化如图 3-24（a）所示，求该截面形心的位置。

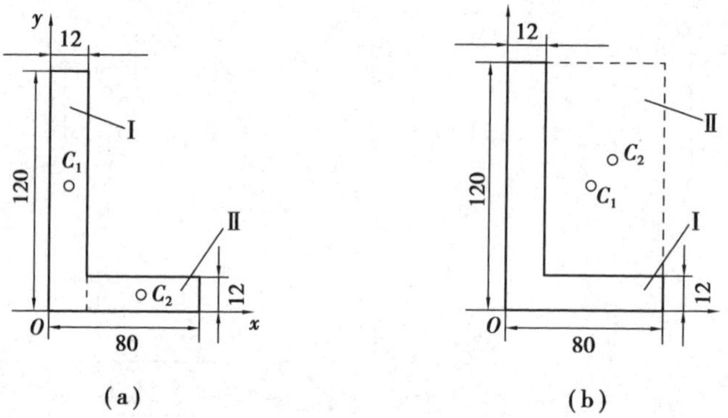

图 3-24　例 3.5 图

解：基本思路：通过两种方法求解

方法一：分割法

根据图形的组合情况，可将该截面分割成Ⅰ、Ⅱ两个矩形，C_1，C_2 分别为两个矩形的形心，如图 3-24（a）所示。取平面直角坐标系 Oxy，则矩形Ⅰ、Ⅱ的面积和形心坐标分别为

$$A_1 = 1\,200 \times 12 = 1\,440\ \text{mm}^2, x_1 = 6\ \text{mm}, y_1 = 60\ \text{mm}$$

$$A_2 = (80 - 12) \times 12 = 816\ \text{mm}^2, x_2 = 46\ \text{mm}, y_2 = 6\ \text{mm}$$

根据平面形心公式（3-13）可得

$$x_C = \frac{\sum A_i x_i}{A} = \frac{A_1 x_1 + A_2 x_2}{A_1 + A_2} = \frac{1\,440 \times 6 + 816 \times 46}{1\,440 + 816} = 20.5\ \text{mm}$$

$$y_C = \frac{\sum A_i y_i}{A} = \frac{A_1 y_1 + A_2 y_2}{A_1 + A_2} = \frac{1\,440 \times 60 + 816 \times 6}{1\,440 + 816} = 40.5\ \text{mm}$$

方法二:负面积法

所谓**负面积法**,就是先将图形补全,再将去掉部分的面积作为负值求解形心的方法。本题可先将角钢补全为矩形,如图 3-24(a)所示,求出矩形Ⅰ再将矩形Ⅱ作为负值减去。

$$A_1 = 80 \times 120 = 9\ 600\ \text{mm}^2, x_1 = 40\ \text{mm}, y_1 = 60\ \text{mm}$$

$$A_2 = -(80 - 12) \times (120 - 12) = -7\ 344\ \text{mm}^2, x_2 = 46\ \text{mm}, y_2 = 66\ \text{mm}$$

根据平面形心公式(3-13)可得

$$x_C = \frac{\sum A_i x_i}{A} = \frac{A_1 x_1 + A_2 x_2}{A_1 + A_2} = \frac{9\ 600 \times 40 + 7\ 344 \times 46}{9\ 600 + 7\ 344} = 20.5\ \text{mm}$$

$$y_C = \frac{\sum A_i y_i}{A} = \frac{A_1 y_1 + A_2 y_2}{A_1 + A_2} = \frac{9\ 600 \times 60 + 7\ 344 \times 66}{9\ 600 + 7\ 344} = 40.5\ \text{mm}$$

综上所述,所求截面形心 C 点的坐标为(20.5 mm, 40.5 mm)。

例 3.6　试求图 3-25 所示图形的形心。已知 $R = 100$ mm,$r_2 = 30$ mm,$r_3 = 17$ mm。

解:基本思路:运用负面积法,先求两个半圆部分,再挖去小圆部分。

由于图形有对称轴,形心必在对称轴上。如图 3-25 所示,建立平面直角坐标系 Oxy,想要确定形心位置,只需求出 y_C,将图形看成由三部分组成:半径为 R 的半圆、半径为 r_2 的小半圆、挖去半径为 r_3 的小圆。

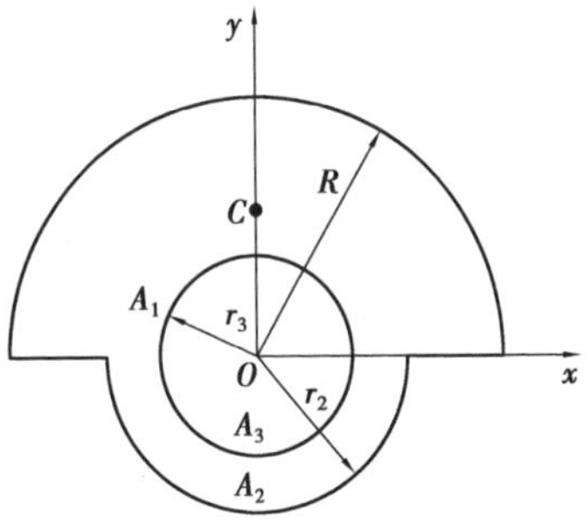

图 3-25　例 3.6 图

(1)先求各部分面积:

①半径为 R 的半圆

$$A_1 = \frac{\pi R^2}{2} = \frac{\pi \times 100^2}{2} = 15\ 700\ \text{mm}^2, y_1 = \frac{4R}{3\pi} = \frac{4 \times 100}{3\pi} = 42.4\ \text{mm}$$

②半径为 r_2 的小半圆

$$A_2 = \frac{\pi \cdot r_2^2}{2} = \frac{\pi \times 30^2}{2} = 1\ 400\ \text{mm}^2, y_2 = -\frac{4r_2}{3\pi} = -\frac{4 \times 30}{3\pi}$$

③挖去半径为 r_3 的小圆

$$A_3 = -\pi \cdot r_3^2 = -\pi \times 17^2 = -910\ \text{mm}^2, y_3 = 0$$

(2)求图形的形心坐标:

根据式(3-13)得

$$y_C = \frac{\sum A_i x_i}{A} = \frac{A_1 y_1 + A_2 y_2 + A_3 y_3}{A_1 + A_2 + A_3}$$

$$= \frac{15\ 700 \times 42.4 + 1\ 400 \times (-12.7) - 910 \times 0}{15\ 700 + 1\ 400 - 910} = 40\ \text{mm}$$

综上所述,所求截面形心 C 点的坐标为(0 mm, 40 mm)。

课程育人

达瓦孜的奥秘

通过今天对重心、形心的学习，相信同学们已经发现了达瓦孜表演者保持高空平衡的秘密“武器”，没错，就是那根平衡杆。顾名思义，就是帮助达瓦孜表演者起到保持平衡的作用的调节杆。

想要在钢丝上保持稳定不晃，重心一定要稳，重心的作用线要时刻与钢索垂直，否则表演者就会从钢丝上掉落。在几十米的高空中，即便轻微的风吹都会使钢索发生巨幅振荡，仅靠人身的自重和控制，根本无法完成调节。这时，平衡杆就派上用场了，它不仅可以帮助表演者增加自重，使其重心下压，不会被轻易晃倒，且其6米的杆长，表演者可随时调整握持时的左右力臂长度，以起到调节形心，继而调整重心的作用。这也是达瓦孜表演最惊心动魄的地方之所在，表演全程无保护，一旦失衡，后果不堪设想。可以说，这根平衡杆就是达瓦孜表演者在钢索上的唯一的“武器”。

也正是因达瓦孜表演的难度系数之高，危险系数之高，每一名达瓦孜表演者都要经过十数年的练习，方能登台演出。真真可谓是“台上一分钟，台下十年功”。阿迪力·牙森是达瓦孜的传承人，他从2岁半起就开始接受达瓦孜训练，3岁就曾打破了最小年龄高空蒙眼倒走钢丝的吉尼斯世界纪录。钢丝下，18岁的阿迪力跟所有年轻小伙子一样，也有自己的爱好，他喜欢吉他和游泳，但依然保持着每天12个小时的强度训练，训练的苦和累都已是家常便饭了，阿迪力说，走钢丝这么多年，经历过最大的困难，就是除了要进行正常的表演，还要忍受长时间的寂寞。但他从未想过放弃，爷爷鼓励他，坚韧，不仅是这门技艺的要求，更是他想要成长为优秀传承者的必经之路。最终，他完成了超越自我的挑战。16岁时，阿迪力还成功完成了高空生存80天的极限挑战，并一举创造“连续80天累计走钢丝时间之最”和“钢丝上座椅站立平衡时间之最”两项“大世界吉尼斯之最”。

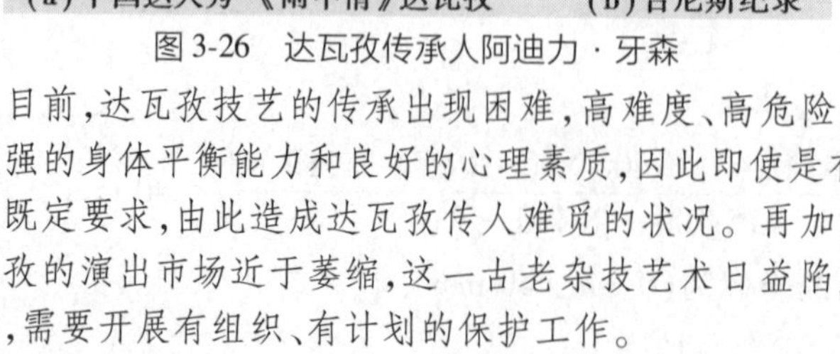

(a)中国达人秀·《雨中情》达瓦孜　　(b)吉尼斯纪录

图3-26　达瓦孜传承人阿迪力·牙森

达瓦孜

目前，达瓦孜技艺的传承出现困难，高难度、高危险、高水准的表演要求从艺者具备极强的身体平衡能力和良好的心理素质，因此即使是有兴趣学习者也往往难以达到项目既定要求，由此造成达瓦孜传人难觅的状况。再加上现代文艺娱乐活动的冲击，达瓦孜的演出市场近于萎缩，这一古老杂技艺术日益陷入濒危局面，与所有非遗项目一样，需要开展有组织、有计划的保护工作。

课后练习

［知识检测］

一、填空题

1.均质物体的重心与物体的________无关，只取决于物体的________，即均质物体的重心就是其几何形体的形心。

2.在________________中，形状________且介质________的物体，其形心、质心、重心三者位置合一。

3.如果物体是均质薄板（或平面图形），则________________和________________称为平面图形对 x，y 轴的静矩或截面一次矩，可用________与________来表示。

二、客观题

1.凡是有对称轴的均质物体，其形心或重心一定位于对称轴上。　（　　）

2.若形心与重心不相同，则说明该物体介质不连续。　（　　）

3.若 y 轴为均质物体的对称轴，则必有 $S_x=0$。　（　　）

三、主观题

1.将物体沿着过重心的平面切开，两边是否等重？

2.一容器内装有液体，如图3-27所示，当容器由竖放改为斜放时，其重心位置是否变化？若容器内充满液体亦将其由竖放改为斜放，其重心位置是否发生变化？

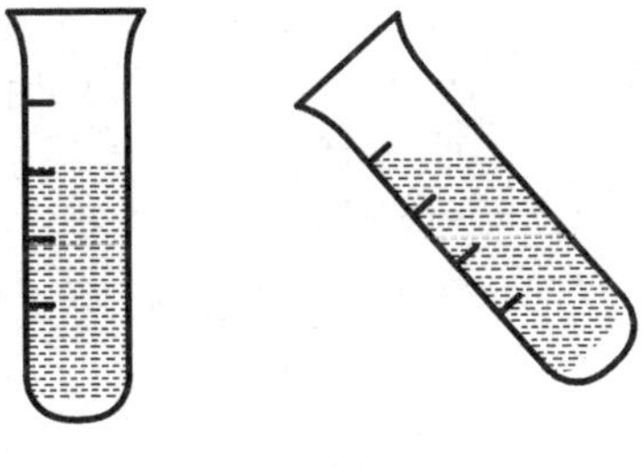

图3-27　题2图

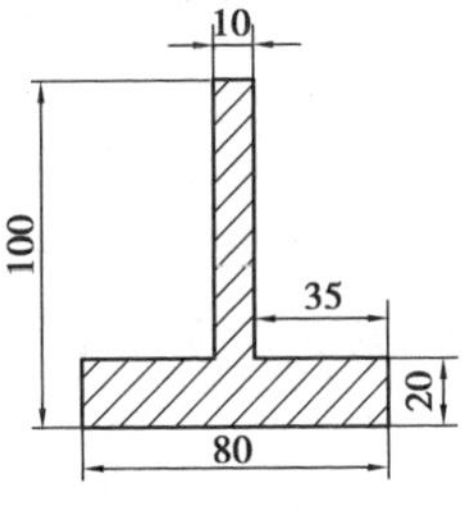

图3-28　题3图

3.如图3-28所示，在平面图形上建立坐标系，求各图形的形心。

4.试确定如图3-29所示平面图形形心的位置。

5.试求如图3-30所示的截面图形的形心位置（图中单位为mm）。

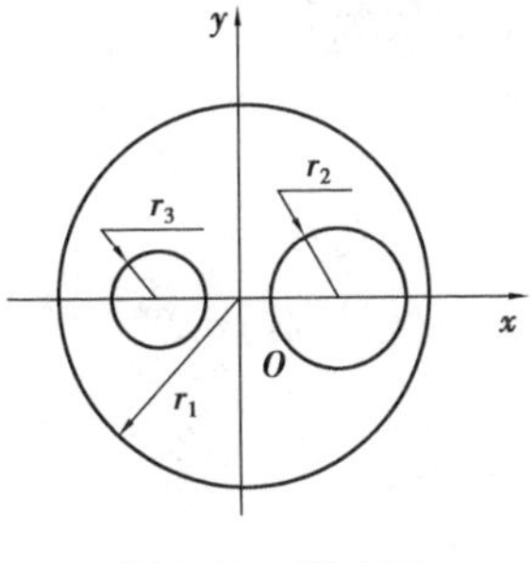

图3-29　题4图

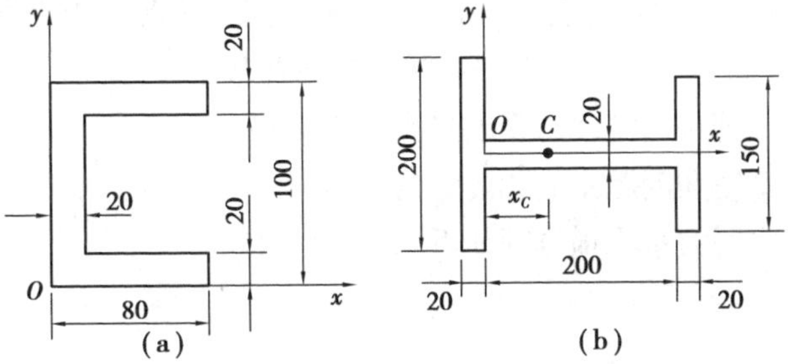

图3-30　题5图

[素质拓展]

从2006年起,我国将每年六月的第二个星期六,定位为我国的"文化遗产日"。立志保护中华民族这些历史悠久的、具有民族多样性的文化遗产。除了上文提及的"达瓦孜",你还知道哪些非物质文化遗产呢?了解家乡非遗,探索文化起源,为宣传非遗、传承非遗,贡献一份力量。

(a)重庆火锅

(b)大足石刻

图3-31　重庆(小编家乡)的非遗

项目小结

(1)力在空间直角坐标轴上的投影计算。

直接投影法

$$\begin{cases} F_x = F\cos\alpha \\ F_y = F\cos\beta \\ F_z = F\cos\gamma \end{cases}$$

二次投影法

$$\begin{cases} F_x = F_{xy}\cos\varphi = F\sin\gamma\cos\varphi \\ F_y = F_{xy}\sin\varphi = F\sin\gamma\sin\varphi \\ F_z = F\cos\gamma \end{cases}$$

合力投影定理

$$\begin{cases} F_{Rx} = \sum F_x \\ F_{Ry} = \sum F_y \\ F_{Rz} = \sum F_z \end{cases}$$

注意:力对坐标轴的投影是代数量,力对平面上的投影是矢量。

(2)力使物体绕某一轴的转动效应的度量称为力对该轴之矩,它等于力在与转轴垂直的平面上的分力对轴与平面交点之矩,力对轴之矩为代数量,其正负号用右手螺旋法则判断。

(3)合力矩定理:合力对某一轴之矩等于各分力在同一轴上投影的代数和。

(4)求解空间力系平衡问题有两种基本方法:

①直接用空间力系的平衡方程求解。

②空间问题平面化。

空间力系平衡方程如下:

空间任意力系	空间汇交力系	空间平行力系（设各力作用线与 z 轴平行）
$\begin{cases}\sum F_x = 0, & \sum M_x = 0\\ \sum F_y = 0, & \sum M_y = 0\\ \sum F_z = 0, & \sum M_z = 0\end{cases}$	$\begin{cases}\sum F_x = 0\\ \sum F_y = 0\\ \sum F_z = 0\end{cases}$	$\begin{cases}\sum F_z = 0\\ \sum M_x = 0\\ \sum M_y = 0\end{cases}$

(5)物体的重心与形心的计算：

①物体重心、质心与形心的计算公式均由合力矩定理导出，在地球表面的均质物体三心重合。

②对于由几个基本图形组合而成的图形可用分割法和负面积计算法计算形心坐标。

③对于均质对称物体，重心必在对称中心、对称平面或对称轴上；对于非均质物体、非对称、形状复杂或多件组合体，可用实验法确定其重心位置。

项目 4

轴向拉伸与压缩

【工作任务】

任务 4.1　材料力学的基本概念

[任务描述] 走进材料力学,明确学科任务和后续的学习方向。

[任务目标]

目标类型	目标要求
认知目标	(1)了解材料力学学科概念,掌握学科基础名词; (2)了解内力的概念,掌握内力与外力的区别; (3)掌握截面法求内力的基本思路; (4)掌握应力的概念与计算,明确内力与应力的区别与联系; (5)了解应变的概念与简单计算; (6)熟悉杆件变形的四种基本形式。
技能目标	培养学习联系生活的能力,用所学知识解释生活现象,用生活案例加深学习印象。
素质目标	(1)了解钱塘江大桥的前世今生,一座质量过硬的工程建筑对国家和民族具有重大意义; (2)了解桥梁学家茅以升的生平故事,感受“抗战必胜,此桥必复”背后蕴藏的澎湃的爱国热情,以及坚定信念与决心; (3)吸取工程事故案例经验,体悟工程人身上的安全责任重担,发扬工匠精神。

［**关键词**］变形体（非刚体）、弹性变形、塑性变形、连续均匀、各项同性、小变形、强度、刚度、稳定性、外力、内力、应力、应变、基本变形形式（拉压、剪切、弯曲、扭转）。

［**知识前哨站**］

（1）静力学的基本概念及其研究主体——刚体；

（2）约束受力分析；

（3）高中物理：力与压强。

案例引入

茅以升炸桥

1937年这一年，世界上有两座著名的桥梁在建造当中，它们就是美国的旧金山金门大桥和中国的钱塘江大桥。5月28日，金门大桥竣工，而同年的7月7日，日本军国主义者就制造了“卢沟桥事变”，向中国发动了全面侵略战争。茅以升就是在这样的情况下，主持修筑起了第一座由中国人自己修建的钢铁大桥——钱塘江大桥。大桥的开通，可以确保将大批军火物资源源不断的运往抗战前线。但在12月23日，日军攻打杭州，“如果杭州不保，钱塘江大桥就等于是给日本人造的了！”南京国民政府的文件如是道。

图4-1 茅以升及炸毁的钱塘江大桥

“父亲此时经历着一生中最痛苦的时刻，七七事变后他在14号桥墩已经预留了一个大洞，就是为了炸桥时放置炸药的。但没想到，这一天不但真的来了，而且来得如此之快。他很快冷静下来，将钱塘江大桥的所有致命点一一标识出来。”茅以升的小女儿茅玉麟回忆道。

当天晚上，所有的炸药就安放到了南岸第二个桥墩内和五孔钢梁的杆件上，100多根引线，从引爆点一个个连接到指挥屋里，茅以升满怀悲愤下令炸桥。随着一声巨响，这条1 453 m的卧江长龙被从六处截断，这座集合了茅以升和建桥工人们无与伦比爱国热情和极大智慧，历经了925天夜以继日紧张施工，耗资160万美元的现代化大桥，仅仅存在了89天。

今天，我们站在材料力学的角度回顾这段血泪史，为什么当年中国迟迟没能建造出自己的钢结构大桥？以至于在中国的大川大河上，林立的都是些欧美列强建造的桥？技术难度在哪里？埋炸药的时候，为什么要埋在那几个指定点？几个点的破坏就能引起整座大桥的垮塌？翻开历史篇章，走近背后故事。

专业知识

4.1.1　材料力学学科概述

1）研究主体：变形固体

在工程实际中，各种机械与结构得到广泛应用。组成机械与结构的零件，统称为**构件**。实际工况下，构件会受到外力（荷载）作用，使得其尺寸与形状发生改变，称之为**变形**。在外力作用下发生会变形的物体就称为**变形体（柔性体）**。

(a) 弹性变形　　(b) 塑性变形

图 4-2　构件的变形

构件的变形分为两类：一类是外力解除后能消失的变形，称为**弹性变形**，如图 4-2(a) 所示；另一类则是外力解除后不能消失的变形，称为**塑性变形**或**残余变形**，如图 4-2(b) 所示。材料力学研究的就是变形固体的几何特征和材料特征。

> **➢ 高能提醒**
>
> 变形体的概念与刚体相对，刚体是静力学的研究对象，是指在力的作用下不会变形的物体；而变形体是材料力学的研究对象，是指在力的作用线会变形的物体。所以，很多以刚体为假设的概念、定理等就不能再完全照搬于变形体，要视具体情况再行分析。

(1) 构件的材料特征

在外力作用下，一切固体都将发生变形，而构件都是由一些固体材料制成，如钢、铁、木材、混凝土等，故构件也是**变形固体**。面对品类繁多的工程材料，其材料特性也各不相同，为了便于做材料力学的理论分析，抓住主要性质，忽略次要性质，故设定变形固体需满足下列三个假设。

①**连续均匀性假设**：认为构成变形固体的物质连续无空隙的充满着物体的几何空间，即物体介质密实而连续；且无论从构件内部的任何部位所切取的微小单元体（微体），都具有与构件完全相同的力学性能，即变形固体内部各点处与整体的力学性能相同，部分与整体具有一致性，材料是均匀的。

②**各向同性假设**:如图 4-3(a)所示,砍柴时,沿树干方向(纵向)劈砍就能顺利将木材劈开,而沿垂直树干方向(横向)劈砍则非常费力,这就是**各项异性**。而研究对象的力学性能在各个方向上都相等,就是**各向同性**。

(a)各向异性

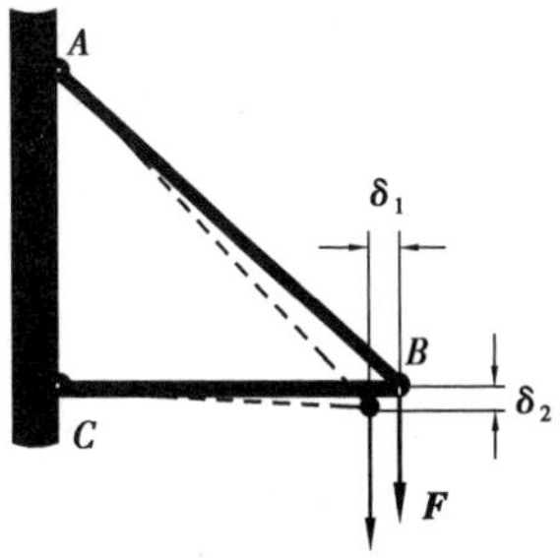

(b)小变形假设

图 4-3　变形固体的几个假设

③**小变形假设**:材料力学研究的变形主要是构件的**小变形**,即构件的变形量远小于其原始尺寸的变形。因而在研究构件的平衡和运动时,可忽略变形量,仍按原始尺寸进行计算。如图 4-3(b)所示,δ 远小于构件的最小尺寸,所以通过节点平衡求各杆内力时,把支架的变形略去不计,计算将会得到很大的简化。

(2)构件的几何特征

工程中常见的构件有杆、板、块、壳等各种不同的几何形状,材料力学的主要研究对象是**杆件**,以及由若干杆件组成的简单杆系。杆件是指横向尺寸远小于纵向尺寸,如机器中的轴、连接件中的销钉、起重机的悬臂梁等均可视为杆件。

(a)

(b)

(c)

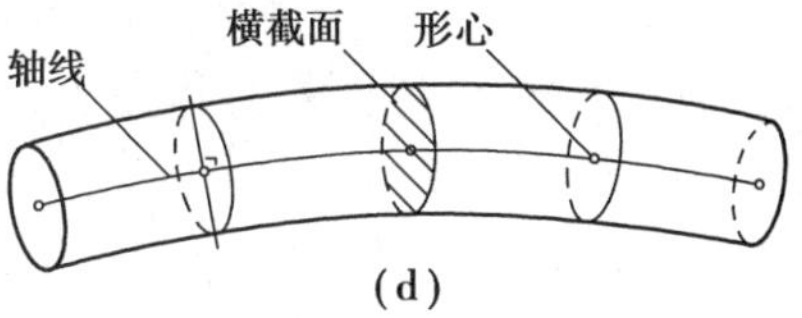

(d)

图 4-4　杆件(直杆)

如图 4-4(d)所示,杆件各横截面形心的连线称为**轴线**。根据轴线的曲率特征可将杆件分为直杆和曲杆,轴线为直线的杆称为**直杆**,轴线为曲线的杆称为**曲杆**。根据横截面沿轴线的变化特征,杆件可分为等截面杆与变截面杆,如图 4-5(b)所示。在工程实际中,最常见的杆件是等截面直杆,也是本书的主要研究对象,如图 4-5(a)所示。

至于一般较复杂的杆系与板壳问题,本书暂不作研究,有兴趣的同学可在杆件研究方法的基础之上,进一步研读《结构力学》与《弹性力学》。

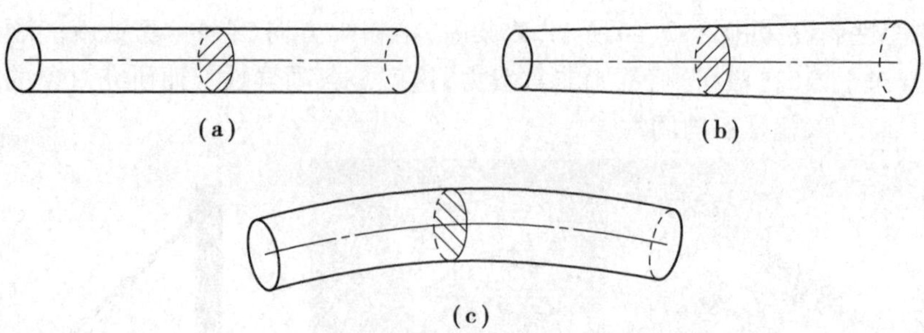

图 4-5　不同类型杆件

> **➢ 高能提醒**
>
> 作用在刚体上的力矢量可以认为是滑移矢，力偶矩矢是自由矢，是因为没有考虑物体的变形。对于变形体，力矢量不再能沿其作用线滑移，力偶矩矢也不再能自由平移，它们的作用位置将影响物体的变形，不能移动。

2)基本要求

实践表明：作用力越大，构件的变形就越大；而当作用力过大时，构件就会发生变形甚至断裂，这对工程生产是十分不利的。对于许多构件，超出阈值的变形也是不容许的。如图 4-6 所示，如果机床主轴或床身变形过大，将影响工件的加工精度；齿轮轴的变形过大必将影响齿间的正常啮合。

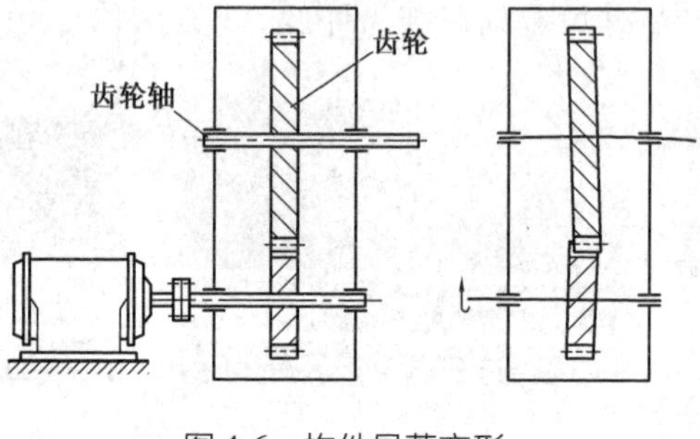

图 4-6　构件显著变形

实践中还发现，有些构件在某种外力作用下，将发生不能保持其原有平衡形式的现象。如图 4-7 所示，轴向受压细长连杆，当所加压力 $\boldsymbol{F}$ 较小时，杆在直线形式下保持平衡，当所加压力 $\boldsymbol{F}$ 达到或超过一定数值时（其值因杆而异），连杆将突然变弯，即从直线形式转变为弯曲形式的平衡，这里指显著的弯曲变形。

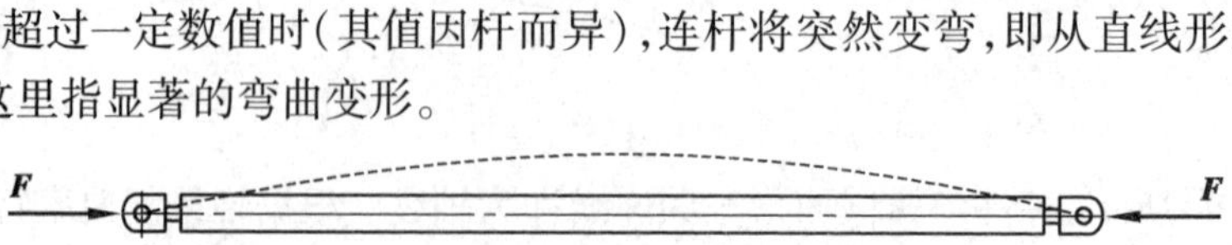

图 4-7　杆件弯曲

在一定外力作用下，构件突然发生不能保持其原有平衡现象的形式，称为**失稳**。一般工况下，构件的失稳是不被容许的。例如，桥梁结构中的受压构件失稳，将可能导致桥梁整体或局部坍塌，如图 4-8 所示。

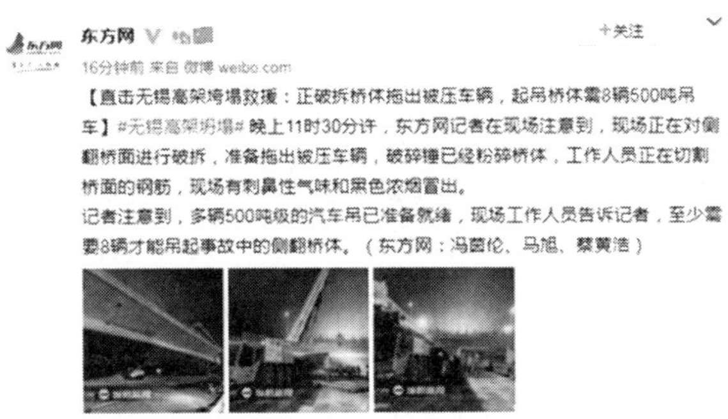

(a)无锡·高架桥垮塌

(b)桥梁垮塌现场

图4-8　工程结构失稳

针对上述情况,工程上对构件提出了如下设计要求:

(1)构件应具备足够的**强度**(即抵抗破坏的能力),以保证在规定的使用条件下不发生意外断裂或显著塑性变形;

(2)构件应具备足够的**刚度**(即抵抗变形的能力),以保证在规定的使用条件下不产生过大变形;

(3)构件应具备足够的**稳定性**(即保持原有平衡形式的能力),以保证在规定的使用条件下不失稳。

以上三项是保证构件正常或安全工作的基本要求。

3)学科任务

在设计构件时,除应满足上述安全要求外,还应注重经济性。为了保证构件的安全可靠,往往希望选用优质材料与较大截面尺寸,但由此又可能造成材料浪费和自重过大结构笨重。可见,安全性、经济性、结构自重之间存在矛盾。材料力学的学科任务就是在这三者间寻求平衡,合理的选用材料,恰当的确定构件的截面形状与尺寸,为构件设计提供必要的理论基础与实验方法。

综上所述,材料力学是固体力学的一个分支,主要研究构件在外力作用下的变形,受力与破坏或失效的规律,为合理设计构件提供有关强度、刚度与稳定性的理论与方法。

4.1.2　外力与内力

1)外力

所研究杆件会受到的其他构件的作用。广义的讲,这种作用包括外力、温度改变、支座移动、制造误差等。而狭义的讲,这种作用就仅指机械作用,即外力,而不再考虑外界其他环境因素。载荷(主动力)以及载荷引起的约束反力(被动力),统称为杆件的**外力**。

按照外力的作用方式,可分为**表面力**与**体积力**。如图4-9(a)所示,$\boldsymbol{F}$ 直接作用在小活塞表面,$\boldsymbol{F}$ 为表面力,一般接触压力都是表面力。而物体 A 受重力 $\boldsymbol{G}$ 的作用,重力是均匀分布在物体各个质点上的外力,故为体积力。又按照外力的分布情况,又可分为**分布力**与**集中力**(任务1.1中已介绍)。

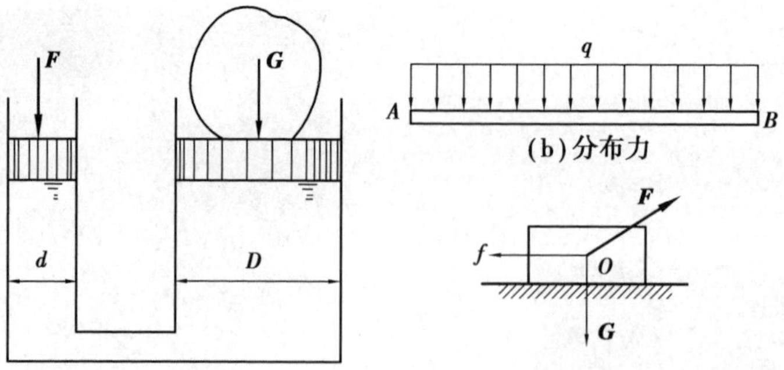

(a)表面力与体积力　(b)分布力　(c)集中力

图 4-9　外力

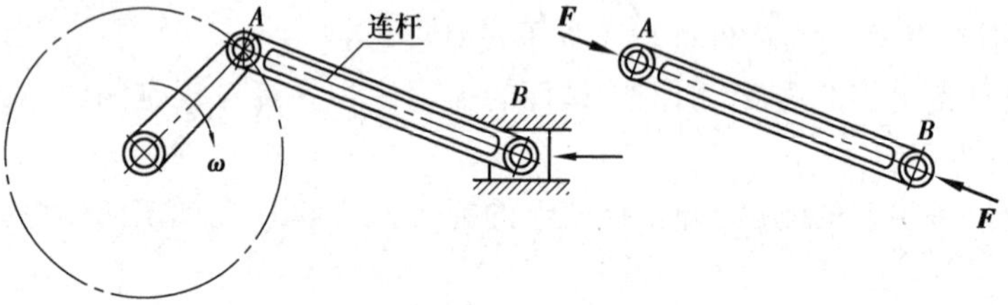

图 4-10　动载荷

按照载荷随时间变化特征，可分为**静载荷**与**动载荷**。本篇所指载荷皆为静载荷，即随时间变化极缓慢或不变化的载荷，其加速度为零或很小可以忽略不计。而动载荷则是指随时间显著变化或使构件产生明显加速度的载荷，如图 4-10 所示，将在本教材第三篇动力学与运动学继续展开研究。

进行结构的受力分析时，只考虑外力引起的运动效应（外效应），可以将构件"刚化"，看成是刚体进行分析；但进行结构的内力分析时，要考虑内力造成的变形效应（内效应），必须把结构作为变形固体处理。

2）内力

构件的材料是由许多质点组成的，当构件受外力作用而产生变形时，其各相连质点间为保持原状而抵抗变形所产生的相互作用力，称为**内力**。

内力随外力和变形的变化而变化。外力增大，变形也增大，内力也增大，外力撤销后，变形也就消失了，内力也随着消失。但对于确定的材料，内力的增加有一定的限度，超过这一限度，构件将发生破坏。因此，内力的大小及其在构件内部的分布规律随外力的改变而变化，其与构件的强度、刚度等均有密切联系，是材料力学研究的重要内容。

> **➤ 生活剧场**
>
> 通俗来说，内力就是物体保持原有形状的"倔强"。是不是像极了你的青春期叛逆？"叛逆"实质上就是一股拒绝服从、试图保持原样的内力，叛逆的你总是试图与家长反着来，不说还好，说的越多反而越叛逆、越"来劲"（内力随外力增大而增大）。

(a)　　　　(b)

图 4-11　青春期的“内力”——叛逆

你是否也曾有过这样的“叛逆”？这股“劲”过去了吗？这股“叛逆”的内力是好是坏？我们又该如何看待呢？分享你的故事，谈谈你的看法。

3）内力的求法——截面法

通常采用截面法求构件的内力，即用一个垂直于轴线的截面将构件假想截开，分成两部分，任取一部分为研究对象而弃去一部分，在截面处用内力代替弃去部分对保留部分的作用，再利用静力平衡方程求内力的方法称为截面法。该方法将会大量应用在后续的内力求解问题中。

4.1.3　应力与应变

1）内力集度——应力

内力是构件横截面上分布内力系的合力，只求出内力，还不能解决构件的强度问题。例如，两根材料相同、粗细不同的直杆，在相同的拉力作用下，随着拉力的增加，细杆首先被拉断。这说明杆件的强度不仅与内力有关，而且与截面的尺寸有关。内力是构件内部相连部分之间的相互作用力，并沿截面连续分布。为了研究构件的强度问题，必须研究内力在截面上的分布的规律。为此引入应力的概念。内力在截面上的某点处分布集度，称为该点的**应力**。

设在某一受力构件的 m-m 截面上，围绕 K 点取面积 ΔA，如图 4-12 所示。ΔA 上的内力的合力为 $\Delta \boldsymbol{F}$，这样，在 ΔA 上内力的平均集度定义为：

$$\boldsymbol{p}_m = \frac{\Delta \boldsymbol{F}}{\Delta A} \tag{4-1}$$

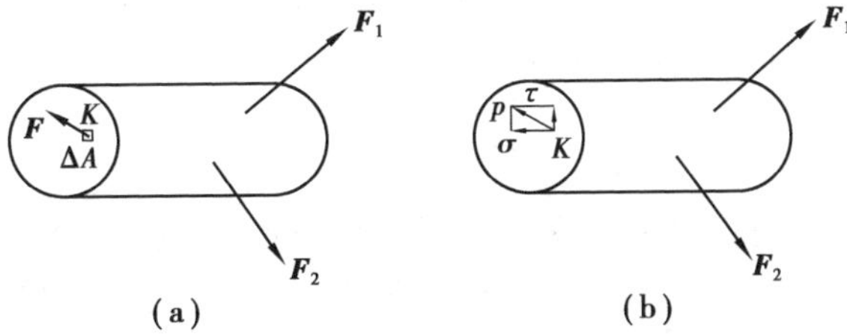

(a)　　　　(b)

图 4-12　应力

一般情况下，m-m 截面上的内力并不是均匀分布的，因此平均应力 $\boldsymbol{p}$ 随所取 ΔA 的大小而

不同，当 $\Delta A \to 0$ 时，上式的极限值

$$\boldsymbol{p} = \lim_{\Delta A \to 0} \frac{\Delta \boldsymbol{F}}{\Delta A} = \frac{\mathrm{d}\boldsymbol{F}}{\mathrm{d}A} \tag{4-2}$$

上式即为 K 点的分布内力集度，$\boldsymbol{p}$ 称为 K 点处的**全应力**。$\boldsymbol{p}$ 是一个矢量，其方向与 $\Delta \boldsymbol{F}$，相同，通常把应力 $\boldsymbol{p}$ 分解成垂直于截面的分量 $\boldsymbol{\sigma}$ 和相切于截面的分量 τ，由图中的关系可知

$$\begin{cases} \boldsymbol{\sigma} = \boldsymbol{p} \sin \alpha \\ \tau = \boldsymbol{p} \cos \alpha \end{cases} \tag{4-3}$$

$\boldsymbol{\sigma}$ 为沿截面法向的应力分力，称为**正应力**；τ 为沿截面切向的应力分量，称为**切应力**或**剪应力**。

在国际单位制中，应力的单位是帕（Pa），1 Pa = 1 N/m^2，由于帕这一单位甚小，工程常用 kPa（千帕）、MPa（兆帕）、GPa（吉帕）表示（1 kPa = 10^3 Pa，1 MPa = 10^6 Pa，1 GPa = 10^9 Pa）。若取 $g = 10$ m/s^2，则以 kgf/cm^2 为应力单位的工作单位制与国际单位制的换算关系为：

$$1 \text{ MPa} \approx 10 \text{ kgf/cm}^2 = 1 \text{ N/mm}^2$$

2）应变

在外力作用下，构件发生变形，同时引起应力。为了研究构件的变形及其内部的应力分布，需要了解构件内部各点处的变形。为此，假想地将构件分割成许多微小的单元体。构件受力后，各单元体的位置发生变化，同时，单元体棱边的长度发生改变，相邻棱边之夹角一般也发生改变。

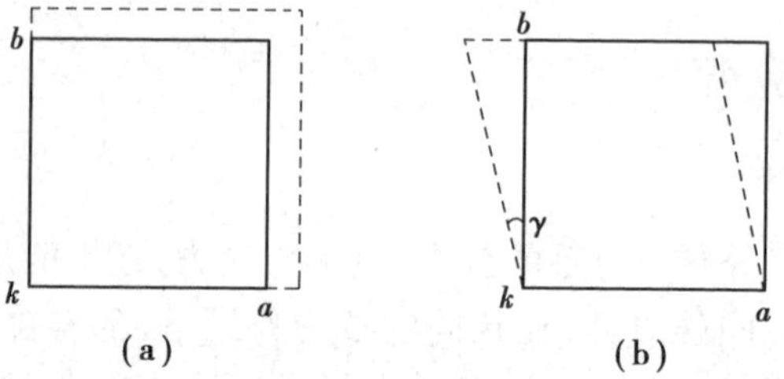

图 4-13　应变

设棱边 ka 的原长为 Δs，变形后的长度为 $\Delta s + \Delta u$，即长度改变量为 Δu，如图 4-13 所示。则 Δu 与 Δs 的比值，称为棱边 ka 的平均正应变，并用 ε_m 表示，即

$$\varepsilon_m = \frac{\Delta u}{\Delta s} \tag{4-4}$$

一般情况下，棱边 ka 各点处的变形程度并不相同，平均正应变的大小将随 ka 的长度而改变。为了精确描述 k 点沿 ka 方位的变形，宜使 Δs 趋于零。当 Δs 趋于零时，平均正应变的极限值，称为 k 点沿棱边 ka 方位的正应变，并用 ε 表示，即

$$\varepsilon = \lim_{\Delta s \to 0} \frac{\Delta u}{\Delta s} \tag{4-5}$$

采用类似方法，还可确定 k 点处沿其他任意方位的正应变。

微体相邻棱边所夹直角的改变量，称为**切应变**，并用 γ 表示。切应变的单位为 rad（弧度）。显然，正应变与切应变均为纲量一的量。

综上所述，构件的整体变形，是由各微体的局部变形的组合结果，而微体的局部变形，则可用正应变与切应变度量。

4.1.4　杆件变形的基本形式

> ➢ **生活剧场**
>
> 取一根一次性筷子，试试看可以用几种不同方法弄断（或者弄变形）？
>
> 提示：对应杆件变形的基本形式。
>
> 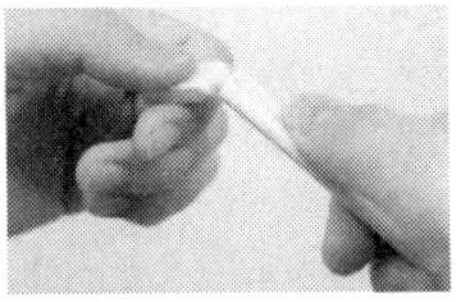
>
> 图 4-14　弄断筷子的 N 种方式

作用在杆件上的外力多种多样，杆件的变形也多种多样。但分析后发现，大部分杆件的变形皆属下述四种基本变形之一，或为几种基本形式的组合变形。

1）轴向拉压

受力特点：杆件受到与杆件轴线重合的外力的作用。

变形特点：杆沿轴线方向伸长或缩短。

产生轴向拉伸与压缩变形的杆件称为拉压杆，如图 4-15 所示。

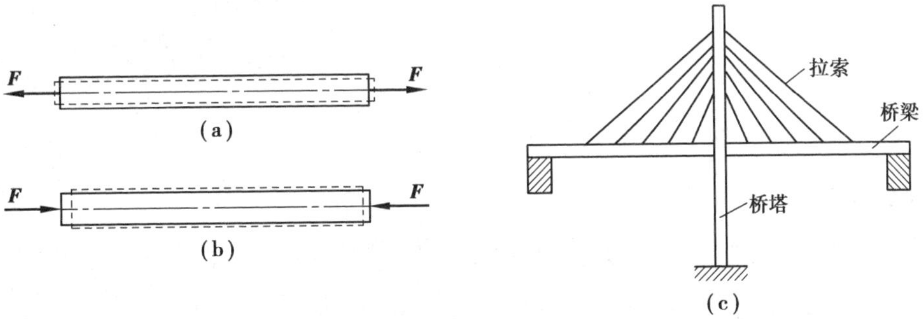

图 4-15　轴向拉压

2）剪切

受力特点：杆件受到垂直杆件轴线方向的一组等值、反向、作用线相距极近的平行力的作用。

变形特点：二力之间的横截面产生相对错动。

产生剪切变形的杆件通常为拉压杆的连接件，如图 4-16 所示，螺栓、销轴连接中的螺栓和销钉，均产生剪切变形。

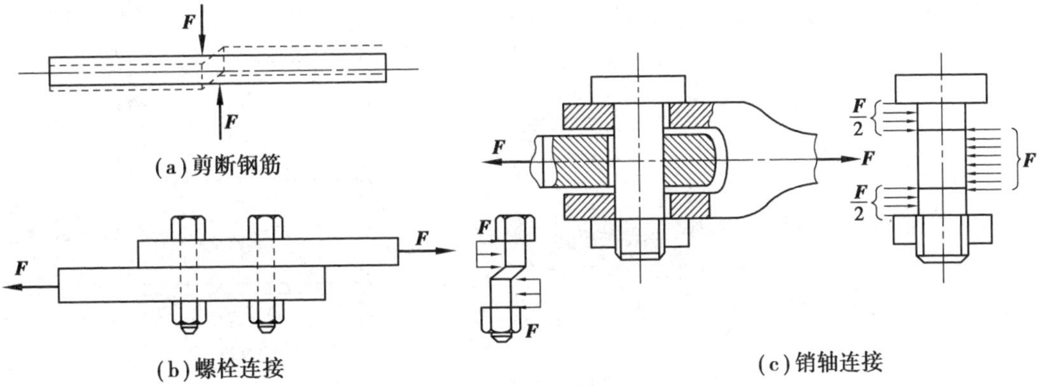

图 4-16　剪切

3)扭转

受力特点:在作用面垂直于杆轴线的外力偶作用,杆件各横截面绕轴线相对旋转。

变形特点:相邻横截面绕杆轴产生相对旋转变形。

产生扭转变形的杆件多为传动轴,如图 4-17 所示。

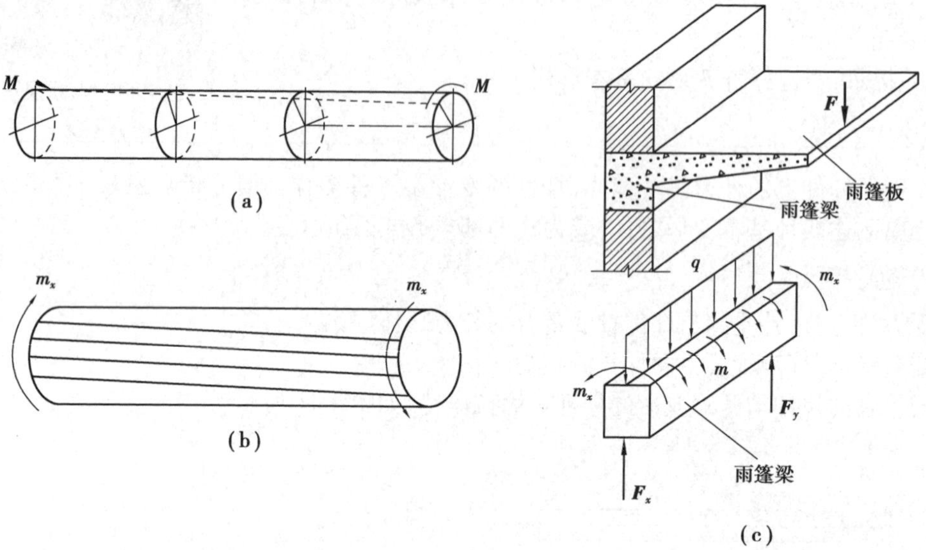

图 4-17　扭转

4)平面弯曲

受力特点:杆件受到垂直于杆件轴线方向的外力或在杆轴线所在平面内作用的外力偶的作用。

变形特点:杆轴线由直变弯。

各种以弯曲为主要变形的杆件称为**梁**。工程中常见梁的横截面多有一根对称轴,各截面对称轴形成一个纵向对称面,梁的轴线也在该平面内弯成一条曲线,这样的弯曲称为平面弯曲,如图 4-18(b)所示。

单跨静定梁有 3 种基本形式:简支梁、外伸梁和悬臂梁。

简支梁:一端固定铰支座,一端活动铰支座,如图 4-18(c)所示。

外伸梁:固定铰支座,活动铰支座位于梁中某个位置,如图 4-18(d)所示。

悬臂梁:一端固定,一端自由,如图 4-18(e)所示。

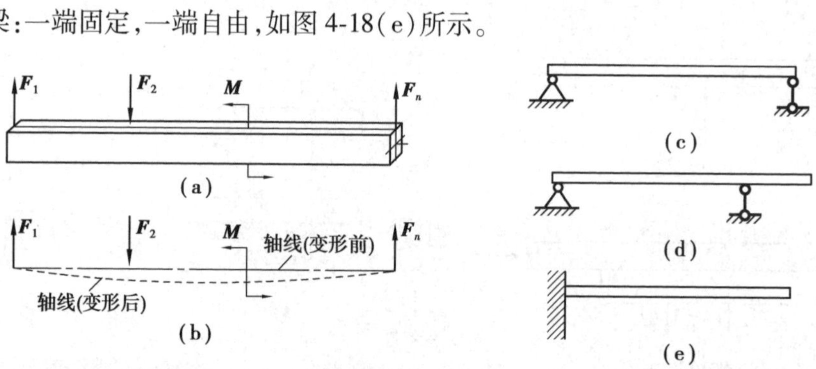

图 4-18　平面弯曲

5)组合变形

由两种或三种不同基本变形组成的变形形式，称为组合变形，如图4-19所示。螺旋桨桨轴 AB 的受力就属于拉扭组合变形。

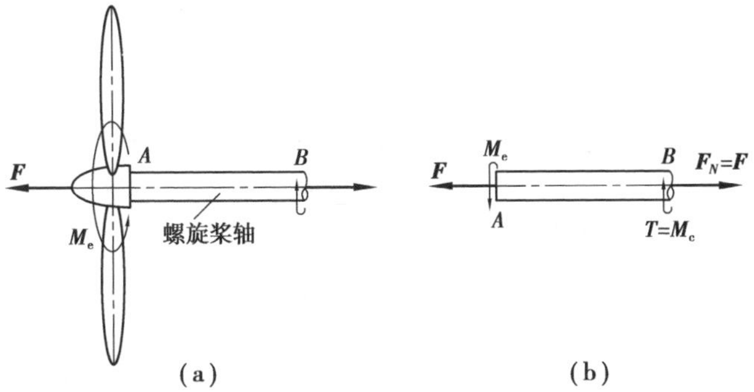

(a)　　(b)

图4-19　组合变形

课程育人

"抗战必胜，此桥必复"

钱塘江大桥位于浙江省杭州市的钱塘江上，由桥梁专家茅以升主持设计，是中国自行设计、建造的第一座双层铁路、公路两用桥。横贯钱塘江南北，是连接沪杭甬铁路、浙赣铁路的交通要道。1937年9月26日建成，同年12月23日为阻断日军从浙北南下而炸毁。钱塘江大桥炸毁的这一天晚上，茅以升在书桌前写下了八个字："抗战必胜，此桥必复"。抗战胜利后，茅以升受命组织修复大桥，涅槃重生的钱塘江大桥又重新飞跨在波涛之上。到2020年，钱塘江大桥已经80多岁了，大桥的强度、刚度、稳定性都经受住了时间的考验，被网民热捧为"桥坚强"。

(a)安全通车　　(b)大桥全貌

图4-20　钱塘江大桥

回想当年修筑时，茅以升所面临的不仅是外界的质疑，要证明中国人有智慧、有能力建造现代化大桥。同时，还要面对险恶的自然环境，钱塘江又称钱江，地处入海口，潮水江流,汹涌澎湃,风波甚为险恶,其潮头壁立的钱江潮与随水流变迁无定的泥沙是建桥的两大难题。在造桥过程中,茅以升带领年轻工程师们克服了重重困难,曾采用"射水法""沉箱法""浮运法"等,攻克了建桥中的一个又一个技术难题,保证了建桥工程的顺利进行。并以工程为学校,现场实地教学,这些参与修建的年轻工程师,后来都成长为新中国桥梁建设的中流砥柱。

茅以升自己也曾在多年后回忆:"自 1919 年 12 月,我归国为社会服务,在几十年的征程中,我所做的工作最引人注目的就是主持建造钱塘江大桥工程"。

钱塘江大桥建成于抗日烽火之中,它不仅在中华民族抗击外来侵略者的斗争中书写了可歌可泣的一页,也是我国桥梁建筑史上的一座丰碑,同时它也是我国培养桥梁工程师的摇篮。2018 年,大桥入选我国第一批工业遗产保护名录。

课后练习

[知识检测]

一、填空题

1.材料力学的任务就是:研究构件在外力作用下的变形,受力与破坏或失效的规律,为合理设计构件提供有关________、________与________的理论与方法,使构件兼具________性与________性。

2.物体质点间的相互作用力称为________,常用________法求解内力。

3.应力是指________________________________,其国际制单位是________,还有其他的单位有________、________、________。

4.杆件变形的基本形式有________、________、________、________。

二、客观题

1.静力学中的力的可传性原理,在材料力学中依然适用。（ ）

2.材料力学中的应力,其实就是高中物理中所学的压强,两者单位一致,物理意义也相同。（ ）

3.现修筑高层住宅大都使用空心砖盖楼,主要是为了减少建筑成本。（ ）

4.外载荷为主动力,而约束力为内力。（ ）

三、主观题

1.指出下列概念的区别:

(1)内力与应力; (2)变形与应变; (3)内力与压强; (4)弹性变形与塑性变形; (5)强度与刚度。

2.杆件变形的基本形式有几种？其受力与变形有何特点？试举例说明。

3.如图 4-21 所示圆截面杆，两端承受一对矢量沿轴线、大小均为 M 的反向力偶作用。试问杆件会发生怎样的变形？

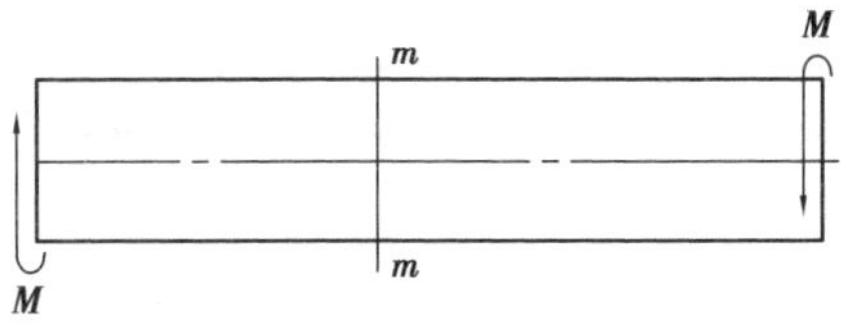

图 4-21　题 3 图

4.如图 4-22 所示，在杆件的斜截面 m-m 上，任一点 A 处的总应力 $\boldsymbol{p}=120$ MPa，其方位角为 $\theta=20°$，试求该点处的正应力 $\boldsymbol{\sigma}$ 与切应力 τ。

5.板件 $ABCD$ 的变形如图 4-23 中虚线所示。试求棱边 AB 与 AD 的平均正应变，以及 A 点处直角 BAD 的切应变。

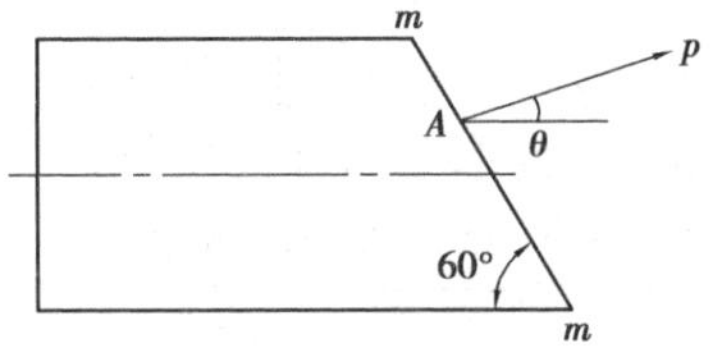

图 4-22　题 4 图

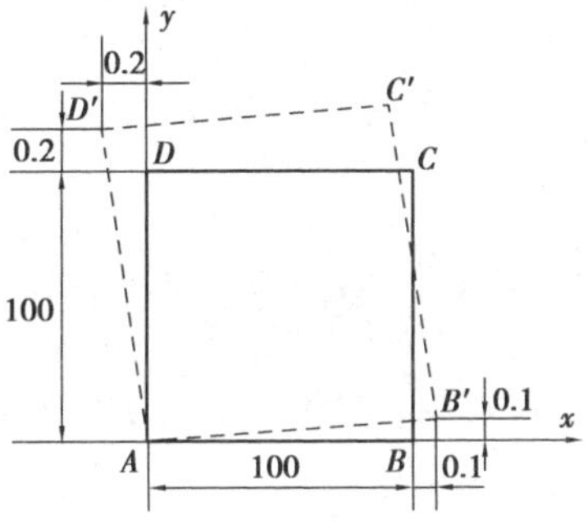

图 4-23　题 5 图

［素质拓展］

2017 年 12 月 20 日，工信部公布了第一批获得认定的国家工业遗产名单，钱塘江大桥位列其中。走近其他名录工程，了解他们的故事，感悟工业发展、科技进步对于国家发展的重要意义。

(a) 鞍钢 · 矿坑　　(b) 重钢 · 旧址

图 4-24　国家工业遗产名录

任务 4.2　轴向拉压的内力、应力与变形

[**任务描述**]学习并掌握拉压杆内力、应力及变形的对应求解方法。

[**任务目标**]

目标类型	目标要求
知识目标	(1)了解杆件变形的基本形式之一——拉伸或压缩； (2)掌握拉压杆横截面上的内力——轴力的概念及截面法求内力的方法； (3)掌握拉压杆横截面上的应力的概念并会求解； (4)熟悉轴向拉压时杆件的变形情况及胡克定律。
技能目标	能运用截面法,求解一般拉压杆内力问题。
素质目标	(1)通过新冠疫情对口支援,了解整体与部分的关系； (2)坚持“一国两制”,坚持“一个中国”不动摇； (3)培养爱国主义情怀,培养社会主义接班人。

[**关键词**]截面法(求内力)、平面假设、绝对变形、泊松比、胡克定律、弹性模量、抗拉(压)刚度。

[**知识前哨站**]

(1)力的平衡分析；

(2)高中物理:弹力胡克定律。

案例引入

一方有难,八方支援,全国 19 省对口支援湖北

2020 年初,一场名为“新冠肺炎”的疫情席卷全球。作为中国最早发现疫情的地区,湖北多地确诊人数不断增加、持续高位,医疗资源缺乏,救援物资告急！关键时刻,党中央紧急部署,充分考虑疫情现状、人力资源储备及受援地市医疗资源缺口等情况,统筹安排 19 个省份在做好本地防控的同时,加大对湖北省武汉市以外其他地区的对口支援。以“一省包一市”的方式,全力支持湖北省加强对患者的救治工作。

从 2020 年 1 月下旬开始,一支支精锐之师火速集结、迅疾驰援,为共同打赢湖北保卫战英勇奋战。截至 2020 年 3 月 20 日,全国已有 31 支医疗队共 42 000 余名医护人员赶赴湖北参加抗疫。各地医疗物资企业也紧急开工,连夜赶制口罩、防护服等医疗物资。甚至有一批国内企业如五菱、比亚迪紧急改造汽车生产线转产口罩,“国家需要

什么，我们就生产什么！”全国各地的爱心人士也发起了捐赠，出人出力，为打赢这场“战疫”尽献自己的一份力。在华夏大地上，谱写出一曲曲感人肺腑的“抗疫赞歌”。

(a)各地医疗队驰援武汉　　(b)工厂加紧赶制医疗物资

图 4-25　守望相助

这一幕幕场景，令人动容，又如此熟悉。这是同舟共济、众志成城的力量汇聚！这是面对挑战、合力应对的经验总结！无论是新冠抗疫，还是汶川地震，亦或是脱贫攻坚，只要我们团结一心，就没有中国人民打不赢的仗！

专业知识

4.2.1　轴向拉压实例

轴向拉伸和压缩是四种基本变形中的最简单的一种。在工程上，有许多构件会在轴向拉力和压力的作用下，发生轴向拉伸和压缩。如图 4-26(a)所示的起重机吊架中的 AB 杆是轴向拉伸的实例，图中 4-26(b)所示建筑物的支柱是轴向压缩的实例。

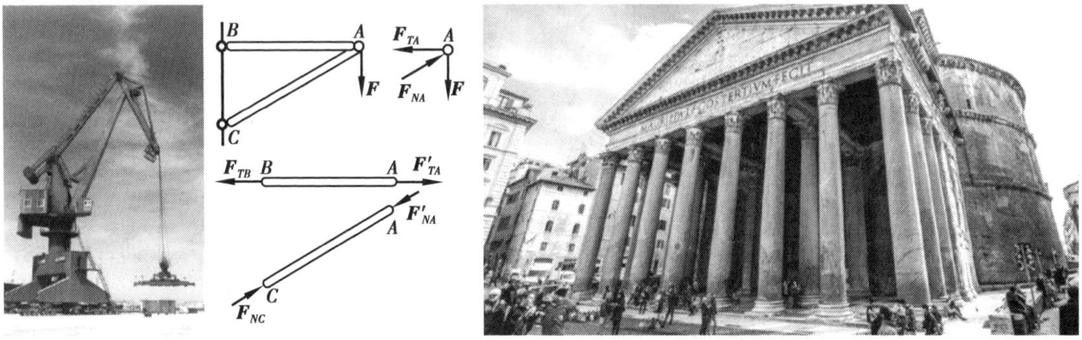

(a)起重机　　(b)罗马宫殿柱

图 4-26　轴向拉伸与压缩工程实例

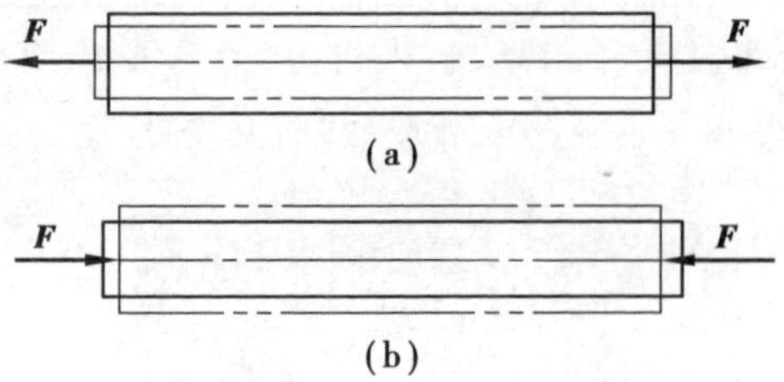

图 4-27　拉伸与压缩计算简图

如果将实际拉伸或压缩的杆件抽象处理，则会得到如图 4-27 所示的计算简图。轴向拉伸和压缩杆件的受力特点是：作用在直杆上的两个力等值、反向、并与杆的轴线共线；变形特点是：杆件产生沿轴线方向的伸长或缩短。这种变形形式成为轴向拉伸（图 4-27(a)）和轴向压缩（图 4-27(b)）。

> **➢ 深思妙想**
>
> 生活生产中，还有哪些轴向拉伸或压缩的实例？试举例说明。

4.2.2　轴向拉压时横截面上的内力——轴力

正如任务 4.1 中所述，通常采用截面法求物体的内力。垂直于杆件轴线的截面称为**横截面**，横截面上的内力即指横截面上分布内力的合力（总内力）。

设一杆件两端同时受轴向拉力 $\boldsymbol{F}$ 的作用，欲求杆件任一截面 1-1 上的内力，采用截面法，步骤如下：

（1）**截开**：沿截面 1-1 处假想的把物体截开为两部分，取左段为研究对象。

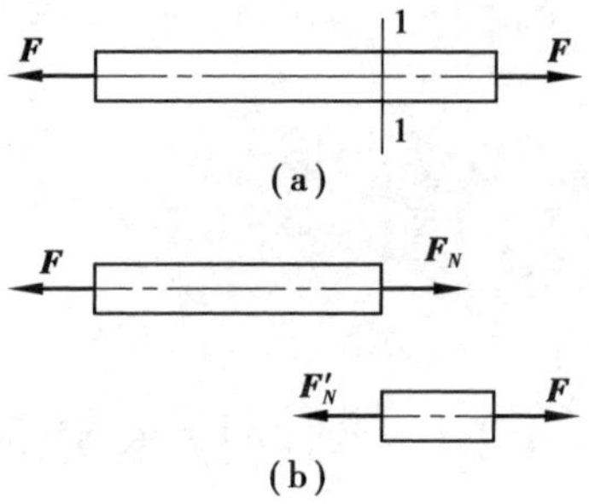

图 4-28　截面法求轴力

（2）**代替**：用作用于截面上的内力（力或力偶）替代右段对左段的作用，截面 1-1 处的内力仅有 $\boldsymbol{F}_N$，如图4-28(b)所示。一般都假设 $\boldsymbol{F}_N$ 的指向离开截面，即与截面的外法线方向同向，如果假设的方向是正确的，则杆件在该截面上受拉伸；反之，则杆件受压缩。

（3）**平衡**：根据左段的受力现状建立平衡方程，可得 $\boldsymbol{F}_N=\boldsymbol{F}$；因外力沿杆的轴线方向，因此内力 $\boldsymbol{F}_N$ 的作用线必通过杆的轴线，故内力 $\boldsymbol{F}_N$ 又称为**轴力**。左段的内力 $\boldsymbol{F}_N$ 与右段的内力 $\boldsymbol{F}'_N$ 是一对作用力与反作用力，它俩等值、反向、共线。若有多个截面欲求内力，则可重复上述步骤，依次求出各截面的内力。

在实际问题中，直杆各截面上的轴力 $\boldsymbol{F}_N$ 是横截面坐标位置 x 的函数。即

$$\boldsymbol{F}_N=\boldsymbol{F}_N(x)$$

用平行于杆轴线的 x 坐标表示横截面的位置，再取垂直于杆轴线 $\boldsymbol{F}_N$ 坐标表示对应截面上的轴力，这样画出的函数图形称为**轴力图**，便于直观表明各截面上的轴力沿轴线的变化情况。

例 4.1　试画出阶梯杆的轴力图。自重不计，所受外力如图 4-29 所示。

解：分析：本题所示杆件中有两个截面，可先求截面 1-1 处内力，因为 1-1 处左段为固定端约束，已知条件相对较多，易于求解。根据 1-1 所得，再求 2-2。

基本思路：求 A 端约束力→截面法求 1-1 轴力→2-2→轴力图

（1）计算 A 端约束力

根据式(2-9)，列出整体平衡方程

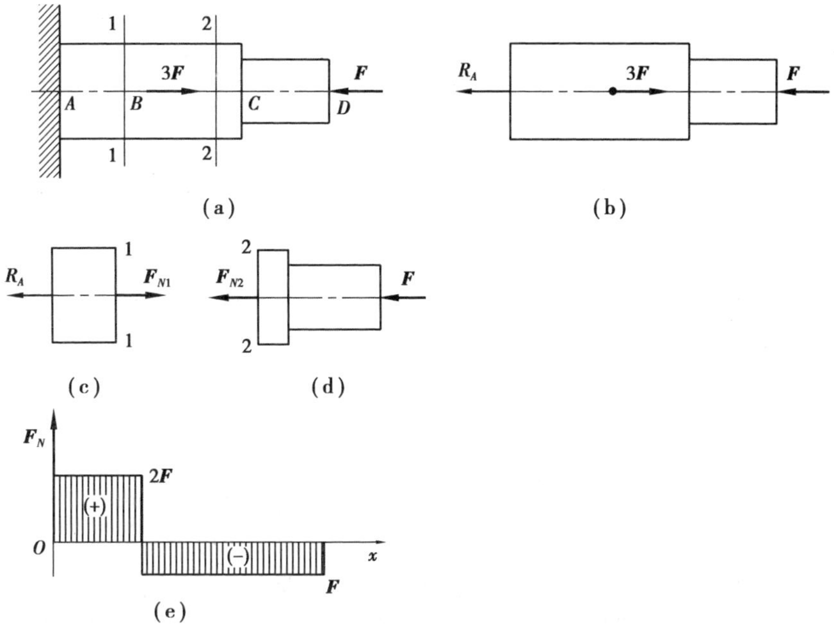

图 4-29　例 4.1 图

$$\sum F_x = 0, 3F - F - R_A = 0$$

求得
$$R_A = 2F$$

(2)分段计算,截面法求 1-1 处轴力

由于在横截面 B 上作用有外力 $3\boldsymbol{F}$,故将杆分为 AB 和 BD 两段。用假想截面在 AB 段内任一截面 1-1 处将杆截开,取左段为研究对象,如图 4-29(c)所示,建立平衡方程

$$\sum F_x = 0, F_{N1} - R_A = 0$$

求得
$$F_{N1} = R_A = 2F$$

(3)截面法求 2-2 处轴力

同理,用假想截面在 BD 段内任一截面 2-2 处将杆截开,取右段为研究对象,如图 4-29(d)所示,建立平衡方程

$$\sum F_x = 0, F_{N2} + F = 0$$

求得
$$F_{N2} = - F$$

式中,F_{N2}为负值,说明 BD 段各截面上轴力的实际方向与图中假设的方向相反,应为压力。

(4)画轴力图

根据所求得的轴力值,画轴力图,如图 4-29(e)所示。$|F_{N\max}| = 2F$,发生在 AB 段内。

例 4.2　直杆 AD 受力如图 4-30 所示。已知 $\boldsymbol{F}_1 = 16$ kN,$\boldsymbol{F}_2 = 10$ kN,$\boldsymbol{F}_3 = 20$ kN,试求出直杆 AD 的轴力图。

解:基本思路:求 D 端约束力→分段计算轴力(1-1,2-2,3-3)→轴力图

(1)计算 D 端约束力

根据式(2-9),列出整体平衡方程

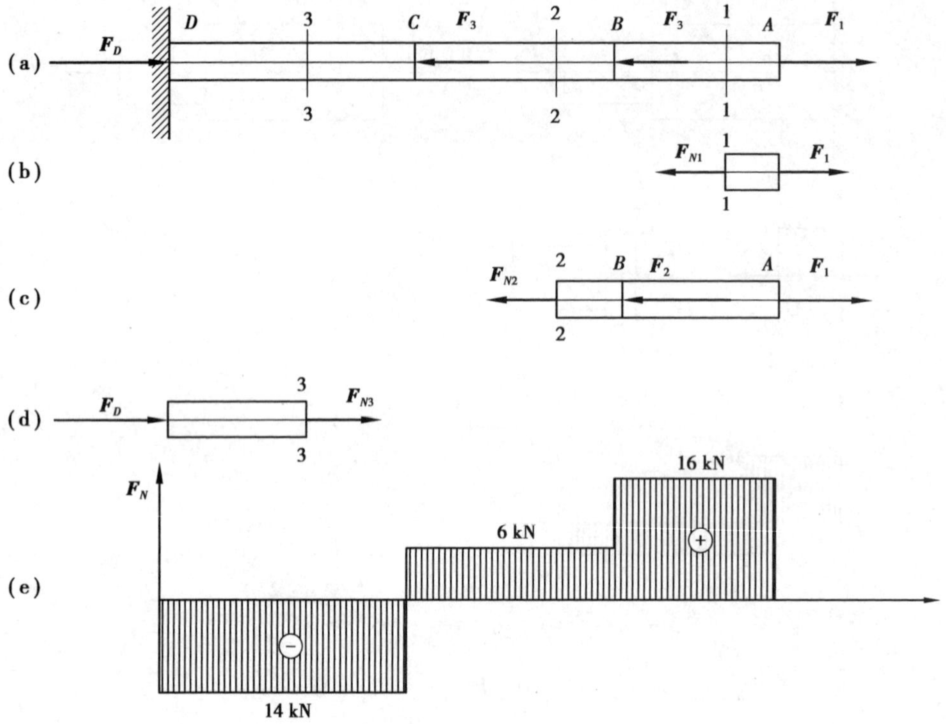

图 4-30 例 4.2 图

$$\sum F_x = 0, F_D + F_1 - F_2 - F_3 = 0$$

$$F_D = F_2 + F_3 - F_1 = 10 + 20 - 16 = 14\ \text{kN}$$

(2)分段计算轴力

由于在横截面 B 和 C 上作用有外力,故将杆分为三段。用截面法截取如图 4-30(b)(c)(d)所示的研究对象后,由平衡方程分别求得

$$F_{N1} = F_1 = 16\ \text{kN}$$

$$F_{N2} = F_1 - F_2 = 16 - 10 = 6\ \text{kN}$$

$$F_{N3} = - F_D = - 14\ \text{kN}$$

式中,F_{N3}为负值,表明截面 3-3 处的轴力 F_{N3}实际方向与图中假设方向相反,应为压力。

(3)画轴力图

根据所求得的轴力值,画轴力图,如图 4-30(e)所示。由轴力图可以看出,$|F_{N\max}| = 16$ kN,发生在 AB 段内。

4.2.3 轴向拉压时横截面上的应力

欲求横截面上的应力,必须研究横截面上轴力的分布规律。因为应力的分布与变形有关,所以首先对杆进行拉伸或压缩实验,观察其变形。

取一等截面直杆(材质建议选用橡胶或其他易于变形方便观察的材质),在杆上画两条与杆轴线垂直的横向线 ab 和 cd,并在 ab 和 cd 之间画与杆轴线平行的纵向线,如图 4-31(a)所示，然后沿杆的轴线方向作用拉力 $\boldsymbol{F}$，使杆件产生拉伸变形。此时可以观察到：

①横向线 ab 和 cd 在杆件变形过程中始终为直线，只是位置沿轴线发生了平移，平移到了 $a'b'$ 和 $c'd'$，仍垂直于杆的轴线。

②各纵向线伸长量相同，横向线收缩量也相同。

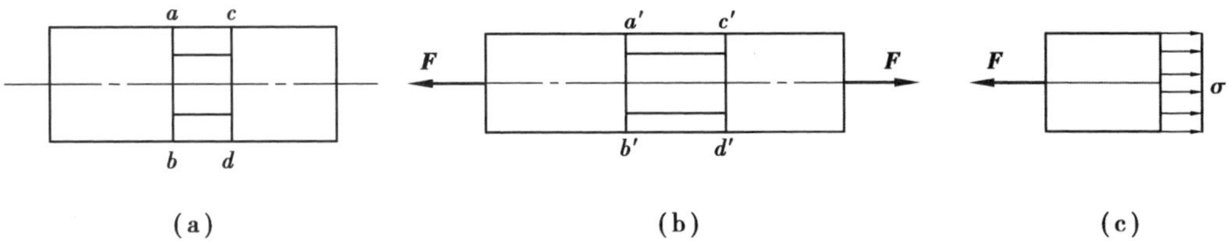

图 4-31　直杆拉伸时的变形

根据上述现象得出如下假设：拉伸杆件变形前为平面的横截面，变形后仍保持为平面，仅沿轴线发生了相对平移，并仍与杆的轴线垂直。这个假设称为**平面假设**。

设想杆件是由无数条纵向纤维组成的，根据平面假设，在任意两个横截面之间的所有纵向线的伸长量（或缩短量）是相同的，即变形相同。又由材料的连续均匀性假设，可以推断出内力在横截面上的分布是均匀的，即横截面上各点处的应力大小相等，其方向与横截面上轴力 $\boldsymbol{F}_N$ 一致，沿杆的轴线方向，垂直于横截面，故为正应力，如图 4-31(c) 所示。其计算公式为

$$\sigma = \frac{\boldsymbol{F}_N}{A} \tag{4-6}$$

式中，为杆的横截面面积。正应力的正负号与轴力 $\boldsymbol{F}_N$ 的正负号一致，即拉应力为正，压应力为负。

例 4.3　如图 4-32 所示，一变截面直杆横截面为圆形，$d_1 = 200$ mm，$d_2 = 150$ mm。承受轴向载荷 $F_1 = 30$ kN 和 $F_2 = 100$ kN 的作用。试求各段横截面上的正应力。

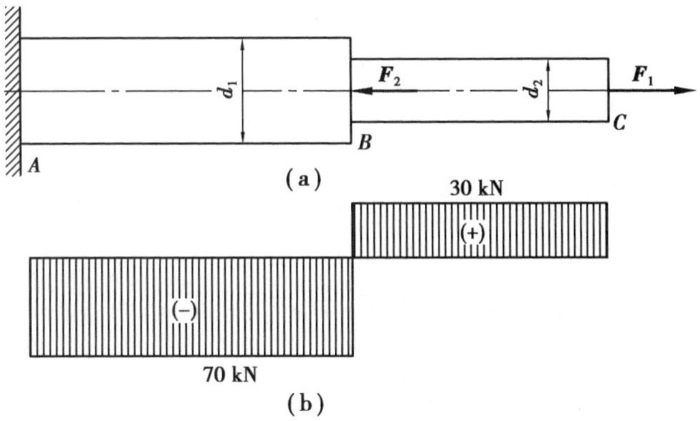

图 4-32　例 4.3 图

解：基本思路：计算轴力 $\boldsymbol{F}_N$→求横截面积 $\boldsymbol{A}$→求正应力 $\boldsymbol{\sigma}$

(1) 计算轴力 $\boldsymbol{F}_N$

运用截面法，求得 AB 段和 BC 段横截面上的轴力分别为

$$F_{NAB} = -70\ \text{kN}$$

$$F_{NBC} = 30\ \text{kN}$$

(2)求横截面积 A

$$A_{AB}=\frac{\pi d_1^2}{4}=\frac{3.14\times 0.2^2}{4}=3.14\times 10^{-2}\text{m}^2$$

$$A_{BC}=\frac{\pi d_2^2}{4}=\frac{3.14\times 0.15^2}{4}=1.77\times 10^{-2}\text{m}^2$$

(3)求正应力 $\boldsymbol{\sigma}$

$$\sigma_{AB}=\frac{F_{NAB}}{A_{AB}}=-\frac{70\times 10^3}{3.14\times 10^4}=-2.23\ \text{MPa}$$

$$\sigma_{BC}=\frac{F_{NBC}}{A_{BC}}=-\frac{30\times 10^3}{1.77\times 10^4}=1.69\ \text{MPa}$$

负号表示的是 AB 段上的应力为压应力。

4.2.4 轴向拉压时的变形——胡克定律

杆件在轴向拉压时，将引起轴向尺寸的伸长和横向尺寸的缩短，现来研究这种变形。设原长为 l，直径为 d 的等截面直杆，在轴向拉力的作用下，变形到如图 4-33 所示的虚线的位置。即变形后杆件的纵向长度由 l 变为 l_1，横向尺寸由 d 变为 d_1。

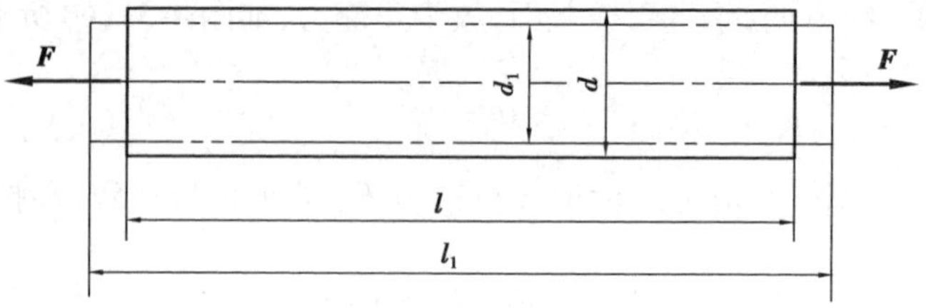

图 4-33 拉伸变形

1)绝对变形

轴向拉伸(压缩)时，杆件尺寸的变化量称为**绝对变形**。相对应的，**纵向绝对变形**(伸长量)用 Δl 表示，记为

$$\Delta l=l_2-l \tag{4-7}$$

横向绝对变形(缩短量)用 Δd 表示，记为

$$\Delta d=d_1-d \tag{4-8}$$

拉伸时，$\Delta l>0$，$\Delta d<0$；压缩时，$\Delta l<0$，$\Delta d>0$。绝对变形的单位一般为 mm。

2)相对变形

由上式可知，绝对变形与杆件的原长度有关，为消除这种影响，特引入相对变形的概念。单位长度的变形称为**相对变形或线应变**。相对应的，沿轴线方向单位长度的变形称为**纵向相对变形或纵向线应变**，用 ε 表示，记为

$$\varepsilon=\frac{\Delta l}{l} \tag{4-9}$$

横向单位长度的变形称为**横向相对变形**或**横向线应变**，用 ε' 表示，记为

$$\varepsilon' = \frac{\Delta d}{d} \tag{4-10}$$

线应变表示的是杆件的相对变形,是一个量纲为一的量。拉伸时,纵向变形 $\Delta l>0$,$\varepsilon>0$;横向变形 $\Delta d<0$,$\varepsilon'<0$;压缩时则正相反。说明,线应变 ε,ε'的正负号与绝对变形 Δl,Δd 的正负号是一致的。

3)泊松比

大量实验表明,对于同一种材料,当应力不超过某一限度(弹性范围内),横向线应变 ε'和纵向线应变 ε 之间存在着正比关系,且符号相反,比值为一常数,即

$$\varepsilon' = -\nu\varepsilon \tag{4-11}$$

式中,比例常数 ν 称为材料的**横向变形系数**,或**泊松比**。ν 是一个无量纲量,其值与杆件的材料有关。

4)胡克定律

轴向拉伸和压缩实验表明:当杆件横截面上的正应力不超过某一限度时,正应力 σ 与相应的纵向线应变 ε 成正比,即

$$\sigma = E\varepsilon \tag{4-12}$$

上式称为**胡克定律**,其中的比例常数 E 称为**弹性模量**。对同一种材料,E 为常数。弹性模量 E 和应力 σ 具有相同的单位,常用 GPa 表示。弹性模量 E 和泊松比 ν 都是表征材料弹性的常数,均由实验测定。将常用材料的 E 和 ν 值从工程手册中摘录出来,详见表 4-1。

表 4-1　常用材料的 E 值和 ν 值

材料名称	E/GPa	ν/GPa
碳钢	196~216	0.24~0.28
合金钢	186~206	0.25~0.30
灰铸铁	78.5~157	0.23~0.27
铜及铜合金	72.6~128	031~0.42
铝合金	70	0.33

将式 $\boldsymbol{\sigma}=\frac{F_N}{A}$和 $\varepsilon=\frac{\Delta l}{l}$代入式(4-13),则可得

$$\Delta l = \frac{F_N l}{EA} \tag{4-13}$$

上式表明:当杆件横截面上的正应力不超过某一限度时,杆的绝对变形与轴力 $\boldsymbol{F}_N$、杆长 l 成正比,而与横截面面积 l、材料的弹性模量 E 成正比。这是胡克定律的另一种表述形式,由表达式(4-13)可知:

①(同一根)杆的绝对变形 Δl 与轴力 $\boldsymbol{F}_N$ 和杆长 l 成正比,而与横截面面积 A 成反比,即 $\Delta l \propto \frac{F_N l}{A}$。

②对相同尺寸(长度 l 和横截面面积 A 相同)的等截面直杆而言,在受力 $\boldsymbol{F}_N$ 相同的情况下,弹性模量越大 E,则变形 Δl 越小。E 是表征材料抵抗拉伸或压缩变形的能力。

③对长度相同、受力相同的杆件,EA 愈大,则杆件的绝对变形 Δl 愈小,即变形越困难;反之,EA 愈小,则杆件的绝对变形 Δl 愈大,即变形越容易。将 EA 称为杆的**抗拉(压)刚度**,它表示杆件抵抗拉伸或压缩变形的能力。

例 4.4 如图 4-34 所示的阶梯杆,已知横截面面积 $A_{AB}=A_{BC}=500\ \text{mm}^2$,$A_{CD}=300\ \text{mm}^2$,弹性模量 $E=200$ GPa。试求杆的伸长量。

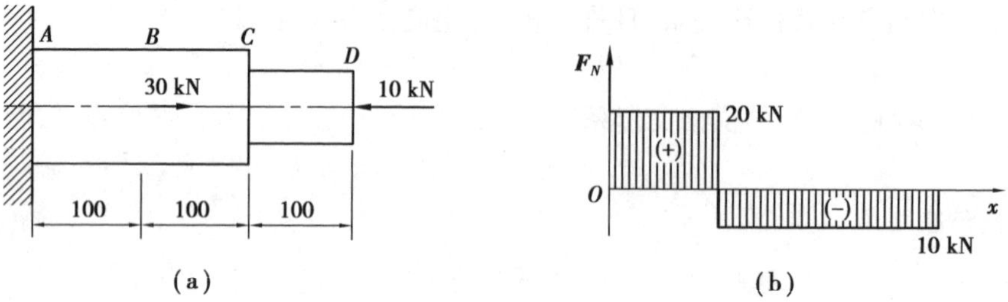

图 4-34 例 4.4 图

解:求轴力 F_N→分段计算变形量 Δl_i(胡克定律)→加和得总变形量 Δl

(1)求轴力 $\boldsymbol{F}_N$,并作轴力图

用截面法依次求得 CD 段、BC 段、AB 段的轴力

$$F_{NCD}=F_{NBC}=-10\ \text{kN}$$

$$F_{NAB}=20\ \text{kN}$$

并画出杆的轴力图,如图 4-34(b)所示。

(2)计算各段杆的变形量 Δl_i

根据胡克定律表达式(4-13),可得

$$\Delta l_{AB}=\frac{F_{NAB}l_{AB}}{EA_{AB}}=\frac{2\times10^3\times100}{200\times10^3\times500}=0.02\ \text{mm}$$

$$\Delta l_{BC}=\frac{F_{NBC}l_{BC}}{EA_{BC}}=\frac{-10\times10^3\times100}{200\times10^3\times500}=-0.01\ \text{mm}$$

$$\Delta l_{CD}=\frac{F_{NCD}l_{CD}}{EA_{CD}}=\frac{-10\times10^3\times100}{200\times10^3\times300}=-0.016\ 7\ \text{mm}$$

(3)计算杆的总伸长量 Δl

杆的总变形量等于各段变形量之和,即

$$\begin{aligned}\Delta l&=\Delta l_{AB}+\Delta l_{BC}+\Delta l_{CD}\\&=0.02-0.01-0.016\ 7=-0.006\ 7\ \text{mm}\end{aligned}$$

计算的结果为负,说明杆的总变形为缩短,总缩短量为 0.006 7 mm。

课程育人

我们都有一个家，名字叫中国

无论是新冠抗疫，还是截面法求拉压杆内力，都告诉我们整体与部分是密不可分的关系，整体是由部分组成的，部分也无法脱离整体独立存在。截面法求内力，指的是通过假想剖开物体的横截面，来求左右两部分的内力，而不是真的剖开。倘若真的剖开，杆件横截面与杆件整体的联系也就消失了，其上的内力也就一样随之消失了。全国驰援湖北抗疫一事，也更能看出，全国各族同胞血脉相连，同舟共济，不可分割。正是在党中央统一指挥、统一协调、统一调度下，才能全国一盘棋，快速有效地组织起对口支援防疫力量，这正是彰显了我国制度的优越性，才能集中力量办大事。

但总有一些反动势力，见不得祖国的统一和发展，见不得“一个中国”。特别是 2019 年 6 月以来，一些“港独”激进势力借和平游行集会之名，大搞破坏，这些人肆意践踏法治，恶意破坏社会秩序，甚至包围和冲击中央政府驻港机构，肆意侮辱国旗、国徽和区徽，不仅极大地伤害了包括香港同胞在内的全中国人民的感情！更是公然挑战国家主权和“一国两制”原则底线，其气焰之嚣张、行径之恶劣，令人发指。

(a)暴徒天星码头扔国旗　(b)暴徒在地铁站打砸抢　(c)爱国市民升旗

图 4-35　香港暴力事件

一切公然挑战“一国两制”原则底线、践踏法治尊严、破坏社会安定、侵害公众利益的违法犯罪行为，都逃脱不了被追究法律责任的结局。香港发生的暴力事件是一切法治、文明、理性社会所不能容忍的。广大香港市民不会答应，全国人民也不会答应！香港自古以来始终是中国领土不可分割的一部分，香港的繁荣稳定关系着祖国未来的发展大局，香港如此，祖国的每一寸领土也是如此。我们绝不容忍任何妄图分裂祖国的行为！一个中国，不容践踏！中国的主权不容践踏！香港，你的身后是拥有 14 亿中国人民的强大祖国！

课后练习

[知识检测]

一、填空题

1.截面法求内力的步骤有________、________、________。

2.拉伸杆件变形前为平面的横截面,变形后仍保持为________,仅沿轴线发生了________,并仍与杆的________。这个假设称为________。

3.拉伸时,纵向变形 Δl ________ 0,ε ________ 0,横向变形 Δd ________ 0,ε' ________ 0;压缩时则________。说明,线应变 ε,ε' 的正负号与绝对变形 $\Delta l,\Delta d$ 的正负号是________的。

4.比例常数 ν 称为材料的________,或________。ν 是一个________量,其值与杆件的材料有关;比例常数 E 称为________,其单位是________;EA 称为杆的________,其单位是________。其中________和________是表征材料弹性的常数,________表示杆件抵抗拉伸或压缩变形的能力。

二、客观题

1.两个拉杆轴力相等,截面积相同,但材料不同,横截面上的应力也不同。 ( )

2.弹性模量 E 和泊松比 ν 都与材料相关,其数值时一样的。 ( )

3.胡克定律揭示的是应力与应变之间的关系,有两种表达形式。 ( )

三、主观题

1.弹性模量 E 和杆件的抗拉(压)刚度 EA 是一回事吗?其物理意义及单位有何不同?

2.若两杆的截面积 A、长度 L、外载荷 P 都相同,但所有的材料不同,请问两杆的应力、应变和变形是否相同?

3.试画图 4-36 所示各杆的轴力图,并指出轴力的最大值。

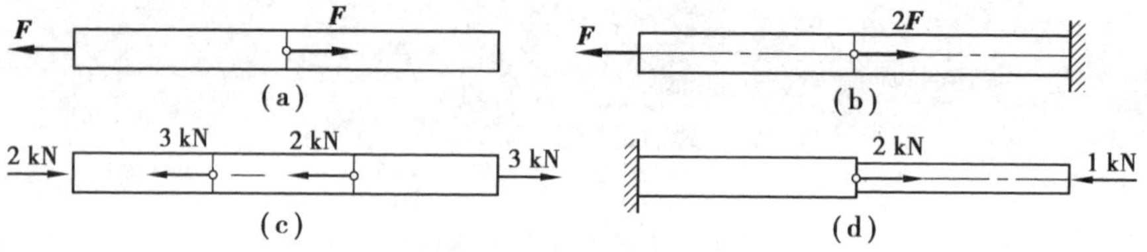

图 4-36 题 3 图

4.图 4-37 所示阶梯形圆截面杆 AC,承受轴向载荷 $\boldsymbol{F}_1=200$ kN 与 $\boldsymbol{F}_2=100$ kN,AB 段的直径 $d_1=40$ mm。如欲使 BC 与 AB 段的正应力相同,试求 BC 段的直径。

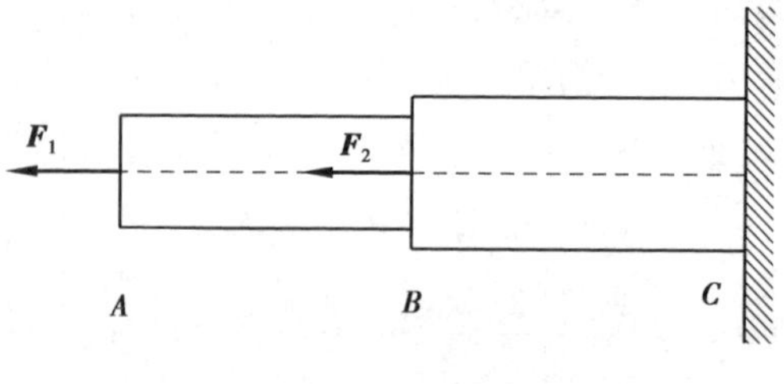

图 4-37 题 4 图

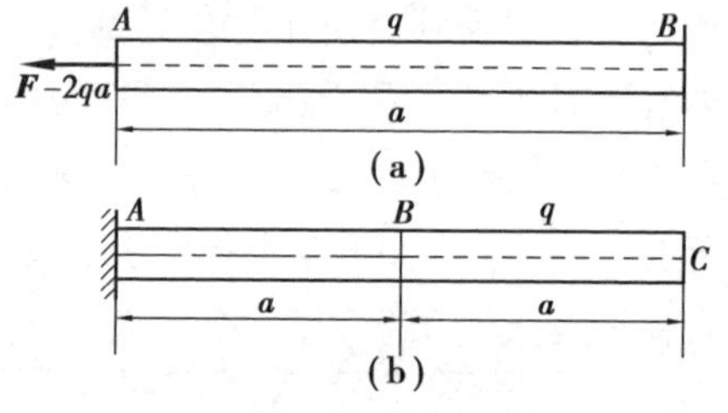

图 4-38 题 5 图

5.试画图 4-38 所示各杆的轴力图,并指出轴力的最大值。图中所示分布载荷的分布沿杆轴均匀分布,载荷集度为 $\boldsymbol{q}$。

[**素质拓展**]

“我是护旗手”主题微博

14 亿护旗手，面对有暴徒在香港把国旗丢进海中的暴行，央视新闻当天发布微博话题“五星红旗有 14 亿护旗手”并置顶，网友们纷纷留言、刷屏转发，表达热爱祖国、护卫国旗的真挚感情。2019 年 12 月 2 日，入选国家语言资源监测与研究中心发布的“2019 年度十大网络用语”。

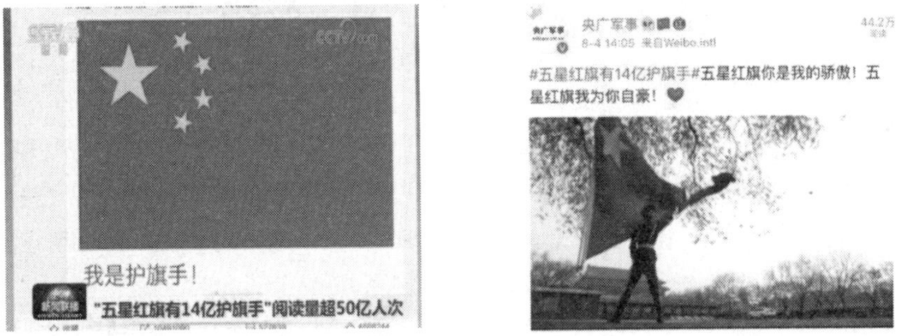

(a) 五星红旗有14亿护旗手　　(b) 五星红旗我为你自豪

图 4-39　我是护旗手

请以“我是护旗手”为主题撰写微博一条，谈谈大学生应该如何理性爱国。

任务 4.3　材料在轴向拉压时的力学性能

[**任务描述**] 了解不同材料在轴向拉压时应力与应变的变化关系。

[**任务目标**]

目标类型	目标要求
知识目标	(1) 了解拉伸实验，绘制应力-应变(σ-ε)曲线； (2) 掌握低碳钢在拉伸时的力学性能，熟悉 4 个阶段； (3) 了解其他塑性和脆性材料拉伸时的力学性能； (4) 掌握不同材料构件在压缩时的力学性能及与拉伸的区别。
技能目标	培养通过实验，观察总结一般变化规律的能力。
素质目标	(1) 了解非遗文化，用马克思主义历史观看科技发展是如何推动社会发展的； (2) 感受新中国成立以来材料发展在军事科技领域上的应用； (3) 培养当代大学生的爱国主义情怀。

[**关键词**] 材料力学性能、拉伸图(F-Δl 曲线)、应力-应变曲线(σ-ε 曲线)、4 个阶段(线弹性阶段、屈服阶段、强化阶段、颈缩阶段)、几个拉伸极限(比例极限、弹性极限、强度极限、屈服极限)、抗压强度极限。

[**知识前哨站**]

(1) 观察实验法；

(2) 应力与应变相关知识；

(3) 拉压杆的变形——胡克定律。

案例引入

震惊！成吉思汗雄霸天下，靠的竟是它…

“豪情天地纵，侠义掠长空，神兵需人懂，宝刀配英雄。”在冷兵器时代，一把趁手的兵器，就能成就一名侠客。青史留名的，不只是英雄豪杰，还有助其扬名天下的神兵利刃。关羽的青龙偃月刀，夏雪宜的碧血剑，干将莫邪、倚天屠龙……吹毛即断，削铁如泥，真真假假，虚虚实实间，是每一个男孩子心底的英雄梦——一箫一剑，快意江湖。

成吉思汗，是世界史上杰出的政治家、军事家。一生征战无数，歼灭西夏，攻灭金国，西征花剌子谟，铁骑踏遍亚欧大陆，一度将国家版图扩张至欧洲。

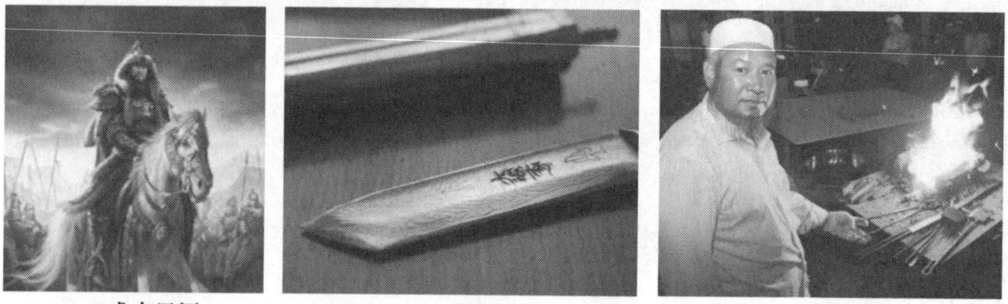

(a)成吉思汗　(b)折花刀　(b)匠人锻造过程

图 4-40　非物质文化遗产——保安折花刀

成吉思汗之所以征战沙场，无往不利，除了兵强马壮、军纪严明，还因其手握不凡武器——折花腰刀(现也称“保安折花刀”)。此刀出自我国一个少数民族——保安族。成吉思汗偶得此刀，便识其不凡，立刻不惜重金请铁匠打造。在当时的生产力条件下，集齐全村人之力，才锻造出了 3 000 把折花刀。此刀锻造时间长，需要极为精深的技艺。普通的刀具和农具加一层钢锻造即可，而折花刀需要折叠锻打后再加钢，到达 15 层的厚度后，再拧花、锻打。在淬火过程中，时间是重要的关键点，时间不对，刀的韧性就会出现问题。要想做好一把折花刀，需经几十以至上百道工序。每一把折花刀都由匠人亲手长时间锤炼而成，在外表会形成独一无二的花纹，且无法复刻。它不只硬度极高，而且韧性十足，同其他的刀对砍，不崩不裂、不卷不钝。成吉思汗将这 3 000把折花刀配给其最钟爱的怯薛军。宝刀配英雄，自此，这支部队的战力更上了一个台阶。

在 1211 年 8 月，在野狐岭(河北万全县)中央，怯薛军冲进敌方的中军大营，折花刀遇刀断刀，遇人杀人，遇马杀马，把敌人打得落花流水，尸横遍野。这场战役，蒙古军团仅以 9 万人，就击溃了金军 50 万人，成为世界军事史上以少胜多的著名案例。自此，折花刀名扬天下。现今，保安折花刀与维吾尔族英吉沙刀、阿昌族户撒刀并称我国少数民族三大名刀，是我国的非物质文化遗产。

专业知识

4.3.1　拉伸实验和应力-应变曲线

材料的力学性能是指材料在承受外力作用时，所表现出的强度和变形方面的性能。这些性能是强度计算和选用材料的重要依据。材料的力学性能一般可由实验测定得到。且实验得知，材料的力学性能不仅取决于其本身的成分，而且还取决于载荷的性质、温度和应力状态等。本任务中，只讨论在常温和静载条件下材料在轴向拉压时的力学性能。所谓**常温**，就是指室温，我国工程上常温按20 ℃计；**静载**则是指平稳缓慢加载。

[知识拓展]

Q：对于不同的地区、不同的行业，常温所指的具体温度一样吗？

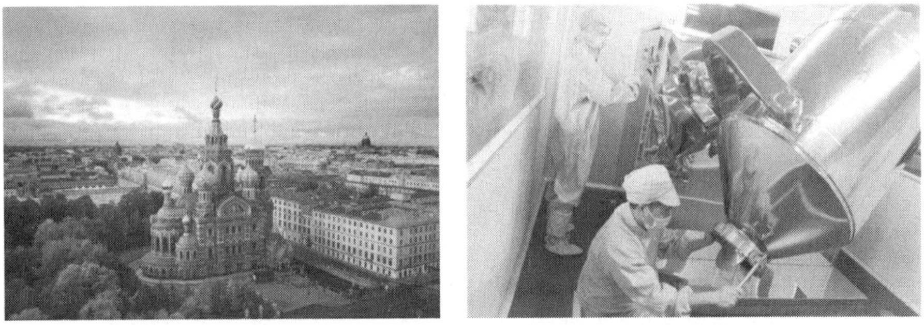

(a)俄罗斯工程常温10 ℃　　(b)药品行业常温10~30 ℃

图4-41　不同的“常温”

A：我国工程上的常温一般按20 ℃计，这是我国大部分地区的春秋温度，而俄罗斯的工程常温则只有10 ℃。热力学中通常取常温为25 ℃（焓熵起点），而药品行业中的常温则为10~30 ℃。

轴向拉伸实验是研究材料力学性能最常用的方法。为便于比较实验结果，首先按国家标准《金属拉力实验法》（GB 228—87）中规定的形状和尺寸，将材料做成标准试样，如图4-42所示。试样较粗的两端是装夹部分；试样中间等直杆的部分是实验段，其长度为l，称为标距；试样标矩l与直径d之比常取$l/d=10$。其他形状截面的标准试样可参阅有关国家标准。

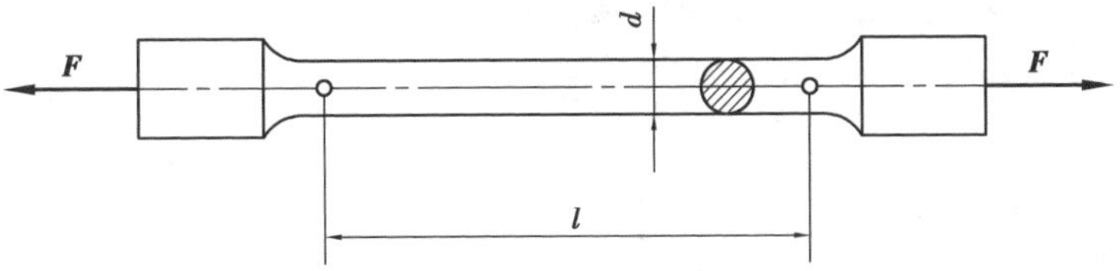

图4-42　轴向拉伸实验

拉伸实验在万能试验机上进行，如图4-43所示，实验步骤如下：

（1）实验将试样固定装夹在夹头中；

（2）开动机器加载，拉伸试样，载荷由零逐渐平稳缓慢增加至$\boldsymbol{F}$；

(3)观察伸长量 Δl 随拉力 $\boldsymbol{F}$ 增加的变化规律,绘出 $\boldsymbol{F}$-Δl 变化关系曲线。

由实验可知,随着拉力 $\boldsymbol{F}$ 的缓慢增加,标距段发生伸长变形,伸长量 Δl 作有规律的变化,直至试样断裂。试验机上一般有自动绘图装置,若取一直角坐标系,纵坐标表示拉力 $\boldsymbol{F}$,横坐标表示变形 Δl,则在实验过程中,就可自动绘出 $\boldsymbol{F}$-Δl 变化关系曲线,称为**拉伸图**。图 4-43(a)所示的就是低碳钢的拉伸图($\boldsymbol{F}$-Δl 曲线)。

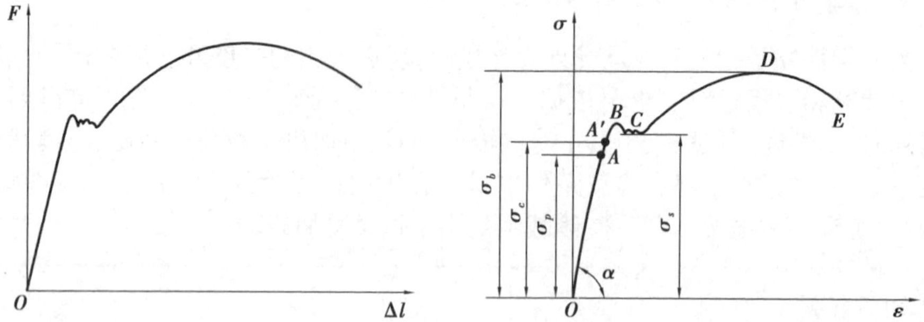

(a)　　　　　　(b)

图 4-43　拉伸曲线

由于 F-Δl 曲线受试件的几何尺寸影响,所以其还不能直接反映材料的力学性能。为了消除这种影响,可用应力 $\sigma\left(\sigma=\dfrac{F}{A}\right)$ 和应变 $\varepsilon\left(\varepsilon=\dfrac{\Delta l}{l}\right)$ 来反映试件的力学性能。这样得到的曲线称为**应力-应变曲线**(σ-ε 曲线)。σ-ε 曲线与 F-Δl 曲线的形状类似,如图 4-43(b)所示,即为低碳钢的应力-应变曲线(σ-ε 曲线)。

4.3.2　低碳钢拉伸时的力学性能

低碳钢是工程上广泛使用的金属材料,其在拉伸实验中所表现出的力学性能也比较全面,具有一定典型性。如图 4-43(a)、(b)所示分别是低碳钢圆截面标准试样拉伸时的 F-Δl 曲线和 σ-ε 曲线。对照其在实验过程中的变形特征,整个拉伸过程依次可分为弹性、屈服、强化和颈缩 4 个阶段。

图 4-44　低碳钢暖气

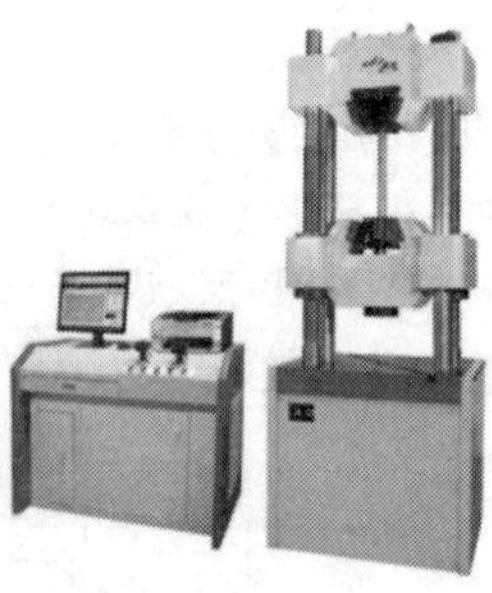

图 4-45　万能试验机

1)线弹性阶段

曲线特点:线弹性阶段指的是 σ-ε 曲线上的 OA 段,此段为直线段,说明该段内应力 σ 和应变 ε 成正比,即满足胡克定律 $\sigma=E\varepsilon$。直线 OA 的斜率就是弹性模量 E,也等于 OA 段倾角 α 的正切值,即 $\tan\alpha=\sigma/\varepsilon=E$。

受力变形：线弹性阶段内，材料只产生弹性变形，若缓慢卸去载荷，变形完全消失。

特征值：

①**比例极限** σ_p：直线 OA 的最高点 A 所对应的应力值 σ_p 称为比例极限。低碳钢的比例极限 $\sigma_p=190\sim200$ MPa。

②**弹性极限** σ_e：当应力超过比例极限后，对应的是一微段，曲线段 AA'。A'点对应的应力为 σ_e，称为弹性极限。AA'已不再是直线，胡克定律就不再适用，但当应力值 $\sigma_p<\sigma\leqslant\sigma_e$ 时，如卸去外力，试样的变形仍旧也会随之消失，为弹性变形。所以说，AA'微段仍属于线弹性阶段的一部分，只是不是直线段。

比例极限 σ_p 与弹性极限 σ_e 的概念虽然不同，但实际上的 A 点和 A'点其实非常接近，一般工程研究不对两者作严格区分，即认为 $\sigma_p\approx\sigma_e$。低碳钢的比例极限为 $\sigma_p=200$ MPa，也可近似认为 $\sigma_e\approx200$ MPa。

2)屈服阶段

曲线特点：屈服阶段指的是 σ-ε 曲线上的 BC 段，此段为近于水平的锯齿形状线。

受力变形：屈服阶段内，应力虽有小的波动，但基本保持不变，而应变却迅速增加，材料暂时失去了抵抗变形的能力。这种应力变化不大而变形显著增加的现象称为材料的**屈服**。若试件表面抛光，此时可观察到试件表面有许多与其轴向约成45°的条纹，称为**滑移线**(金属晶粒沿最大切应力面发生滑移而产生的)。屈服阶段不仅变形大，而且主要是塑性变形。

特征值：

屈服极限 σ_s：BC 段最低点B'对应的应力值 σ_s 称为材料的屈服极限，是衡量材料强度的重要指标。

3)强化阶段

曲线特点：强化阶段指的是 σ-ε 曲线上的 CD 段，此段为单调递增曲线，自 C 点开始上升，直到最高点 D 为止。

受力变形：屈服阶段后，应力又随应变增大而增加，这种现象称为材料的**强化**，说明材料抵抗变形的能力又有所恢复。

特征值：

强度极限 σ_b：CD 段最高点 C'对应的应力值 σ_b 称为材料的强度极限，是衡量材料强度的又一重要指标。低碳钢的强度极限 $\sigma_b=380\sim470$ MPa。

[知识拓展]

Q：如何在常温条件下，提升钢材的硬度呢？

(a)预应力钢筋

(b)预应力钢筋铺设现场

图4-46　冷作硬化

A:在常温下,将材料预拉到强化阶段后卸载,然后再立即加载,称为**冷作硬化**。这种方法使得提高了材料的比例极限,却降低了材料的塑性。工程中常用冷作硬化提高某些构件的承载能力,例如预应力钢筋、钢丝绳等。若要消除冷作硬化,恢复材料的塑性,则要经过退火处理。

4)颈缩阶段

曲线特点:颈缩阶段指的是 σ-ε 曲线上的 DE 段,是一段下降的曲线。

受力变形:应力达到强度极限后,在试样较薄弱的横截面处发生急剧的局部收缩,称为**颈缩现象**。由于颈缩部分横截面面积急剧减小,从试验机上就可看到试样所受拉力也随之迅速下降,最终被拉断。

5)伸长率和断面收缩率

试样拉断后,弹性变形消失,但塑性变形保留下来了。故工程中常用试样拉断后残留的塑性变形来表示材料的塑性性能。常用的塑性指标有两个:**伸长率** δ 和**断面收缩率** ψ,分别表示为

$$\delta = \frac{l_1 - l}{l} \times 100\% \tag{4-14}$$

$$\psi = \frac{A - A_1}{A} \times 100\% \tag{4-15}$$

式中,l 是标距原长,l_1 是拉断后标距的长度;A 为试样初始横截面面积,A_1 为拉断后颈缩处的最小横截面面积,如图 4-47 所示。

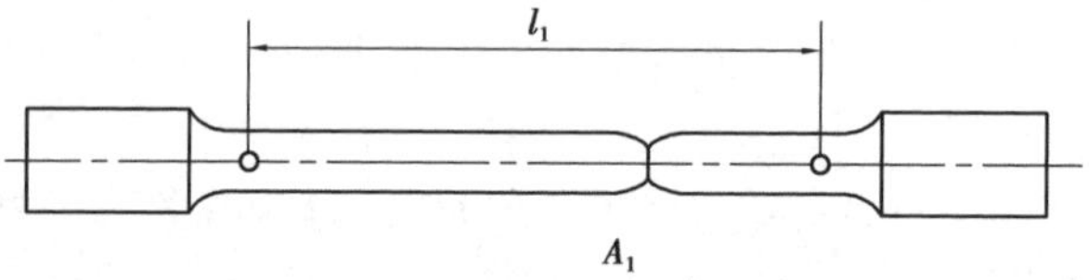

图 4-47　试件拉断后残余的塑性变形

工程上通常把伸长率 $\delta \geq 5\%$的材料称为**塑性材料**,如钢材、铜和铝等;把 $\delta < 5\%$的材料称为**脆性材料**,如铸铁、砖石等。低碳钢的伸长率 $\delta = 20\% \sim 30\%$,断面收缩率 $\psi = 60\% \sim 70\%$,是很好的塑性材料。另外,当应力增大到屈服极限 σ_s 时,材料出现了明显的塑性变形;强化极限 σ_b 则表示材料抵抗破坏的最大能力,故 σ_s 和 σ_b 是衡量塑性材料强度的两个重要指标。

4.3.3　其他材料拉伸时的力学性能

其他金属材料的拉伸实验和低碳钢拉伸实验的做法相同,但材料所显示出的力学性能则有所不同。

1)其他塑性材料

图 4-48(a)所示的是在相同条件下,锰钢、硬铝、退火球墨铸铁和 45 钢的 σ-ε 曲线,这些材料都是塑性材料。观察曲线可知,这些材料与低碳钢的相同点是,断裂后都具有较大的塑性变形;不同点是,前三种材料都没有明显的屈服阶段,所以测不到 σ_s。为此,对于这类没有明显屈服极限的塑性材料,国家标准规定,取对应于试件产生 0.2%的塑性应变时所对应的应

力值为材料的**名义屈服极限**，用 $\sigma_{0.2}$ 表示，如图 4-48(b) 所示。

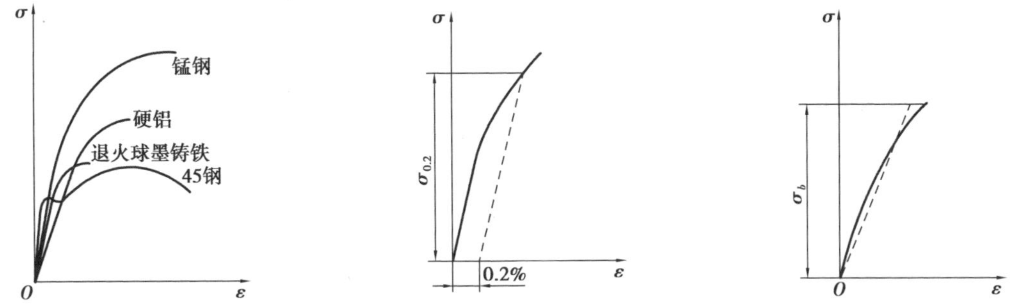

(a) 几种塑性材料的 σ-ε 曲线　(b) 名义屈服极限　(c) 铸铁的 σ-ε 曲线

图 4-48　其他塑性材料拉伸时的力学性能

2) 脆性材料

图 4-48(c) 所示为铸铁拉伸时的 σ-ε 曲线。观察发现，它从开始受拉到断裂，变形都不显著，也没有明显的直线部分，说明铸铁受拉时既无屈服阶段，也无颈缩现象，所以应力 σ 和应变 ε 是不符合胡克定律的。但由于铸铁构件 σ-ε 曲线的曲率很小，且总是在较小应力范围内工作（应力过大就断裂了），因此在工程实际计算中，常近似的以图 4-48(c) 中的虚直线代替实现，认为应力 σ 和应变 ε 近似的满足胡克定律。

铸铁的伸长率 δ 通常只有 0.5%~0.6%，是典型的脆性材料。断裂时应变很小，断口垂直于试样轴线。抗拉强度 σ_b 是脆性材料唯一的强度指标。在土木建筑工程中常用的混凝土和砖石也是脆性材料，它们的 σ-ε 曲线与铸铁相似，但是 σ_b 不同。

> **➢ 生活剧场**
>
> 你周围的生活中，有接触过哪些塑性材料和脆性材料呢？谈谈它们的用途及选用原因。
>
> 
>
> (a) 塑性材料：波音777的钛合金起落架　(b) 脆性材料：陶瓷
>
> 图 4-49　塑性材料和脆性材料

4.3.4　材料压缩时的力学性能

金属材料的压缩试件一般做成短圆柱体，其高度为直径 d 的 1.5~3 倍，以免试验时被压弯；非金属材料，如混凝土等，常采用立方体形状的试样。

1)**塑性材料**

以塑性材料低碳钢为例,如图 4-50(a)所示,虚线和实线分别为低碳钢拉伸和压缩时的 σ-ε 曲线。可以看出在屈服阶段之前,两曲线是重合的。这表明,低碳钢在压缩时的比例极限 σ_p、弹性极限 σ_e、弹性模量 E 和屈服极限 σ_s 等都与拉伸时基本相同。但在超过屈服点后,两曲线分离,压缩曲线上升,测不出最值。这是因为,低碳钢试件在压缩过程中随着荷载逐渐增大而越压越扁,压缩过程中既不会发生断裂,受压面积又不断增大,因此,一般无法测出低碳钢材料的抗压强度极限。对塑性材料一般不做压缩实验。

2)**脆性材料**

以脆性材料铸铁为例,如图 4-50(b)所示,虚线和实线分别为铸铁拉伸和压缩时的 σ-ε 曲线。可以看出,铸铁压缩时的 σ-ε 曲线也没有直线部分,即没有屈服现象。因此压缩时在应力很小的情况下也是近似服从胡克定律的。

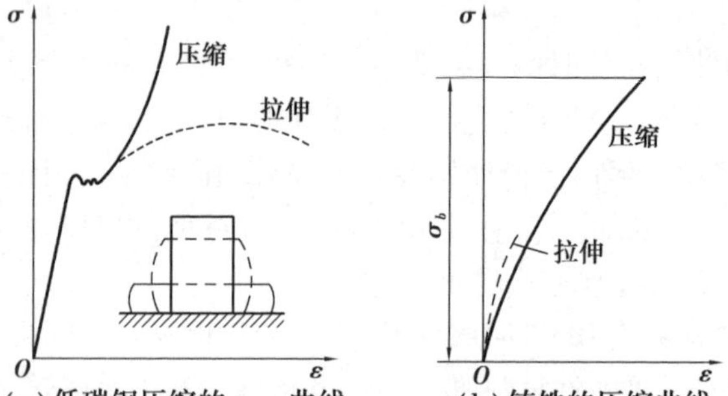

(a)低碳钢压缩的 σ-ε 曲线　　(b)铸铁的压缩曲线

图 4-50　材料压缩时的力学性能

铸铁压缩时的**抗压强度极限** σ_{bc} 比拉伸时的抗拉强度极限 σ_b 高出 4~5 倍,塑性变形也较拉伸时明显增加,其破坏形式为沿 45°左右的斜面剪断。对于其他脆性材料,如砖石、混凝土等,其抗压能力也显著高于抗拉能力。一般脆性材料价格较便宜,因此工程上常用脆性材料做承压构件。

表 4-2　几种常用材料的力学性能

材料名称或牌号	屈服极限 σ_s /MPa	强度极限 σ_b /MPa	伸长率 δ /%	截面收缩率 ψ /%
Q235 钢	216~235	373~461	25~27	—
35 钢	216~314	432~530	15~20	28~45
45 钢	265~353	530~598	13~16	30~34
40Cr	343~785	588~981	8~9	30~45
球墨铸铁(QT60~2)	412	538	2	—
灰铸铁(HT15~33)		拉 98~275 压 637 弯 206~461		

➢ **你知道吗?**

Q:钢材前面的数字都代表什么意思吗?

A:根据国标《钢铁产品牌号表示方法》(GB/T 221—2008)中规定,采用汉语拼音字母、化学元素符号和阿拉伯数字相结合的方法表示。Q235 钢表示的是屈服强度为 235 MPa 的钢;35 钢表示的是含碳量为 0.35%左右的钢,同理可知 45 钢。

课程育人

材料发展在军事领域的应用

2019 年 10 月 1 日,为了庆祝中华人民共和国成立 70 周年,我国在北京举行了隆重的阅兵仪式。一系列先进武器如东风 7 常规导弹、东风-41 洲际战略核导弹、轰-6N 远程战略轰炸机等先进的武器装备,纷纷首次公开亮相,这不仅是向外界展示了我国军队的战斗力以及先进的武器装备,更是中国战略威慑的强力象征。

(a)东风-41　　(b)歼-20

图 4-51　国庆阅兵式上的高新武器

其实,历史上每一次武器的发展,都是离不开材料所取得的科技性突破。从成吉思汗时期的保安折花刀,到现今的纳米材料、隐身涂层等,从冷兵器时代,到核平衡时代,人类从未放弃过对材料的研究、挖掘与创新。可以说,没有材料的发展,就无法推动军事力量的发展。

图 4-52　外交部发言人耿爽[1]

1　2019 年 5 月 14 日,外交部耿爽在例行记者会上说,“对于贸易战,中国不想打、不愿打,但也绝不怕打。如果有人打到家门口,我们必然会奉陪到底。”

中国,作为世界上最大的发展中国家,坚持走中国特色社会主义道路不动摇。我们爱好和平,重视整体利益、国家利益和民族利益,强调责任意识和奉献精神,在全球经济、民生等各领域发展中,尽职尽责,赢得了许多国家和人民的肯定与友谊。在大国邦交中,我们奉行“中国人不惹事也不怕事[1]”的外交理念,但这必须得有强大的经济和军事力量做后盾、做支撑。腰杆硬气,说话才有分量。军事水平是国家综合国力的重要衡量指标,而材料的发展,又将直接推动军事水平的提升。故而,认真学习材料力学相关知识,就是在为实现中华民族伟大复兴添砖加瓦,是不熄的斗志,是紧握的拳头,是镌刻在每一位炎黄子孙骨血里的,不屈的信念。

课后练习

[知识检测]

一、填空题

1.低碳钢是工程上广泛使用的金属材料,对照其在实验过程中的变形特征,整个拉伸过程依次可分为________、________、________和________ 4 个阶段。

2.在低碳钢的拉伸实验中,应力基本保持不变,而应变却迅速增加的阶段为________阶段;应力随应变增加而增加的阶段有________阶段和________阶段,唯一不同的是,________阶段是线性递增,且随着载荷消失,变形可恢复;而________阶段是曲线递增,且随着载荷消失,变形已不可逆;应力随应变增加而减小的阶段是________阶段。

3.试样拉断后,________消失,但________保留下来了。故工程中常用试样拉断后残留的________来表示材料的塑性性能。常用的塑性指标有两个:________和________。

二、客观题

1.所有的塑性材料在拉伸实验中都明显经历了 4 个阶段。 (　　)

2.我们常用 σ_{bc}来表示塑性材料的抗压强度极限。 (　　)

3.脆性材料的拉伸实验中,应力 σ 和应变 ε 关系近似满足胡克定律。 (　　)

三、主观题

1.解释下列名词:

(1)比例极限; (2)弹性极限; (3)屈服; (4)颈缩; (5)断面收缩率;

(6)名义屈服极限; (7)抗压强度极限; (8)材料的力学性能。

[素质拓展]

空军铁翼“歼-20”——新型材料大揭秘

歼-20

歼-20(英文:Chengdu J-20,代号:威龙,北约代号:Fire Fang,译文:火焰獠牙)是中航工业成都飞机工业集团公司研制的一款具备高隐身性、高态势感知、高机动性等能力的隐形第五代制空战斗机。2019 年 10 月 13 日,歼-20 战

1　出自 2016 年 7 月 1 日习近平《在庆祝中国共产党成立 95 周年大会上的讲话》

机列阵人民空军“王牌部队”。

列举出“歼-20”所应用到的新型材料，阐明其性能：

(1)____________________________________；

(2)____________________________________；

(3)____________________________________；

(4)____________________________________。

图4-53　歼-20

任务4.4　轴向拉压杆的强度计算

[**任务描述**]求解拉压杆的强度并掌握其强度校核方法。

[**任务目标**]

目标类型	目标要求
知识目标	(1)了解极限应力、许用应力、安全系数的概念及意义； (2)掌握拉压杆的强度条件，熟练解决强度校核、截面设计和许用载荷这三类强度计算问题； (3)了解应力集中的概念、危害和减小措施； (4)了解强度理论，并掌握其适用范围。
技能目标	通过强度条件，培养学生多角度校核构件强度的能力。
素质目标	(1)以史为鉴，看工程事故，品工程责任； (2)培养学生的“匠心”与“仁心”。

[**关键词**] 极限应力(危险应力)、许用应力、安全系数、强度条件、校核强度、设计截面、许用载荷、应力集中。

[**知识前哨站**]

(1)材料在轴向拉压时的力学性能；

(2)应力的概念。

案例引入

起重机吊耳断裂 载荷坠落造成伤亡

该事件发生于1993年12月16日9时58分，上海市逸仙路2601号的东海船舶造船厂。当时正在建造一艘80客位的交通艇。当起重机的起重指挥挂钩工朱某受指派，指挥两台起重机合理起吊该艇604分段，同步由南至北向80客位交通艇主船体吊移，行进了49米，在越过船台上一艘正在建造的596千瓦拖轮时，一侧挂钢丝绳索的吊攀(吊耳)却突然断裂,致使604分段倾斜坠落,砸在596千瓦拖轮上。将正在作业的船体装配工人虞某当场砸伤死亡,另一名工人宋某被砸成重伤造成多处骨折。该事故直接经济损失6万元。

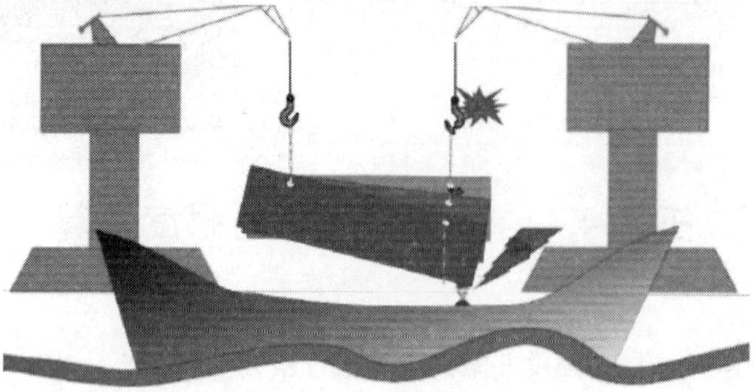

图4-54　事故模拟现场图

事后调查发现,该事故是由以下原因造成:

起重机指挥人员违章指挥,起重机司机违章操作。即起重机在吊运作业过程中,未严格执行吊物不准在人头上方通过的安全规定,没有在吊运至拖轮上方之前,用连续鸣铃等方式将吊运作业区的人员加以"疏散"。

调查发现,吊耳是选用8.5 mm厚的钢板制作并装配的,未对其进行拉力、剪力、焊缝强度等方面的科学计算和测试,就盲目使用。另外,其吊耳制作粗糙,装配不良,有明显曲线,同时检查也不仔细,对不符合安全要求的吊耳,未将其发现并予以更换。

吊耳断裂后经东海厂设计工艺所对该吊耳实测数据计算,在分段吊运中,该吊耳其危险截面所受的最大力大大超过了材料的强度极限,因强度不够引起断裂。

受害人缺乏自我保护意识,在起重机吊运时没有远离起重作业危险区。

专业知识

4.4.1　许用应力及安全系数

当材料丧失正常的工作能力时,即为**失效**。于脆性材料而言,应力达到强度极限 σ_b 时,其所制成的构件就会断裂;于塑性材料而言,应力达到屈服极限 σ_s 时,构件虽未破坏但会产生显著的塑性变形,从而影响正常工作。断裂和屈服都是因强度不足引起的失效,这两种情况在工程上都是不允许的。材料失效时的应力称为**极限应力**,也称**危险应力**,用 σ_u 表示。对于塑性材料,取 $\sigma_u=\sigma_s$;对于脆性材料,拉伸时取 $\sigma_u=\sigma_b$,压缩时取 $\sigma_u=\sigma_{bc}$。

➤ **深思妙想**

在工程应用中,是不是只要使最大工作应力小于极限应力,即 $\sigma_{max}<\sigma_u$,就能确保构件的安全稳定、高枕无忧了呢?

在设计构件时,有许多情况是难以准确估计的,因此,必须考虑给构件留有适当的强度储备。一般把极限应力除以大于 1 的安全因数 n,所得结果称为**许用应力**,用$[\sigma]$表示,即

$$[\sigma]=\frac{\sigma_n}{n} \tag{4-16}$$

各种不同工作条件下,构件安全因数 n 的选取,可从有关工程手册中查找,对于塑性材料,一般取 $n=1.3\sim2.0$;对于脆性材料,一般取 $n=2.0\sim3.5$。

> **➢ 你知道吗?**
>
> Q:有哪些因素会影响安全系数的取值呢?
>
> A:确定安全系数的数值时,一般考虑以下几方面因素:
>
> (1)载荷分析和计算的精确程度;
>
> (2)材料(介质)的不均匀性程度;
>
> (3)计算模型简化的近似程度;
>
> (4)构件的加工工艺工作条件的影响,以及构件的重要性。
>
> 安全系数的选取是一个比较复杂的问题。如果安全系数 n 取的太大,许用应力$[\sigma]$就小,需用的材料过多,就会造成经济上的浪费;反之,若 n 取的过小,构件的承载能力就可能不够,就不能保证安全。

4.4.2 拉(压)杆的强度条件

为了保证构件(轴向拉压杆)在外力作用下能够安全正常的工作,必须使构件截面上的实际应力的最大值,即最大工作应力 $\sigma_{\max}$不超过材料的许用应力$[\sigma]$,表示为

$$\sigma_{\max}\leqslant[\sigma] \tag{4-17}$$

上式称为**拉(压)杆的强度条件**。对于拉伸与压缩许用应力不同的材料,须分别校核最大拉应力、最大压应力的强度。对于等截面杆件,式(4-17)可写成

$$\sigma_{\max}=\frac{F_{N,\max}}{A}\leqslant[\sigma] \tag{4-18}$$

式中,$F_{N,\max}$和 A 分别为危险截面上的轴力及其横截面面积。

利用强度条件,可解决下列三种强度计算的问题:

(1)校核强度

已知杆件的尺寸、所受载荷和材料的许用应力,根据式(4-17)校核杆件是否满足强度条件。若不满足强度条件,则构件强度不足,需要修改设计。修改设计时,可依据工程实际情况,重新选择材料、重新设计截面或限制使用载荷,以保证满足强度要求。

(2)设计截面

已知杆件所承受的载荷以及材料的许用应力,可由强度条件式(4-18),确定杆件所需的最小横截面的面积,即

$$A\geqslant\frac{F_{N,\max}}{[\sigma]} \tag{4-19}$$

然后按照构件的用途和性质,再确定其截面的形状,最后计算出截面的具体尺寸。必须

注意,因为按式(4-19)计算所得为构件的最小截面面积,实际选用的面积应大于所求值,上浮容差为5%。

(3)计算许用载荷

已知杆件的横截面尺寸及材料的许用应力,确定许用载荷,即构件所能承受的最大载荷。由式(4-18)确定杆件的最大许用轴力

$$F_{N,\max} \leqslant [\sigma]A \tag{4-20}$$

计算出截面内力后,即可确定构件允许使用的最大载荷。

例 4.5 某机构的连杆直径 $d=240$ mm,承受最大轴向外力 $\boldsymbol{F}=3\ 780$ kN,连杆材料的许用应力$[\sigma]=90$ MPa。试校核连杆由圆形改为矩形截面,高与宽之比 $h/b=1.4$,试设计连杆的尺寸 h 和 b。

解:该问题是强度计算的第二类问题,即截面设计类问题。因此,由计算式(4-19)可知,应先求出杆件所承受的载荷 $\boldsymbol{F}_N$,以及材料的许用应力$[\sigma]$,求得截面积 A 后,再根据形状尺寸比,进一步求解得到 h 和 b。

(1)求活塞杆的轴力

由题意,可用截面法求得连杆的轴力为 $\boldsymbol{F}_N=\boldsymbol{F}=3\ 780$ N。

(2)校核圆截面连杆的强度

由式(4-17)可得,连杆横截面上的正应力为

$$\sigma = \frac{F_N}{A} = \frac{3\ 780 \times 10^3}{\pi \times (0.24)^2/4} = 83.6\ \text{MPa} \leqslant [\sigma]$$

经校核,连杆的强度足够。

(3)设计矩形截面连杆的尺寸

由式(4-18)可得

$$A = bh = 1.4b^2 \geqslant \frac{F_N}{[\sigma]} = \frac{3\ 780 \times 10^3}{90 \times 10^6} = 0.042\ \text{m}^2$$

分别计算出 $b \geqslant 0.173$ m,$h \geqslant 0.242$ m。实际设计时可取整为 $b=175$ mm,$h=245$ mm。

例 4.6 如图 4-55 所示的结构,在钢杆 BC 上作用有均布载荷 $q=60$ kN/m,长度 $l=1.6$ m。拉杆 AB 由等边角钢制成,许用应力$[\sigma]=160$ MPa,自重不计。试选择等边角钢的型号。

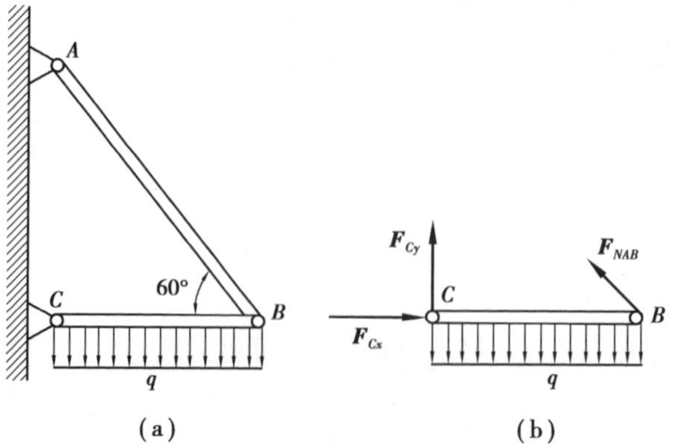

图 4-55

解:本题可先求出拉杆 AB 所需的截面面积,再由型钢表查出所需的角钢型号。

(1)计算拉杆的轴力 $\boldsymbol{F}_{NAB}$

取 BC 为研究对象,其受力图如图 4-55(b)所示,对 C 点取矩,列平衡方程,得

$$\sum M_C(F)=0, F_{NAB}\sin 60^\circ \times 1.6 - q \times 1.6 \times 0.8 = 0$$

$$F_{NAB}=\frac{q \times 1.6 \times 0.8}{1.6 \times \sin 60^\circ}=55.4\ \text{kN}$$

(2)确定截面面积

由强度条件式(4-18)得

$$A \geqslant \frac{F_{NAB}}{[\sigma]}=\frac{55.4 \times 10^3}{160}=346.25\ \text{mm}^2=3.462\ 5\ \text{cm}^2$$

查附录型钢表得4#等边角钢,其截面面积为 $A=3.791\ \text{cm}^2$,截面尺寸为40×5×5(mm),可满足强度要求。

> **➢ 高能提醒**
>
> 必须指出,利用强度计算受压直杆,仅对短粗的直杆适用。而对于细长的受压杆件,其主要矛盾是稳定性问题。具体计算方法将在项目8中讨论。

4.4.3　应力集中

1)应力集中的概念

等截面构件轴向拉伸或压缩时,横截面上的应力是均匀分布的。实际上,由于使用需求和工艺构造,构件的形状常常是不那么规则的,如机器中的轴常开有油孔、键槽,或留有凸肩而使轴成为阶梯轴,因而使截面尺寸发生突然变化。在突变处截面上的应力可不再是均匀分布,而是在接近键槽、孔、圆角和螺纹处引起局部应力急剧增大,在较远处再渐趋均匀。

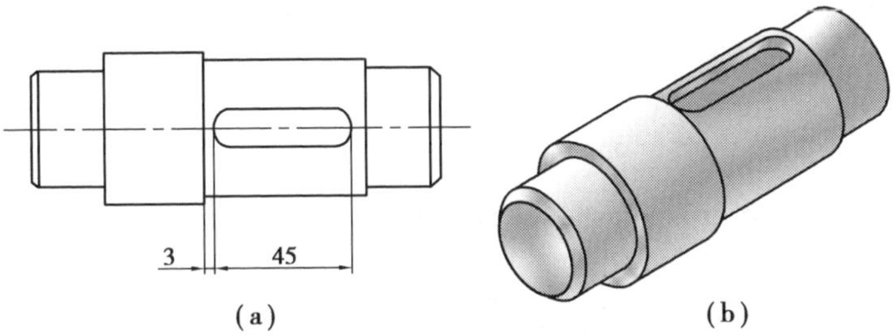

图4-56　变径轴

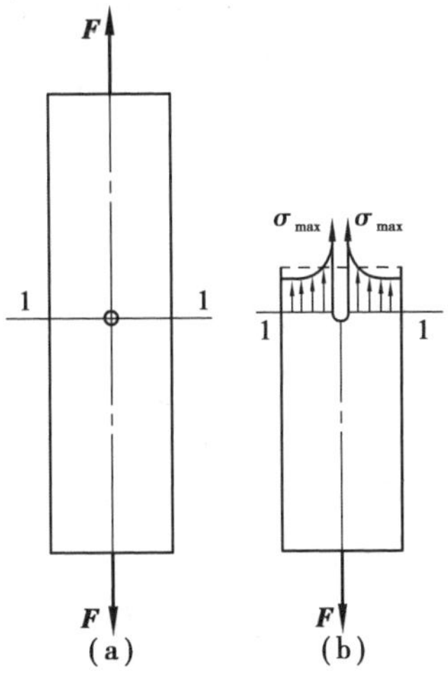

图4-57　应力集中

如图4-57(a)所示的轴向拉伸杆,杆上有一圆孔。若在圆孔处选取截面1-1,则1-1截面的应力分布如图4-57(b)所示。靠近孔边缘处应力增大,最大应力 σ_{max} 明显大于该截面的平均应力。由于横截面尺寸突然变化而引起的应力局部增大的现象,称为**应力集中**。应力集中的程度用**应力集中因数** K 表示,其定义为

$$K=\frac{\sigma_{max}}{\sigma_n} \tag{4-21}$$

式中，σ_n为名义应力；σ_{max}为最大局部应力。名义应力是在不考虑应力集中的条件下求得的。若如图 4-56(a)所示的轴向拉伸杆，起板宽为 b，板厚为 t，圆孔直径为 d，则截面 1—1 处的名义应力为

$$\sigma_n = \frac{F}{(b-d)t} \tag{4-22}$$

确定应力集中因数 K 是较困难的，一般需要通过实验和弹性理论进行分析。典型的应力集中情况，可从有关设计手册中查得应力集中系数的值。

2)应力集中的危害

在静载荷作用下，应力集中对塑性材料和脆性材料的强度产生的影响是不同的。对塑性材料而言，在静载荷作用下的应力集中对强度的影响较小。脆性材料则不同，因为它无屈服阶段，直到破坏都无明显的塑性变形，局部应力随载荷的增加一直上升。当最大应力到达强度极限后，构件就开始出现裂缝，很快导致整个构件破坏。因此严重降低脆性材料构件的强度。

此外，在具有周期性载荷的作用下，不论是塑性材料还是脆性材料，应力集中都会影响构件的强度。

3)减小应力集中的措施

塑性材料对应力集中不敏感，实际工程计算中可按应力均匀分布计算。对于由脆性材料制成的构件，当由应力集中形成的最大局部应力 σ_{max} 达到强度极限时，构件即发生破坏。因此，在设计脆性材料构件时，应考虑应力集中的影响。为了避免和减小应力集中对杆件的不利影响，可采取以下几种措施：

(1)注意截面的处理，不使杆件截面尺寸发生突然变化；

(2)杆件的轮廓尽量平缓光滑；

(3)当杆件上必须开有孔槽时，应尽量将孔槽置于低应力区内。

4.4.4 强度理论

1)材料的失效

构件丧失其正常工作的能力，称为**失效**。大量实验表明，在常温静载作用下，失效大致可分为两类基本形式：

断裂形式失效：指构件在外力作用下，由于应力过大而导致断裂。主要发生在脆性材料上，如铸铁、石料、混凝土、玻璃等。

屈服形式失效：指在构件上出现一定量的塑性变形。主要发生在塑性材料上，如碳钢、铜、铝等。

2)强度理论的发展

轴向拉压的强度条件，可用 $\sigma_{max} \leqslant [\sigma]$ 表示，许用应力$[\sigma]$是通过材料实验测出失效(断裂或屈服)时的极限应力，再除以安全系数后得出的，可见基本变形的强度条件是以实验为基础的(后续项目中的圆轴扭转、平面弯曲等强度条件也将由实验得出)。

但在实际工程中，构件的受力形式往往较为复杂，想要通过试验建立复杂应力状态的强度条件，几乎是不可能的。于是，人们在试验观察、理论分析、实践检验的基础上，逐渐形成了

这样的认知：认为材料的失效（断裂或屈服）与材料的应力状态无关，而主要是某一因素（应力、应变或变形能）引起的，只要这一主因达到极限值，构件就会破坏。这样，人们就找到了一条利用简单应力状态的实验结果来建立复杂应力状态下强度条件的途径。

所谓"强度理论"，就是关于材料在不同应力状态下失效的共同原因的各种假设，根据这些假设，就有可能利用单向拉伸的实验结果，建立材料在复杂应力状态下的失效判据及强度计算准则。

3）强度理论的概述

目前工程上已提出了多种强度理论，它们从应力、应变、变形能等不同角度出发，都有一定的实验依据，一定的适用条件，一定的局限性。但现在还不能说已经圆满解决了所有的强度问题，还有待继续研究发展。

相应于材料的失效形式，我们将常用的强度理论也分为两大类：一类是关于脆性断裂的强度理论，其中有**最大拉应力理论**（第一）和**最大拉应变理论**（第二）；一类是关于塑性屈服的强度理论，其中有**最大切应力理论**（第三）和**畸变能理论**（第四）。

四种强度理论的强度条件可以用统一的形式来表达：

$$\sigma_r \leqslant [\sigma] \tag{4-23}$$

式中，σ_r 称为**相当应力**。它由三个主应力一定的形式组合而成。对脆性断裂：$[\sigma]=\dfrac{\sigma_b}{n}$；对塑性屈服：$[\sigma]=\dfrac{\sigma_s}{n}$；

4）四种强度理论

最大拉应力理论（第一强度理论）

这一理论认为：最大拉应力是材料发生脆性断裂的原因。不论材料处于何种应力状态，只要其最大拉应力 σ_1 达到了材料的临界值（单向拉伸断裂时的抗拉强度 σ_b）时，即有 $\sigma_1=\sigma_b$，材料就发生断裂破坏。于是得到第一强度理论的相当应力

$$\sigma_{r1}=\sigma_1 \tag{4-24}$$

实验结果表明，这一理论只适用于材料在各种应力状态下发生脆性断裂的情形，主要用于铸铁、砖和石料等脆性材料制成的受力杆件。

最大拉应变理论（第二强度理论）

这一理论认为：最大拉应变是材料发生脆性断裂的原因。不论材料处于何种应力状态，只要其最大拉应变 ε_1 达到材料的临界值（单向拉伸断裂时的最大拉应变 ε_u）时，材料就发生断裂破坏。知 $\varepsilon_u=\dfrac{\sigma_b}{E}$，又经过一系列理论推导，得到第二强度理论的相当应力

$$\sigma_{r2}=\sigma_1-v(\sigma_2+\sigma_3) \tag{4-25}$$

最大切应力理论（第三强度理论）

这一理论认为：最大切应力是材料发生塑性屈服失效的原因。不论材料处于何种应力状态，只要其最大拉应力τ_{max}达到材料的临界值（材料单向拉伸屈服时的极限切应力值τ_0）时，材料就发生屈服失效。得到第三强度理论的相当应力为

$$\sigma_{r3}=\sigma_1-\sigma_3 \tag{4-26}$$

畸变能理论(第四强度理论)

构件受力后,其形状和体积都会发生改变,同时构件内部也积蓄了一定的变形能。这种变形能包括两部分,即体积改变能和因形状改变而产生的畸变能。单位体积内的形状改变能即**畸变能密度**。畸变能理论认为:材料在各种应力状态下引起塑性屈服的主要原因是畸变能密度达到其单向拉伸屈服时的极限值。由理论推导出第四强度理论的相当应力为

$$\sigma_{r4}=\sqrt{\frac{1}{2}[(\sigma_1-\sigma_2)^2+(\sigma_2-\sigma_3)^2+(\sigma_3-\sigma_1)^2]} \tag{4-27}$$

5)强度理论的适用范围

大量的工程实践和试验结果表明,上述四种强度理论的适用范围与材料的类别和应力状态等有关:

(1)脆性材料通常以断裂形式失效,宜采用第一或第二强度理论;

(2)塑性材料通常以屈服形式失效,宜采用第三或第四强度理论;

(3)在三向拉伸应力状态下,如果三个拉应力相近,无论是塑性材料或脆性材料都将以断裂形式失效,宜采用最大拉应力理论(第一);

(4)在三向压缩应力状态下,如果三个压应力相近,无论是塑性材料或脆性材料都可引起塑性变形,宜采用第三或第四强度理论。

课程育人

浅谈"工匠精神"

"工匠精神"一词,最早出自于著名企业家、教育家聂圣哲。2016 年,李克强总理在政府工作报告中进一步明确指出,"要鼓励企业开展个性化定制、柔性化生产,培育精益求精的工匠精神"。

对于什么是工匠精神,大家或多或少有自己的理解。在编者看来,"工匠精神"的外壳是对工程对技艺的不断追求、精益求精,而其更深层次的内核,是"匠者仁心",是对工艺、对工作的安全、责任、使命、担当与传承。

在课前开篇的造船厂案例中的作业人员,明显就缺乏了这样的"工匠精神",自制吊具等其他工业设备必须经过科学计算、相关测试,经严格鉴定后方可使用,不能仅凭经验从事具有危险性的工作,要做到事无巨细,往往小事见真章,必须养成严谨的工作态度。同时,起重机下面作业人员也应随时注意自我保护、远离危险区,不可心存侥幸。重视安全,就是珍视生命。最后,作业人员必须严格遵守各自的安全操作规程,注重团队配合。"工程无小事",哪怕只是些看起来不经意的细节,疏忽不注意也会给我们带来血的教训!

(a) 叶志平校长　　(b) 桑枣中学·与同学们合影

桑枣中学
校长介绍

图 4-58　汶川地震中“师生零伤亡”的桑枣中学

还记得 2008 年汶川大地震中全校无一伤亡的“最牛校长”叶志平吗？1995 年担任桑枣中学校长起，他就开始为这栋修建于 80 年代、并未找正规单位修建的教学危楼而担心，栏杆摇摇晃晃，楼板缝中间填充的不是水泥，而是水泥袋。1997 年来，叶校长多次设法筹钱为学校加固，将楼板间的缝隙中的水泥纸袋去掉，重新实实在在地灌注上了混凝土，大大提高了楼板的承受力。后又将整栋楼的 22 根承重柱子，按正规的标准要求，从 37 厘米直径的三七柱，重新浇灌水泥，加粗为 50 厘米以上的五零柱。5.12 汶川大地震当天，叶校长正在外地出差，当得知地震发生后他疯了似的往回赶，当看到自己学校的师生都按平时安全演练时有序集合在操场上无一伤亡，当看到倾注自己多年心血加固的教学楼，承受住了地震的动荡并没有倒塌，那一刻，老校长跪在操场失声大哭起来。可以说，没有叶校长的责任感与使命感，就没有桑枣中学的零伤亡，这就是叶校长的“师者仁心”“匠者仁心”。

作为未来的工程从业人员的你们，必须明确，一旦发生事故，那事故背后的伤亡人数，绝不只是数字，而是一条条真实的、鲜活的生命。请认真校核每一次计算，仔细检查每一处细节，严格遵照每一条规程，为自己负责，为社会负责，为生命负责！

课后练习

[知识检测]

一、填空题

1. 材料失效时的应力称为________，也称________，用________表示。一般把极限应力除以大于 1 的________，所得结果称为________，用________表示，等于________。最大工作应力 σ_{max} 不应超过材料的________，表示为________，称为__________。

2. 利用拉压杆的强度条件，可解决____________、____________、____________等三类强度计算问题。

3. 由于____________突然变化而引起的____________的现象，称为应力集中。在静载荷作用下，应力集中对________材料的影响较小，但会严重降低________材料的强度；在

________载荷的作用下，应力集中对无论脆性还是塑性材料的影响都比较大。

二、客观题

1. 只要确保最大工作压力小于极限压力，就能确保构件的安全稳定。 (　　)

2. 利用强度条件设计截面时，只能求出面积，具体截面形状要视构件性质和用途而定。 (　　)

3. 对于脆性材料，极限应力取 $\sigma_u=\sigma_s$；对于塑性材料，拉伸时取 $\sigma_u=\sigma_b$，压缩时取 $\sigma_u=\sigma_{bc}$。 (　　)

三、主观题

1. 阐明应力集中的危害和减小危害的措施。

2. 三铰屋架的主要尺寸如图 4-59 所示，承受长度为 $l=9.3$ m 的竖向均布荷载，其沿水平方向的集度为 $\boldsymbol{q}=4.2$ kN/m。屋架中的钢拉杆直径 $d=16$ mm，许用应力 $[\sigma]=170$ MPa，试校核该拉杆的强度。

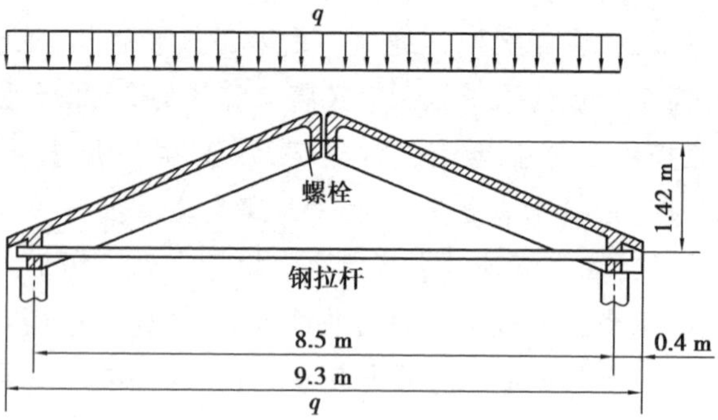

图 4-59

3. 如图 4-60 所示钢木组合桁架的尺寸及计算简图。已知 $\boldsymbol{F}=16$ kN，钢的许用应力 $[\sigma]=170$ MPa，试选择钢拉杆 DI 的直径 d。

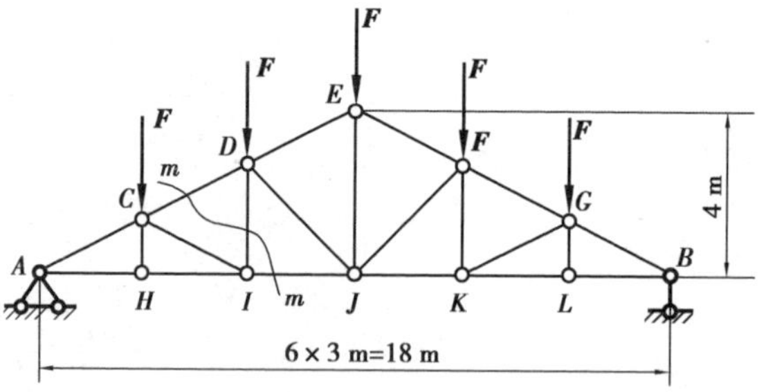

图 4-60

4. 简易起重设备中，杆 AC 由两根 80 mm×80 mm×7 mm 等边角钢组成，杆 AB 由两根 10 号工字钢组成，如图 4-61 所示。材料为 Q235 钢，许用应力 $[\sigma]=170$ MPa，试求许可载荷 $[\boldsymbol{F}]$。

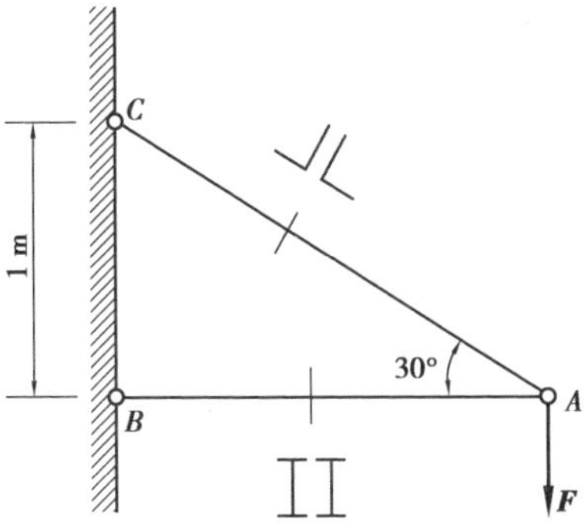

图 4-61

5. 如图 4-62 所示为一三角形构架，AB 为直径 $d = 30$ mm 的钢杆，其许用应力 $[\sigma'] = 170$ MPa，BC 为尺寸 $b\times h = 60$ mm×120 mm 的矩形截面木杆，其许用应力 $[\sigma''] = 10$ MPa，求该结构的 B 点可吊起的最大许用载荷 $[\boldsymbol{F}]$。

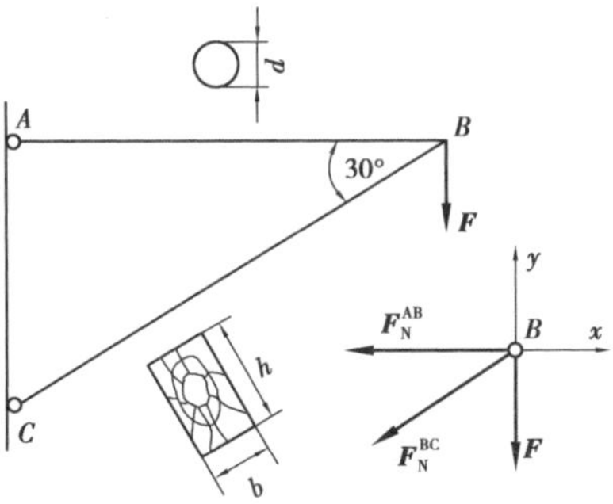

图 4-62

［素质拓展］

以史为鉴　历史上典型的工程事故

4~6 人一个小组，分组搜集历史上著名的工程事故，以 PPT 的形式向其他同学做汇报，阐述事故发生的时间、地点、伤亡情况、经济损失、事故发生及原因分析。谈谈该如何以史为鉴以及成为一名工程师的职业道德与责任？

图 4-63　历史上典型的工程事故

项目小结

（1）本项目研究了轴向拉（压）杆的内力和应力的计算，就用截面法可求出轴向拉（压）杆的内力——轴力 $\boldsymbol{F}_N$。轴向拉（压）杆横截面上只有正应力 σ，且 σ 在横截面上均匀分布，其计算公式为

$$\sigma = \frac{\boldsymbol{F}_N}{A}$$

在材料力学中，内力和应力的正负号均由杆件的变形确定。杆件受拉时，轴力为正，拉应力也为正。

（2）直杆轴向拉（压）时的强度条件为：

$$\sigma_{\max} \leqslant [\sigma]$$

利用该式可以解决强度校核、设计截面尺寸和确定承载能力这三类强度计算问题。

（3）虎克定律建立了应力和应变之间的关系，其表达式为：

$$\sigma = E\varepsilon, \Delta l = \frac{F_N l}{EA}$$

纵向线应变和横向线应变之间有如下关系：

$$\varepsilon' = -\nu\varepsilon$$

（4）以低碳钢为代表的塑性材料的拉伸应力-应变曲线可分为四个阶段：线弹性阶段、屈服阶段、强化阶段和颈缩阶段。低碳钢的强度指标有 σ_s 和 σ_b，塑性指标有 δ 和 ψ。

项目 5

剪切与挤压

【工作任务】

任务　剪切与挤压

任务　剪切与挤压

[**任务描述**]构件基本变形之二——剪切与挤压(概念、工程实例、强度计算)

[**任务目标**]

目标类型	目标要求
认知目标	(1)掌握剪切与挤压的概念、受力特点与变形特点; (2)了解剪切与挤压的工程实例与应用; (3)掌握剪切强度条件和剪断条件; (4)掌握挤压强度条件; (5)熟悉连接件的强度校核方法。
技能目标	通过学习连接件的强度校核方法,掌握剪切与挤压的实用计算,培养解决实际工程问题的能力。
素质目标	(1)从“剪纸”到“剪钢板”,了解剪切的实际应用; (2)从家乡剪纸看传统文化,了解非遗文化的魅力; (3)了解剪纸艺术的“大国工匠”,体会每一份剪纸作品背后的耐心、细心、巧心、匠心。

[**关键词**]剪切、剪切面、剪力、单剪、双剪、挤压、挤压面、挤压力、剪应力、剪切强度、剪断条件、挤压强度。

[**知识前哨站**]

(1)应力与强度条件相关知识;

(2)力的平衡分析。

案例引入

剪纸:在镂空光影里与传统对话

剪纸,又叫“刻纸”,是中国汉族传统的民间工艺,源远流长,经久不衰,是中国民间艺术中的瑰宝。作为中国的非物质文化遗产,也已成为世界艺术宝库中的珍藏。通过在纸张、金银箔、树皮、皮革等载体上,剪切出质朴生动的艺术造型,刀味纸感,给人以独特的通透感和艺术享受。剪纸的产生和流传与中国传统的节日风俗有着密切关系,逢年过节或新婚喜庆之时,人们就会把美丽鲜艳的剪纸贴在墙上或门窗之上,也就是“窗花”。浓郁喜庆气氛便由此渲染出来。

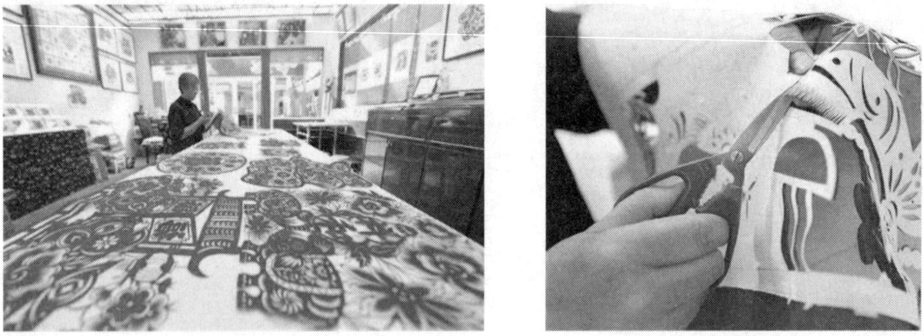

(a)剪纸工作室　　(b)作品创作

图 5-1　首批“大国非遗工匠”: 包头剪纸国家级非遗传承人——刘静兰

剪刀,这在我们看来再简单不过的工具,却在手工艺人的手指穿梭间,去除了纸张的多余部分,保留了有效部分,形成了一幅幅精美的剪纸作品。在工程上,我们也常用这样的办法,来加工钢板等材料,以加工出我们想要的形状。剪切,就是构件基本变形的第二种形式。剪切的是如何发生的? 工具又该怎样选取? 怎样加载才能确保钢板会被剪断? 剪切过程中,材料的内力、应力、变形,又是如何变化的呢? 就让我们将构件看成纸,将剪切工具看成剪刀,也来客串一把“手艺人”。

专业知识

5.1.1　剪切的概念与实例

1)剪切的特点

受力特点:剪切是构件上作用着一对大小相等、方向相反、作用线间的距离很小(转动效果可以忽略)的平行力。

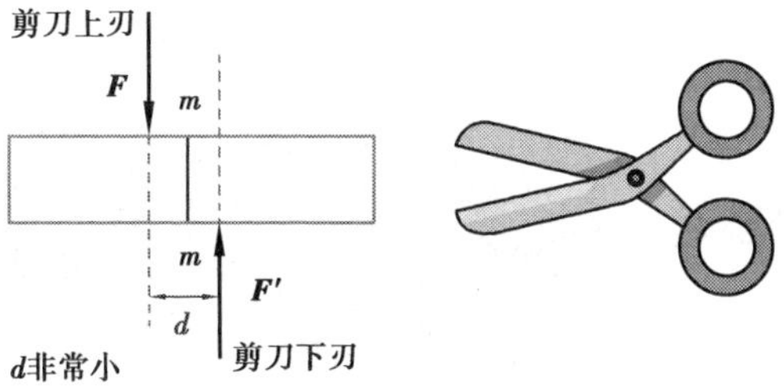

图5-2　剪切

变形特点:剪切以两力之间的横截面为分界面,构件的两部分沿该面发生错动,直至发生剪切破坏。

如图5-2所示,剪纸时,剪刀的两个刃对纸施加的就是一对等值、反向、稍有错位的压力,当压力 $\boldsymbol{F}$ 增加时,纸张沿 m-m 截面发生相对移动,直至被剪断。

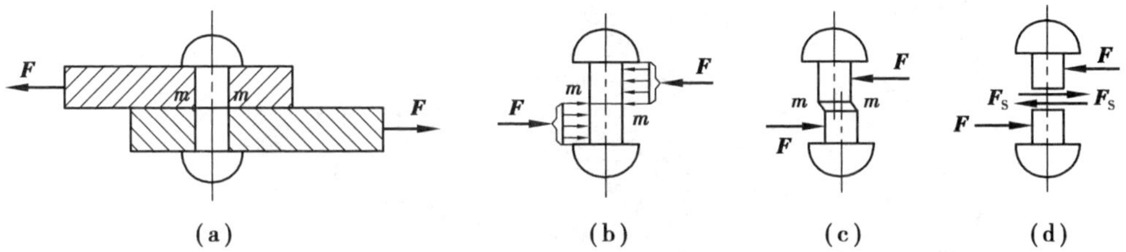

图5-3　铆钉的连接方式

可能发生剪切破坏的面,称为**剪切面**。剪切面可以是平面,也可以是弧面,本书着重解决剪切面为平面的问题。如图5-3(d)所示,剪切面上与截面相切的内力称为**剪力**,用 $\boldsymbol{F}_S$ 表示。如图5-2和图5-3所示,只有一个剪切面的剪切变形称为**单剪**;如图5-4所示,有两个剪切面的剪切变形称为**双剪**。

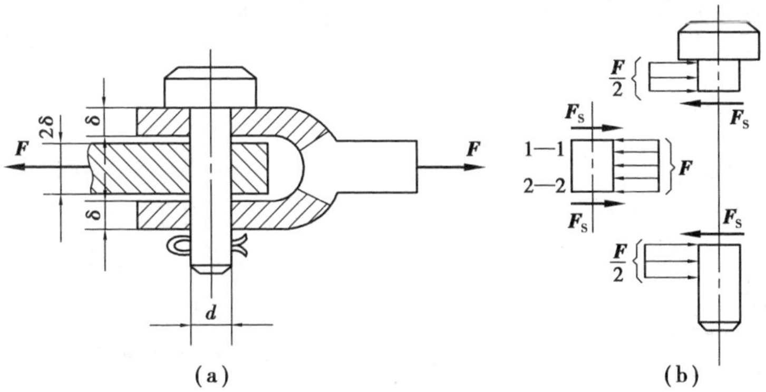

图5-4　双剪

2)剪切的工程实例

在工程中常用的连接件,如销钉、键、螺栓、铆钉、焊缝等,都是构件承受剪切的实例。

有些工况下,我们希望构件连接紧固可靠,抵抗住剪切变形,如图5-5(c)所示飞机铆钉等。有些工况下,我们则需要工件被剪断,如图5-5(a)、(b)所示裁纸刀、剪板机等。

(a)裁纸刀　(b)剪板机　(c)飞机铆钉

图 5-5　剪切工程实例

> **生活剧场**

Q:在生活生产中,剪切还发生在哪些场合?有哪些应用?(自行列举)

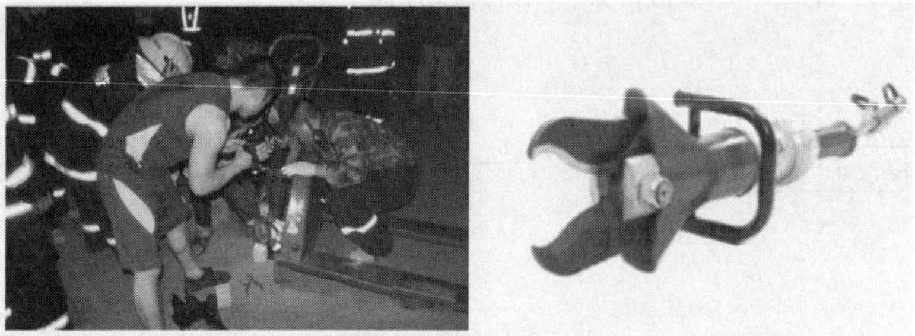

(a)工人脚卡在叉车中　(b)液压剪

图 5-6　消防员施救现场

A:液压剪是消防救灾部门必备的破拆工具。与泵配套使用,可实现快速剪切功能。可快速有效地剪断防盗门窗、钢筋防护栏杆、车厢等结构而不会引起周围结构的垮塌变形。使受害人脱离受困环境,达到救护或救灾的日的。

5.1.2　挤压的概念与实例

工程实际中,构件在承受剪切的同时,往往还伴随有挤压现象。因传递力的接触面上也受到了较大的压力作用,从而出现的局部压缩变形现象,称为**挤压**。

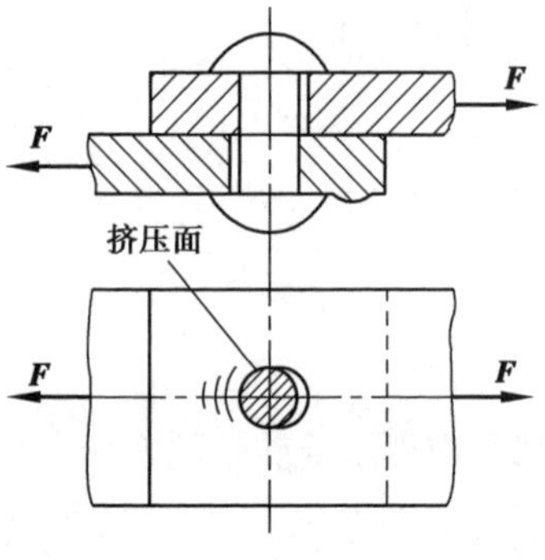

图 5-7　挤压

受力特点:在接触面间承受着压力,如钉和孔壁间、键和键槽壁间都有相互作用的压力。

变形特点:若在构件相互接触的表面上作用的挤压力过大,则接触处局部会发生显著的塑性变形(延性材料)或压碎(脆性材料)。

发生挤压的接触面称为**挤压面**,挤压面可以是平面,也可以不是平面(如图 5-6 所示就是半圆柱面)。挤压面上所承受的压力,称为**挤压力**(这里应当指出,对于相接触的二者而言,挤压力并不是内力),记作 $\boldsymbol{F}_{bs}$。

如图 5-7 所展示的就是铆钉连接情况下,与剪切同时发生的挤压现象。上钢板孔左侧与铆钉上部左侧相互挤压，下钢板孔右侧与铆钉下部右侧相互挤压。钉与孔间的挤压将会使钉、孔的圆形截面变扁，导致连接松动而影响正常工作；键与键槽间的挤压过大会造成键或槽的局部变形或压碎，导致键连接不能传递足够的扭矩甚至发生事故。

在实际工况中，挤压往往与剪切同时发生。例如手扶拖拉机飞轮与轴连接的平键经常发生挤压破坏。

5.1.3　剪切与挤压的实用计算

1）剪切的实用计算

连接件发生剪切时，剪切面上产生了切应力，剪力 $\boldsymbol{F}_S$ 分布作用在剪切面上，其实际分布情况相当复杂。工程中为便于计算，通常假定其分布是均匀的，用切应力的平均值表示**剪应力**，即

$$\tau = \frac{\boldsymbol{F}_S}{A} \tag{5-1}$$

式中，τ 为剪应力，$\boldsymbol{F}_S$ 为剪切面上的剪力，A 为剪切面面积。

为保证连接件工作时安全可靠，要求剪应力不超过材料的**许用剪应力**。**剪切的强度条件**为

$$\tau = \frac{\boldsymbol{F}_S}{A} \leqslant [\tau] \tag{5-2}$$

式中，$[\tau]$ 为许用剪应力。常用材料的许用剪应力可从有关手册中查得。

另一方面，若需要确保工件被剪断时，也应满足**剪断条件**，即

$$\tau = \frac{F_s}{A} \geqslant \tau_b \tag{5-3}$$

式中，τ_b 是材料的剪切强度。

一般情况下，金属材料的许用剪应力与许用拉应力间有下述经验关系：

对于延性材料 $[\tau]=(0.6\text{-}0.8)[\sigma]$；对于脆性材料 $[\tau]=(0.8\text{-}1.0)[\sigma]$。

2）挤压的实用计算

由挤压力引起的应力称为挤压应力，用 σ_{bs} 表示。在挤压面上挤压应力分布相当复杂，工程中也通常认为挤压应力在计算挤压面上的均匀分布。由此得挤压应力 σ_{bs} 的计算公式为

$$\sigma_{bs} = \frac{\boldsymbol{F}_{bs}}{A_{bs}} \tag{5-4}$$

式中，σ_{bs} 为挤压应力，$\boldsymbol{F}_{bs}$ 为挤压面上的挤压力，A_{bs} 为计算挤压面积。

若挤压面为平面，计算挤压面积 A_{bs} 即为实际挤压面面积，如图 5-8（a）所示；若挤压面是曲面，计算挤压面积等于半圆柱面的正投影面积，$A_{bs}=dt$，如图 5-8（b），（c）所示。

为保证连接件具有足够的挤压强度而正常工作，其强度条件为

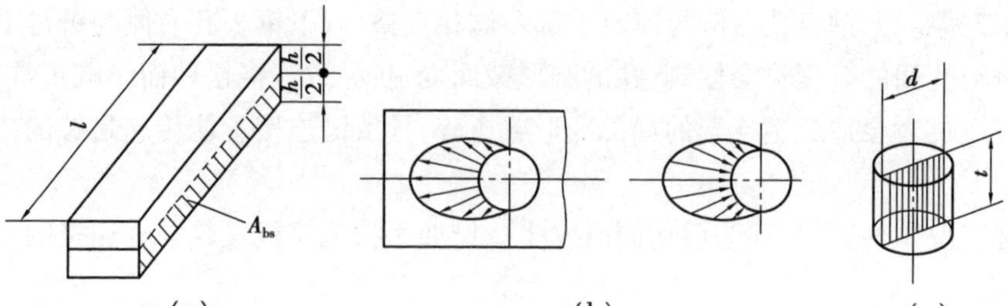

图 5-8　计算挤压面积

$$\sigma_{bs}=\frac{F_{bs}}{A_{bs}}\leqslant[\sigma_{bs}] \tag{5-5}$$

式中，$[\sigma_{bs}]$ 为**许用挤压应力**。相关数据可从有关手册中查得。

材料的极限挤压应力 σ_{bs} 也应由实验测定，许用挤压应力$[\sigma_{bs}]$同样应由实验确定的极限挤压应力 σ_{bs} 除以安全系数后给出。一般情况下：

对于延性材料 $[\sigma_{bs}]=(1.5-2.5)[\sigma]$；对于脆性材料 $[\sigma_{bs}]=(0.9-1.5)[\sigma]$。

例 5.1　齿轮与轴用平键连接如图 5-9(a)所示，已知轴的直径 $d=50$ mm，键的尺寸 $b\times h\times l=16$ mm×10 mm×50 mm。传递的力矩 $M=600$ N·m，键的许用剪应力$[\tau]=60$ MPa，许用挤压应力$[\sigma_{bs}]=100$ MPa。试校核键的强度。

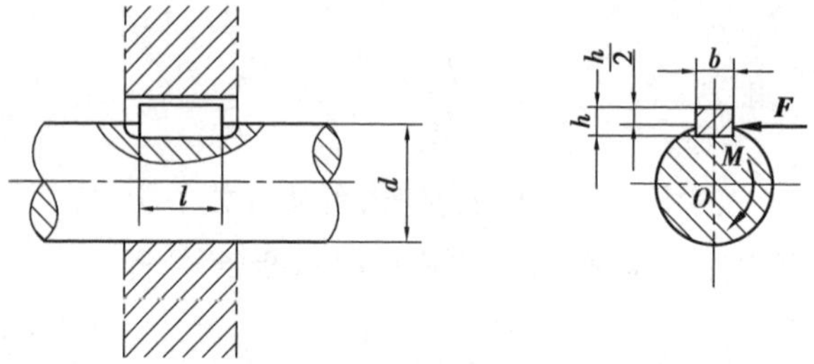

图 5-9　例 5.1 图

解：计算外力 F→校核抗剪强度 $\tau\leqslant[\tau]$→校核挤压强度 $\sigma_{bs}\leqslant[\sigma_{bs}]$

(1)计算键所受的外力 F

取轴和键为研究对象，其受力如图 5-8(b)所示，根据对轴心的力矩平衡方程

可得
$$\sum M_0(F)=0, F\times\frac{d}{2}-M=0$$

$$F=\frac{2M}{d}=\frac{2\times600\ \text{N}\cdot\text{m}}{0.05\ \text{m}}=24\times10^3\ \text{N}$$

(2)校核键的抗剪强度

$$\tau=\frac{F_S}{A}=\frac{24\times10^3\ \text{N}}{b\times l}=\frac{24\times10^3\ \text{N}}{16\ \text{mm}\times50\ \text{mm}}=30\ \text{MPa}<[\tau]$$

故键的剪切强度足够；

(3)校核键的挤压强度

键所受的挤压力 $F_{bs}=F=24$ kN，挤压面是平面，因此

$$\sigma_{bs}=\frac{F_{bs}}{A_{bs}}=\frac{2F_{bs}}{h\times l}=\frac{2\times 24\times 10^3\ \mathrm{N}}{10\ \mathrm{mm}\times 50\ \mathrm{mm}}=96\ \mathrm{MPa}<[\sigma_{bs}]$$

故键的挤压强度足够。

综上所述,整个键的连接强度足够,是安全可靠的。

例 5.2　如图 5-10 所示,切料装置用刀刃把切料模中直径 $d=12$ mm 的棒料切断。棒料的抗剪强度 $\tau_b=320$ MPa。试计算切断力。

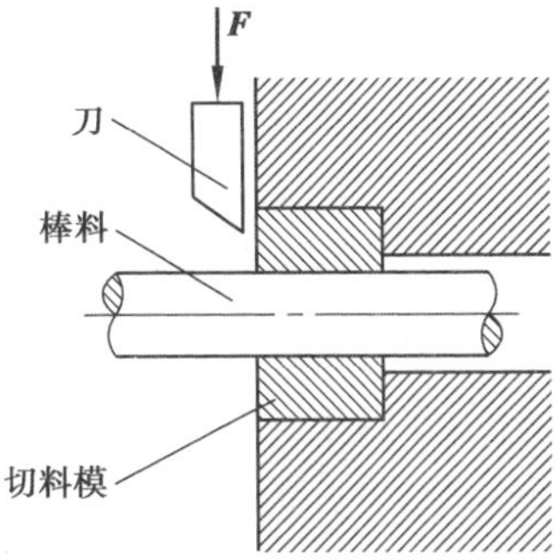

图 5-10　例 5.2 图

解:剪断条件$\tau\geqslant[\tau]$

切料时,棒料剪切面上的剪力 $F_S=F$,剪切面的面积 $A=\pi d^2/4$,为能剪断棒料,必须满足条件

$$\tau=\frac{F_S}{A}=\frac{4F}{\tau d^2}\geqslant\tau_b$$

可得

$$F\geqslant\frac{\pi d^2\tau_b}{4}=\frac{\pi\times(12\ \mathrm{mm})^2\times 320\ \mathrm{MPa}}{4}$$

$$=36.2\times 10^3\ \mathrm{N}=36.2\ \mathrm{kN}$$

所以,切断力为 36.2 kN。

课程育人

非遗瑰宝:北碚剪纸

北碚剪纸,是重庆剪纸乃至全国剪纸的重要组成部分,在传承传统技艺的基础上,将优秀传统文化发扬光大,使之成为民间文艺的一颗璀璨明珠。北碚剪纸作为重庆剪纸和中国剪纸的重要组成部分,2009 年成功入选联合国教科文组织评定的“人类非物质文化遗产代表作品录”,2014 年被纳入重庆市第四批非物质文化遗产保护名录。

(a)《小镇姑娘》　(b)《古镇画廊》　(c)《十二生肖纳福》

图 5-11　剪纸作品

北碚剪纸距今已有 1 300 多年的历史,与诸多民间艺术同期产生和发展。到了唐朝

时期，随着蜀地的大面积开发和经营，北碚剪纸艺术日趋发展成熟，但仍属于女红的范畴，内容多为才子佳人和传统吉祥式样。经历了元末明初和清初与清中期的湖广填四川，各地人口迁入四川，也把这种最民间、最朴素的剪纸艺术传播开来，与本地剪纸的剪刻技法和构图形式相融合，奠定了当今北碚剪纸的雏形，真正意义上的北碚剪纸由此发端。北碚剪纸摆脱传统样式的局限，开始与本地自然人文特色相结合的创作模式，始于20世纪50年代。西南师范大学美术系的教师梁伯文将这种土生土长的民间艺术搬进美术课堂、列入教学计划，让学生开始尝试新剪纸创作，这也为北碚剪纸以后的创作和审美建立了规范。

北碚剪纸偏重写实，以柔丽秀美见长，以梁素为代表工艺大师们借鉴并吸收了国画、版画、镶嵌画、布艺等一些艺术形式的技法，画面丰富饱满。北碚剪纸突出地域特色、三峡特色、民间民俗特色，经数年磨砺，形成了独特的艺术风格，具有浓郁的巴渝文化特色。梁素、黄继琳、梁世惠等工艺大师不断创新表现方法，研发出北碚晕染剪纸，极大地丰富了北碚剪纸的发展内涵。

课后练习

［知识检测］

一、填空题

1.剪切是指构件上作用着一对大小________、方向________、______________的力，构件的两部分沿________发生________，直至发生________。发生挤压的接触面称为________，该面上所承受的压力，称为________，记作________。

2.工程实际中，构件在承受剪切的同时，往往还伴随有________。因传递力的接触面上也受到了较大的________作用，从而出现的______________。若挤压力过大，则接触处局部会发生显著的________或________。发生挤压的接触面称为________，该面上所承受的压力，称为________，记作________。

3.当连接件发生剪切时，若想保证连接件工作时安全可靠，则剪应力τ________许用剪应力$[\tau]$，称为________；若想使得构件被剪断，则τ________$[\tau]$，称为________。

二、客观题

1.若想保证连接件工作时安全可靠，只需校核剪切强度条件即可。（　　）

2.若想构件被剪断，既要确保剪应力$\tau \geqslant [\tau]$，又要确保挤压应力$\sigma_{bs} \geqslant [\sigma_{bs}]$。（　　）

3.一般情况下，金属材料的许用剪应力与许用拉应力间的关系可用经验系数来表示。（　　）

三、主观题

1.剪切和挤压的实用计算采用了什么假设？为什么？

2.试计算如图5-12所示拉杆的剪切面积和挤压面积。

3.图5-13所示结构中AC为钢杆，横截面面积$A_1 = 200\ \text{mm}^2$，许用应力$[\sigma]_1 = 160\ \text{MPa}$；$BC$

为铜杆，横截面面积 $A_2 = 300\ mm^2$，许用应力 $[\sigma]_2 = 160\ MPa$；试求许可用载荷 $[\boldsymbol{F}]$。

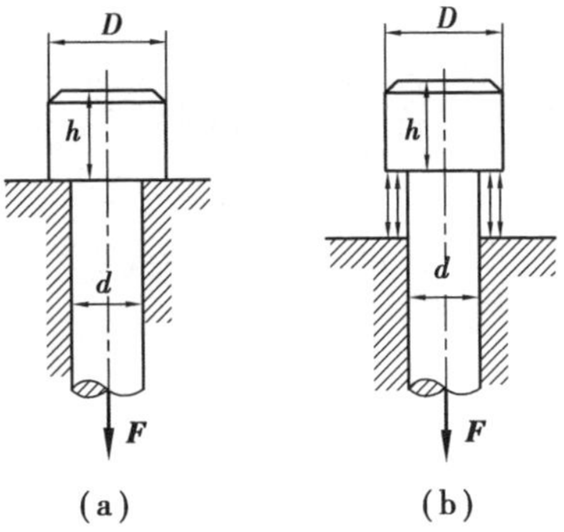

图 5-12　题 2 图

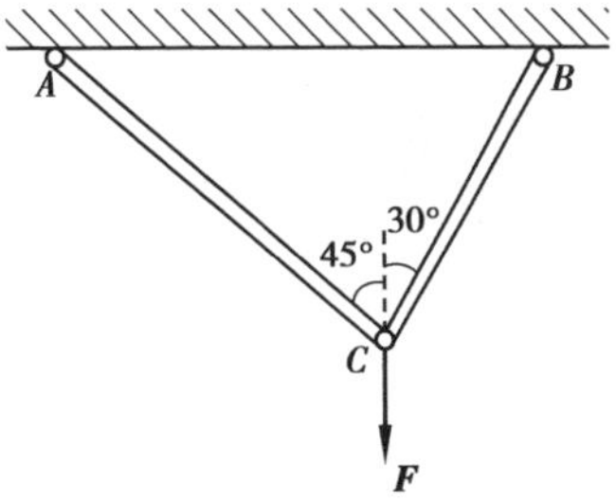

图 5-13　题 3 图

4.一木质拉杆接头部分如图 5-14 所示，已知接头处尺寸为 $l = h = b = 18$ cm，材料的许用应力 $[\sigma] = 5$ MPa，$[\sigma_{bs}] = 10$ MPa，$[\tau] = 2.5$ MPa，求许可拉力 $[\boldsymbol{F}]$。

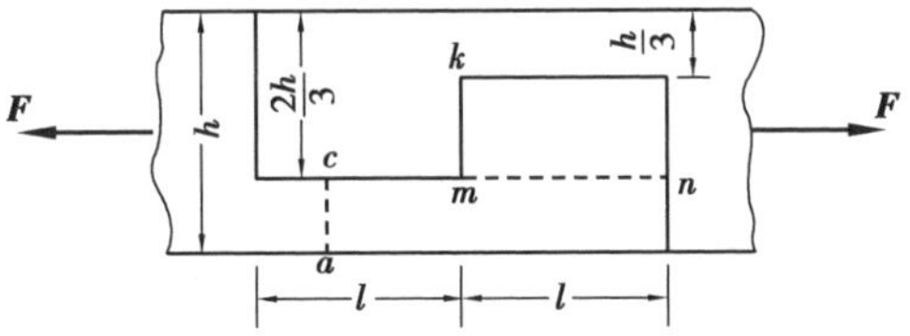

图 5-14　题 4 图

5.如图 5-15 所示为某电动机轴与带轮间的键联接。已知轴的直径 $d = 50$ mm，键的尺寸为 $b \times h \times l = 20\ mm \times 12\ mm \times 100\ mm$，传递的力矩 $M = 1\ 000\ N \cdot m$，键和轴的材料均为 45 号钢，其 $[\sigma] = 60$ MPa，$[\sigma_{bs}]$ 100 MPa。带轮材料为铸铁，其 $[\sigma_{bs}] = 53$ MPa。试校核键联接的强度。

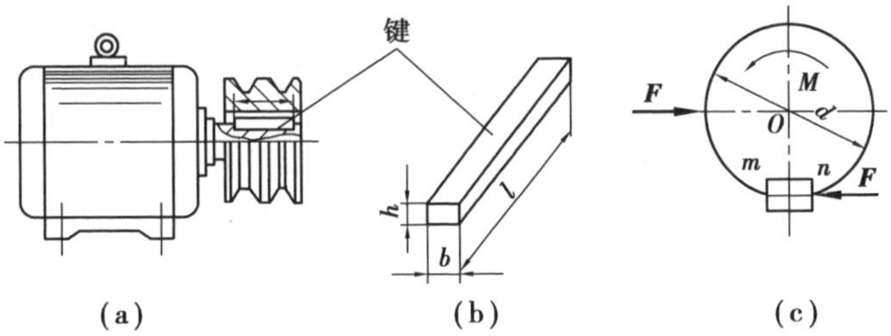

图 5-15　题 5 图

［素质拓展］

动动手：DIY 剪纸作品

记得小时候，每逢过年，奶奶婶婶们总会剪窗花贴春联，将家里布置得热热闹闹的。你曾有参加这些剪纸活动吗？赏析一幅剪纸名作，或自己动手创作一幅剪纸作品，或谈谈你家乡的特色剪纸。亲身感受非遗文化的魅力，可发布在社交平台中与大家分享心得，也可在班级内向同学们展示成果。

DIY 剪纸

（温馨提示：使用剪刀时要注意安全哦！）

(a)《黄河谣》　　(b)《川江号子》

图 5-16　重庆北碚剪纸作品

项目小结

(1)当构件受到大小相等、方向相反、作用线平行且相距很近的两个力作用时,两力之间的截面发生相对错动,这种变形称为剪切变形。工程中的连接件在承受剪切的同时,常常伴随着挤压的作用,挤压现象与压缩不同,它只是局部产生不均匀的压缩变形。

(2)工程中采用计算的方法来建立剪切强度条件和挤压强度条件。它们分别为:

$$\tau = \frac{F_s}{A} \leqslant [\tau]$$

$$\sigma_{bs} = \frac{F_{bs}}{A_{bs}} \leqslant [\sigma_{bs}]$$

(3)确定联接件的剪切面和挤压面是进行强度计算的关键。剪切面是发生相对移动的面。当挤压面为平面时,其计算面积等于实际面积;当挤压面为圆柱面时,其计算面积等于半圆柱面的正投影面积。

项目 6

圆轴的扭转

【工作任务】

任务　圆轴的扭转

任务　圆轴的扭转

[**任务描述**]学习构件基本变形之三——圆轴的扭转

[**任务目标**]

目标类型	目标要求
认知目标	(1)了解圆轴扭转的概念； (2)掌握圆轴扭转时横截面上内力的求法； (3)掌握右手螺旋法则,并能绘制扭矩图； (4)掌握圆轴扭转时横截面上应力的求解方法； (5)了解截面的极惯性矩和截面抗扭系数； (6)熟悉圆轴扭转时的强度、变形和刚度计算。
技能目标	学习圆轴扭转时的相关计算(内力、应力、变形、强度、刚度),培养解决实际工程问题的能力。
素质目标	(1)从身边小事看家乡发展,从城建工程看国家发展； (2)工欲善其事,必先利其器,“基建狂魔”背后是装备制造业的技术支撑； (3)从盾构机看国家工程技术发展,激发学习和爱国热情。

[**关键词**]圆轴扭转、扭转角、扭矩、右手螺旋法则、扭矩图、切应力互等定理、纯剪切、平面假设、剪切胡克定律、切边模量、切应力、切应变、极惯性矩、抗扭截面系数、扭转角、扭转强度(条件)、扭转刚度(条件)。

[**知识前哨站**]

(1)空间力偶系的平衡分析；

(2)内力、应力、变形、强度、刚度基础知识。

案例引入

重庆地铁“成长日记”

重庆,位于中国西南部,是我国最年轻的直辖市。因其多山的地貌,又被称为“山城”。近年来,由于抖音、快手等短视频平台的推荐,“地铁穿房子”“洪崖洞”等奇景迅速引起网民热议,成为近期炙手可热的网红打卡胜地。又因城市依山傍水,地貌高低错落,完全不同于平原地区的城市,而被网友们亲切地称为“3D 城市”。

(a)长江索道 (b)重庆地铁

图 6-1 新旧交通出行方式对比

但时光回溯至 20 年前,重庆可绝不是现在这样的。多山环江的地貌,极大地阻碍了人们出行。那时,过江要靠索道,过山要绕盘山路,上下班的早晚高峰更是令人头大,哪里还有心情去欣赏山水风景。是什么让一座“交通困难户”变成了现在的“网红城市”呢?是交通。1997 年 6 月,重庆成立中央直辖市以来,大力发展城市交通建设。“要想富,先修路”,这话真是放在哪里都没错。过江,我们要建桥,直至今天,重庆现有各类桥梁 4 500 多座,而被茅以升桥梁委员会认定为中国唯一的“桥都”。过山,我们不仅要修隧道,还要修地铁。自 2005 年 6 月 18 日第一条地铁线路开通以来,重庆现已开通九条线路,地铁总里程达 313.60 km,位列全国第五。其实何止是重庆,我国的其他城市也都在大力发展地铁交通建设。中国,已经是名副其实的“地铁王国”,一座座的城市地下,铺设了运力巨大的地铁网络,为缓解城市交通压力和保证人民出行便利发挥着巨大的作用。

可你知道,地铁线路是怎么修建的吗?工人们又是如何在挖掘过程中保证山体不塌的呢?就让我们请出今天的主角,被誉为“工程机械之王”——盾构机,看看它是如何“疯狂”扭转,开山掘路的吧!

专业知识

6.1.1　圆轴扭转的概念

工程上许多杆件承受扭转而发生变形。如图 6-2(a)所示,当钳工攻丝时,两手所加的外力偶作用在丝锥杆的上端,工件的反力偶作用在丝锥杆的下端,使得丝锥杆发生扭转变形。又如图 6-2(b)所示,驾驶员操纵方向盘将力偶作用于转向轴 AB 的上端,转向轴的下端 B 则受到来自转向器的阻抗力偶的作用,使转向轴 AB 发生扭转。这些均是**圆轴扭转**的工程实例。

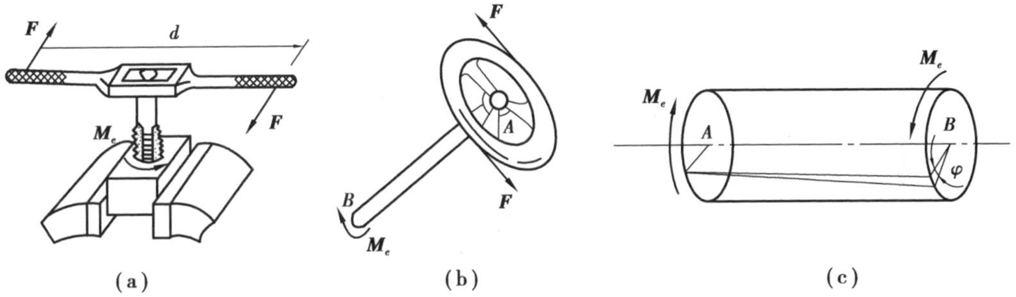

图 6-2　圆轴扭转实例

以扭转变形为主的杆件称为**轴**。本章只讨论直圆轴的扭转问题,计算简图如图 6-2(c)所示。

受力特点:圆轴承受作用面与轴线垂直的力偶作用。

变形特点:在上述外力偶系的作用下,圆轴各横截面将绕轴线发生相对转动。

任意两横截面间相对转过的角度,称为相对**扭转角**,以 φ 表示。φ_{AB}表示截面 B 相对于截面 A 的扭转角。必须指出,工程中的传动轴,除受扭转作用外,往往还伴随有弯曲、拉伸(压缩)等其他形式的变形。这类问题属于组合变形,将在以后研究。

> ➢ **深思妙想**
>
> 生活生产中,还有哪些扭转的应用,能否列举一二?

6.1.2　圆轴扭转时横截面上的内力

1)传动轴的外力偶矩

工程中通常给出传动轴的转速及其所传递的功率,而作用于轴上的外力偶矩并不直接给出,外力偶矩的计算公式为

$$\boldsymbol{M}_e = 9\ 549\ \frac{P}{n} \approx 9\ 550\ \frac{P}{n} \tag{6-1}$$

式中,$\boldsymbol{M}_e$为外力偶矩,单位是 N · m;P 为轴传递的功率,单位是 kW;n 为转轴的转速,单位是

r/min。输入力偶为主动力偶,其转向与轴的转向相同;输出力偶为阻力偶,其转向与轴的转向相反。

2)扭矩与右手螺旋法则

因扭矩是内力,若要求圆轴扭转时的扭矩,还需使用“截面法”的求解思路。如图 6-3(a)所示,等截面圆轴 AB 两个端面上作用有一对平衡外力偶 $\boldsymbol{M}_e$,现用截面法求圆轴横截面上的内力。假想将轴从 m-m 截面处截开,以左段为研究对象,根据平衡条件 $\sum M=0$,m-m 截面处必有一个内力偶与 A 端面上的外力偶 $\boldsymbol{M}_e$ 平衡,该内力偶称为**扭矩**,用 $\boldsymbol{T}$ 表示,单位为 N · m。即

$$\sum \boldsymbol{M}=0,\boldsymbol{T}-\boldsymbol{M}_e=0 \tag{6-2}$$

若取右段为研究对象,求得的扭矩与左段扭矩应是同轴、等大、反向的,它们是作用与反作用的关系。

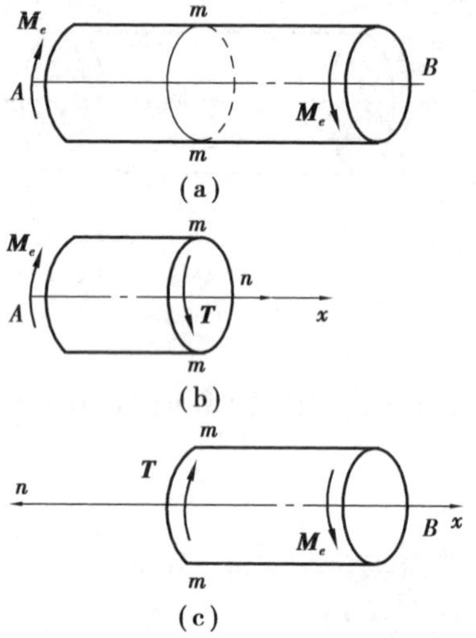

图 6-3　扭矩

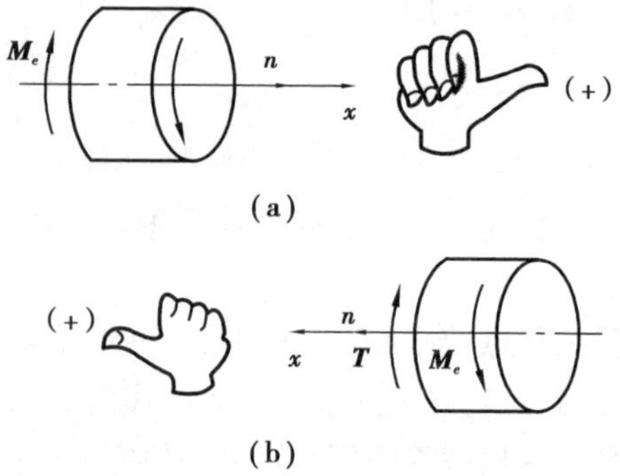

图 6-4　右手螺旋法则

为了使不论取左段还是右段,所求得的扭矩的大小、符号都一致,对扭矩的正负号规定如下:按右手螺旋法则,四指顺着扭矩的转向握住轴线,大拇指的指向与横截面的外法线 n 方向一致;反之为负,如图 6-4 所示。当横截面上的扭矩的实际转向未知时,一般先假设扭矩为正。若求得结果为负则表示实际方向与假设方向相反。

3)扭矩图

通常,扭转圆轴各横截面上的扭矩是不同的,扭矩 $\boldsymbol{T}$ 是横截面位置 x 的函数。即 $\boldsymbol{T}=\boldsymbol{T}(x)$。以与轴线平行的 x 轴表示横截面的位置,垂直于 x 轴的 $\boldsymbol{T}$ 轴表示扭矩,由函数 $\boldsymbol{T}=\boldsymbol{T}(x)$ 绘制的曲线为**扭矩图**。扭矩图与轴力图一样,应画在载荷图的对应位置,这样就可以清晰看出扭矩随位置的变化,也便于确定圆轴的最大扭矩 $\boldsymbol{T}_{\max}$,这是用于强度计算的关键,其截面位置也被称为**危险截面**。

例 6.1　如图 6-5(a)所示,一传动系统的主轴 ABC 的转速 $n=960$ r/min,输入功率 $P_A=27.5$ kW,输出功率 $P_B=20$ kW,$P_C=7.5$ kW,试画出 ABC 轴的扭矩图。

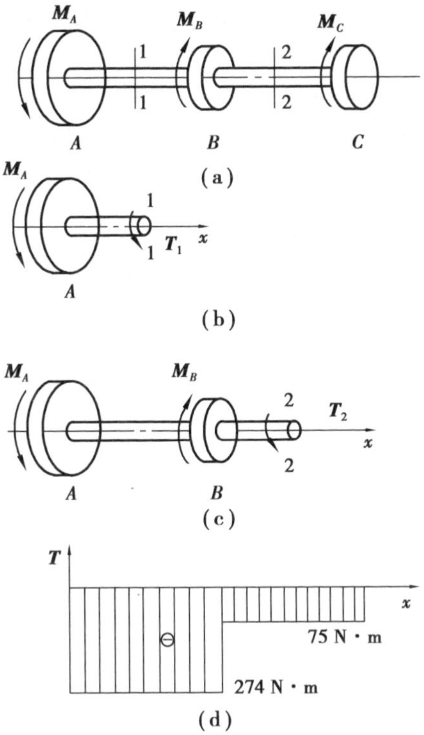

图6-5 例6.1图

解：求外力偶矩→平衡分析求扭矩→画扭矩图

(1)计算外力偶矩

$$\boldsymbol{M}_A = 9\ 550 \times \frac{27.5}{960} = 274\ \text{N} \cdot \text{m}$$

同理可得 $\boldsymbol{M}_B = 199\ \text{N} \cdot \text{m}, \boldsymbol{M}_C = 75\ \text{N} \cdot \text{m}$

(2)计算扭矩

将轴分为 AB,BC 两段计算扭矩

AB 段:

$$\sum \boldsymbol{M} = 0, \boldsymbol{T}_1 + \boldsymbol{M}_A = 0$$

可得 $\boldsymbol{T}_1 = -\boldsymbol{M}_A = -274.5\ \text{N} \cdot \text{m}$

AB 段:

$$\sum \boldsymbol{M} = 0, \boldsymbol{T}_2 + \boldsymbol{M}_A - \boldsymbol{M}_B = 0$$

可得 $\boldsymbol{T}_2 = -\boldsymbol{M}_A + \boldsymbol{M}_B = -274.5 + 199 = -75\ \text{N} \cdot \text{m}$

(3)画扭矩图

根据以上计算结果,按比例画出扭矩图,如图6-5(d)所示。由图可看出,在集中外力偶作用面处,扭矩值发生突变,其突变值等于该集中外力偶矩的大小。最大扭矩发生在 AB 段内,其值为 $\boldsymbol{T}_{\max} = 274.5\ \text{N} \cdot \text{m}$。

6.1.3 切应力互等定理与剪切胡克定律

分析研究变形体静力学问题的主线,是研究力的平衡、变形的几何协调及力与变形间的物理关系。与杆的拉伸压缩相比较,差别主要在于圆轴扭转时的变形有其特殊性。因此,我们首先讨论圆轴扭转时的变形几何关系,找出应变的变化规律;然后再利用物理关系,找出应力分布规律;最后,根据静力平衡关系导出应力计算公式。

为建立圆轴扭转时变形几何关系,首先应通过试验观察圆轴扭转时的变形现象。图 6-6 表示薄壁圆筒,未受扭转时在圆轴表面作圆周线(横向线)与轴向线(纵向线),画成方格。在轴二端施加扭矩后,圆轴发生扭转。

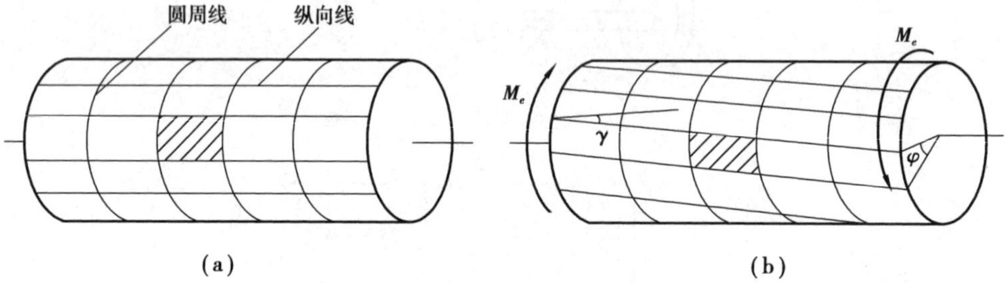

图 6-6 扭转实验

观察扭转实验的结果:在小变形条件下的扭转,使得相邻截面发生相对转动,造成方格左右两边相对移动,即各圆周线相对旋转了一个角度;各纵向线在小变形情况下,仍近似地是一条直线,只是倾斜了一个微小的角度。变形后,圆轴表面的方格变成为菱形,但轴向线的长度、圆周线的尺寸、形状和相邻两圆周线之间的距离均未发生改变。

根据上述现象可知:扭转变形后,轴的横截面仍保持为平面,其形状和大小不变,这就是圆轴扭转的**平面假设**。也可得出这样的结论:圆筒横截面上没有正应力,只有与半径垂直的切应力。因圆筒很薄,可认为切应力沿厚度均匀分布。

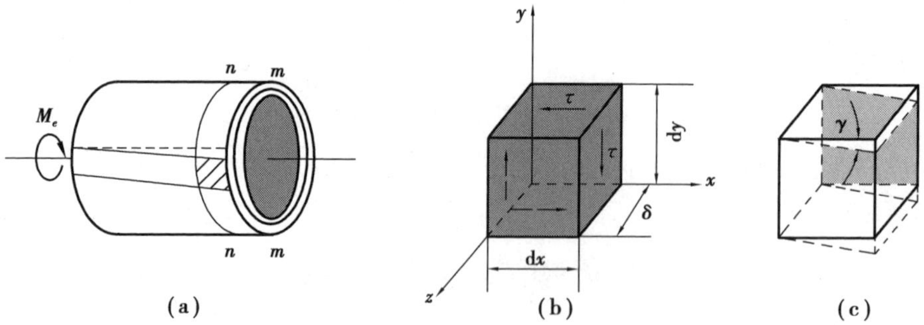

图 6-7 薄壁圆筒中的单元体(微体)

从薄壁圆筒中取边长为 dx,dy,δ 的单元体,左、右侧面上有切应力τ组成的力偶矩为(τ d$y\delta$)dx的力偶。因单元体是平衡的,故上、下侧面上必定存在方向相反的切应力τ',组成力偶矩为(τ'dδ)dy 的力偶与上述力偶相平衡。

由 $\sum M = 0$

得

$$(\tau \, dy\delta) \, dx = (\tau' d\delta) \, dy$$

$$\tau = \tau' \tag{6-3}$$

上式表明,单元体互相垂直的两个平面上的切应力必然成对存在,且大小相等,方向都指向或背离两平面的交线,这一关系称为**切应力互等定理**。

在图6-7(b)中所示单元体的上下左右四个侧面上,只有切应力而无正应力,这种情况称为**纯剪切**。在切应力τ和τ'作用下,单元体的直角要发生微小的改变,如图6-7(c)所示。这个直角的改变量γ称为切应变,且各点的切应变γ与该点至截面形心的距离成正比,即点的位置离截面形心越远,则该点的切应变γ就越大。

实验表明,当切应力τ不超过材料的剪切比例极限τ_p时,切应力τ与切应变γ成正比。即

$$\tau = G\gamma \tag{6-4}$$

上式称为**剪切胡克定律**,说明切应力τ垂直于半径呈线性分布。始终比例常数G称为材料的**切变模量**,常用单位是GPa,其数值可由实验测得。一般碳钢的切变模量$G = 80 \sim 84$ GPa。材料的切变模量G与弹性模量E、泊松比ν的关系为

$$G = \frac{E}{2(1 + \nu)}$$

6.1.4　圆轴扭转时横截面上的应力(图6-8)

圆轴扭转时的平面假设,得出横截面上的切应力具有以下两个特点:

(1)在横截面尺寸相同且扭矩相等的同一轴段内,与轴线距离相等的各点,其切应力相等;

(2)横截面上任一点的切应力计算公式为

$$\tau_\rho = \frac{T_\rho}{I_P} \tag{6-5}$$

式中,τ_ρ为横截面上任一点的切应力,单位为Pa;T为所求截面上的扭矩,单位为N·m;ρ为该点到截面中心的距离,单位为m;I_P为横截面对圆心O点的**极惯性矩**,它表示截面的几何性质,单位为m^4或mm^4。

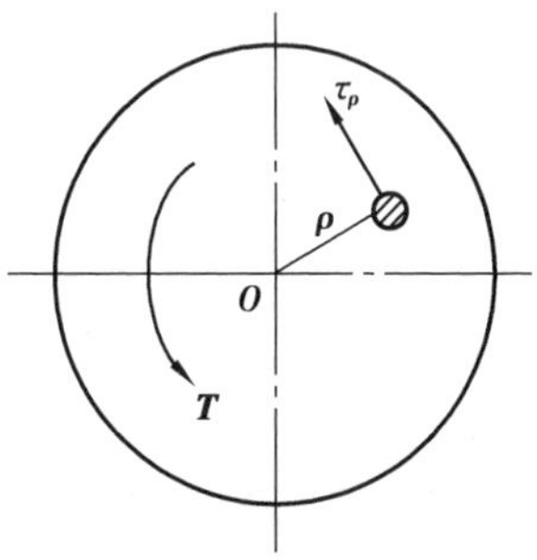

图6-8　圆轴扭转时任一点的切应力

显然当$\rho = 0$时,$\tau = 0$;当$\rho = R$时,切应力最大,即圆轴横截面上边缘处各点的切应力最大。其值为

$$\tau_{max} = \frac{TR}{I_P} \tag{6-6}$$

令$W_P = \dfrac{I_P}{R}$,则上式可写成

$$\tau_{\max} = \frac{T}{W_P} \tag{6-7}$$

式中,W_P称为**抗扭截面系数**,单位为 m^3或 mm^3。可见,圆轴横截面的切应力仅与扭矩和截面的几何形状、尺寸有关。

> **➢ 高能提醒**
>
> (1)因为平面假设仅针对圆截面直杆才成立,所以式(6-5)和式(6-7)只适用于等圆直杆;
>
> (2)在导出公式时,应用了剪切胡克定律式(6-4),所以只有在切应力不超过材料剪切比例极限时,即$\tau_{\max} \leqslant \tau_p$时,上述公式才适用。

6.1.5 截面的极惯性矩I_P和抗扭截面系数W_P

1)圆形截面

对于圆形截面,可取一圆环形微面积,如图 6-9 所示,则

$$dA = 2\pi\rho d\rho$$

ρ 为圆环半径,$d\rho$ 为圆环宽度,于是:

$$I_p = \int_A \rho^2 dA = \int_0^{\frac{d}{2}} 2\pi\rho^3 d\rho = \frac{\pi d^4}{32} \approx 0.1d^4 \tag{6-8}$$

圆形截面的抗扭截面系数为:

$$W_P = \frac{I_p}{\frac{d}{2}} = \frac{\pi d^3}{16} \approx 0.2d^3 \tag{6-9}$$

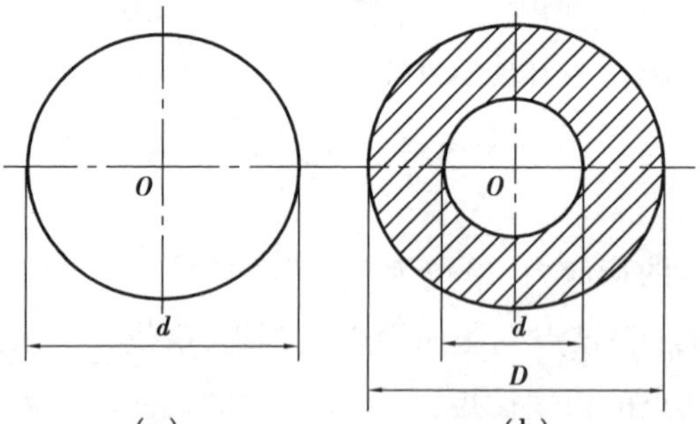

图 6-9 圆及圆环的截面

2)圆环形截面

对于圆环形截面,其极惯性矩为:

$$I_P = \frac{\pi D^4}{32}\left(1 - \frac{d^4}{D^4}\right) \approx 0.1D^4\left(1 - \frac{d^4}{D^4}\right) \tag{6-10}$$

如果令 $d/D=\alpha$,则上式可写为

$$I_P = \frac{\pi D^4}{32}(1 - \alpha^4) \approx 0.1D^4(1 - \alpha^4) \tag{6-11}$$

圆形环的抗扭截面系数为：

$$W_P = \frac{I_P}{\frac{d}{2}} = \frac{\pi D^3}{16}(1 - \alpha^4) \approx 0.2D^3(1 - \alpha^4) \tag{6-12}$$

式中，D，d 分别为空心圆截面的外径和内径，α 为内外径之比。

6.1.6 圆轴扭转时的计算

1)圆轴扭转时的强度计算

为了保证圆轴工作时不致因强度不够而破坏，最大扭转切应力 τ_{max} 不得超过材料的扭转许用切应力 $[\tau]$，即

$$\tau_{max} = \left(\frac{T}{W_P}\right)_{max} \leqslant [\tau] \tag{6-13}$$

对于等截面圆轴，则有

$$\tau_{max} = \frac{T_{max}}{W_P} \leqslant [\tau] \tag{6-14}$$

对于阶梯轴，由于各段的 W_P 不同，τ_{max} 不一定发生在 T_{max} 所在的截面上，应综合考虑 W_P 和 T 两个因素来确定。扭转强度条件同样可以用来解决强度校核、截面设计和确定许可载荷等三类扭转强度问题。

例 6.2 一阶梯轴如图 6-10(a)所示，轴上受到的外力偶矩 $\boldsymbol{M}_1 = 6$ kN · m，$\boldsymbol{M}_2 = 4$ kN · m，$\boldsymbol{M}_3 = 2$ kN · m。轴材料的许用切应力 $[\tau] = 60$ MPa，试校核该轴的强度。

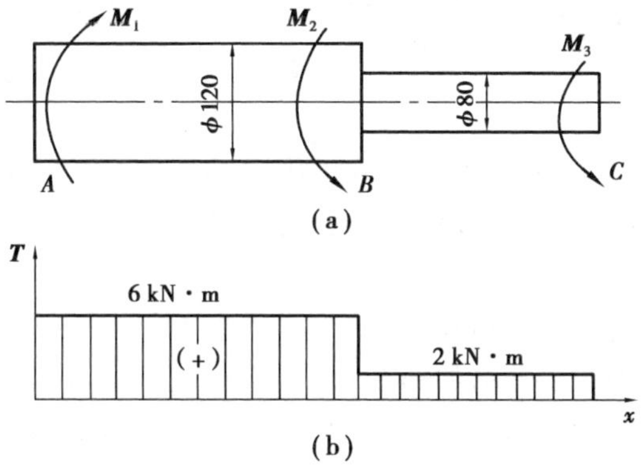

图 6-10 例 6.2 图

解：绘制扭矩图→分段校核强度

(1)绘制扭矩图

如图 6-10(b)所示，由于 AB 段、BC 段的扭矩和直径都不相同，整个轴的最大切应力所在截面的位置无法确定，因此需分段校核其强度。

(2)校核 AB 段强度

$$\tau_{\max} = \frac{T_{AB}}{W_P} = \frac{6 \times 10^3 \times 10^3\ \text{N} \cdot \text{mm}}{\pi \times (120\ \text{mm})^3/16} = 17.69\ \text{MPa} < [\tau]$$

(3)校核 BC 段强度

$$\tau_{\max} = \frac{T_{BC}}{W_P} = \frac{2 \times 10^3 \times 10^3\ \text{N} \cdot \text{mm}}{\pi \times (80\ \text{mm})^3/16} = 19.90\ \text{MPa} < [\tau]$$

均符合强度条件式(6-14),故该轴满足强度条件。

2)圆轴扭转时的变形计算

扭转变形是用两个横截面绕轴线的相对扭转角 φ 来表示的,如图 6-11 所示。对于 T 为常值的等截面圆轴,由于 γ 很小,由几何关系可得

$$\varphi_{AB} = R\varphi, \varphi_{AB} = \gamma l$$

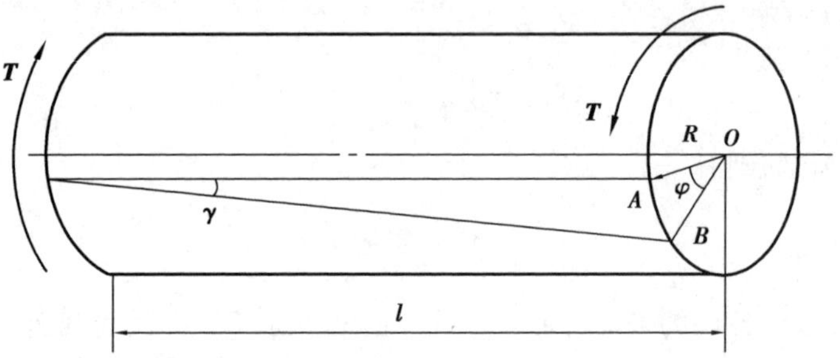

图 6-11　扭转变形的表示法

所以

$$\varphi = \frac{\gamma l}{R}$$

将剪切胡克定律 $\gamma = \frac{\tau}{G} = \frac{T\rho}{G I_P}$ 代入上式,得

$$\varphi = \frac{Tl}{GI_P} \tag{6-15}$$

该式表明,扭转角 φ 与扭矩 T、轴长 l 成正比,与 GI_P 成反比。乘积 GI_P 称为圆轴截面的扭转刚度。对于阶梯状圆轴以及扭矩变化的等截面圆轴,需分段计算相对转角,然后求代数和。

显然,圆轴扭转变形除了与扭矩和截面的几何形状和尺寸有关外,还与圆轴的材料有关。

例 6.3　传动轴及其所受的载荷如图 6-12(a)所示,$I_P = 3\times10^5\ \text{mm}^4$,轴材料的剪切弹性模量 $G=80$ GPa。试计算该轴的总扭角 φ_{AC}(即截面 C 对截面 A 的相对转角)。

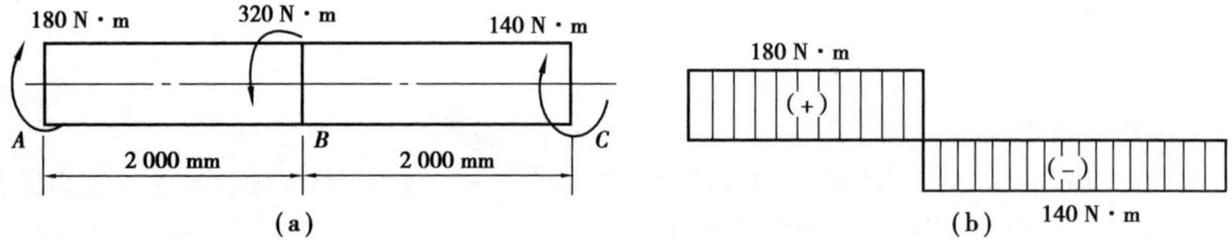

图 6-12　例 6.3 图

解：画扭矩图→分段求相对转角→加和得总转角

(1)画出轴的扭矩图

如图6-12(b)所示，AB和BC段的扭矩分别为

$$\boldsymbol{T}_{AB}=180\ \mathrm{N\cdot m},\quad \boldsymbol{T}_{BC}=-140\ \mathrm{N\cdot m}$$

(2)分段求相对转角

AB段的相对转角

$$\varphi_{AB}=\frac{\boldsymbol{T}_{AB}l_{AB}}{GI_P}=\frac{180\times10^3\mathrm{N\cdot mm}\times2\ 000\ \mathrm{mm}}{80\times10^3\ \mathrm{MPa}\times3\times10^5\mathrm{mm}^4}=0.015\ \mathrm{rad}=0.86^\circ$$

BC段的相对转角

$$\varphi_{BC}=\frac{\boldsymbol{T}_{BC}l_{BC}}{GI_P}=\frac{-140\times10^3\ \mathrm{N\cdot mm}\times2\ 000\ \mathrm{mm}}{80\times10^3\ \mathrm{MPa}\times3\times10^5\mathrm{mm}^4}=-0.011\ 7\ \mathrm{rad}=-0.67^\circ$$

(3)加和得总转角

综上所述，总转角为

$$\varphi_{AC}=\varphi_{AB}+\varphi_{BC}=0.86^\circ-0.67^\circ=0.19^\circ$$

3)圆轴扭转时的刚度计算

设计轴时，除应考虑强度要求外，对于许多轴，常常对其变形还有一定的限制。例如机器转轴发生过大变形，就会影响机器的精度或使机器产生较大的振动。因此，圆轴扭转时除了强度要求外，有时还有刚度要求。在工程实际中，通常是限制单位长度的扭转角θ，使它不超过规定的许用值$[\theta]$。即

$$\theta\leqslant[\theta]\tag{6-16}$$

对于等截面圆轴，则有

$$\theta_{\max}=\frac{\boldsymbol{T}_{\max}}{GI_P}\leqslant[\theta]$$

式中，θ和$[\theta]$的单位为rad/m。

工程上，许用扭转角$[\theta]$的单位为°/m，考虑单位的换算，则得

$$\theta_{\max}=\frac{\boldsymbol{T}_{\max}}{GI_P}\times\frac{180}{\pi}\leqslant[\theta]\tag{6-17}$$

不同类型轴的$[\theta]$值可从有关工程手册中查得。

例6.4　一空心轴外径$D=100$ mm，内径$d=50$ mm，$G=80$ GPa，$[\theta]=0.75°/\mathrm{m}$。试求该轴所能承受的最大转矩$\boldsymbol{T}_{\max}$。

解：由式(6-17)得

$$\boldsymbol{T}_{\max}\leqslant\frac{\pi GI_P[\theta]}{180}$$

故得

$$\boldsymbol{T}_{\max}\leqslant\frac{\pi\times80\times10^3\times9.2\times10^6\times0.75\times10^{-3}}{180}=9.63\ \mathrm{kN\cdot m}$$

例6.5　传动轴如图6-13(a)所示。已知该轴转速$n=300$ r/min，主动轮输入功率$P_C=50$ kW，从动轮输出功率$P_A=P_B=20$ kW，$P_D=10$ kW，材料的切变模量$G=80$ GPa，许用应

力[τ] = 40 MPa,单位长度许可转角[θ] = 1 °/m。试按强度条件及刚度条件设计此轴的直径。

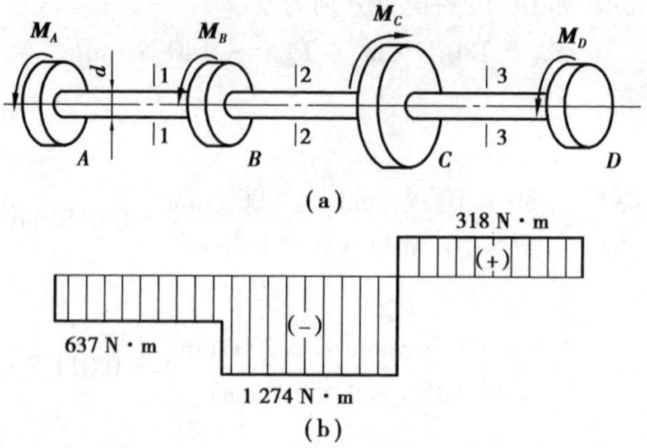

图 6-13　例 6.5 图

解:平衡分析求外力偶矩→画扭矩图→强度计算→刚度计算

(1)平衡分析,求外力偶矩

$$\boldsymbol{M}_A = \frac{9\ 550 \times 20}{300} = 637\ \mathrm{N \cdot m}$$

$$\boldsymbol{M}_B = \boldsymbol{M}_A = 637\ \mathrm{N \cdot m}$$

$$\boldsymbol{M}_C = \frac{9\ 550 \times 50}{300} = 1\ 592\ \mathrm{N \cdot m}$$

$$\boldsymbol{M}_D = \frac{9\ 550 \times 10}{300} = 318\ \mathrm{N \cdot m}$$

(2)画扭矩图

首先计算各段扭矩

$$AB\ 段: \boldsymbol{T}_{AB} = -637\ \mathrm{N \cdot m}$$

$$BC\ 段: \boldsymbol{T}_{BC} = -1\ 274\ \mathrm{N \cdot m}$$

$$CD\ 段: \boldsymbol{T}_{CD} = 318\ \mathrm{N \cdot m}$$

由此画出扭矩图,如图 6-13(b)所示,最大扭矩发生在 BC 段和 CD 段。

$$\boldsymbol{T}_{\max} = 1\ 274\ \mathrm{N \cdot m}$$

(3)按强度条件设计轴的直径

由强度条件式(6-14)和式(6-8)得

$$d \geqslant \sqrt[3]{\frac{16\boldsymbol{T}_{\max}}{\pi[\tau]}} = \sqrt[3]{\frac{16 \times 1\ 274 \times 10^3}{\pi \times 40}} = 54.5\ \mathrm{mm}$$

(4)按刚度条件设计轴的直径

由刚度条件式(6-17)和式(6-8)得

$$d \geqslant \sqrt[4]{\frac{32\boldsymbol{T}_{\max} \times 180}{\pi^2 G[\theta]}} = \sqrt[4]{\frac{32 \times 1\ 274 \times 10^3 \times 180}{\pi \times 80 \times 10^3 \times 10^{-3}}} = 55.2\ \mathrm{mm}$$

圆轴须同时满足强度条件和刚度条件,则取 d = 56 mm。

课程育人

落后就要挨打，发展才能强大

落后就要挨打，发展才能强大，这是近代史以来中国得到最大的启示。因此，自1949年中华人民共和国成立以来，我国一直不断提高综合国力，在军事、通信、民生、经济等各领域层面都取得了突破性的进展。但这突破，来的有多不易，只有我们自己心里才知道……

就拿盾构机来说，盾构机又被称作“工程机械之王”，其技术水平是衡量一个国家地下施工装备制造水平的重要标志。西方国家的三巨头（德国的海瑞克及维尔特、美国的罗宾斯和日本的三菱重工）常年将盾构机的制造技术垄断，且只租不卖。我国租用一台进口盾构机要花3亿元，每一次设备故障，都只能请“洋工”从国外来检查且维修也要拉警戒线，中方人员不得入内！没有自主研发的盾构机，中国地铁、铁路、隧道等建设项目就永远掣肘于人！没有自主研发的盾构机，还配叫什么“基建狂魔”！

这绝不是中国制造第一次被“卡脖子”，在科技领域，从来就没有什么相同的起跑线。可中国人最不缺的就是干劲，想当年在罗布泊，一穷二白的科研人员，靠打算盘啃干馍都造出了“两弹一星”，那股不服输的劲是每一个炎黄子孙血脉里的传承！我们硬是从当初的一张图纸都没有，到今天国产盾构机稳占90%的国内市场与2/3的国际市场份额。随着“一带一路”政策的推进，国产盾构机这一大国重器，正继“中国高铁”之后，成为中国高端智能制造装备“走出去”的又一张“金名片”。

(a)作业现场　　　　(b)盾构机

图6-14　盾构机

2019年8月7日，这台有五六层楼高、直径11米的大直径盾构机“胜利号”，即将完成最后的组装，并于8月底验收后运往俄罗斯莫斯科，这是我国大直径盾构机首次出口欧洲。开挖直径达10.88 m，装机功率6 000 kW，总重1 700 t，是名副其实的地下“巨无霸”。其工作原理就是在隧道中用顶端刀盘将石块、土层切削，再用螺旋机将泥土抽出至皮带上再运出，最后组装事先制作好的管片，用以支撑隧道防止坍塌。进而铺轨电缆、通信等设施,最后就成了地铁、隧道等。一台好的盾构机就要"吃得进,稳定住,吐得出",我们的核心竞争力就是全部技术国产化,使盾构机从"中国制造"向"中国创造"迈进。

科技发展从没有捷径,所有的辉煌背后,是每一位科研人员的心血,是无数个日夜的咬牙坚持,一次次"备胎转正",换来了一项项科技自立……习近平总书记曾说过:"装备制造业是一个国家制造业的脊梁,一定要推动中国制造向中国创造转变、中国速度向中国质量转变、中国产品向中国品牌转变。"作为脊梁专业的接班人,愿与诸君共勉!

课后练习

[知识检测]

一、填空题

1.圆轴扭转时,圆轴承受________与________垂直的________作用,在上述________的作用下,圆轴各横截面将________发生相对转动。任意两横截面间转过的角度,称为________,用________表示。φ_{AB}表示________相对于________的扭转角。

2.通过圆轴扭转实验得知,扭转变形后轴的横截面仍保持为________,其________和________不变,这就是圆轴扭转的________。进一步得出结论:圆筒横截面上没有________,只有________的________,这种情况称为________。

3.扭矩是________,若要求圆轴扭转时的扭矩,仍需使用________的求解思路。

4.剪切胡克定律表明,当________不超过材料的________时,________与________成正比,即________呈________分布。

二、客观题

1.圆轴的扭转变形仅与扭矩和截面的几何形状、尺寸有关,但圆轴扭转时横截面上的切应力变形不仅与扭矩和截面的几何形状和尺寸有关,还与圆轴的材料有关。（　　）

2.设计轴时,应优先考虑强度,刚度校核可适度放宽条件。（　　）

3.平面假设仅针对形状规则的杆件。（　　）

4.极惯性矩是仅表示截面的几何性质的量,单位为 m^4或 mm^4。（　　）

三、主观题

1.若两轴上的外力偶矩及各段轴长相等,而截面尺寸不同,其扭矩图相同吗?

2.绘制如图 6-15 所示的阶梯轴的扭矩图。

3.长为 $L=2$ m 的圆杆受均布力偶 $m=20$ Nm/m 的作用,如图 6-16 所示,若杆的内外径之比为 $\alpha=0.8$,$G=80$ GPa,许用剪应力$[\tau]=30$ MPa,试设计杆的外径;若$[\theta]=2°/\text{m}$,试校核此杆的刚度,并求右端面转角。

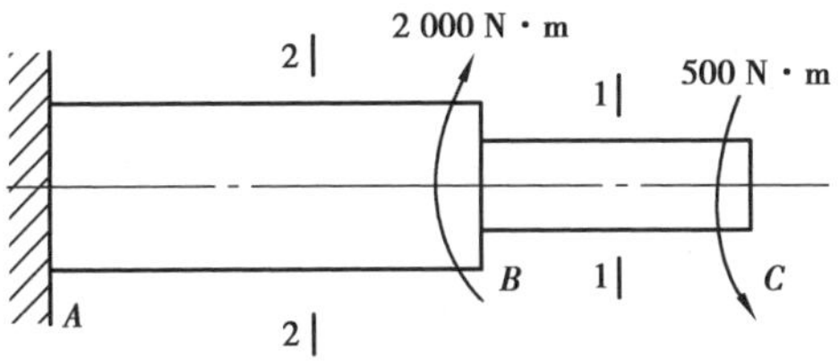

图 6-15　题 2 图

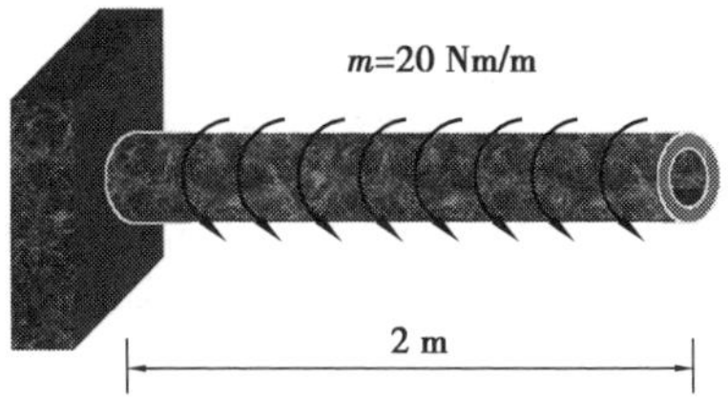

图 6-16　题 3 图

4.某传动轴设计要求转速 $n=500$ r/min，输入功率 $N_1=500$ kW，输出功率分别为 $N_2=200$ kW及 $N_3=300$ kW，已知：$G=80$ GPa，$[\tau]=70$ MPa，$[\theta]=1$ °/m，试确定：

①AB 段直径 d_1 和 BC 段直径 d_2？

②若全轴选同一直径，应为多少？

③主动轮与从动轮如何安排合理？

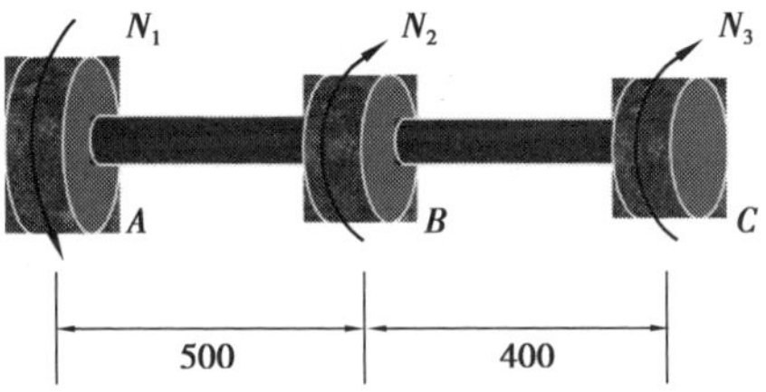

图 6-17　题 4 图

[素质拓展]

以史为鉴 · 中国制造的昨天、今天、明天

查阅资料，了解一段中国制造的昨天与今天，例如：第一颗原子弹的研发，第一台盾构机的研发等，做成 PPT，与大家分享心得，在班级内向同学们展示。展望中国制造的发展和未来，谈谈你受到的启示？以及你能做些什么？

(a) 三峡大坝发电机组

(b) 无人驾驶矿车

图 6-18　中国制造的发展

项目小结

(1)圆轴在力偶作用面垂直于轴线的平衡力偶系作用下产生扭转变形。扭转时圆轴横截面上的内力是扭矩,由截面法求得,按右手螺旋法则确定其正负号。

(2)扭转圆轴横截面上任一点的剪应力与该点到圆心的距离成正比,在圆心处等于零。最大切应力发生在圆周边缘各点处,其计算公式如下

$$\tau_{\rho}=\frac{\boldsymbol{T}\rho}{I_{\mathrm{P}}},\tau_{\max}=\frac{\boldsymbol{T}}{W_{P}}$$

其中,实心圆截面$I_p=\frac{\pi d^4}{32}$,$W_P=\frac{\pi d^3}{16}$

空心圆截面$I_P=\frac{\pi D^4}{32}(1-\alpha^4)$,$W_P=\frac{\pi D^3}{16}(1-\alpha^4)$

(3)圆轴扭转时的强度条件为

$$\tau_{\max}\leqslant[\tau]$$

对于等截面圆轴,则有

$$\tau_{\max}=\frac{\boldsymbol{T}_{\max}}{W_P}\leqslant[\tau]$$

利用强度条件可以完成强度校核、设计截面尺寸和确定许用载荷等三类强度计算问题。

(4)等截面圆轴扭转时的变形计算公式为

$$\varphi=\frac{\boldsymbol{T}l}{GI_P}$$

等截面圆轴扭转的刚度条件是

$$\theta_{\max}=\frac{\boldsymbol{T}_{\max}}{GI_P}\times\frac{180}{\pi}\leqslant[\theta]$$

(5)圆轴扭转强度计算的关键在于正确做出扭矩图,求得;而刚度条件公式较为复杂,计算时应注意各量的单位。

项目 7

直梁的弯曲

【工作任务】

任务 7.1　直梁弯曲的内力

任务 7.2　直梁弯曲的应力与强度

任务 7.3　直梁弯曲的变形与刚度

任务 7.1　直梁弯曲的内力

[**任务描述**] 学习构件基本变形之四——平面弯曲

[**任务目标**]

目标类型	目标要求
认知目标	(1)掌握平面弯曲的概念; (2)掌握剪力和弯矩的求解方法; (3)熟悉剪力图和弯矩图的绘制步骤。
技能目标	能用截面法熟练地求解直梁弯曲的内力(剪力和弯矩),并能熟练地绘制剪力图和弯矩图。
素质目标	(1)培养学生理论联系生活、联系实践的能力; (2)走近金庸先生,读生平故事,看家国胸怀。

[**关键词**]平面弯曲、对称弯曲、简支梁、外伸梁、悬臂梁、剪力、弯矩、剪力方程/图、弯矩方程/图。

[**知识前哨站**]

(1)拉伸(压缩)、剪切、扭转等变形的内力分析方法;

(2)截面法求内力;

(3)物体受力的平衡分析及画受力图;

(4)内力图(轴力图)的画法。

案例引入

冷兵器时代的绝唱：弓箭

记得少年时，看过很多金庸先生名著改编的电视剧。印象最深的莫过于那部《射雕英雄传》了。“剑未出鞘血封喉，弯弓射雕竞风流”，曾是多少少年的江湖梦。在金庸先生所塑造的武侠世界中，只见郭靖手持弯弓，深扎马步，拉弦满月，搭弓上箭，穿云呼啸，一箭双雕！试问，在那样一个冷兵器时代，又有哪个热血青年不想成为这样骠骑纵横、弯弓饮羽、蹈锋饮血、侠骨丹心的弓箭手呢？

(a)后羿射日

(b)《射雕英雄传》

图 7-1　弓箭与弓箭手

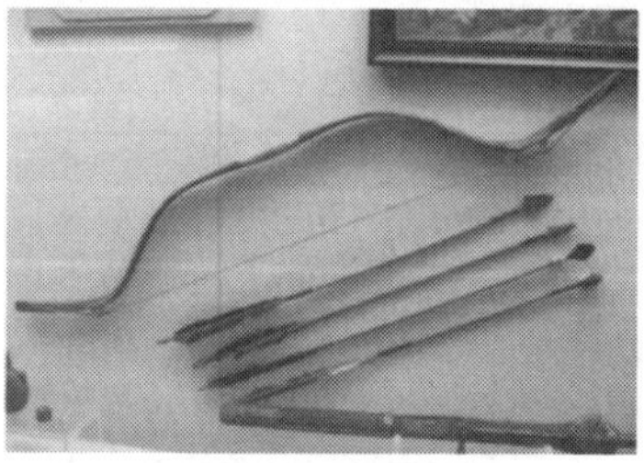

图 7-2　博物馆收藏的清弓

中国，是世界上最早发明和使用弓箭的国家之一。起先，弓箭是作为狩猎工具而存在，极大的扩宽了人们的捕猎范围，而后很快被应用于军事领域。从最早的单体弓到汉代的反曲弓，从唐代的角弓再到清朝的清弓，可以说，弓箭是伴随着朝代更迭的战争而不断调整、不断优化的。弓箭，分为弓与箭两部分。弓，由有弹性的弓臂和有韧性的弓弦构成，制作工序及材料极其考究，做弓胎的竹子、牛角、牛筋，做弓弰用的榆木，做粘接工作用的动物胶。想要打造一把上好的弓箭，要历时 4 个多月总计 200 余道工序，稍有偏差，便有可能报废。虽然后期又发展出了弹弓、弩弓、闸箭（诸葛连弩）、攻城床弩等衍生品。

虽然，在世界进入热兵器时代后，枪炮逐渐取代了弓箭。就连曾经勇武善射的满军八旗子弟们，也放下了清弓，拿起了火枪。但弯弓的出现，确实成为中国冷兵器史上最浓墨重彩的一笔，也成为历史的绝唱……

专业知识

7.1.1　弯曲的概念与实例

1)平面弯曲

弯曲是生活生产和工程实际中最常见的一种基本变形。如图 7-3 所示,跳水跳板、弯弓射箭、火车轮轴、行车大梁等的变形都是弯曲变形的实例。

(a) 3米跳板

(b) 射箭(反曲弓)

图 7-3　体育竞技中的弯曲

弯曲变形构件的**受力特点**是:在通过杆轴线的面内,受到力偶或垂直于轴线的外力(即横向力)作用。**变形特点**是:杆的轴线将由直线弯成为一条曲线,如图 7-4 和图 7-5 所示。

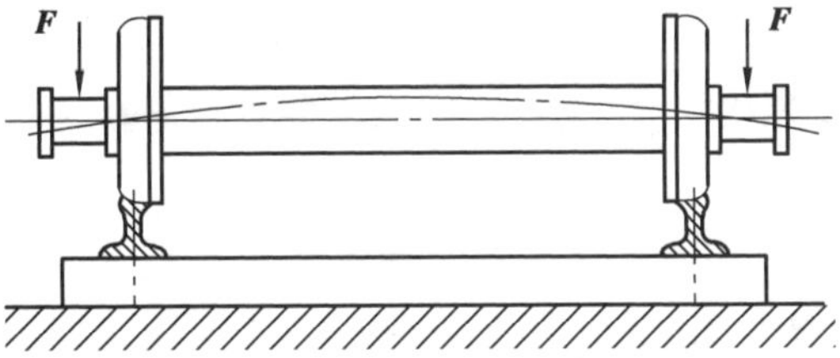

(a)

(b)

图 7-4　火车轮轴

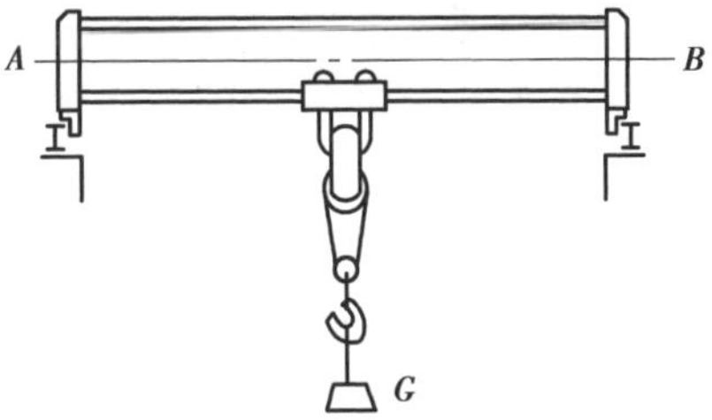

(a)

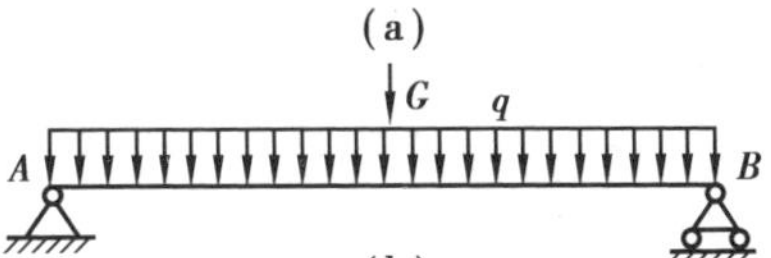

(b)

图 7-5　行车大梁

在外力作用下,产生弯曲变形或以弯曲变形为主的杆件,称为**梁**。工程中常用的梁如圆形、矩形、工字形、T 形及箱形截面梁等,其横截面一般有一个或几个对称轴,由横截面的对称轴与梁的轴线组成的平面称为**纵向对称平面**。当外力作用在梁的纵向对称面上时,其轴线将受弯变成纵向对称面内的一条平面曲线,这种弯曲称为**对称弯曲**。对称弯曲时,由于梁变形后的轴线所在平面与外力作用面重合,因此也称为**平面弯曲**。平面弯曲是弯曲变形中最简单和最基本的情况,本节将仅讨论直梁的平面弯曲(图 7-7)。

若梁不具有纵对称面,或者梁虽具有纵对称面但外力并不作用在对称面内,这种弯曲则统称为**非对称弯曲**。本任务中暂不考虑。

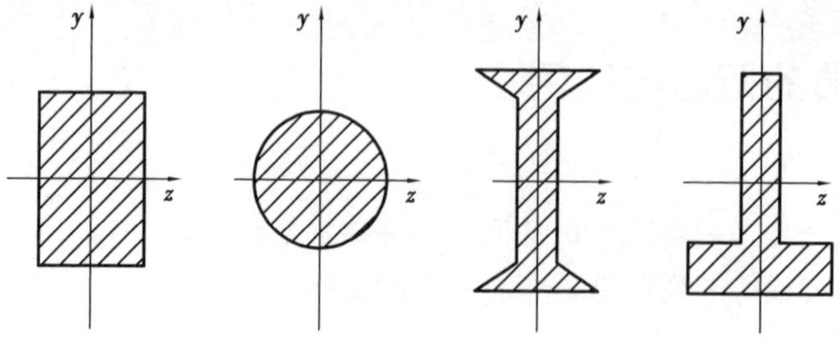

图 7-6　直梁横截面

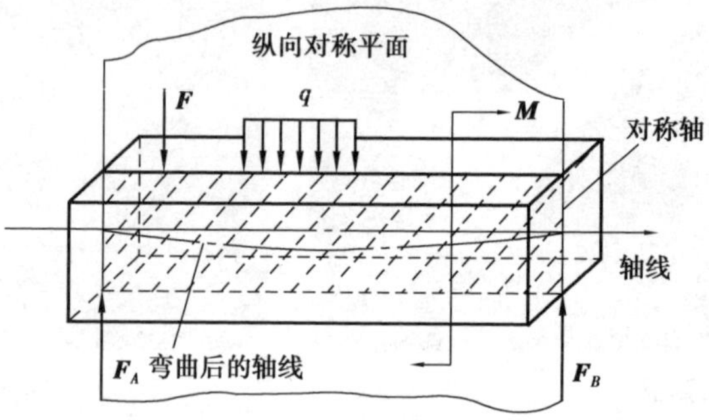

图 7-7　平面弯曲

2)梁的类型

工程实际中,梁的载荷和支承情况一般比较复杂,为了便于分析和计算,通常对梁进行简化,包括梁本身的简化、载荷的简化以及支座的简化。

梁的简化:不论直梁的截面形状多么复杂,都简化为一直杆并用梁的轴线来表示,如图 7-4(b)和图 7-5(b)所示。

载荷的简化:当载荷的作用范围较小时,简化为集中力;若载荷连续作用于梁上,则简化为分布载荷。沿梁轴线单位长度上所受的力即**载荷集度**,以 q(N/m)表示。集中力偶可理解为力偶两力分布在很短的一段梁上。

支座的简化:根据支座对梁约束的不同特点,支座可简化为静力学中的三种形式:活动铰链支座、固定铰链支座和固定端支座,因而简化的梁有三种类型,如图 7-8 所示。

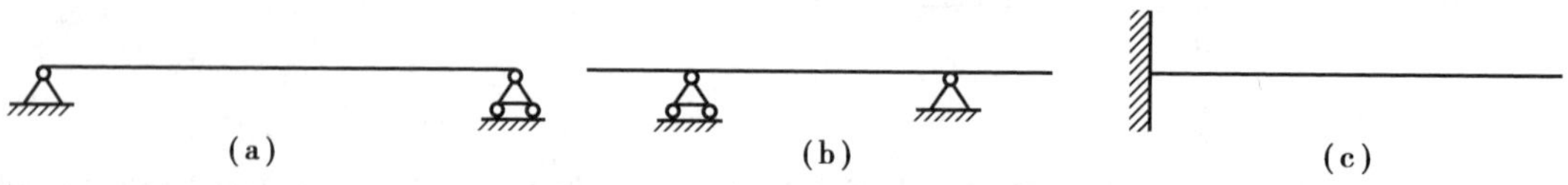

图 7-8　梁的类型

(1)**简支梁**:梁的一端是活动铰链支座,另一端为固定铰链支座,如图 7-8(a)所示。

(2)**外伸梁**:梁的一端或两端伸出支座之外,如图 7-8(b)所示。

(3)**悬臂梁**:梁的一端为固定端支座,另一端为自由端,如图 7-8(c)所示。

上述三种类型的梁在承受载荷后，其支座反力均可由静力平衡方程完全确定，这些梁称为**静定梁**。如梁的支座反力的数目大于静力平衡方程的数目，应用静力平衡方程无法确定全部支座反力，这种梁称为**超静定梁**。

图 7-9　超静定梁

如图 7-9(a)所示，为了减少简支梁的变形和提高其强度，在梁的跨中增设一活动铰支座后，梁就成了一次超静定梁。又如图 7-9(b)所示，为了减少悬臂梁的变形和提高其强度，在梁的自由端增设一活动铰支座后，梁也就成了一次超静定梁。

7.1.2　平面弯曲内力——剪力与弯矩

1)截面法求内力——剪力与弯矩

> **➢ 深思妙想**
>
> 梁在发生平面弯曲变形时，横截面上会产生何种内力？在横截面上会有几种内力同时存在？如何求出这些内力？

平面弯曲梁横截面上的内力分析是对梁进行强度和刚度计算的基础。

为了对梁进行强度和刚度计算，首先必须确定梁在载荷作用下任一横截面上的内力。与求杆件拉伸(压缩)时的轴力一样，若求直梁弯曲时的内力，也要用到截面法。大致的思路仍为：截开→代替→平衡($\boldsymbol{F}_s$、$\boldsymbol{M}$)。

以图 7-10 所示的简支梁为例，用截面法求内力。在任意横截面 1—1 上同时存在有剪力 $\boldsymbol{F}_S$ 和弯矩 $\boldsymbol{M}$，$\boldsymbol{F}_S$ 是横截面上切向分布内力分量的合力，因与截面 1—1 相切，故称为截面 1—1 的**剪力**；$\boldsymbol{M}$ 是横截面上法向分布内力分量的合力偶矩，因在纵向对称面内且与截面垂直，故称为截面 1—1 的**弯矩**。

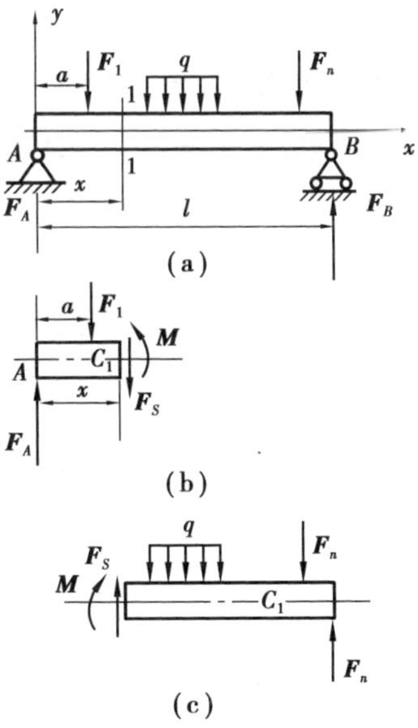

图 7-10　截面法求内力

用截面法求 $\boldsymbol{F}_S$、$\boldsymbol{M}$ 的步骤概括如下：

(1)**截开**：假想在要求内力的位置(1—1 处)将梁切开，并任选一段作为研究对象。

(2)**代替(受力分析画受力图)**：在所选段的截面处添画内力(剪力 $\boldsymbol{F}_S$ 和弯矩 $\boldsymbol{M}$)，代替右半部分对其作用，如图 7-10(b)所示，方向上可先假设为正。

(3)**平衡**：整个梁是平衡的，所以截开后的每一部分也应平衡。

求剪力:由静力平衡方程 $\sum F_y=0$ 计算剪力 F_S。

横截面上的剪力在数值上等于该截面左段(或右段)梁上所有外力(主动力与约束力)的代数和,即

$$F_S=\sum F \tag{7-1}$$

所以针对图 7-10,按平衡条件有

$$\sum F_y=0, F_A-F_1-F_S=0$$

得

$$F_S=F_A-F_1$$

求弯矩:由静力平衡方程 $\sum M_C(F)=0$ 计算弯矩 M。

横截面上的弯矩在数值上等于该截面左段(或右段)梁上所有外力,对该截面形心 C 的力矩的代数和,即

$$M=\sum M_C \tag{7-2}$$

如图 7-10 所示,以截面形心 C_1 为矩心,有

$$\sum M_{C_1}=0, -F_Ax+F_1(x-a)+M=0$$

得

$$M=F_Ax-F_1(x-a)$$

> **➢ 高能提醒**
>
> 如取右段为研究对象,同样可以求得横截面 1—1 上的内力 F_S 和 M,所求结果就与左段的结果数值相等,方向相反,如图 7-10(b)所示。

2)内力的正负号

由于取左半段与取右半段所得剪力 F_S 和弯矩 M 的方向(或转向)相反,为使无论取左半段或取右半段所得剪力和弯矩的正负符号相同,必须对剪力和弯矩的正负符号做适当规定。

剪力:在所切横截面的内侧切取微段,凡使微段产生左侧截面向上、右侧截面向下的相对错动趋势的剪力为正,反之为负,如图 7-11 所示。

弯矩:使微段梁弯曲呈凹形的弯矩为正,反之为负,如图 7-12 所示。

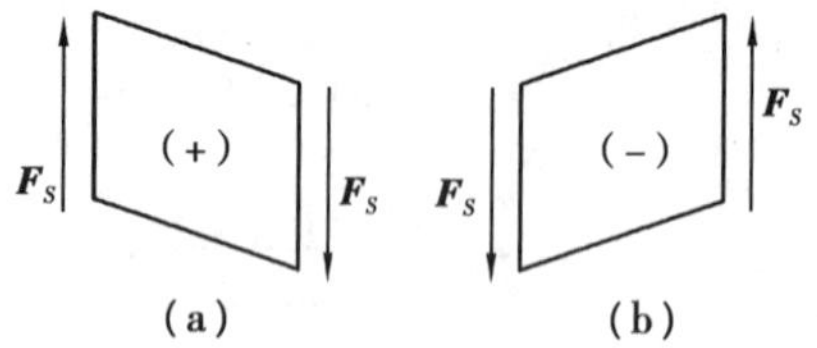

图 7-11　剪力

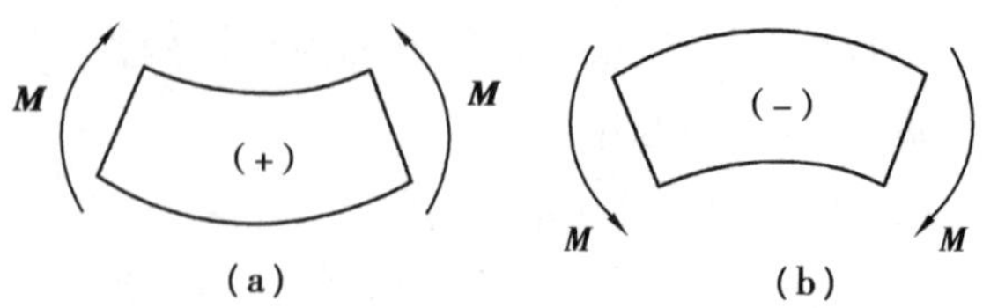

图 7-12　弯矩

将上述结论归纳为一个简单的口诀"**左上右下,剪力为正;左顺右逆,弯矩为正**"。这样在计算梁横截面上的剪力和弯矩时,不需要再画分离体受力图,而是直接根据外力按照步骤计算即可。

例 7.1　一简支梁受载如图 7-13 所示，试求图中各指定截面的剪力和弯矩。截面 1—1、2—2 表示截面位于集中力 $\boldsymbol{F}$ 作用的左、右两侧，距离 $\boldsymbol{F}$ 无穷小处；截面 3—3、4—4 表示截面位于集中力偶 $\boldsymbol{M}_e$ 作用的左、右两侧，距离力偶 $\boldsymbol{M}_e$ 无穷小处。

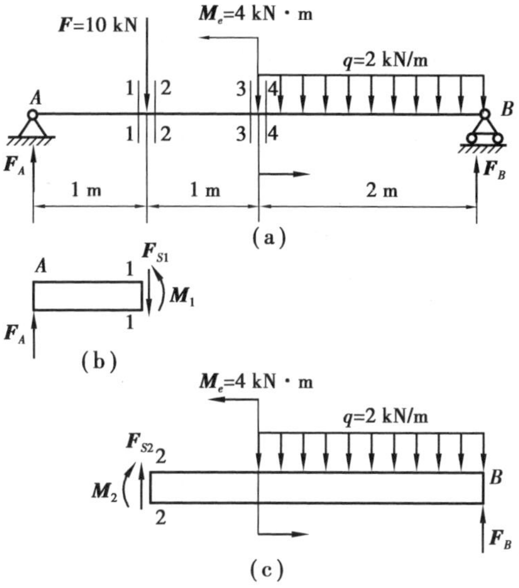

图 7-13　例 7.1 图

解：(1) 求支座反力

设 $\boldsymbol{F}_A$，$\boldsymbol{F}_B$ 方向向上，由静力平衡方程 $\sum \boldsymbol{M}_A = 0$ 和 $\sum \boldsymbol{M}_B = 0$ 求得

$\boldsymbol{F}_A = 9.5\ \text{kN}$，$\boldsymbol{F}_B = 4.5\ \text{kN}$

(2) 求指定截面的剪力和弯矩

取 1—1 截面的左段梁为研究对象，如图 7-13(b) 所示，由静力平衡方程得

$\boldsymbol{F}_{S1} = \boldsymbol{F}_A = 9.5\ \text{kN}$

$\boldsymbol{M}_1 = \boldsymbol{F}_A \times d_1 = 9.5 \times 1 = 9.5\ \text{kN} \cdot \text{m}$

取 2—2 截面的左段梁为研究对象，得

$\boldsymbol{F}_{S2} = \boldsymbol{F}_A - \boldsymbol{F} = 9.5 - 10 = -0.5\ \text{kN}$

$\boldsymbol{M}_2 = \boldsymbol{M}_1 - \boldsymbol{F} \times 0 = 9.5\ \text{kN} \cdot \text{m}$

取 3—3 和 4—4 截面的右段梁，同理可得

$\boldsymbol{F}_{S3} = -0.5\ \text{kN}$，$\boldsymbol{M}_3 = 9\ \text{kN} \cdot \text{m}$

$\boldsymbol{F}_{S4} = -0.5\ \text{kN}$，$\boldsymbol{M}_4 = 5\ \text{kN} \cdot \text{m}$

比较 1—1 截面和 2—2 截面的剪力值，可以看出，集中力 F 作用处的两侧截面上的剪力发生突变，突变值即为集中力的大小；同样，比较 3—3 截面和 4—4 截面，可以得出在集中力偶 $\boldsymbol{M}_e$ 作用处的两侧截面上，弯矩值发生突变，突变值为集中力偶 $\boldsymbol{M}_e$ 的大小。

7.1.3　剪力图与弯矩图

1) 剪力方程与弯矩方程

梁横截面上的剪力和弯矩随截面位置而变化，为了描述其变化规律，若以横坐标 x 表示横截面的位置，则梁内各个横截面上的剪力和弯矩都可以表示为 x 的函数，即

$$\begin{cases} \boldsymbol{F}_S = \boldsymbol{F}_S(x) \\ \boldsymbol{M} = \boldsymbol{M}(x) \end{cases} \tag{7-3}$$

以上两式分别称为梁的**剪力方程**和**弯矩方程**。在列剪力方程和弯矩方程时，应根据梁上载荷的分布情况分段进行，集中力（包括支座反力）和集中力偶的作用点以及分布载荷的起止点均为分段点。

2) 剪力图与弯矩图

为了直观反映梁的各个横截面上剪力和弯矩沿梁轴线的分布情况，进而确定梁上的最大剪力和最大弯矩，通常按 $\boldsymbol{F}_S = \boldsymbol{F}_S(x)$ 和 $\boldsymbol{M} = \boldsymbol{M}(x)$ 绘出函数图形，这种图形分别称为**剪力图**与

弯矩图。

利用剪力图和弯矩图很容易确定梁的最大剪力和最大弯矩,找出梁危险截面的位置。所以说,正确绘制剪力图和弯矩图是计算梁的强度和刚度的基础。

下面举例说明列剪力方程和弯矩方程以及绘制剪力图和弯矩图的方法。

例 7.2 如图 7-14(a)所示,简支梁 AB 受集中力 $\boldsymbol{F}$ 作用,试列出梁的剪力方程和弯矩方程,并绘制剪力图和弯矩图。

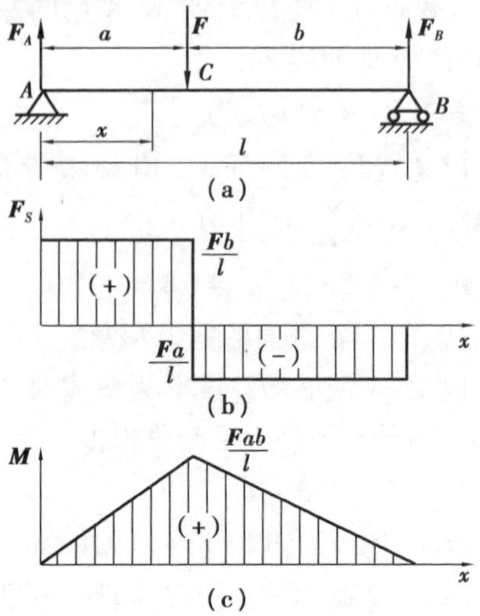

图 7-14 例 7.2 图

解:(1)求 A,B 处的支座反力

建立静力平衡方程

$$\sum M_A(F) = 0,\ -\boldsymbol{F} \times a + \boldsymbol{F}_B \times l = 0$$

$$\sum F_y = 0, \boldsymbol{F}_A - \boldsymbol{F} + \boldsymbol{F}_B = 0$$

$$\boldsymbol{F}_A = \frac{\boldsymbol{F}b}{l}, \boldsymbol{F}_B = \frac{\boldsymbol{F}a}{l}$$

(2)列剪力方程和弯矩方程

由于 C 点受集中力 $\boldsymbol{F}$ 的作用,引起 AC、BC 两段剪力方程和弯矩方程各不相同,须分段列方程。对 AC 段,取距原点为 x 的任意截面为研究对象,可得剪力方程和弯矩方程分别为

$$\boldsymbol{F}_S(x) = \boldsymbol{F}_A = \frac{\boldsymbol{F}b}{l}(0 < x < a)$$

$$M(x) = \boldsymbol{F}_A x = \frac{\boldsymbol{F}b}{l}x(0 \leqslant x < a)$$

同理,对 CB 段可得剪力方程和弯矩方程分别为

$$\boldsymbol{F}_S(x) = \boldsymbol{F}_A - \boldsymbol{F} = \frac{\boldsymbol{F}b}{l} - \boldsymbol{F} = -\frac{\boldsymbol{F}a}{l}(a < x < l)$$

$$M(x) = \boldsymbol{F}_A x - \boldsymbol{F}(x - a) = \frac{\boldsymbol{F}b}{l}x - \boldsymbol{F}(x - a)$$

$$= -\frac{\boldsymbol{F}a}{l}(1 - x)(a \leqslant x \leqslant l)$$

(3)绘制剪力图和弯矩图

根据梁各段上的剪力方程和弯矩方程,绘出剪力图,如图 7-14(b)所示,绘出弯矩图,如图 7-14(c)所示。从剪力图和弯矩图中可以看出,在集中力 $\boldsymbol{F}$ 作用的 C 处,剪力图上会发生突变,突变值即等于集中力 $\boldsymbol{F}$ 的大小;弯矩图上有转折点。

例 7.3 简支梁 AB 如图 7-15 所示,在 C 截面处受集中力偶 M_e 的作用,试列出梁的剪力方程和弯矩方程,并绘制剪力图和弯矩图。

解:(1)求支座反力

由静力学平衡方程可得 $\boldsymbol{F}_A = \boldsymbol{F}_B = \dfrac{\boldsymbol{M}_e}{l}$

(2)列剪力方程和弯矩方程

对 AC 段,取 x 截面的左段为研究对象,可得剪力方程和弯矩方程分别为

$$F_S(x) = -F_A = -\frac{M_e}{l}(0 < x \leqslant a)$$

$$M(x) = -F_A x = -\frac{M_e}{l}x(0 \leqslant x < a)$$

同理,对 CB 段可得剪力方程和弯矩方程

$$F_S(x) = -F_A = -\frac{M_e}{l}(a \leqslant x < l)$$

$$M(x) = -F_A x + M_e = -\frac{M_e}{l}(1 - x)(a < x_2 \leqslant l)$$

(3)绘制剪力图和弯矩图

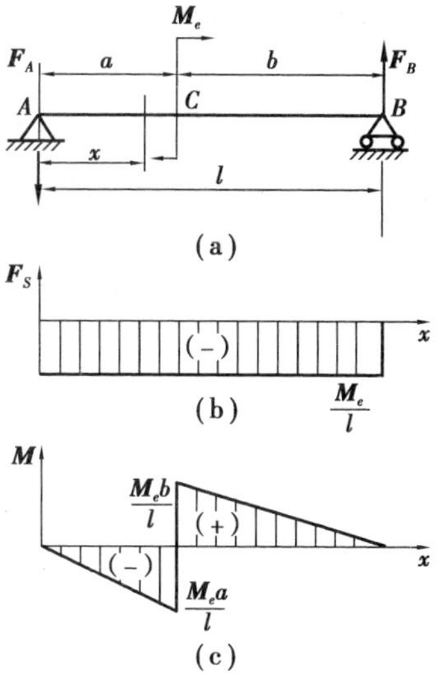

图 7-15　例 7.3 图

绘制剪力图,如图 7-15(b)所示;绘制弯矩图,如图 7-15(c)所示。从剪力图和弯矩图上可以看出,集中力偶作用处其剪力值不发生变化,弯矩图上有突变,突变值等于集中力偶矩。

例 7.4　图 7-16(a)所示的悬臂梁,受向下均布载荷 q 的作用,试列出梁的剪力方程和弯矩方程,并绘制剪力图和弯矩图。

解:(1)建立剪力方程和弯矩方程

取距 A 点为 x 的截面的右侧为研究对象,剪力方程和弯矩方程为

$$F_S(x) = q(1 - x),(0 < x \leqslant l)$$

$$M(x) = -q(l - x) \times \frac{l - x}{2} = -\frac{q}{2}(l - x)^2,(0 < x \leqslant l)$$

(2)绘制剪力图和弯矩图

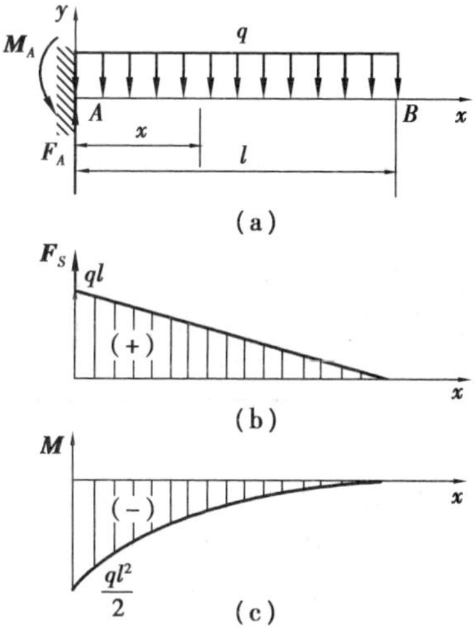

图 7-16　例 7.4 图

由剪力方程可知,剪力图为一条斜直线,如图 7-16(b)所示。由弯矩方程可知,弯矩图为一条开口向下的抛物线。显然,

当 $x=0$ 时,　$M_{max} = -\frac{ql^2}{2}$

抛物线有极值,如图 7-16(c)所示。

结合上述例题中集中力、集中力偶作用的截面处内力图的变化规律,可以将剪力图、弯矩图和梁上载荷三者之间的规律总结如下:

(1)梁上某段,若无均布载荷作用,剪力图是一条水平线,弯矩图是一条斜直线。如果剪力大于零,弯矩图斜率大于零;反之,弯矩图斜率小于零;且剪力图的剪力大小等于弯矩图斜率的大小。

(2)梁上某段,若有均布载荷作用,剪力图是一条斜直线,弯矩图是一条抛物线。如果均

布载荷向下，剪力图斜率小于零，弯矩图抛物线开口向下；如果均布载荷向上，剪力图斜率大于零，弯矩图抛物线开口向上。

(3)梁上某段，剪力图是一条斜直线，且与 x 轴相交，交点处剪力等于零，交点两侧剪力异号，弯矩图中该点的弯矩为极值。

(4)在集中力作用处，剪力图上有突变，突变值等于集中力的大小，弯矩图上有转折点；在集中力偶作用处，剪力图不变，弯矩图上有突变，突变值等于集中力偶矩的大小。也可用如表 7-1 所示的形式总结如下。

表 7-1　$\boldsymbol{F}_S$，$\boldsymbol{M}$ 特征图

载荷类型	无载荷段 $q(x)=0$			均布载荷段 $q(x)=C$		集中力		集中力偶	
				$q<0$	$q>0$	F C	C F	M_e C	M_e C
$\boldsymbol{F}_S$图	水平线			倾斜线		产生突变		无影响	
						F	F		
$\boldsymbol{M}$图	$F_S<0$	$F_S=0$	$F_S>0$	二次抛物线 $F_S=0$ 处有极值		在 C 处有折角		产生突变	
						C	C	M_e	M_e

根据以上规律以及通过求出梁上某些特殊截面的内力值，可以不必再列出剪力方程和弯矩方程而直接绘制剪力图和弯矩图。

例 7.5　绘制如图 7-17(a)所示梁的剪力图和弯矩图。

解：(1)求支座反力

取梁 AB 为研究对象，根据静力平衡方程

$$\sum \boldsymbol{M}_B(F)=0,\ -\boldsymbol{F}_A\times 4-\boldsymbol{M}_e-q\times 2\times 1=0$$

$$\sum F_y=0,\boldsymbol{F}_A+\boldsymbol{F}_B-q\times 2=0$$

得　　$\boldsymbol{F}_A=-2.5\ \text{kN},\boldsymbol{F}_B=8.5\ \text{kN}$

(2)分段

根据梁上载荷，将梁分为 AC，CB，BD 三段。用C^-和C^+表示无限接近截面 C 的左右侧横截面，B 点类同。

(3)画剪力图

计算各段起止点横截面上的剪力值。

$F_{SA}=F_A=-2.5\ \mathrm{kN}$

$F_{SC}=F_A=-2.5\ \mathrm{kN}$

$F_{SB}^{-}=F_A=-2.5\ \mathrm{kN}$

$F_{SB}^{+}=F_A+F_B=-2.5+8.5=6\ \mathrm{kN}$

$F_{SD}=0$

绘制出剪力图,如图 7-17(b)所示。

(4)画弯矩图

AC 和 CB 段的弯矩图是斜直线,C 处有集中力偶,弯矩图在截面 C 处有突变,求出以下各分界点的弯矩值。

$M_A=0$

$M_C^{-}=F_A\times2=-2.5\times2=-5\ \mathrm{kN\cdot m}$

$M_C^{+}=F_A\times2+M_e=-2.5\times2+4=-1\ \mathrm{kN\cdot m}$

$M_B=-q\times2\times1=-3\times2\times1=6\ \mathrm{kN\cdot m}$

$M_D=0$

绘制弯矩图,如图 7-17(c)所示。

最大弯矩发生在截面 B 处,$|M_{\max}|=6\ \mathrm{kN\cdot m}$。

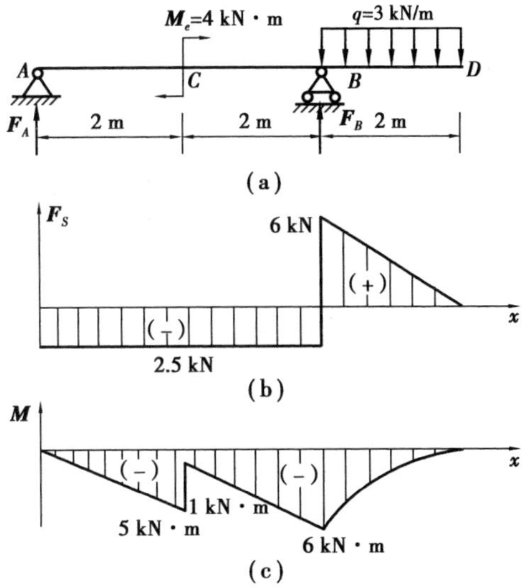

图 7-17　例 7.5 图

课程育人

为国为民,侠之大者

金庸,原名查良镛,生于浙江省海宁市,一生著有数本脍炙人口的武侠小说,获奖无数,被誉为“华人武侠小说界的泰山北斗”。

金庸老先生是在 1948 年到的香港,在香江河畔经历了 70 年风雨。在外漂泊越久,对故乡的思念就越深,他的家国情怀就越发浓重。金庸老先生把这种情怀都写入了他的武侠世界,刻入了武侠英雄的骨子里。

金庸一生创作武侠小说 15 部,哪部最好?读者各有偏爱,金庸自己也没有确切答案。但人们有定论的是:流传最广、最受读者欢迎的是《射雕英雄传》。主人公郭靖虽然有些憨直,但为人善良勤恳,更有一颗行侠仗义、爱国为民之心。凭借一身过人的武功和侠义精神,再加上影视作品的渲染,成为人们心目中金庸世界里的第一大侠。“山外青山楼外楼,西湖歌舞几时休。”几句开场诗之后,牛家村郭啸天、杨铁心两家登场,丘处机道长也随后“踏雪而来”,开始了一场惊心动魄的故事。金庸在写下这些文字时并没有想到,《射雕英雄传》会成为中国最著名的武侠小说之一,在今后的一个甲子乃至更长时间内,被持续阅读、阐释乃至长久的演绎下去。那一年,是 1957 年,那一年,金庸仅 34 岁。

图 7-18　1957 年 1 月 1 日,《射雕英雄传》开始在《香港商报》连载

金庸老先生 1994 年到北大演讲时曾说过:“我们中华民族遇到外族入侵时,常常能把外族打退,打不退的情况也很多,但却很难被征服。这是因为一方面我们有一股韧力,一股很顽强的抵抗力量;一方面我们又很开放,在文化上同它们融合在一起,经过一段时间,大家变成一个民族,我们的民族从此又壮大起来。”

2018 年 10 月 30 日,金庸老先生病逝于香港,享年 94 岁。但他为整个华人世界注入的某种共同的精神,将永远被后人传承下去。金庸虽写江湖,字里行间却饱含着爱国护家、和平友爱、重情守义的深情。回看金庸笔下的这些武侠英雄,深明大义,匡扶正义,在面对群体、民族、国家的利益时,他们可以毫不犹豫地一往无前甚至牺牲生命。他们身上体现了传统的善恶观,更体现了中华民族不畏艰难、百折不挠、开放包容的精神。“侠之大者,为国为民”,这是金庸小说的魂,不也正是中华民族的魂吗?

课后练习

[知识检测]

一、填空题

1.弯曲变形构件的受力特点是:在通过________的面内,受到________或________(即________)的作用。变形特点是:杆的________将由________________________。

2.根据支座对梁约束的不同特点,支座可简化为静力学中的三种形式:________支座、________支座和________支座,因而简化的梁有三种类型:________、________、________。

3.梁上某段,若无均布载荷作用,剪力图是一条________,弯矩图是一条________。如果剪力大于零,弯矩图斜________;反之,弯矩图________;且剪力图的剪力大小等于弯矩图________。

二、客观题

1.由于取左半段与取右半段所得剪力 $\boldsymbol{F}_S$ 和弯矩 $\boldsymbol{M}$ 的方向(或转向)相反,为使无论左右段的正负符号相同,必须对正负符号做出人为规定。即左上右下,剪力为正;左顺右逆,弯矩为正。　　(　　)

2.剪力图与弯矩图其实就是剪力方程与弯矩方程的函数图形，通过绘制剪力图和弯矩图便于快速确定梁的危险截面，是计算梁的强度和刚度的基础。（　　）

3.在集中力作用处，$\boldsymbol{F}_S$图上有突变，$\boldsymbol{M}$ 图不变；在集中力偶作用处，$\boldsymbol{F}_S$图不变，则 $\boldsymbol{M}$ 图上有突变。（　　）

三、主观题

1.具有对称截面的直梁发生平面弯曲的条件是什么？

2.剪力和弯矩的正负号是按什么原则确定的？它与坐标的选择是否有关？与静力学中力和力偶的符号规定有何区别？

3.图 7-19 所示的悬臂梁，受向下均布载荷 q 的作用，试列出梁的剪力方程和弯矩方程，并绘制剪力图和弯矩图。

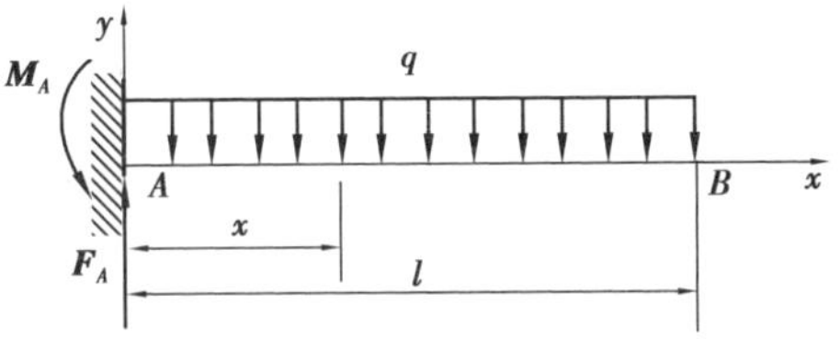

图 7-19　题 3 图

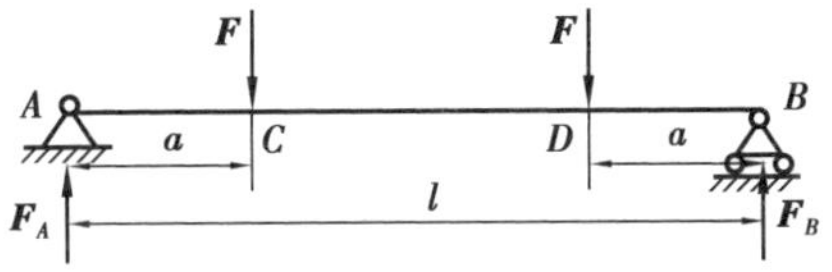

图 7-20　题 4 图

4.图 7-20 所示的简支梁，受力 $\boldsymbol{F}$ 的作用，试列出梁的剪力方程和弯矩方程，并绘制剪力图和弯矩图。

［素质拓展］

以文会友·金庸武侠人物赏析

你曾读过金庸先生的哪些小说？或者看过哪些影视作品？谈谈你最喜爱的一部作品，或是某个人物？某个片段？某句台词？谈谈那些让你高燃或感动的高能瞬间，与同学们分享。

(a)《射雕英雄传》　　(b)《神雕侠侣》

图 7-21　金庸先生的武侠作品

任务 7.2　直梁弯曲的应力与强度

[**任务描述**]掌握纯弯曲时梁横截面上应力的计算与强度的校核

[**任务目标**]

目标类型	目标要求
认知目标	(1)掌握纯弯曲时横截面上正应力的分布规律及计算方法; (2)熟练掌握纯弯曲的强度计算方法。
技能目标	能够对纯弯曲梁进行强度计算——强度校核、截面设计、计算载荷。
素质目标	(1)用发展的眼光看中国,以桥梁为媒介,谈 70 年历史巨变; (2)从中国桥梁看大国重器,看中国速度,培养民族自豪感。

[**关键词**]剪切弯曲、纯弯曲、平面假设、中性层、正应力、惯性矩、抗弯截面系数、危险点、梁弯曲正应力的强度条件。

[**知识前哨站**]

(1)直梁弯曲的内力——剪力与弯矩的求解方法;

(2)弯矩图与扭矩图的画法;

(3)几种基本变形(拉压、剪切、扭转)的强度校核方法。

案例引入

世界第一拱桥——重庆朝天门长江大桥

重庆朝天门长江大桥是世界上最大跨度的拱桥,其建筑造型美观,结构受力明确,交通功能强大,景观效果显著,如图 7-22 所示。

大桥设计方案名为“城市之门”,规划之初即被定位为江上城市之门,突出景观效果;大桥除桥墩外通体红色,设计入水桥墩少,对江面景观破坏小,而且把解放碑和朝天门这两张城市名片也融为一体。船近重庆城,穿过由“解放碑”桥墩和大桥桥面构成的“城市之门”,可见渝中半岛。

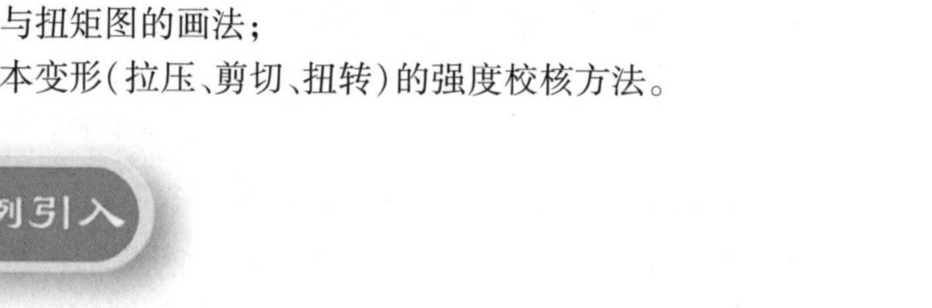

(a)大桥日景　　(b)大桥夜景

图 7-22　重庆朝天门长江大桥

重庆朝天门长江大桥全长1 741 m，包括主桥和南、北两侧引桥。其中主桥长932 m，采用(190+552+190)m的三跨连续中承式连续钢桁系杆拱桥。北引桥长314 m，南引桥长495 m，均为预应力混凝土连续箱梁桥。双层桥面，上层桥面总宽36 m，布置六车道和两侧人行道，设计行车速度60 km/h。下层中间布置双线城市轨道交通，两侧各预留一个宽7 m的汽车车行道，设计行车速度80~100 km/h。

上层系杆采用“H”形断面，下层系杆采用主桥为“王”形断面+辅助系索的组合结构，钢结构系杆端部与拱肋下弦节点相连接，下层辅助系索锚固于系杆端节点处。设置辅助系索的目的在于降低下层钢结构系杆杆力，使杆件设计尺寸及板厚控制在适当范围之内，减少用钢量。

大桥的建设推动了多个科研及技术创新，截至2018年12月，大桥创造了两项世界第一：第一项是主跨552 m为世界已建成的跨度最大的拱桥；第二项是主桥中支点支座采用了145 000 kN的球型抗震支座，是已建成世界同类桥型承载力最大的球型支座。

重庆朝天门长江大桥于2009年4月29日正式建成通车，2010年12月获第十届“中国土木工程詹天佑奖”，2019年入选“改革开放40年百项经典工程”。

专业知识

7.2.1　纯弯曲梁

1）纯弯曲的概念

研究了平面弯曲梁的内力之后，从剪力图和弯矩图上可以确定发生最大剪力和最大弯矩的危险截面。剪力是由横截面上的切应力形成，而弯矩是由横截面上的正应力形成。因此，梁的横截面上通常同时存在着正应力σ和切应力τ，这种平面弯曲称为**剪切弯曲**（或**横力弯曲**）。如果梁的横截面上只有弯矩，而剪力不存在，这时横截面上将只有正应力而无切应力，这种平面弯曲称为**纯弯曲**。实验表明，当梁较为细长时，正应力是决定梁是否破坏的主要因素，切应力是次要因素。因此，本节着重研究梁横截面上的正应力。

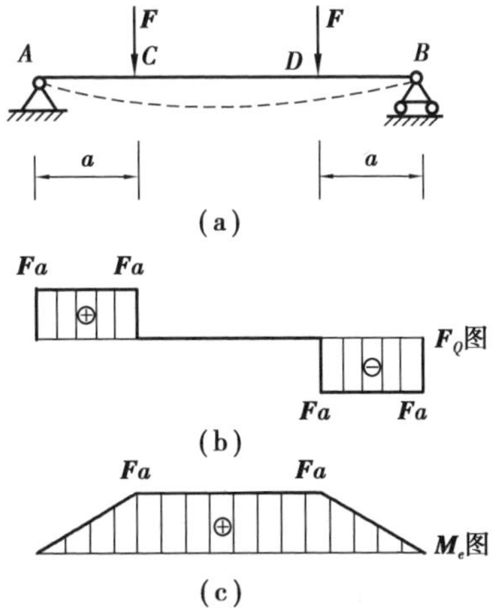

图7-23　纯弯曲试验

2）纯弯曲试验

为了研究梁横截面上正应力的分布规律，可做纯弯曲试验。

取一截矩形截面的等截面简支梁AB，其上作用两个对称的集中力$\boldsymbol{F}$，如图7-23(a)所示。

未加载前，在CD段表面画些平行于梁轴线的纵向线和垂直于梁轴线的横向线。

加载后，如图 7-23(b)剪力图和图 7-23(c)弯距图所示，可知：

两边 *AC*、*DB* **段**：各横截面上同时有剪力 $\boldsymbol{F}_S$和弯矩 $\boldsymbol{M}$，发生的是**剪切弯曲**(或**横力弯曲**)；

中间 *CD* **段**：各横截面上，只有弯矩 $\boldsymbol{M}$，没有剪力 $\boldsymbol{F}_S$，发生的是**纯弯曲**。

观察纯弯曲梁的变形，可以得出以下几点：

(1)纵向线弯曲成圆弧线，其间距不变。凸边的纵向线伸长，凹边的纵向线缩短。

(2)横向线仍为直线，但相对转过一个微小角度，并与纵向线垂直。

(3)梁的高度不变，而梁的宽度在伸长区内，有所减少，在压缩区内，有所增大。

根据上述现象，可对梁的变形提出如下假设：

(1)**平面假设**：梁变形后，其横截面仍保持为平面，并垂直于变形后梁的轴线，只是绕着截面上某一轴转过一个角度。

(2)**单向受力假设**：梁是由无数条纵向纤维组成，各纤维之间互不挤压(即梁的纵向截面上无正应力作用)，处于单向拉伸或压缩状态。

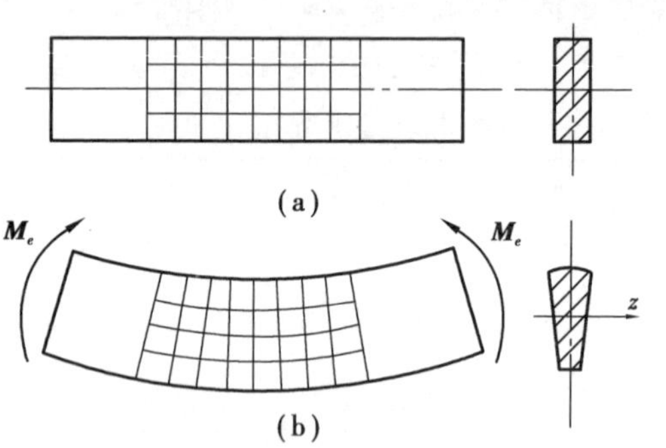

图 7-24　梁变形实验

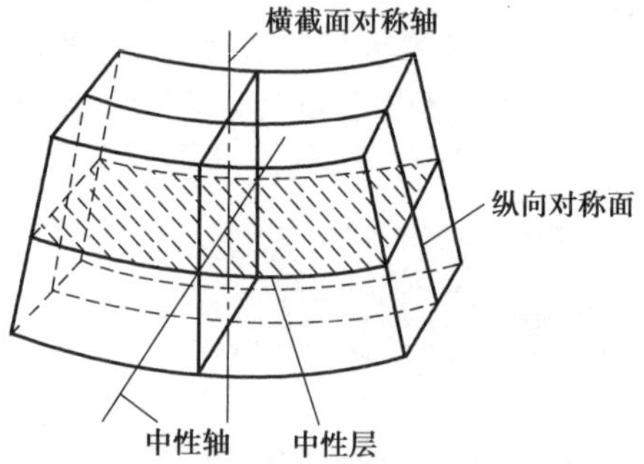

图 7-25　中性层与中性轴

由以上假设可知，因梁变形后的横截面仍与纵向线垂直，所以切应变为零，横截面上无切应力，而只有正应力。梁纯弯曲变形时，其内凹一侧的纤维层缩短；外凸一侧的纤维层伸长，如图 7-24(b)所示。二者交界处必有一层纤维既不伸长也不缩短，这一纤维层称为**中性层**。中性层与横截面的交线称为**中性轴**，如图 7-25 所示。中性层是梁内受拉区与受压区的分界面、是横截面上拉应力与压应力的分界线。中性轴上各点的正应力等于零，梁变形时各横截面均绕中性轴作相对转动。

7.2.2　梁横截面上的正应力

1)正应力的分布

综上所述，可知梁在纯弯曲时的应力分布有如下特点：

(1)中性轴上的线应变为零，所以其正应力亦应为零。

(2)距中性轴距离相等的各点，其线应变大小相等。根据胡克定律，它们正应力的绝对值也相等。

(3)在如图 7-24 所示的受力情况下，中性轴上部各点正应力为负值，中性轴下部各点正应力为正值。

(4)正应力沿 y 轴线性分布，如图 7-26 所示。最大正应力(绝对值)发生在离中性轴最远的上、下边缘处。

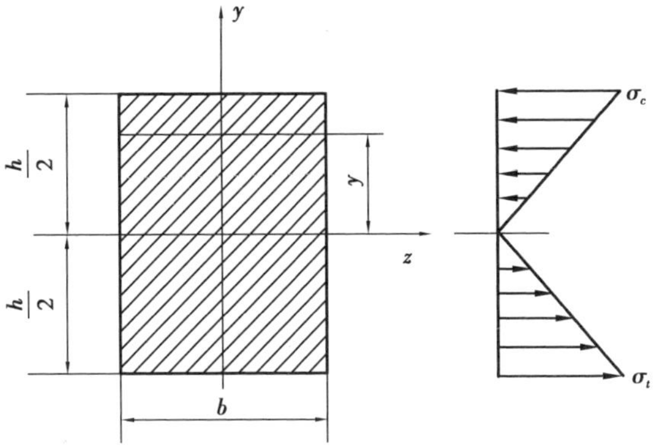

图 7-26　正应力分布

2)正应力的计算

由梁变形的几何关系、物理关系以及静力学关系,可以证明距离中性轴为 y 处点的正应力计算公式为

$$\sigma = \frac{My}{I_z} \tag{7-4}$$

式(7-3)即为纯弯曲时正应力的计算公式。式中,σ 为横截面上距离中性轴为 y 处各点的正应力;M 为横截面上的弯矩,单位为 N · m;I_z 为**横截面对中性轴 z 的惯性矩**,单位为 m^4 或 mm^4。实际使用时,M 和 y 都取绝对值,由梁的变形直接判断 σ 的正负。

从式(7-3)可知,在离中性轴最远的 y_{max} 处,即梁的上下边缘处,正应力的绝对值最大,即

$$\sigma_{max} = \frac{My_{max}}{I_z}$$

令 $W_z = \frac{I_z}{y_{max}}$,$W_z$ 称为横截面对中性轴 z 的**抗弯截面系数**,单位是 m^3 或 mm^3。则

$$\sigma_{max} = \frac{M}{W_z} \tag{7-5}$$

应该指出,式(7-3)和式(7-4)是在梁纯弯曲的情况下推导出来的。**梁的材料要服从胡克定律,且拉伸和压缩时的弹性模量要相等**。EI_z 为**抗弯刚度**。

对于横力弯曲,由于剪力的存在,梁的横截面将发生翘曲,横向力又使纵向纤维之间产生挤压,梁的变形较为复杂。但是,根据实验和分析证实,当梁的跨度与横截面高度 h 之比大于 5($l/h>5$)时,剪力的影响很小,所以,式(7-4)和式(7-5)同样适用于剪切弯曲梁的正应力计算。

7.2.3　常用的截面二次矩

1)矩形截面

如图 7-27(a)所示,矩形截面的高为 h,宽为 b,过形心作 y 轴和 z 轴。截面二次矩 I_z 和抗弯截面系数 W_z 分别为

$$I_z = \frac{bh^3}{12}, W_z = \frac{bh^2}{6} \tag{7-6}$$

同理可得

$$I_y = \frac{hb^3}{12}, W_y = \frac{hb^2}{6} \tag{7-7}$$

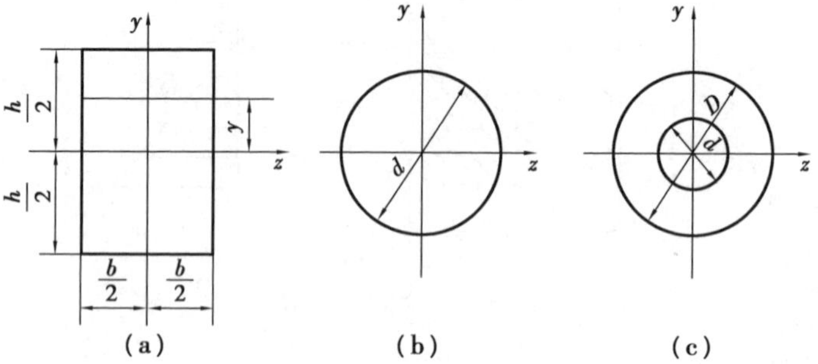

图 7-27　各种截面形状

2）圆形截面与圆环形截面

如图 7-27(b)所示的圆形截面,直径为 d。截面对中性轴的惯性矩和抗弯截面系数分别为

$$I_z = I_y = \frac{\pi d^4}{64}, W_z = W_y = \frac{\pi d^3}{32} \tag{7-8}$$

如图 7-27(c)所示的圆环形截面,截面对中性轴的惯性矩和抗弯截面系数分别为

$$I_y = I_z = \frac{\pi D^4}{64}(1-\alpha^4), W_y = W_z = \frac{\pi D^3}{32}(1-\alpha^4) \tag{7-9}$$

式中,D 为圆环的外径;α 为内外径之比,$\alpha = d/D$。

3）型钢的截面

有关型钢的截面二次矩 I_z 和弯曲截面系数 W_z,可在有关工程手册中查到,本书的附录中,列举出了部分型钢规格表,以备查用。

7.2.4　弯曲正应力的强度计算

在进行梁的强度计算时,首先应确定弯矩最大的截面,即危险截面以及确定危险截面上正应力最大的点,即**危险点**。一般情况下,对于等截面直梁来说,其危险点是弯矩最大的截面上下边缘处的各点。危险点的最大工作应力不应大于材料在单向受力时的许用应力,因此,**梁弯曲正应力的强度条件**为

$$\sigma_{\max} = \frac{M_{\max} y_{\max}}{I_z} = \frac{M_{\max}}{W_z} \leqslant [\sigma] \tag{7-10}$$

需要指出,对于塑性材料,其许用拉应力 $[\sigma_t]$ 和许用压应力 $[\sigma_c]$ 相等,可用式(7-9)进行强度计算。对于脆性材料,其许用拉应力 $[\sigma_t]$ 和许用压应力 $[\sigma_c]$ 并不相等,应分别建立相应的强度条件,即

$$\sigma_{t,\max} \leqslant [\sigma_t], \quad \sigma_{c,\max} \leqslant [\sigma_c] \tag{7-11}$$

根据梁正应力的强度条件,可以解决以下三类强度计算问题。

(1)**强度校核**:验算梁的强度是否满足强度条件,判断梁的工作是否安全;

(2)**设计截面**:根据梁的最大载荷和材料的许用应力,确定梁的截面尺寸和形状。选定合适的标准型钢材料。

(3)**确定许可载荷**:根据梁的截面尺寸和形状以及许用应力,确定梁能够承受的最大弯矩,再由弯矩和载荷的关系确定梁的许用载荷。

例 7.6　如图 7-28(a)所示,一吊车的大梁,用 32c 工字钢制成。已知梁长 $l=10$ m,自重不计。若最大起重载荷 $\boldsymbol{F}=35$ kN(包括电葫芦和钢丝绳),许用应力$[\sigma]=130$ MPa,试校核梁的强度。

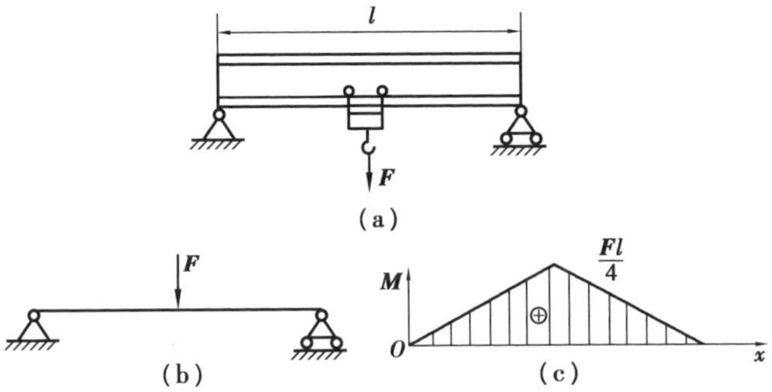

图 7-28　例 7.6 图

解:(1)求最大弯矩

可将梁简化为一简支梁,如图 7-28(b)所示。当电葫芦行至梁的中点时,该处产生最大弯矩,从图 7-28(c)中可得。

(2)校核梁的强度

查型钢表得 32c 工字钢的抗弯截面系数为 $W_z=760\ \text{cm}^3$,所以

$$\sigma_{\max}=\frac{M_{\max}}{W_z}=\frac{87.5\times10^3\times10^3}{760\times10^3}=115.1\ \text{MPa}<[\sigma]$$

综上所述,梁的工作是安全的。

例 7.7　螺栓压板夹紧装置如图 7-29(a)所示。已知板长 $3a=150$ mm,压板材料的弯曲许用应力$[\sigma]=140$ MPa,截面 B 的抗弯截面系数 $W_z=1.07\ \text{cm}^3$。试计算压板传给工件的最大允许压紧力 $\boldsymbol{F}$。

解:压板可以简化为如图 7-29(b)所示的外伸梁。由梁的外伸部分 BC 可以求得截面 B 的弯矩 $\boldsymbol{M}_B=\boldsymbol{F}a$。此外又知 A 和 C 两截面上的弯矩等于零,从而作弯矩图如图 7-29(c)所示。

最大弯矩在截面 B 上,且 $\boldsymbol{M}_{\max}=\boldsymbol{M}_B=\boldsymbol{F}a$

依据强度条件,有下式 $\boldsymbol{M}_{\max}\leqslant W_z[\sigma]$

于是有 $\boldsymbol{F}a\leqslant W_z[\sigma]$

$$\boldsymbol{F}\leqslant\frac{W_z[\sigma]}{a}=\frac{1.07\times10^3\times140}{50}\approx3\times10^3\ \text{N}=3\ \text{kN}$$

所以依据压板的强度,最大压紧力不应超过 3 kN。

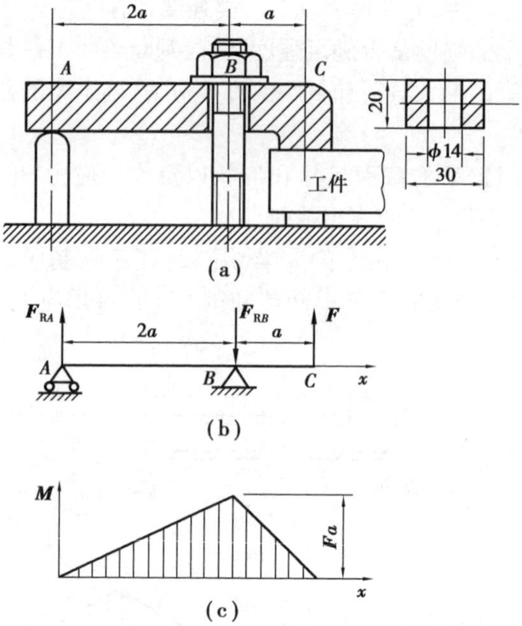

图 7-29 例 7.7 图

例 7.8 T 形截面铸铁梁的载荷和截面尺寸如图 7-30(a)(b)所示。已知 $I_z = 8.84\times 106\ \text{mm}^4$, $y_1 = 45$ mm, $y_2 = 95$ mm。铸铁的许用拉应力 $[\sigma_t] = 35$ MPa,许用压应力 $[\sigma_c] = 140$ MPa,试校核梁的强度。

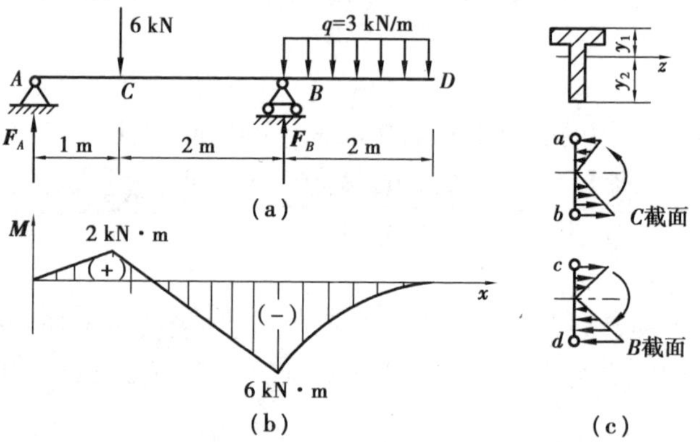

图 7-30 例 7.8 图

解:由于梁的材料为铸铁,且截面为非对称的 T 形,故需要确定最大正弯矩和最大负弯矩,并在两个危险截面上分别校核受拉与受压边。

(1)求支座反力

支座反力方向如图 7-30(a)所示,由静力平衡方程得

$$\boldsymbol{F}_A = 2\ \text{kN},\quad \boldsymbol{F}_B = 10\ \text{kN}$$

(2)绘制弯矩图,确定最大弯矩

弯矩图如图 7-30(b)所示,最大正弯矩在截面 C 上,$\boldsymbol{M}_C = 2\ \text{kN}\cdot\text{m}$,最大负弯矩在截面 B 上,$\boldsymbol{M}_B = -6\ \text{kN}\cdot\text{m}$。

(3)强度校核

分别作出 B 截面和 C 截面的正应力分布,如图 7-30(c)所示。因为 $|M_B|>|M_C|$,所以最大压应力发生在 B 截面的下边缘 d 点。至于最大拉应力发生在截面下边缘 b 点,还是 B 截面上边缘 c 点,通过计算后才能确定。因此,b、c、d 三点为可能最先发生破坏的危险点。

由式(7-3)得 b,c,d 三点处的弯曲正应力分别为

$$\sigma_b = \frac{M_c y_2}{I_z} = \frac{2 \times 10^3 \times 10^3 \times 95}{8.84 \times 10^6} = 21.5\ \text{MPa}$$

$$\sigma_c = \frac{M_B y_1}{I_z} = \frac{6 \times 10^3 \times 10^3 \times 45}{8.84 \times 10^6} = 30.5\ \text{MPa}$$

$$\sigma_d = \frac{M_B y_2}{I_z} = \frac{6 \times 10^3 \times 10^3 \times 95}{8.84 \times 10^6} = 64.5\ \text{MPa}$$

$$\sigma_{t,\max} = \sigma_c = 30.5\ \text{MPa} < [\sigma_t],\sigma_{c,\max} = \sigma_d = 64.5\ \text{MPa} < [\sigma_c]$$

由以上强度计算可看出,梁的强度条件符合要求。

课程育人

中国桥梁的“世界之最”

在世界桥梁界流传着这样一句话:70 年代看欧美,90 年代看日本,21 世纪看中国。几十年来,中国桥在不断刷新着世界桥梁的建设纪录。

- 世界第一桥梁大国——中国

中国既保留着像赵州桥那样历史悠久的古代桥梁,也在不断建造着刷新世界纪录的公路、铁路新桥、高速公路和高速铁路,桥梁建设尤其引人瞩目,目前我国公路桥梁总数接近 80 万座,铁路桥梁总数已超过 20 万座,已成为世界第一桥梁大国。

- 中国桥都——重庆

重庆现有各类桥梁 4 500 多座,渝都作为山水之城,桥梁对跨越山水起着重要作用,每一次跨越山水都依靠建桥技术的进步与创新。因重庆桥梁数量多、桥梁规模大、桥梁技术水平高、桥梁多样化、桥梁影响力强,2005 年被茅以升桥梁委员会该委员会认定中国“桥都”。其桥梁数量和密度远远超过中国其他城市,建设密度和施工难度世所罕见。

(a)港珠澳大桥　(b)北盘江特大桥　(c)四渡河大桥

图 7-31　中国桥梁之最

- 世界最长跨海大桥——港珠澳大桥
- 世界最长高铁桥——丹昆特大桥
- 世界跨径最大钢拱桥——重庆朝天门大桥
- 世界第一高悬索桥——四渡河大桥
- 世界首创空腹式连续钢构——北盘江特大桥
- 世界跨度最大公铁两用大桥——沪通长江大桥
- 世界首座双层六线刚桁梁铁路斜拉桥——重庆白沙沱长江特大桥
- 世界上最长最宽的多塔斜拉桥——浙江省嘉绍大桥
- 世界第一座全钢混凝土桁架梁桥——干海子特大桥
- 世界最长钢箱梁悬索桥——舟山西堠门大桥

……

建一座桥，跨山跨海，骄人的纪录背后是苛刻的测量和精确的计算，是日复一日不断突破技术难关，支撑起超级工厂的绝非只是钢筋和水泥，而是一个国家的经济实力和技术创新，无数的桥梁、道路，正在中国的江河大海上如火如荼地建设着。中国桥，正在成为一张中国的新"名片"。

课后练习

[知识检测]

一、填空题

1.剪力是由横截面上的________形成，而弯矩是由横截面上的________形成。因此，梁的横截面上通常同时存在着________和________，这种平面弯曲称为________（或________）。如果梁的横截面上只有________，而________不存在，这时横截面上将只有________而无________，这种平面弯曲称为________。

2.根据纯弯曲实验，可对梁的变形提出________假设，即梁变形后，其横截面仍保持为________，并垂直于变形后________，只是________________。

3.梁在纯弯曲时的应力分布有如下特点：

（1）中性轴上的线应________，所以其正应力________；

（2）距中性轴距离相等的各点，其线应变________。它们正应力________________。

二、客观题

1.当梁较为细长时，切应力τ是决定梁是否破坏的主要因素，正应力 σ 是次要因素。（　　）

2.对于塑性材料，其许用拉应力$[\sigma_t]$和许用压应力$[\sigma_c]$相等；对于脆性材料，其许用拉应力$[\sigma_t]$和许用压应力$[\sigma_c]$并不相等。（　　）

3.纯弯梁的横截面形状、尺寸如图 7-32 所示，它们都是在 $2b\times 2h$ 的举行内对称于 y 轴挖空了一个面积为 $b\times h/2$ 的小矩形，在相同弯矩作用下，他们最大弯曲正应力大小的排列顺序是(　　)>(　　)>(　　)。

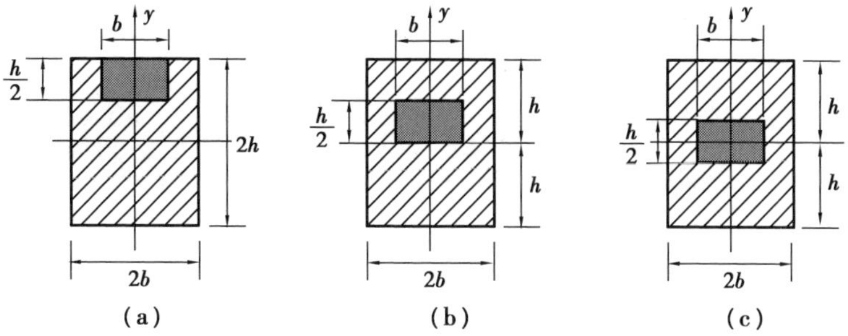

图 7-32　题 3 图

三、主观题

1.形状、尺寸、支撑、载荷相同的两根梁，一根是钢梁，一根是铝梁，问内力图相同吗？应力分布相同吗？梁的变形相同吗？

2.如图 7-33 所示，简支矩形木梁 AB，跨度 $l=5$ m，承受均布载荷 $q=3.6$ kN/m，木材顺纹许用应力$[\sigma]=10$ MPa。设梁横截面高度之比为 $h/b=2$，试选择梁的截面尺寸，作出截面上正应力分布图。

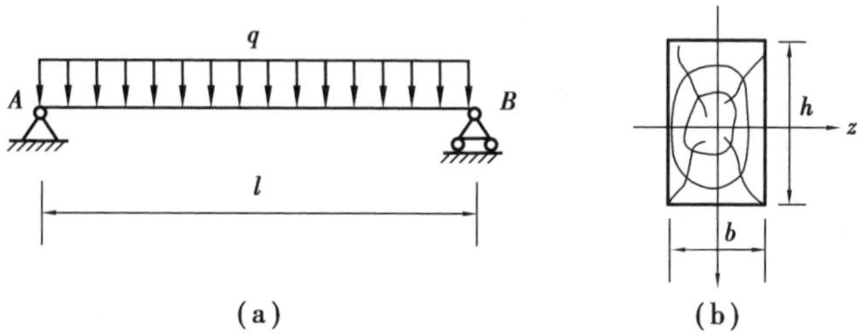

图 7-33　题 2 图

3.如图 7-34 所示，悬臂梁 AB，型号为 No.18 号工字钢。已知许用应力$[\sigma]=170$ MPa，$l=2$ m，不计梁的自重，试计算自由端集中力 $\boldsymbol{F}$ 的最大许可值$[F]$。

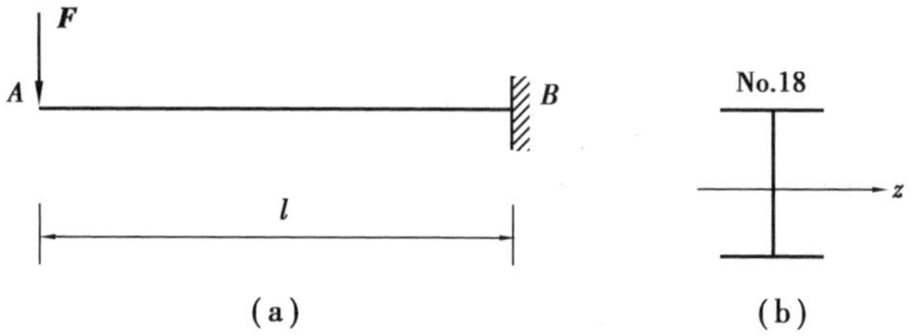

图 7-34　题 3 图

［素质拓展］

聊一聊家乡的桥

中国的路与桥，见证着中国基建日新月异的发展，那些你小时候曾走过的路与桥，是否已经变了模样？道路桥梁的更新升级，出行方式也在不断改变，但不变的却是浓浓的乡愁。那些家乡的桥、家乡的路，哪些让你印象深刻，说出你的故事。

(a)重庆长江索道

(b)重庆高铁桥

图 7-35　90 年代 vs. 现代，道路桥梁的升级

任务 7.3　直梁弯曲的变形与刚度

[**任务描述**]能用叠加法计算梁的变形及进行刚度的校核

[**任务目标**]

目标类型	目标要求
认知目标	(1)了解梁的弯曲变形的概念与实例; (2)了解挠度、转角的概念; (3)掌握用叠加法计算梁的变形; (4)了解提高梁强度和刚度的措施。
技能目标	能用叠加法计算梁的变形,解决实际工程问题。
素质目标	(1)培养学生理论联系生活,学以致用的学习态度; (2)走近跳水女皇郭晶晶,读生平故事,培养吃苦耐劳、永不言弃的奥林匹克精神。

[**关键词**]挠度、转角、线位移、角位移、挠曲线方程、叠加法、刚度、许用挠度。

[**知识前哨站**]

(1)几种基本变形(拉压、弯曲、扭转)的受力分析及强度校核思路;

(2)叠加法求解的思路。

案例引入

运动场上的弯曲变形:体操与跳水

体操是所有体操项目的总称,包括竞技体操、艺术体操 、蹦床等奥运项目,以及竞技健美操、技巧运动等非奥运会项目。我们现常说的体操,指的是竞技体操,它是体操的一个分支,是一项在规定的器械上,完成复杂、协调的动作,并根据动作的分值或动作的难度、编排与完成情况等给予评分的运动。男子有自由体操、鞍马、吊环、跳马、双杠、单杠 6 个项目,女子有跳马、高低杠、平衡木、自由体操 4 个项目。

(a) 杨胜超在仁川亚运会赛场

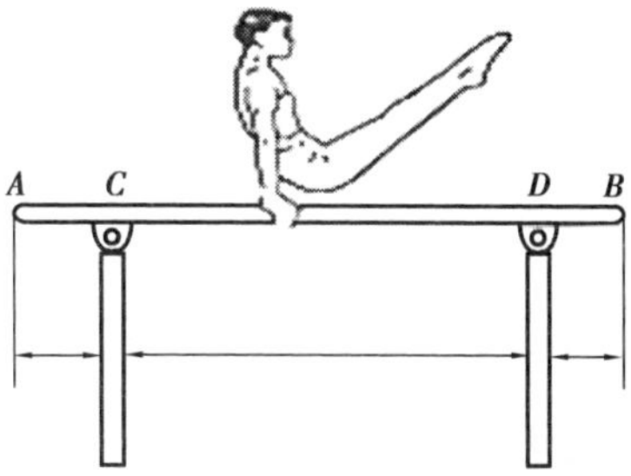

(b) 双杠的变形

图 7-36　男子体操项目：双杠

跳水是跳台跳水和跳板跳水的总称，跳台跳水有 5 米、7.5 米和 10 米三种，奥运会等国际赛事限用 10 米跳台。跳板跳水有 1 米和 3 米两种，双人跳水只有 3 米板一种。运动员要借助板的弹力起跳，在空中完成一系列规定动作和自选动作，同时保持身体垂直入水，即我们常说的"压水花"。中国跳水队是中国体育王牌中的王牌，是中国体育奥运冠军团队，涌现了高敏、吴敏霞、熊倪、郭晶晶等领军人物。自 1984 年参加洛杉矶奥运会以来，跳水队已经累积为中国军团贡献了 40 枚金牌，在各项奥运项目中高居榜首，被中国观众亲切地称为"梦之队"。

图 7-37　跳板跳水

认真观察这些项目，在运动员比赛过程中（相当于承受了外力载荷），器械本身会发生怎样的变化呢？运动员位于哪个位置时，器械的变形最大，最易破坏？

专业知识

7.3.1　梁的弯曲变形概述

1）梁的弯曲变形的概念与工程实例

工程中的受弯构件（梁）不仅应有足够的强度，还应有足够的刚度。单杠和跳板都可视作梁，运动员借助梁的变形完成动作，如图 7-36 和图 7-37 所示。这是一种利用弯曲变形以满足实际需求的工况,如图 7-38(a)所示,车辆上使用的叠板弹簧,正是利用弯曲变形较大的特点,以达到缓冲减振的作用。又如图 7-38(b)所示的弹簧杆切断刀,由于弹簧刀杆的弹性变形较大,因此有较好的自动让刀作用,能有效地缓和冲击,切削速度比用直刀杆时提高了 2~3 倍。

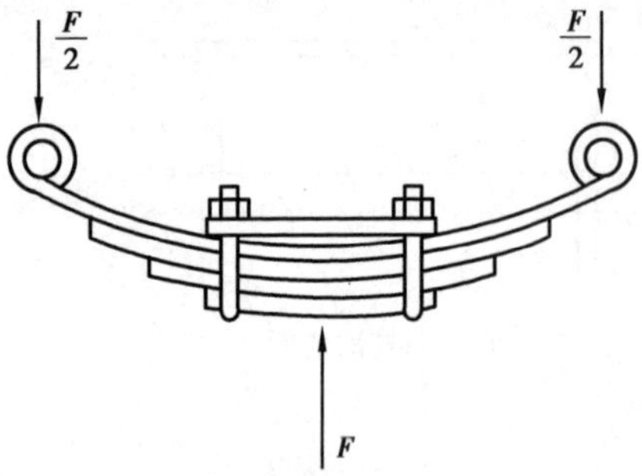

(a)叠板弹簧

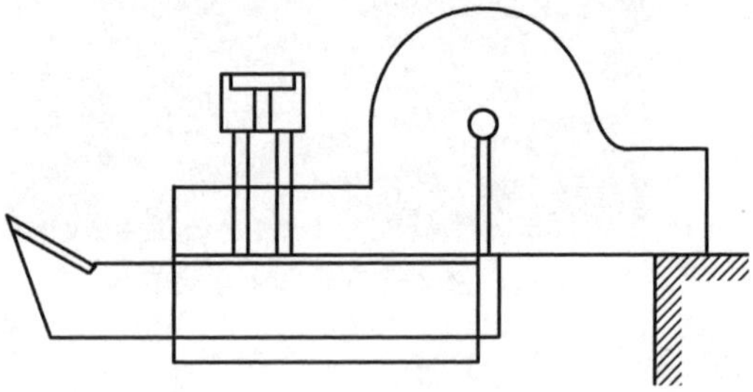

(b)弹簧杆切断刀

图 7-38 利用弯曲变形的工况

但对有些梁在工作时是不允许产生过大弯曲变形的,刚度要求有时是十分重要的。例如机床主轴(图 7-39),变形过大时,会影响轴上齿轮间的正常啮合,以及轴与轴承的配合,从而造成齿轮、轴承和轴的不均匀磨损,同时产生噪声,并影响加工精度。起重机起吊重物后梁弯曲变形过大,会使其起重小车运行阻力过大,容易烧坏电动机。

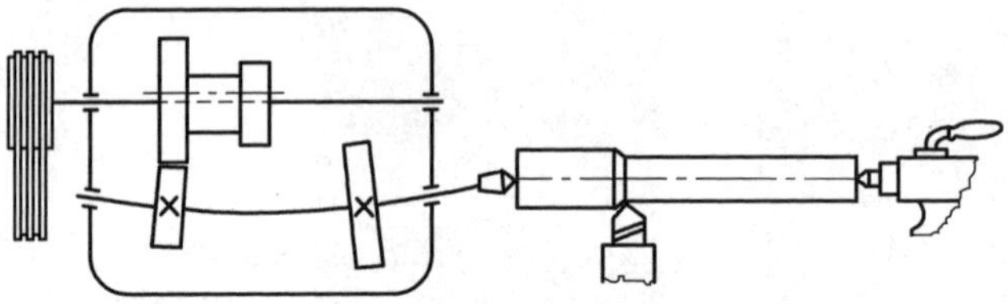

图 7-39 机床主轴

为了限制或利用梁的变形,我们需要掌握弯曲变形的计算方法。为保证梁能正常工作,应使梁同时满足强度条件和刚度条件,并限制梁的弯曲变形量。由于在一般细长梁中,剪力对弯曲变形的影响较小,可以忽略不计,故本节主要讨论梁在平面弯曲时由弯矩引起的弯曲变形,介绍梁的挠曲线近似微分方程,即叠加法求解梁的挠度和转角。并根据讨论的结果,建立弯曲变形的刚度条件。

2)挠度与转角

梁承载后产生两种变形:

(1)**线位移**:横截面形心在垂直于梁变形前轴线方向上的线位移,称为**挠度**,用 ω 表示。在如图 7-40 所示直角坐标系中挠度方向规定:向上挠度为正;向下挠度为负。

在小变形条件下,梁轴线上的任一点 C(即梁横截面的形心)变形后移至 C_1,有铅直线位移 $\omega=\overline{CC_1}$,称为 C 点的挠度。

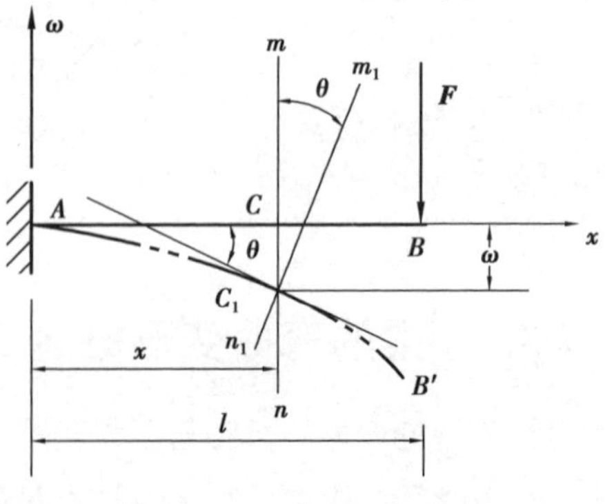

图 7-40 挠度与转角

(2) **角位移**:横截面相对于变形前的位置所转过的角位移,称为**转角**,用 θ 表示。判定转向正负:逆时针转向的转角为正,顺时针转向的转角为负。

3)挠曲线方程

为表示挠度和转角随截面位置不同而变化的规律。取变形前梁的轴线为 x 轴,与轴线垂直向上的轴为 y 轴。建立如图 7-39 所示的坐标系,则该平滑的曲线可用函数方程表示:

$$\omega = f(x) \tag{7-12}$$

上式称为**梁的挠曲线方程**。

由于梁横截面在弯曲变形后仍垂直于梁的轴线,因此任一横截面的转角 θ,可用截面形心处挠曲线的切线与 x 轴的夹角表示。由微分学可知,过挠曲线上任意点的切线与 x 轴夹角的正切就是挠曲线该点上的斜率,即

$$\tan\theta = \frac{d\omega}{dx} = \omega'$$

在小变形前提下,$\tan\theta \approx \theta$,则

$$\theta = \frac{d\omega}{dx} = \omega' \tag{7-13}$$

显然,如果能建立梁的挠曲线方程,则梁的任意截面的挠度 ω 与转角 θ 均可求得。

7.3.2　用叠加法求梁的变形

1)梁的挠曲线近似微分方程

若忽略剪力对变形的影响,平面弯曲时梁的轴线的曲率为

$$\frac{1}{\rho} = \frac{M}{EI_z}$$

对剪切弯曲,弯矩 $\boldsymbol{M}$ 是随截面位置而变的,是 x 的函数;同样,梁变形后的曲率半径也是 x 的函数。因此上式可以改写为

$$\frac{1}{\rho(x)} = \frac{M(x)}{EI_z}$$

在图 7-41 梁的挠曲线中任取一微段 ds,则有

$$ds = \rho(x)d\theta \quad 或 \quad \frac{1}{\rho(x)} = \frac{d\theta}{ds}$$

在小变形前提下,$ds \approx dx$,上式可写成

$$\frac{1}{\rho(x)} = \frac{d\theta}{dx}$$

将上式代入式(7-13)可得

$$\frac{d\theta}{dx} = \frac{d^2\omega}{dx^2} = \frac{1}{\rho(x)}$$

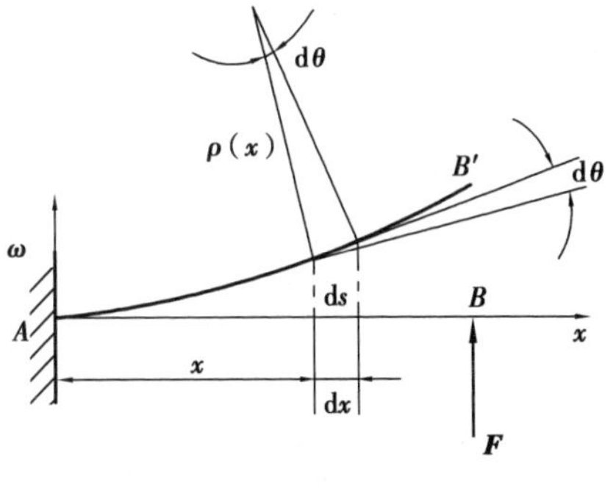

图 7-41　挠曲线微分方程

从而得到

$$\frac{d^2\omega}{dx^2} = \frac{M(x)}{EI_z} \tag{7-14}$$

上式称为**梁的挠曲线近似微分方程**。

对等截面直梁可写成

$$EI_z \frac{d^2\omega}{dx^2} = M(x)$$

结合边界条件和变形连续条件解此挠曲线近似微分方程,可得出梁的转角方程和挠曲线方程,从而求得梁的最大挠度和最大转角。

表 7-2 给出了简支梁和悬臂梁作用在简单载荷下的挠曲线方程,端截面转角和最大挠度。

表 7-2　简单载荷作用下梁的变形

梁的简图	挠曲线方程	端截面转角和最大挠度
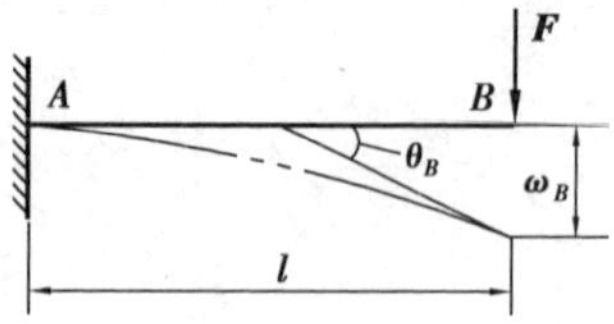	$\omega=-\frac{Fx^2}{6EI_z}(3l-x)$	$\theta_B=-\frac{Fl^2}{2EI_z}$ $\omega_B=-\frac{Fl^3}{3EI_z}$
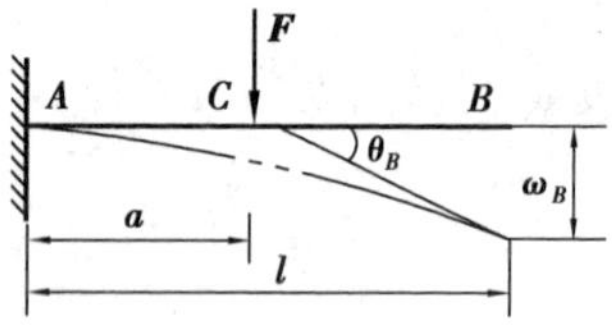	$\omega=-\frac{Fx^2}{6EI_z}(3a-x)$ $(0\leqslant x\leqslant a)$ $\omega=-\frac{Fa^2}{6EI_z}(3x-a)$ $(a\leqslant x\leqslant l)$	$\theta_B=-\frac{Fa^2}{2EI_z}$ $\omega_B=-\frac{Fa^2}{6EI_z}(3l-a)$
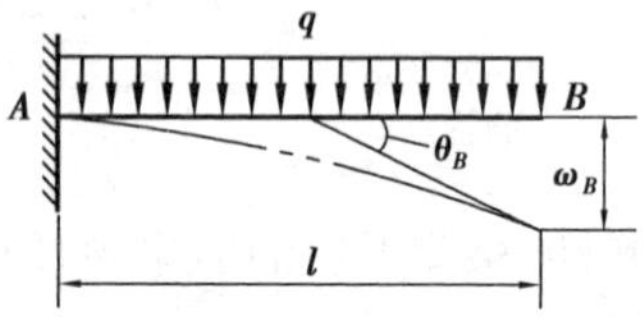	$\omega=-\frac{qx^2}{24EI_z}\cdot(x^2-4lx+6l^2)$	$\theta_B=-\frac{ql^3}{6EI_z}$ $\omega_B=-\frac{ql^4}{8EI_z}$
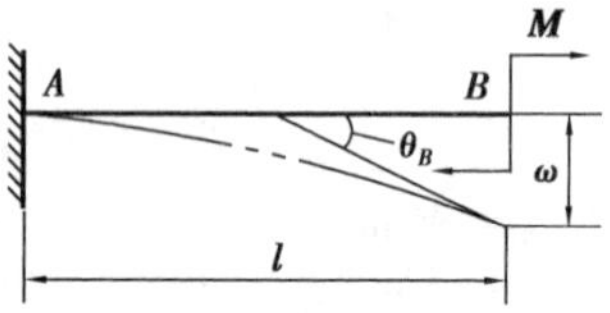	$\omega=-\frac{Mx^2}{2EI_z}$	$\theta_B=-\frac{Ml}{EI_z}$ $\omega_B=-\frac{Ml^2}{2EI_z}$
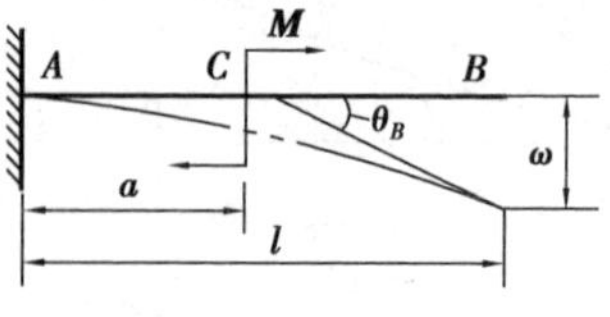	$\omega=-\frac{Mx^2}{2EI_z}(0\leqslant x\leqslant a)$ $\omega=-\frac{Ma}{EI_z}\left(x-\frac{a}{2}\right)$ $(a\leqslant x\leqslant l)$	$\theta_B=-\frac{Ma}{EI_z}$ $\omega_B=-\frac{Ma}{EI_z}\left(l-\frac{a}{2}\right)$
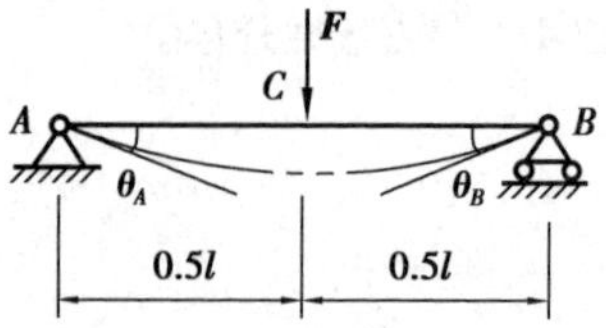	$\omega=-\frac{Fx}{48EI_z}(3l^2-4x^2)$ $\left(0\leqslant x\leqslant\frac{l}{2}\right)$	$\theta_A=-\theta_B=-\frac{Fl^2}{16EI_z}$ $\omega_C=-\frac{Fl^3}{48EI_z}$

续表

梁的简图	挠曲线方程	端截面转角和最大挠度
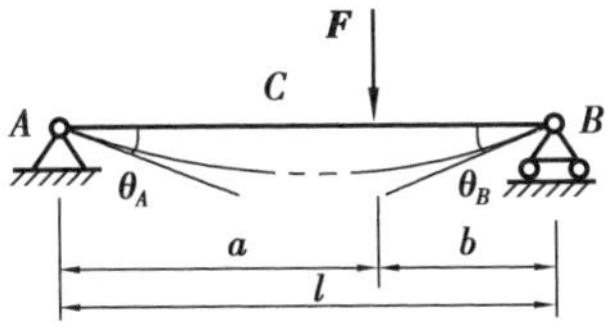	$\omega=-\frac{Fbx}{6EI_z l}(l^2-x^2-b^2)$ $(0\leqslant x\leqslant a)$ $\omega=-\frac{Fb}{6EI_z l}\left[\frac{l}{b}\cdot(x-a)^3+x(l^2-b^2)-x^3\right]$ $(a\leqslant x\leqslant l)$	设 $a>b$，$x=\sqrt{\frac{l^2-b^2}{3}}$处， $\omega_{max}=-\frac{Fb\ (l^2-b^2)^{\frac{3}{2}}}{9\sqrt{3}EI_z l}$ $x=\frac{l}{2}$处， $\omega_{0.5l}=-\frac{Fb(3l^2-4b^2)}{48EI_z}$
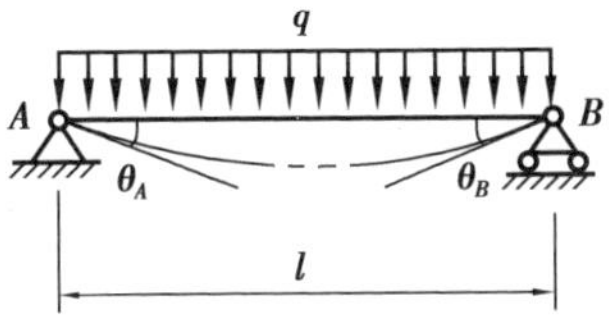	$\omega=-\frac{qx}{24EI_z}(l^3-2l\,x^2+x^3)$	$\theta_A=-\theta_B=-\frac{ql^3}{24EI_z}$ $\omega_{max}=-\frac{5ql^4}{384EI_z}$
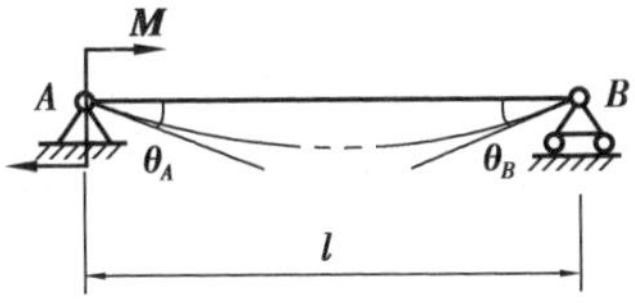	$\omega=-\frac{Mx}{6EI_z l}(l-x)(2l-x)$	$\theta_A=-\frac{Ml}{3EI_z}$，$\theta_B=\frac{Ml}{6EI_z}$ $x=\left(1-\frac{1}{\sqrt{3}}\right)l$处， $\omega_{max}=-\frac{Ml^2}{9\sqrt{3}EI_z}$ $x=\frac{l}{2}$处， $\omega_{0.5l}=-\frac{Ml^2}{16EI_z}$
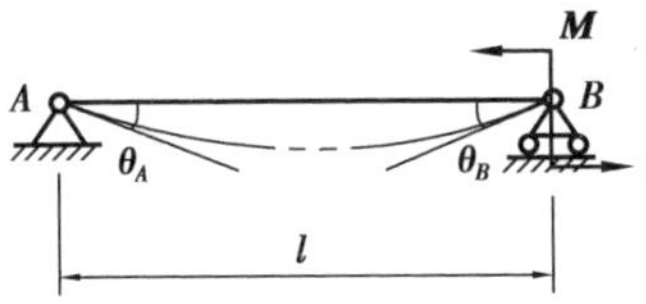	$\omega=-\frac{Mx}{6EI_z l}(l^2-x^2)$	$\theta_A=-\frac{Ml}{6EI_z}$，$\theta_B=\frac{Ml}{3EI_z}$ $x=\frac{l}{\sqrt{3}}$处， $\omega_{max}=-\frac{Ml^2}{9\sqrt{3}EI_z}$ $x=\frac{l}{2}$处， $\omega_{0.5l}=-\frac{Ml^2}{16EI_z}$

2)用叠加法求梁的变形

为表示挠梁的变形满足线性叠加原理：先求出各个载荷单独作用下梁的挠度和转角，之后进行代数相加，得到 n 个载荷同时作用时梁的挠度与转角。

3）梁的刚度条件

梁的刚度条件为

$$\begin{cases}\omega_{\max} \leqslant [\omega] \\ \theta_{\max} \leqslant [\theta]\end{cases} \tag{7-15}$$

式中，$[\omega]$为梁的许用挠度，$[\theta]$为梁的许用转角，它们的具体数值可参照有关手册确定。大多数杆件的设计过程都是首先进行强度设计或工艺结构设计，确定截面的形状和尺寸，然后再进行刚度校核。

例 7.9 如图 7-42 所示，行车大梁采用 No.45a 工字钢，跨度 $l=9.2$ m，已知电动葫芦重 5 kN，最大起重量为 50 kN，许用挠度$[\omega]=l/500$，试校核行车大梁的强度和刚度。

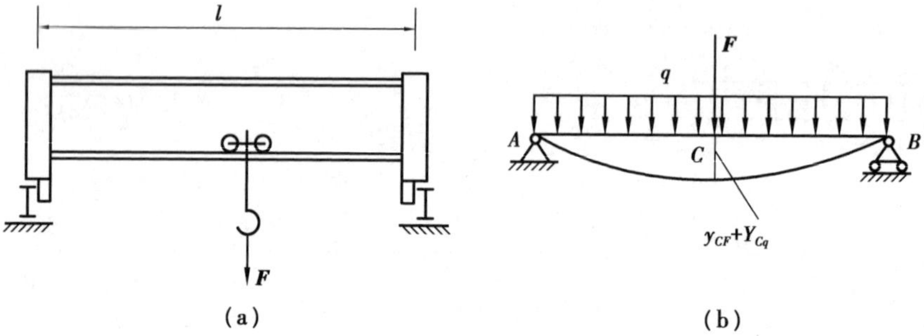

图 7-42 例 7.9 图

解：将行车大梁简化为简支梁，视梁的自重为均布载荷 q，起重量和电葫芦的自重为集中载荷 $\boldsymbol{F}$。当电葫芦带着载荷移动到跨中时，梁的变形最大。因此首先确定梁的危险截面，并按正应力强度条件进行梁的强度校核；再进行刚度校核。

（1）确定载荷并求出跨中最大弯矩值

查附表中的型钢表得 $q=80.4\times9.8=788$ N/m，$I_z=32\ 200\ \text{cm}^4$，又 $E=200$ GPa，$F=F_{电葫芦}+F_{载荷}=5+50=55$ kN，$W_z=1\ 430\ \text{cm}^3$。

由均布载荷引起的跨中弯矩值为

$$M_{均布}=\frac{ql^2}{8}=\frac{788\times9.2^2}{8}=8\ 337.04\ \text{N}\cdot\text{m}$$

由集中载荷引起的跨中弯矩值为

$$M_{集中}=\frac{Fl}{4}=\frac{55\times10^3\times9.2}{4}=126\ 500\ \text{N}\cdot\text{m}$$

（2）校核梁的强度

$$\sigma_{\max}=\frac{M_{\max}}{W_z}=\frac{8\ 337.04+126\ 500}{1\ 430\times10^{-6}}=94.3\times10^6\ \text{Pa}=94.3\ \text{MPa}$$

（3）利用叠加法求变形

$$\omega_{CF}=\frac{Fl^3}{48EI_z}=\frac{55\times10^3\times9.2^3}{48\times200\times10^9\times32\ 240\times10^{-8}}=1.38\times10^{-2}\ \text{m}$$

$$\omega_{Cq}=\frac{3ql^4}{384EI_z}=\frac{3\times788\times9.2^4}{384\times200\times10^9\times32\ 240\times10^{-8}}=1.14\times10^{-3}\ \text{m}$$

$$\omega_{\max} = \omega_{CF} + \omega_{Cq} = 1.38 \times 10^{-2} + 1.14 \times 10^{-3} = 1.49 \times 10^{-2}\ \text{m}$$

(4)校核刚度

梁的许用挠度为

$$[\omega] = \frac{l}{500} = \frac{9.2}{500} = 1.84 \times 10^{-2}\ \text{m}$$

$$\omega_{c,\max} = 1.49 \times 10^{-2}\ \text{m} < [\omega] = 1.84 \times 10^{-2}\ \text{m}$$

满足刚度条件。

7.3.3　提高梁的强度和刚度的措施

提高梁的承载能力应该从提高梁的强度和刚度两个方面进行考虑。从等直梁的弯曲正应力的计算公式可知，梁的最大弯曲正应力与梁上的最大弯矩成正比，与抗弯截面系数 W_z 成反比；从梁的挠度和转角的表达式可看出，梁的变形与跨度的高次方成正比，与梁的抗弯刚度 EI_z 成反比。依据这些关系，设计梁时，在满足梁的抗弯能力和尽量减少耗材的前提下，可以采用以下措施来提高梁的强度和刚度。

1)合理安排梁的支承

当梁的截面形状和尺寸已定的条件下，合理安排梁的支承，可以缩小梁的跨度、降低梁的最大弯矩。

如图 7-43(a)所示，受均布载荷的简支梁，若能将两端支座各向里侧移动 0.2l，如图 7-43(b)所示，外伸梁上的最大弯矩将大为降低，只是原来简支梁的 1/5，同时梁上的最大挠度和最大转角也变小了。

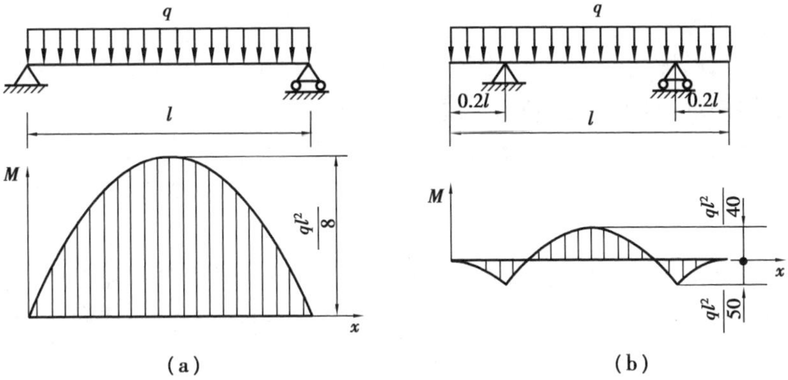

图 7-43　合理安排梁的支承

工程上也常采用增加约束的方法，来提高其强度和刚度。如在车削加工时，如图 7-44 所示，卡盘将工件夹紧(简化为固定端)。但在车削细长轴时，还要用顶尖(简化为活动铰)将工件末端顶住，这就是用增加约束的方法来提高工件的刚度，以减少加工误差。

2)合理布置载荷

当梁上载荷已确定时，合理布置载荷可以减小梁的最大弯矩，从而提高梁的承载能力。从图 7-45 所示的简支梁中可以看出，载荷布置的形式不同，梁的最大弯矩明显不同。所以，合理布置载荷可以提高梁的抗弯能力。

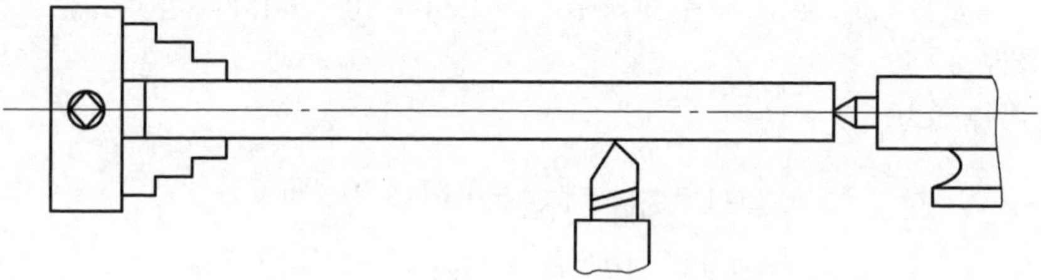

图 7-44　增加约束

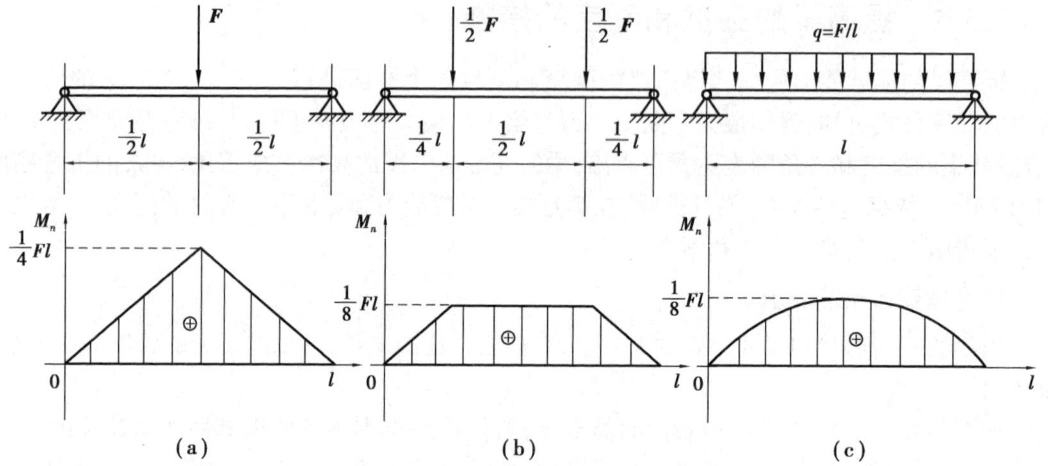

图 7-45　合理布置载荷

3）选择梁的合理截面

不同形状的截面，即使面积相等，但惯性矩却不一定相等。所以如选取的截面形状合理，可以增大截面惯性矩的数值，也是弯曲强度和刚度的途径。

例如，工字形、槽形、T 形截面都比面积相等的矩形截面有更大的惯性矩。所以起重机大梁、桥梁等一般采用工字形或箱形截面；而机器的箱体是采用加筋的办法来提高箱壁的强度和刚度。

最后指出，弯曲变形还与材料的弹性模量 E 有关。对 E 值不同的材料，E 越大，弯曲变形越小。但是，各种钢材的弹性模量大致相等，所以使用高强度钢材并不能明显提高弯曲刚度。

课程育人

跳水女皇郭晶晶

郭晶晶，1981 年 10 月 15 日出生于河北保定。前国家跳水运动员，奥运冠军，有“跳水女皇”之称。运动生涯期间，共斩获奥运金牌 4 枚，世锦赛等国际级赛项金牌十余块，以及其他大大小小的奖牌无数。中国跳水队领队周继红曾这样评价她：“在郭晶晶的职业生涯中，她对中国跳水做出了巨大的贡献，创造了一个属于自己的郭晶晶时代。”然而在这份荣誉的背后，必是付出了常人难以想象的汗水与辛酸。

郭晶晶7岁开始在河北接受跳水训练，起初，郭晶晶的腿特别硬，为了练韧带，就去坐老虎凳。结果一次练习时不慎将腿骨摔裂。本应回家休养的她，却选择继续留在训练场。那段时间，她就在训练场，一边腿上绑着夹板养伤，一边观察其他队员训练，同时还得坚持完成学业。宿舍关灯了，郭晶晶就去厕所写作业。就这样边学习边训练，郭晶晶以优秀的成绩于12岁时入选了国家队。可伤痛对于运动员来说太平常了，1996年奥运会后，郭晶晶训练时又不慎骨折。为了不影响肢体灵活，郭晶晶选择了打石膏保守治疗，当时距离全运会只有5个月的时间了，那一年的郭晶晶15岁，正值青春期的生长发育阶段，养伤期间，她身高长了5 cm，体重增加了10 kg。伤好后，郭晶晶立刻投入魔鬼训练，不仅是技术动作，还有疯狂减重。终于，在全运会比赛期间，郭晶晶体重减了7.5 kg，腿也练得一条粗一条细，当年的郭晶晶给全场留下了深刻印象。

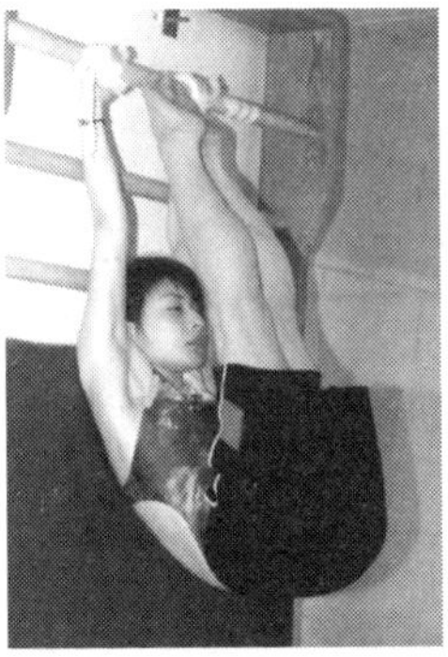

图7-46　郭晶晶奥运夺金

但冠军之路，哪有这样容易？对于郭晶晶来说，直到2004年她第三次参加奥运会才拿到冠军的经历，是人生中的宝贵财富。“大部分奥运冠军都是第一次参加奥运会就拿到金牌，而我直到2004年第三次参加奥运会才拿到冠军。我第一次参加奥运会是十五六岁，觉得自己能拿冠军，可是那时候太小了，自己都不知道怎么回事，站在跳台上，突然发现想转体的时候，不知道往哪里转了，不知道自己是谁，叫什么，这是一种经历。悉尼奥运会时，我是冲着冠军去的，但是没有拿到。我和胡佳，我们钟教练组的运动员拿了4块银牌。我哭了，想打退堂鼓，心想‘哪有人两届奥运会都拿不到冠军，自己20岁了，开始长胖了，差不多该和跳水说再见了’。多亏周领队和钟教练鼓励我，让我再坚持一下，于是我就坚持了下来。我想说的是，失败并不可怕，我们可以从中学到很多东西，一步一个台阶，打好基础，这才有了今天的我。”坚持，让郭晶晶在2004年和2008年两届奥运会上收获四枚金牌，终于成就了一代“跳水女皇”。

“年轻的队友们，遇到挫折困难，你们也要努力，咬牙挺过去，就会看到光明。”郭晶晶对年轻运动员“透露”了成功的秘诀。

课后练习

[知识检测]

一、填空题

1.横截面形心在________方向上的线位移,称为________,用________表示。一般规定,________为正,________为负。横截面相对于________,称为________,用________表示。________的转角为正,________的转角为负。

2.梁的挠曲线方程为________;梁的挠曲线近似微分方程为________,对等截面直梁可写成________。

3.为表示挠梁的变形满足________:先求出________作用下梁的________和________,之后进行________,得到________梁的挠度与转角。称为用________求梁的变形。

二、客观题

1.$\omega_{max} \leqslant [\omega]$ 称为梁的刚度条件,即梁的实际挠度要小于许用挠度时,梁就符合刚度要求。 ( )

2.大多数杆件的设计过程都是先进行刚度校核,再进行强度设计或工艺结构设计,确定截面的形状和尺寸。 ( )

3.在梁的截面形状和尺寸已定的条件下,合理安排梁的支承,可以缩小梁的跨度、降低梁的最大弯矩。 ( )

三、主观题

1.矩形截面梁的高度增加一倍,梁的承载能力能增加几倍?宽度增加一倍,承载能力又增加几倍?

2.形状、尺寸、支承、载荷都相同的两根梁,一根是钢梁,一根是铝梁,内力图相同吗?应力分布相同吗?梁的变形相同吗?

3.梁的变形与弯矩有什么关系?弯矩最大的地方挠度最大,弯矩为零的地方挠度为零,这种说法正确吗?

4.梁 BC 是试验机上的测力弹性元件,如图 7-47 所示。其截面为矩形,$b=6$ cm,$h=4$ cm,$l=1$ m,$a=0.1$ m,$E=220$ GPa,设载荷 $\Delta F=80$ N。试求梁中点截面 K 处的变形等于多少?

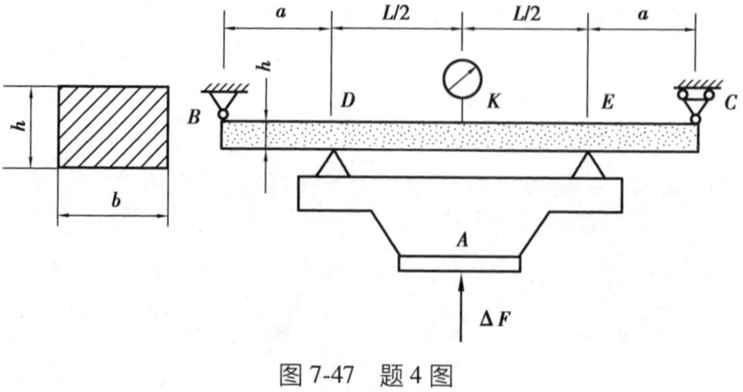

图 7-47　题 4 图

5.如图 7-48 所示,求三支座桥梁支座的约束力。

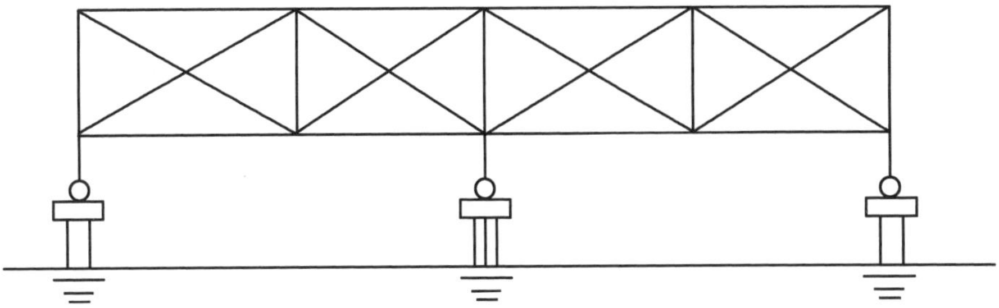

图 7-48　题 5 图

［素质拓展］

谈一谈爱拼才会赢

俗话说:台上一分钟,台下十年功。这指的是想要获得成功铸就精彩,就必须付出千百倍的努力与付出。无论是体育运动,还是学习,都没有不劳而获的捷径可走。虽然辛苦,但付出终将收获。你可曾有为哪些事情拼搏过、努力过,可有收获与成就感,与同学们分享你的故事。

(a)高三复习　　(b)大学生创业

图 7-49　付出与收获

项目小结

(1)平面弯曲梁的横截面上有两个内力——剪力和弯矩。其正负号依据所求截面左段或右段梁上的外力的指向及对截面形心力矩的转向直接求得,口诀为:"左上右下,剪力为正;左顺右逆,弯矩为正。"

(2)剪力图和弯矩图是分析梁强度和刚度问题的基础,从剪力图和弯矩图上可分析梁的危险截面和危险点。本项目的要求就是能熟练、正确地画剪力图和弯矩图。

(3)根据剪力方程和弯矩方程画剪力图和弯矩图的步骤:

①正确求解支座反力;

②分段:集中力、集中力偶作用的作用点和分布载荷的起始点、终止点都是分段点;
③列出各段的剪力方程和弯矩方程;
④按剪力方程和弯矩方程画剪力图和弯矩图。
(4)平面弯曲梁横截面上正应力的计算公式为:

$$\sigma = \frac{My}{I_z}$$

对于等截面梁:①当梁横截面对称于中性轴时,梁上最大拉应力和最大压应力值相等:

$$\sigma_{\max} = \frac{M_{\max}}{W_z}$$

②当梁横截面不对称于中性轴时,梁上最大拉应力和最大压应力值不相等,要分别计算。
(5)梁弯曲(平面弯曲)的强度条件为:

$$\sigma_{\max} \leqslant [\sigma]$$

(6)梁的刚度条件为:

$$\begin{cases} \omega_{\max} \leqslant [\omega] \\ \theta_{\max} \leqslant [\theta] \end{cases}$$

梁的变形常用挠度 ω 和转角 θ 来度量。简单载荷作用下梁的挠度和转角可查表获得;复杂载荷下梁的变形可用叠加法求得,进行刚度校核。

项目 8

组合变形与压杆稳定

【工作任务】

任务 8.1　组合变形的强度计算

任务 8.2　压杆稳定

任务 8.1　组合变形的强度计算

[**任务描述**]掌握常见的两种组合变形(弯拉、弯扭)的强度校核

[**任务目标**]

目标类型	目标要求
认知目标	(1)了解组合变形的概念及工程实例; (2)掌握组合变形的基本分析思路:外力→内力→应力→强度; (3)掌握拉(压)、弯组合变形时应力分析及强度计算; (4)掌握扭转与弯曲组合变形时应力分析即强度计算。
技能目标	培养分析、简化和拆解复杂组合变形实际问题的能力,并最后通过叠加法进行强度校核。
素质目标	(1)看三峡大坝,品大国重器,看国家发展,提升学生民族自豪感、使命感; (2)走近三峡总工程师——郑守仁,读生平故事,体悟工程人的求实创新与责任担当。

[**关键词**]组合变形、拉伸(压缩)与弯曲、外力分析→内力分析→应力分析→强度校核、叠加法、危险点、弯曲与扭转、试凑法组合变形的强度条件。

[**知识前哨站**]

(1)几种基本变形(拉压、弯曲、扭转)的受力分析及强度校核;

(2)叠加法求总应力;

(3)内力图(轴力图、弯矩图、扭矩图)的画法。

案例引入

大坝的形状

“自三峡七百里中，两岸连山，略无阙处。重岩叠嶂，隐天蔽日，自非亭午夜分，不见曦月……”北魏著名地理学家郦道元的一篇《三峡》，带我们领略了三峡风貌，感叹于大自然的鬼斧神工。1992年，中国有史以来建设最大型的工程项目——三峡水电站获批建设，直至2012年正式投产，装机容量达到2 240万kW，已成为全世界最大的水力发电站和清洁能源生产基地。

三峡工程主要有三大效益，即防洪、发电和航运，其中防洪被认为是三峡工程最核心的效益。三峡水电站大坝高程185 m，蓄水高程175 m，水库长2 335 m，总投资954.6亿元人民币，历史上，长江上游河段及其多条支流频繁发生洪水，每次特大洪水时，宜昌以下的长江荆州河段(荆江)都要采取分洪措施，淹没乡村和农田，以保障武汉的安全。在三峡工程建成后，其巨大库容所提供的调蓄能力将能使下游荆江地区抵御百年一遇的特大洪水，也有助于洞庭湖的治理和荆江堤防的全面修补。

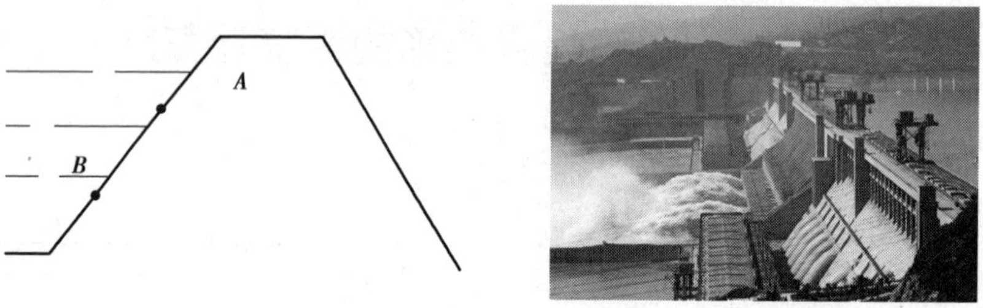

(a)大坝的形状　　(b)三峡大坝

图8-1　三峡工程

不知同学们有没有游览过三峡，或者游览过别的水利工程呢？你知道大坝是什么形状吗？为什么要修成上窄下宽呢？生活中也有很多高楼或高塔，它们是上下均一的形状吗？上窄下宽对工程修筑有怎样的意义呢？快来学学今天的组合变形吧。

专业知识

8.1.1　组合变形的概念与实例

1)组合变形的概念与实例

在之前的项目学习中,我们所研究的构件在外力作用下都只发生一种基本变形。但在实际工程中,构件的受力情况往往较为复杂,常常同时承受两种或两种以上的基本变形,这类变形称为**组合变形**。

如图 8-2 所示的风力发电机,除了受到自重作用而产生轴向压缩变形外,同时还受到水平方向风力的作用,产生弯曲变形。如图 8-3 所示的电机转轴,在齿轮啮合力的作用下,将同时产生扭转与弯曲的组合变形。

(a)风力发电机

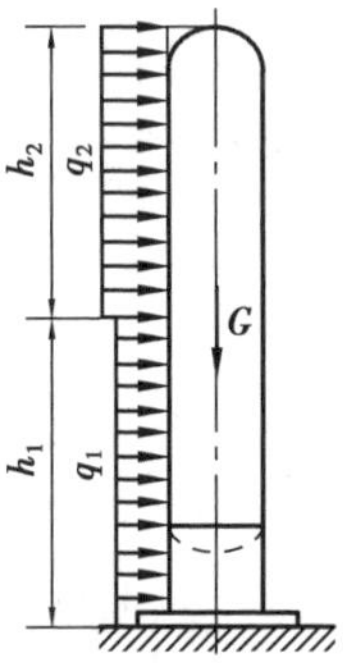

(b)受力图

图 8-2　达坂城 · 风力发电站(风车)

(a)电机转轴

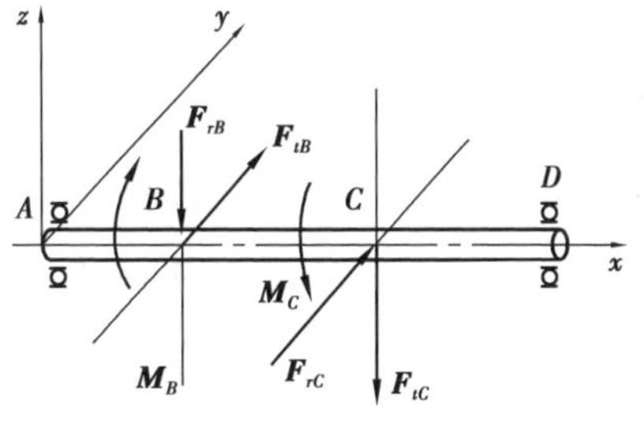

(b)受力图

图 8-3　电机

本项目主要讨论的就是这两种工程上最常见组合变形,即弯曲与拉伸(压缩)、弯曲与扭转。

> ➤ **深思妙想**
>
> 结合生活周边,你还能列举出哪些组合变形的工程实例?

2)组合变形的分析思路

外力分析:

在组合变形的计算中:

(1)简化模型:首先应将实际构件简化为力学模型,即以杆件的轴线代替实际的构件;

(2)简化外力:把所有的外力向杆件的轴线进行简化,把外力分解为与轴线重合和垂直的分力,或把力平移至轴线上;

(3)变形归类:然后将简化后的外力进行划分,划分的原则为每一组力只使杆件产生一种基本变形,从而判断组合变形的类型,进而进行相应计算。

应力分析:

在小变形条件下,杆件处于组合变形时的应力可通过叠加原理求得。

(1)先画出杆件在每一种基本变形下的内力图→确定杆件的危险截面;

(2)再将基本变形的应力叠加→得出组合变形时危险截面上的应力分布;

(3)最终求出危险点的应力。

强度计算:

对组合变形杆件进行强度计算时,要分析危险点的应力状态。

(1)当危险点处于单向应力状态时,可按轴向拉压强度条件计算;

(2)当危险点处于复杂应力状态时,要结合材料的性质选用适当的强度理论计算。

8.1.2 弯曲与拉伸(压缩)的组合变形

弯曲与拉伸(或压缩)的组合变形是工程上常见的变形形式,现以如图 8-4(a)所示的悬臂梁为例进行说明。

1)外力分析

(矩形截面杆)悬臂梁在自由端受力 $\boldsymbol{F}$ 的作用,力 $\boldsymbol{F}$ 位于梁的纵向对称平面 Oxy 内,并与梁的轴线 x 成 α 角。将力 $\boldsymbol{F}$ 沿轴正交分解,得到两分力 $\boldsymbol{F}_x$ 和 $\boldsymbol{F}_y$。即

$$\boldsymbol{F}_x = \boldsymbol{F}\cos\alpha, \qquad \boldsymbol{F}_y = \boldsymbol{F}\sin\alpha$$

分力 $\boldsymbol{F}_x$ 为轴向拉力,将使梁产生轴向拉伸变形;

分力 $\boldsymbol{F}_y$ 的方向与梁的轴线垂直,将使梁产生平面弯曲变形。

故梁在力 $\boldsymbol{F}$ 的作用下产生拉弯组合变形。

2)内力分析

分别考虑两个分力 $\boldsymbol{F}_x$、$\boldsymbol{F}_y$ 时的轴力和弯矩情况:

单独考虑轴向力 $\boldsymbol{F}_x$ 的作用时,杆件各个横截面的轴力相同,其值为

$$\boldsymbol{F}_N = \boldsymbol{F}_x = \boldsymbol{F}\cos\alpha$$

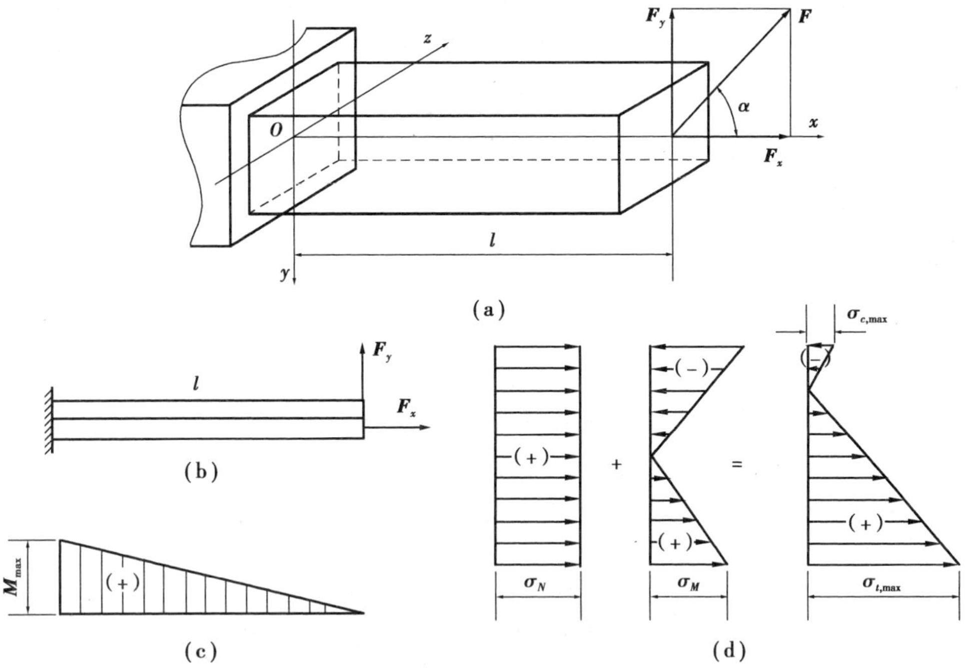

图 8-4　弯曲与拉伸组合变形

单独考虑横向力 F_y 的作用时，梁上各横截面的弯矩不等，弯矩图如图 8-4(c)所示。

固定端截面 O 上的弯矩值最大，其值为

$$M_{\max} = F_y l = \boldsymbol{F} l \sin \alpha$$

因此，梁的固定端截面 O 为危险截面。

3)应力分析

下面分析危险截面上的应力情况。

由 $\boldsymbol{F}_x$ 引起的拉应力 σ_N 是均匀分布的，如图 8-4(d)所示，其值为

$$\sigma_N = \frac{F_N}{A} = \frac{F \cos \alpha}{A}$$

由 $\boldsymbol{F}_y$ 引起的弯曲正应力 σ_M 在危险截面上呈线性分布，如图 8-4(d)所示。

杆件在纵向对称平面内发生弯曲变形，距中性轴最远处的弯曲正应力的绝对值为

$$\sigma_M = \frac{F_{\max}}{W_z} = \frac{Fl \sin \alpha}{W_z}$$

根据叠加原理，可将悬臂梁固定端所在截面的弯曲正应力 σ_M 和拉伸正应力 σ_N 相叠加，则叠加后的应力分布图如图 8-4(d)所示（假定 $|\sigma_M| > |\sigma_N|$），危险截面的上、下边缘处总应力的最值为：

$$\begin{aligned} \sigma_{上} &= \sigma_{c,\max} = \sigma_N - \sigma_M \\ \sigma_{下} &= \sigma_{t,\max} = \sigma_N + \sigma_M \end{aligned} \tag{8-1}$$

由上式可知，上边缘各点（受压边）和下边缘各点（受拉边）为危险点。上下边缘处的正

应力在叠加后,其绝对值有的相互加强,有的相互削弱。而相互加强处即是该危险截面上的**危险点**。无论是拉伸与弯曲组合变形,还是压缩与弯曲组合变形,其危险点应力的最大值均为

$$\sigma_{\max}=\frac{|M_{\max}|}{W_z}+\frac{|F_N|}{A} \tag{8-2}$$

4)强度分析

如图 8-4(d)所示,截面 O 上、下边缘各点分别为压、拉危险点,且均处于单向应力的状态,就可按轴向拉压建立强度条件,即

$$\begin{aligned}\sigma_{t,\max}&\leqslant[\sigma_t]\\ \sigma_{c,\max}&\leqslant[\sigma_c]\end{aligned} \tag{8-3}$$

对抗拉与抗压性能相同的塑性材料,梁横截面的中性轴通常是对称轴。当发生弯曲与拉伸的组合变形时,产生最大拉应力;当发生弯曲与压缩的组合变形时,产生最大压应力。两者大小相等,在危险截面的上边缘或下边缘。强度条件就是指使杆件内的最大应力不超过材料的许用应力,即

$$\sigma_{\max}=|\sigma_M|+|\sigma_N|=\frac{|M_{\max}|}{W_z}+\frac{|F_N|}{A}\leqslant[\sigma] \tag{8-4}$$

对于抗拉与抗压性能不相同的脆性材料,可根据危险截面上、下边缘应力分布的实际情况,按上述方法分别进行计算。

例 8.1 如图 8-5(a)所示,AB 杆是悬臂吊车的滑车梁,若 AB 梁为 25a 工字钢,材料的许用应力$[\sigma]$ = 100 MPa,当起吊重量 F=15 kN,α=30°,行车移至 AB 梁的 B 点时,试校核 AB 梁的强度。

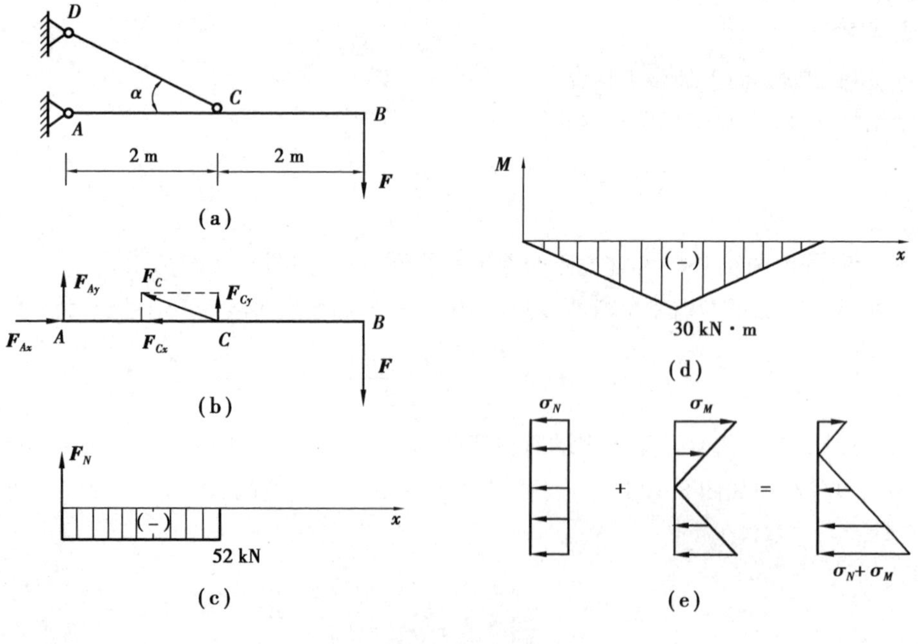

图 8-5 例 8.1 图

解:外力(平衡)分析→内力分析,画受力图→强度校核

(1)外力分析

取 AB 梁为研究对象,如图 8-5(b)所示,设支座 A 处的约束反力为 $\boldsymbol{F}_{Ax}$,$\boldsymbol{F}_{Ay}$,BC 杆给 AB 梁的约束反力为 $\boldsymbol{F}_{Cx}$,$\boldsymbol{F}_{Cy}$,根据平衡方程式得

$$\sum M_A(F) = 0,\quad F_{Cy} \times 2 - F \times 4 = 0$$

得 $F_{Cy} = 30$ kN,

同时,

$$F_C = \frac{F_{Cy}}{\sin 30°} = 2F_{Cy} = 60 \text{ kN}$$

$$F_{Cx} = F_C \sin 30° = 52 \text{ kN}$$

又

$$\sum M_C(F) = 0,\quad F_{Ay} \times 2 - F \times 4 = 0$$

$$\sum F_x = 0,\quad F_{Ax} - F_{Cx} = 0$$

得 $F_{Ay} = F = -15$ kN,$F_{Ax} = F_{Cx} = 52$ kN

综上分析,AB 梁将产生压缩与弯曲的组合变形。

(2)内力分析,画受力图

画出 AB 梁的内力图如图 8-5(c)(d)所示。梁 AB 在 AC 段承受弯曲与压缩组合变形,在 BC 段为弯曲变形。截面 C 左侧为危险截面,危险点在下边缘,为最大压应力,应力分布如图 8-5(e)所示。

(3)校核 AB 梁的强度

由附录型钢规格表查得 No.25a 工字钢 $A = 48.54 \text{ cm}^2$,$W_z = 402 \text{ cm}^3$,则危险点的压应力为

$$\sigma_N = \frac{|F_N|}{A} = \frac{52 \times 10^3}{48.54 \times 10^2} = 10.71 \text{ MPa}$$

危险点的弯曲应力为

$$\sigma_M = \frac{|M_{\max}|}{W_z} = \frac{30 \times 10^3 \times 10^3}{402 \times 10^3} = 74.62 \text{ MPa}$$

根据弯曲与压缩的组合变形强度条件式(8-4)得

$$\sigma_{\max} = |\sigma_M| + |\sigma_N| = 74.62 + 10.71 = 84.33 \text{ MPa} < [\sigma]$$

综上所述,梁 AB 满足强度条件。

例 8.2　如图 8-6(a)所示,钻床在钻孔时受到压力 $F = 20$ kN 的作用。已知偏心距 $e = 0.4$ m,铸铁立柱产生的许用拉应力$[\sigma_t] = 35$ MPa,许用压应力$[\sigma_c] = 120$ MPa。试求铸铁立柱所需的直径。

解:外力分析→内力分析→强度计算设计直径

(1)外力分析

立柱所受的载荷是偏心载荷,将 $\boldsymbol{F}$ 力平移到立柱轴线上,得到一个力 $\boldsymbol{F}$ 和一个力偶矩 $\boldsymbol{M}_e=\boldsymbol{F}e$ 的力偶。力 $\boldsymbol{F}$ 使立柱产生轴向拉伸,力偶使立柱产生平面弯曲,所以立柱的变形为拉伸与弯曲的组合变形。

(2)内力分析

计算竖杆横截面上的内力,在立柱上的任一截面处将立柱截开,取上部为研究对象,如图 8-6(b)所示。由平衡条件可求得立柱横截面上的轴力和弯矩分别为

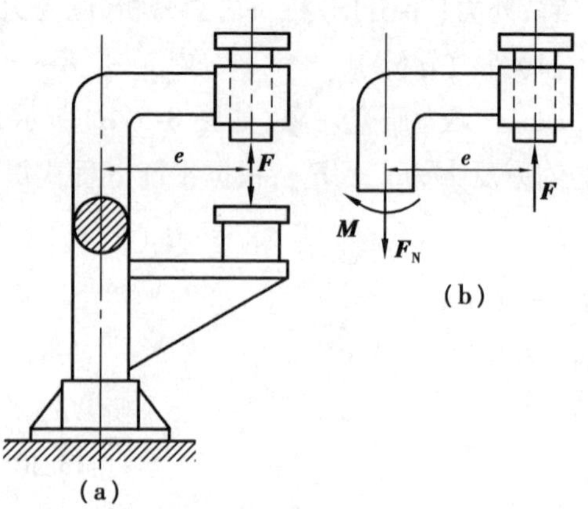

图 8-6　例 8.2 图

$$F_N = F = 20 \text{ kN}$$

$$M = M_e = Fe = 20 \times 0.4 = 8 \text{ kN} \cdot \text{m}$$

(3)应力分析

轴向力 $\boldsymbol{F}_N$ 使横截面上产生均匀的拉应力,其值为

$$\sigma_N = \frac{F_N}{A} = \frac{4F_N}{\pi d^2}$$

弯矩 $\boldsymbol{M}$ 使横截面上产生弯曲正应力,其最大值为

$$\sigma_M = \frac{M}{W_z} = \frac{32Fe}{\pi d^3}$$

立柱右侧边缘的总应力为拉应力,其值为

$$\sigma_{\max} = \frac{F_N}{A} + \frac{M}{W_z} = \frac{4F}{\pi d^2} + \frac{32Fe}{\pi d^3}$$

立柱左侧边缘的总应力为压应力,其值为

$$\sigma_c = \frac{F_N}{A} - \frac{M}{W_z} = \frac{4F}{\pi d^2} - \frac{32Fe}{\pi d^3}$$

(4)强度计算

由于铸铁是脆性材料,其抗拉能力弱,危险点在横截面的右侧边缘,因此,对受拉的右侧进行强度计算,由式(8-4)得

$$\sigma_{\max} = \frac{4 \times 20 \times 10^3}{\pi d^2} + \frac{32 \times 20 \times 10^3 \times 0.4 \times 10^3}{\pi d^3} \leqslant [\sigma]$$

由上式可求得立柱的直径 d。而求解上式比较烦琐,所以用**试凑法**。即先不考虑轴力的影响,仅按弯曲强度条件初步设计出立柱的直径,然后再按偏心拉伸的强度条件进行校核。由

$$\sigma_{\max} = \frac{32 \times 20 \times 10^3 \times 0.4 \times 10^3}{\pi d^3} \leqslant [\sigma]$$

得

$$d \geqslant \sqrt[3]{\frac{32 \times 20 \times 10^3 \times 0.4 \times 10^3}{\pi \times 35}} = 132.6\ \text{mm}$$

将求得的直径稍稍加大，取 $d = 135$ mm，代入偏心拉伸的强度条件进行校核，得

$$\sigma_{max} = \frac{4 \times 20 \times 10^3}{\pi \times 135^2} + \frac{32 \times 20 \times 10^3 \times 0.4 \times 10^3}{\pi \times 135^3} = 34.5\ \text{MPa} \leqslant [\sigma]$$

满足强度要求。最后选用立柱的直径 $d = 135$ mm。

8.1.3　弯曲与扭转的组合变形

工程上机械传动中的转轴，多数情况下既承受弯矩又承受扭矩，因此弯曲变形和扭转变形同时存在，即产生弯曲与扭转的组合变形。现以如图 8-7(a)所示的电动机转轴为例进行说明。

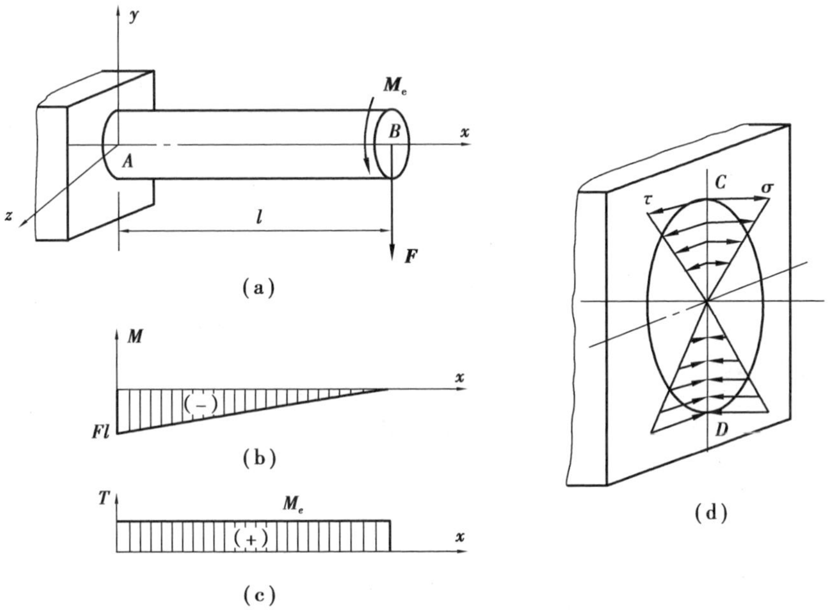

图 8-7　弯曲与扭转的组合变形

1)外力分析

一等截面圆轴，左端固定，右端为自由端，受力 $\boldsymbol{F}$ 和力偶矩 $\boldsymbol{M}_e$的作用。

力 $\boldsymbol{F}$ 的作用线与圆轴的轴线垂直，使圆轴产生弯曲变形；

力偶矩 $\boldsymbol{M}_e$使圆轴产生扭转变形；

所以圆轴 AB 产生了弯曲与扭转的组合变形。

2)内力分析

画出圆轴的内力图，如图 8-7(b)、(c)所示。

从扭矩图中可以看出，圆轴各横截面上的扭矩值都相等；

$$T = M_e \tag{8-5}$$

从弯矩图中可以看出,固定端 A 截面上的弯矩值最大,所以横截面 A 为危险截面,其上的弯矩值为

$$M = Fl \tag{8-6}$$

3)内力分析

弯矩 $\boldsymbol{M}$ 将引起垂直于横截面的弯曲正应力 σ,其值为

$$\sigma = \frac{M}{W_z} \tag{8-7}$$

扭矩 $\boldsymbol{T}$ 将引起平行于横截面的剪应力 τ,其值为

$$\tau = \frac{T}{W_P} \tag{8-8}$$

在危险截面 A 上必然存在 σ 和 τ,其分布情况如图 8-7(d)所示,C、D 两点为危险点。

4)强度分析

发生扭转与弯曲组合变形的圆柱转轴一般由塑性材料制成。由于其危险点同时存在弯曲正应力和扭转切应力,而且变形性质不同,因此,可先计算出其危险点的当量应力,然后再进行强度校核。按式(4-24)和式(4-25)第三强度理论和第四强度理论建立强度条件为

$$\begin{aligned} \sigma_{r3} &= \sqrt{\sigma^2 + 4\tau^2} \leqslant [\sigma] \\ \sigma_{r4} &= \sqrt{\sigma^2 + 3\tau^2} \leqslant [\sigma] \end{aligned} \tag{8-9}$$

将(8-7)和(8-8)的表达式代入,并利用圆截面 $W_P = 2W_z$,得到圆轴承受弯曲与扭转组合变形的强度条件分别为

$$\sigma_{r3} = \frac{\sqrt{M^2 + T_2}}{W_z} \leqslant [\sigma] \tag{8-10}$$

$$\sigma_{r4} = \frac{\sqrt{M^2 + 0.75T_2}}{W_z} \leqslant [\sigma] \tag{8-11}$$

式(8-10)和式(8-11)即为**扭转与弯曲组合变形的强度条件**。需要强调的是,上式只适用于塑性材料制成的圆轴(含空心圆轴)。

例 8.3 如图 8-8(a)所示,电动机带动皮带轮转动。已知电动机的皮带紧边拉力与松边拉力之比 $F_T/F_t = 2$,AB 轴的直径 $D = 0.3$ m,许用应力 $[\sigma] = 120$ MPa。试按第三强度理论校核 AB 轴的强度。

解:外力分析→内力分析,画内力图→强度校核

(1)外力分析

根据题意,画出轴的计算简图,如图 8-8(b)所示。轮中点所受的力 $\boldsymbol{F}$ 为轮重与皮带拉力之和,即

$$F = G + F_t + F_T = 600 + 3F_t$$

力 $\boldsymbol{F}$ 与 A、B 处的轴承支反力使轴产生弯曲。轴的中点还受皮带拉力向轴平移后而产生

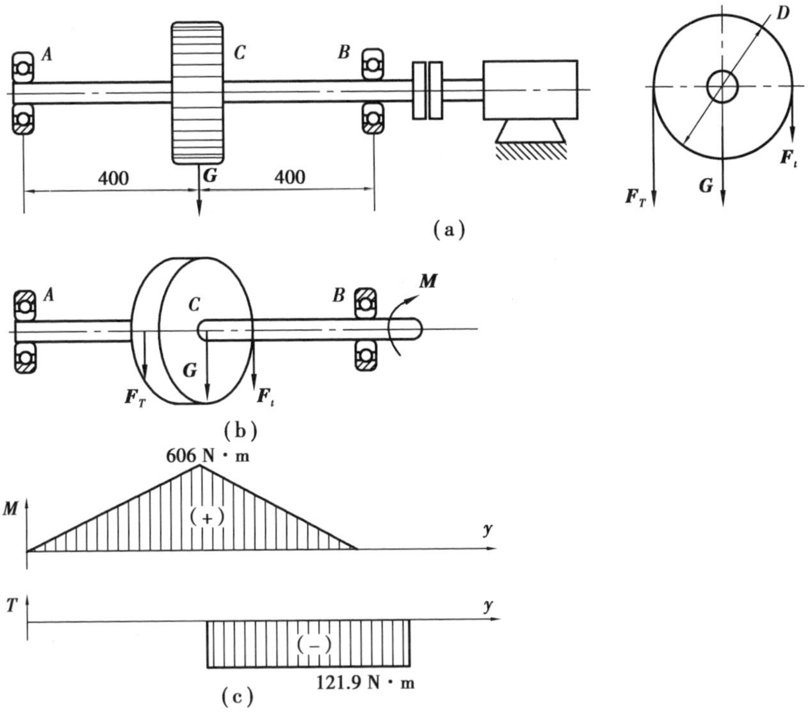

图8-8　例8.3图

的附加力偶的作用,其力偶矩与电动机输入的转矩 **M** 使轴产生扭转变形。*AB* 轴的变形为弯曲和扭转的组合变形,根据平衡条件,可得

$$M_y(F)=0,\quad F_T\times\frac{D}{2}-F_t\times\frac{D}{2}-M=0$$

将 $D=0.3$ m,$M=9\ 550\times\dfrac{P}{n}=121.9$ N·m,$F_T/F_t=2$,代入上式

得$F_t=0.81\times10^3$ N,$F_T=1.62\times10^3$ N

所以,$F=G+F_t+F_T=600+3\ F_t=3\ 030$ N

(2)内力分析

画 *AB* 轴的弯矩图和扭矩图,如图8-8(c)所示。截面 *C* 右侧为危险截面,最大弯矩为

$$M_{\max}=\frac{Fl}{4}=\frac{3\ 030\times0.8}{4}=606\ \text{N}\cdot\text{m}$$

AB 轴右半段各截面上的扭矩均为 $T=121.9$ N·m

(3)校核 *AB* 轴的强度

由于材料为45号钢,是塑性材料。按第三理论强度式(4-24)得

$$\sigma_r=\frac{\sqrt{M_{\max}^2+T^2}}{W_z}=\frac{\sqrt{606^2+121.9^2}}{\dfrac{\pi\times0.04^3}{32}}=98.4\ \text{MPa}\leqslant[\sigma]$$

故 *AB* 轴的强度满足要求。

例 8.4 如图 8-9(a)所示为一卷扬机的示意图。已知鼓轮的直径 $D=360$ mm,卷扬机轴的直径 $d=30$ mm,材料的许用应力$[\sigma]=80$ MPa。试确定卷扬机起吊的最大许可载荷 $\boldsymbol{F}$。

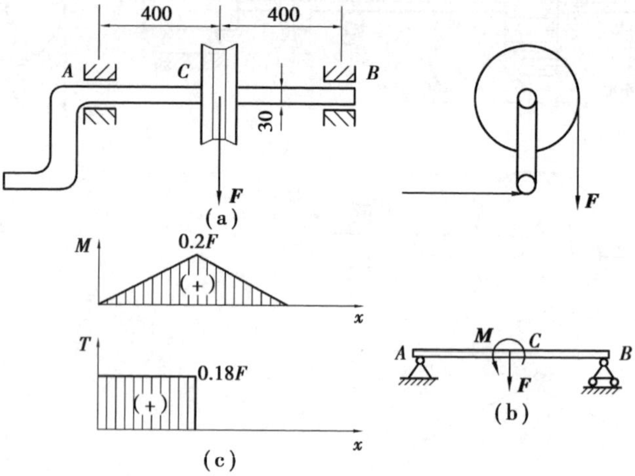

图 8-9 例 8.4 图

解:外力分析→内力分析,画内力图→强度校核

(1)外力分析

卷扬机轴 AB 的计算简图如图 8-9(b)所示。将起吊载荷 $\boldsymbol{F}$ 平移至 C 点,根据力的平移定理,可得到一个力 $\boldsymbol{F}$ 和一个附加力偶 $\boldsymbol{M}$,其力偶矩 $M=\dfrac{FD}{2}=0.18F$,顺时针旋转。轴 AB 在力 $\boldsymbol{F}$ 的作用下产生弯曲变形,在力偶 $\boldsymbol{M}$ 的作用下产生扭转变形。故卷扬机轴 AB 产生的是扭转与弯曲的组合变形。

(2)内力分析

由计算简图画出 AB 轴的内力图如图 8.6(c)所示。截面 C 左侧为危险截面,最大弯矩为

$$M_{\max}=\frac{Fl}{4}=\frac{F\times 0.8}{4}=0.2F$$

(3)强度校核

实心圆截面的抗弯截面系数为

$$W_z=\frac{\pi d^3}{32}=\frac{\pi\times 30^3}{32}=2.65\times 10^3\ \text{mm}^3$$

由第三强度理论式(4-24)知

$$\sigma_r=\frac{\sqrt{M_{\max}^2+T^2}}{W_z}=\frac{\sqrt{(0.2F)^2+(0.18F)^2}}{W_z}\leqslant[\sigma]$$

得

$$F\leqslant\frac{W_z[\sigma]}{\sqrt{0.2^2+0.018^2}}=788\ \text{N}$$

卷扬机起吊的最大许可载荷 $F=788$ N。

课程育人

三峡大坝

雄伟的三峡大坝屹立于三峡的西陵峡河段，从 1994 年正式动工起，历经 17 年建设，是世界上最大的水利枢纽工程，并为大半个中国提供源源不断的电力，同时具有防洪、航运、水资源利用等综合效益。我们知道水深越深，压强越大，如果大坝修成上下均一的直墙，坝底不仅要承受巨大的自重，还要承受巨大的水压，会产生变形。所以修筑成上窄下宽的梯形，更有利于承受住水深处的压力。水利与民生休戚相关，三峡大坝不只是一座具有多功能多效益的水利枢纽工程，它集中了中华民族的治水文化、水电文化。对国家、对民生和对科技事业都具有重要的意义，它体现了建设者的奉献精神，展现了大国重器的科技含量。这就是“三峡精神”。

“三峡工程是我们水利人共同的孩子，获得这个荣誉，是党中央、国务院对三峡工程的肯定，对所有参与建设、维护、运营三峡大坝的人的肯定，感谢大家用行动守护长江，守护三峡。”2019 年 9 月 25 日，被授予“最美奋斗者”称号后，79 岁的中国工程院院士、三峡工程总设计师、水利部长江水利委员会原总工程师郑守仁如是说。

(a) 三峡总工——郑守仁

(b) 三峡大坝全景

图 8-10　三峡大坝与它的总设计师

1963 年，郑守仁从华东水利学院河川枢纽及水电站建筑专业毕业，分配到长江委工作，从此一生与水利结缘。54 岁时，郑守仁迎来了他一生最大的挑战——出任长江水利委员会总工程师。三峡工程给郑守仁出了不少难题。1997 年大江截流，水深超出一般特大型工程截流水深的两三倍，而最大的障碍是江底 20 多米的软淤沙。截流戗堤进占过程中重压会使淤沙挤出，堤头随时可能坍塌。为解决好这一重大隐患，郑守仁查阅文献，反复试验，创造性地提出“人造江底，深水变浅”的设想，并顺利实施。这一设计不仅获国家优秀设计金奖、国家科技进步一等奖，更跻身 1997 年世界十大科技成就之列。继大江截流之后，郑守仁又带领团队在 2002 年成功攻克三峡导流明渠截流难题。

郑守仁始终把工程质量看得高于一切。三峡工程重点部位的基础验收,他都在现场,对发现的工程质量问题除向各有关单位反复强调进行处理外,还提出技术处理措施补救,不留隐患。

多年来,郑守仁主持召开三峡工程现场设计讨论会 2 500 多次,形成会议纪要 6 800 多万字。由他撰写的现场设计工作简报 500 多期,400 多万字,是一部最真实、详细的三峡工程建设史和备忘录,为确保三峡工程的设计质量和施工质量奠定了坚实基础。

课后练习

[知识检测]

一、填空题

1.在实际工程中,构件的受力情况往往较为复杂,常常同时承受两种或两种以上的基本变形,这类变形称为________。工程上常见的形式有________变形与________变形。我们围绕组合变形主要展开________、________、________与________的分析与计算。

2.设有一悬臂梁的自由端受力 **F** 作用,发生了拉伸和弯曲的组合变形。则其横截面上的总应力应是________与________相互叠加的结果,其绝对值有的________,有的________。而相互加强处即是该危险截面上的________。无论是拉伸与弯曲组合变形,还是压缩与弯曲组合变形,其危险点应力的最大值为________________。

3.工程上机械传动中的转轴,多数情况下发生的是________________的组合变形,因为转轴一般是由________材料制成,所以在进行强度校核时,常使用________或________强度理论。

二、客观题

1.无论是弯曲正应力还是拉伸正应力,两者都可以直接相加。 (　　)

2.悬臂梁的危险截面就是它的固定端截面。 (　　)

3.对于脆性材料,当发生拉弯组合变形时,产生最大拉应力;压弯时,产生最大压应力,两者大小相等,在危险截面的上边缘或下边缘。 (　　)

三、主观题

1.偏心压缩会导致发生哪一种组合变形?

2.铸铁构件受力如图 8-11 所示,其危险点的位置则位于(　　)。

A.①点　　B.②点　　C.③点　　D.④点

3.如图 8-12 所示矩形截面拉杆中间开一深度为 $h/2$ 的缺口,与不开口的拉杆相比,开口处的最大应力的增大倍数为(　　)。

A.2 倍　　B.4 倍　　C.8 倍　　D.16 倍

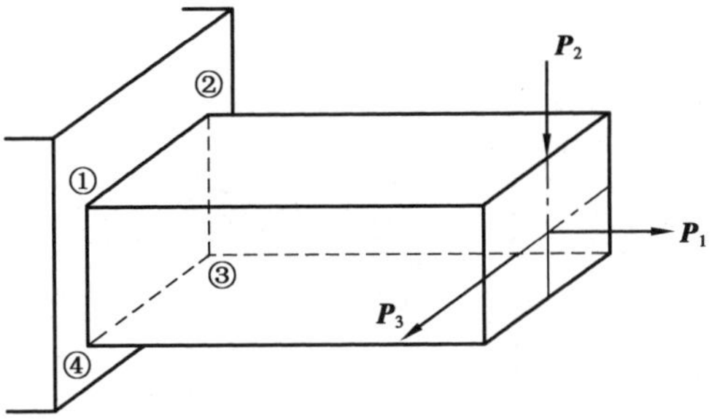

图8-11　题2图

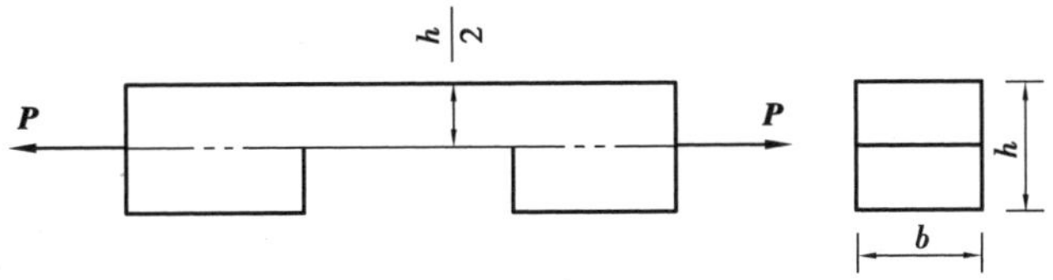

图8-12　题3图

4.某轴承受弯曲和扭转联合作用。已知弯矩 $M_n=18\times10^4\ \mathrm{N/mm}$，扭矩 $M=9\times10^4\ \mathrm{N/mm}$，轴的许用应力$[\sigma]=80\ \mathrm{MPa}$，试按第三强度理论计算轴的直径。

5.托架如图8-13所示，已知 AB 为矩形截面梁，宽度 $b=20\ \mathrm{mm}$，高度 $h=40\ \mathrm{mm}$，杆 CD 为圆管，其外径 $D=30\ \mathrm{mm}$，内径 $d=24\ \mathrm{mm}$，材料的$[\sigma]=160\ \mathrm{MPa}$。若不考虑 CD 杆的稳定问题，试按强度要求计算该结构的许可载荷$[q]$。

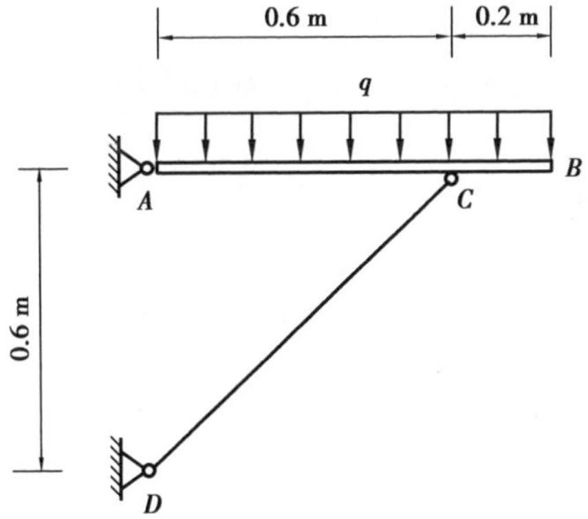

图8-13　题5图

[素质拓展]

2017年12月20日，工信部公布了第一批获得认定的国家工业遗产名单，钱塘江大桥位列其中。走进其他名录工程，了解他们的故事，感悟工业发展、科技进步对于国家发展的重要意义。

(a)鞍钢·矿坑

(b)重钢·旧址

图 8-14　国家工业遗产名录

任务 8.2　压杆稳定

[**任务描述**]理解压杆稳定的概念并掌握稳定性校核的方法

[**任务目标**]

目标类型	目标要求
认知目标	(1)了解压杆稳定的概念; (2)掌握计算细长压杆临界力和临界应力的方法; (3)了解欧拉公式、经验公式等的适用范围; (4)了解柔度、长度系数、惯性半径等相关概念; (5)掌握细长压杆稳定性校核的方法; (6)了解提高压杆稳定性的措施。
技能目标	培养用稳定性校核的方法解决实际工程问题的能力。
素质目标	(1)走近科学家袁隆平,了解生平轶事,学习大国工匠精神和科学家精神; (2)通过学习小麦的故事,了解珍惜粮食的意义; (3)汲取工程事故经验,了解生产安全的责任与重要性。

[**关键词**]压杆稳定、失稳、临界力(临界载荷)、欧拉公式、惯性矩、长度系数、相当长度、临界应力、惯性半径、柔度、经验公式、大柔度杆、中柔度杆、小柔度杆、工作安全系数、稳定安全系数。

[**知识前哨站**]

(1)强度、刚度校核分析思路及知识基础;

(2)应力相关知识。

案例引入

竹节不折，麦秆不倒

竹子，是国宝熊猫最喜欢的食物，也是川渝地区一种常见的绿色植物，在城市里种植可起到美化环境、净化空气的作用。且竹之竿，清雅拔俗，挺而圆劲，常被人们赋予不屈不挠、崇高坚劲的寓义，与“梅、兰、菊”一起，被并称为“四君子”。可你知道竹子是如何在生长过程中，保持竖直向上而不弯折的吗？

(a)小麦倒伏　　(b)《十面埋伏》竹林大战

图8-15　竹节与麦秆

依稀记得小时候写作文时，常用“麦穗笑完了腰”这样的比喻来描述农民伯伯秋收的喜悦。可长大了才知道，真的遇到“麦穗弯腰”，才不是丰收的标志，农民伯伯更不会感到喜悦。在专业术语上，这种现象叫“小麦倒伏”，倒伏对小麦产量有较大影响，最高可减产50%。小麦为什么会倒伏？我们又应该怎样处理呢？

专业知识

8.2.1　压杆稳定的概念

对构件进行强度、刚度和稳定性计算，以保证其能正常工作，是工程力学研究的主要内容之一。在之前的项目中，我们已经研究了构件的强度、刚度等问题，本任务将着重研究压杆的稳定性问题。

1)压杆稳定实验

在工程实际中，杆件除了由于强度、刚度不够而不能正常工作外，还有一种破坏形式就是失稳。承受轴向压力的细长杆，当压力超过一定的数值时，在任意外界的扰动下，其直线的平衡形式将突然转变为弯曲变形,致使杆件或由之组成的结构丧失正常功能。这是区别于强度、刚度失效的又一种失效形式,称为**稳定失效**,简称**失稳**。

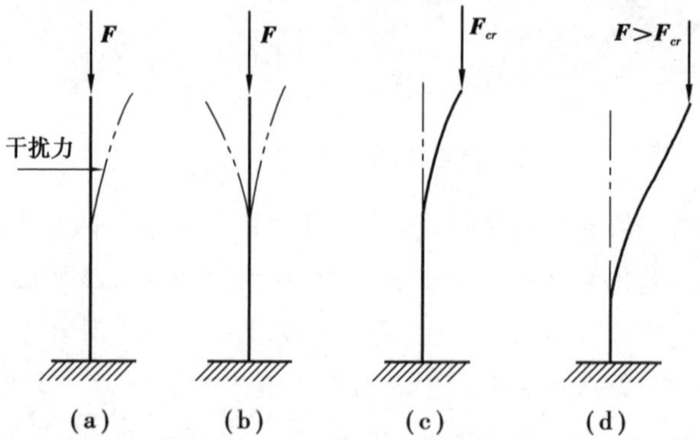

图 8-16 压杆稳定实验

如图 8-16 所示的压杆稳定实验,一细长压杆在自由端受到一轴向压力 $\boldsymbol{F}$。

当 $\boldsymbol{F}$ 较小时:

压杆仍保持着直线平衡的状态[图 8-16(a)],此时若给杆一个微小的横向干扰力,使杆处于微弯状态[图 8-16(b)],然后再将干扰力去除,杆经过几次左右摆动后,仍能回复到原来的直线平衡状态[图 8-16(c)],这种弯曲只是暂时的,此时的受压杆件还有保持其原始直线形状的能力。我们把杆件原来的直线形状的平衡状态称为**稳定平衡**。

当 $\boldsymbol{F}$ 增大到临界值 $\boldsymbol{F}_{cr}$ 时:

加干扰力杆件变弯,而撤除干扰力后,杆件在微弯状态下平衡,而不再回复到原来的直线平衡状态。称此时压杆的直线平衡状态为**不稳定平衡**,即**失稳**。压杆的稳定性问题,就是针对受压杆件能否保持它原来直线形状的平衡状态而言的。

当 $\boldsymbol{F}$ 再稍有增加:

杆件将会产生更显著的变形甚至破坏(迅速弯断)。

2)临界力 $\boldsymbol{F}_{cr}$

通过上述分析,我们不难看出,压杆能否保持平衡,与轴向压力 $\boldsymbol{F}$ 的大小有着密切关系。当 $\boldsymbol{F}$ 逐渐增大,压杆就会由稳定平衡状态过渡到不稳定平衡状态。我们将这个使杆在微弯状态下仍保持平衡的轴向临界载荷,称为**临界力**,用 $\boldsymbol{F}_{cr}$ 表示。它是压杆保持直线平衡时能承受的最大压力。

对于一个具体的压杆(材料、尺寸、约束等均已确定),临界力 $\boldsymbol{F}_{cr}$ 是一个确定的值。根据杆件所受的实际压力是小于还是大于临界力,就能判断该压杆所处的平衡状态是稳定还是不稳定的。由此可见,掌握压杆临界力 $\boldsymbol{F}_{cr}$ 的大小,并将工作压力控制在临界力所确定的许用范围内,是解决压杆稳定问题的关键。

3)压杆稳定实例

工程实际中的许多受压构件都要考虑其稳定性,尤其是细而长的杆件。如图 8-17 所示的千斤顶的丝杆、建筑施工的临时脚手架等,都必须从保证稳定的角度出发,进行合理的计算与校核。若只注意压杆的强度而忽视其稳定性，就会给工程结构带来极大的危害，甚至造成严重事故。所以必须进行稳定性计算。

(a)液压千斤顶

(b)施工脚手架

图 8-17　压杆稳定的工程实例

> **➢ 深思妙想**
>
> 结合生活周边，你还能列举出哪些压杆稳定或失稳的工程实例？

8.2.2　细长压杆临界力的计算

1)欧拉公式及临界力

在工程实际中，要保证压杆不失稳，关键是计算临界力。当作用在细长压杆上的压力 $\boldsymbol{F}=\boldsymbol{F}_{cr}$时，杆在横向干扰力作用后将变弯。当杆的变形不大，杆内应力不超过比例极限的情况下，根据弯曲变形的理论可求出临界力的大小为

$$F_{cr}=\frac{\pi^2 EI}{(\mu l)^2} \tag{8-12}$$

上式称为**临界力的欧拉公式**。式中，μ 是与压杆两端的支承情况有关的系数，称为**长度因数**；E 是弹性模量；I 是惯性矩；l 是压杆的长度；μl 称为**相当长度**。由此可以看出，临界力与材质的种类、截面的形状和尺寸、杆件的长度和两端的支承情况等方面的因素有关。

应用公式时，应注意两点：

(1)欧拉公式只适用于弹性范围，即只适用于弹性稳定问题；

(2)公式中的 I 为压杆发生弯曲时，截面对其中性轴的惯性矩。对于各个方向约束相同的情况，取截面的最小惯性矩，即对于不同方向具有不同约束条件的情形，计算时应根据截面惯性矩和约束条件，首先判断失稳时的弯曲方向，从而确定截面的中性轴以及相应的惯性矩。

几种常见的杆端支承情况下的 μ 值列于表 8-1 中。应该指出，表 8-1 所示的 4 种杆端支承情况是理想情况，许多工程实际问题并不具备这种典型形式，应根据具体情况选择长度系数 μ。

表 8-1　不同支承情况下的长度系数 μ

杆端约束情况	两端固定	一端固定 一端铰支	两端铰支	一端固定 一端自由
挠度曲线形状	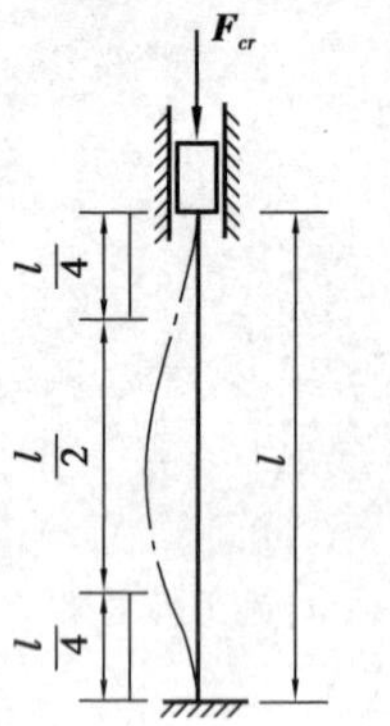	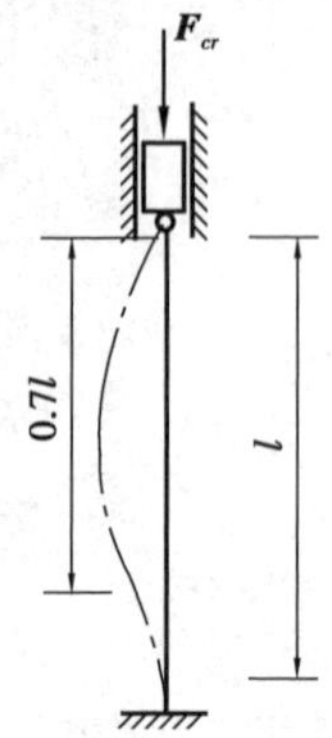	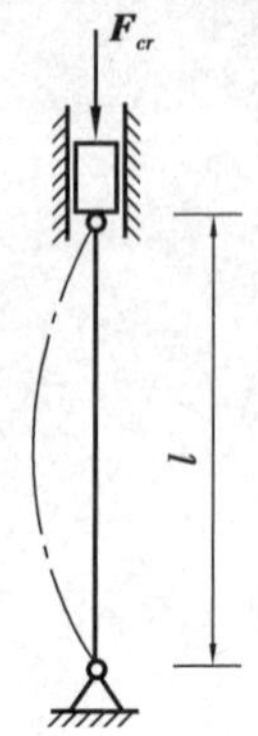	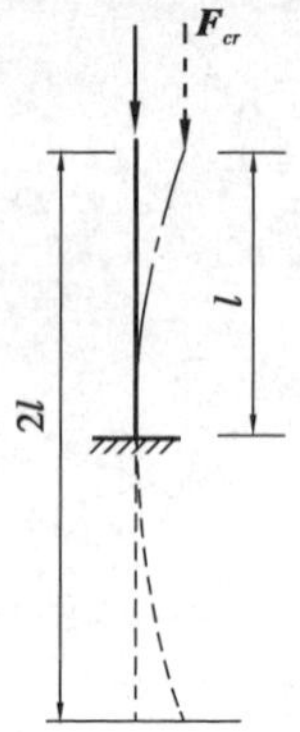
μ	0.5	0.7	1	2

例 8.5　如图 8-18 所示,一矩形截面压杆,一端固定,一端自由,材料为 45 号钢,已知弹性模量 $E=200$ GPa,$l=2$ m,$h=80$ mm,$b=45$ mm。试计算该压杆的临界压力;若 $h=b=60$ mm,压杆长度不变,此压杆的临界力又为多大?

解:先求惯性矩 I→再求临界力 F_{cr}

(1)计算惯性矩

截面对 y、z 轴的惯性矩分别为

$$I_y=\frac{hb^3}{12}=\frac{80\times 45^3}{12}=60.75\times 10^4\ \text{mm}^4$$

$$I_z=\frac{bh^3}{12}=\frac{45\times 80^3}{12}=192\times 10^4\ \text{mm}^4$$

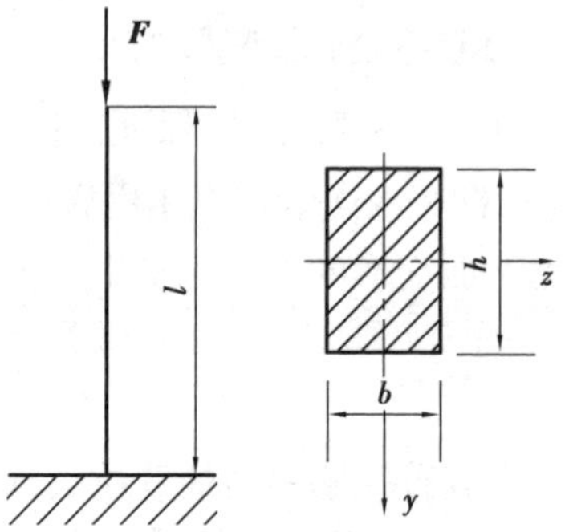

图 8-18　例 8.5 图

(2)计算临界力

由于压杆一端固定,一端自由,查表 8-1 得 $\mu=2$。因为 $I_y<I_z$,所以压杆必绕 y 轴弯曲,易产生失稳。由欧拉公式(8-12)得

$$F_{cr}=\frac{\pi^2 EI_y}{(\mu l)^2}=\frac{\pi^2\times 200\times 10^3\times 60.75\times 10^4}{(2\times 2\ 000)^2}=7.5\ \text{kN}$$

(3)若 $h=b=60$ mm,截面的惯性矩为

$$I_z=I_y=\frac{hb^3}{12}=\frac{60^4}{12}=108\times 10^4\ \text{mm}^4$$

$$F_{cr}=\frac{\pi^2 EI_y}{(\mu l)^2}=\frac{\pi^2\times 200\times 10^3\times 108\times 10^4}{(2\times 2\ 000)^2}=133\ \text{kN}$$

2)临界应力

压杆在临界力作用下,横截面上的应力称为**临界应力**,用 $\boldsymbol{\sigma}_{cr}$ 表示。根据欧拉公式,可求

得临界应力为

$$\sigma_{cr} = \frac{\pi^2 EI}{(\mu l)^2 A} \tag{8-13}$$

若令式中的$\frac{I}{A}=i^2$，或$\sqrt{\frac{I}{A}}=i$，$\lambda=\frac{\mu l}{i}$代入上式，整理可得

$$\sigma_{cr} = \frac{\pi^2 E i^2}{(\mu l)^2} = \frac{\pi^2 E}{\left(\frac{\mu l}{i}\right)^2} = \frac{\pi^2 E}{\lambda^2} \tag{8-14}$$

上式是欧拉公式的另一种表达式。式中，λ 称为压杆的柔度。λ 是一个无量纲的量，综合反映杆长、支承情况及横截面形状和尺寸等因素对临界应力的影响。不难看出，λ 越大，则杆件越细长，σ_{cr}越小，即压杆越容易失稳；反之，λ 越小，则杆件越短粗，其临界力就比较大。所以，柔度 λ 是压杆稳定计算中的一个重要参数。

3）欧拉公式的适用范围

由于计算压杆临界压力的欧拉公式是根据挠曲线近似微分方程推导得出的，而且该方程只在材料服从胡克定律时才成立。故必须在临界应力小于材料的比例极限 σ_P时才能应用。即

$$\frac{\pi^2 E}{\lambda^2} \leqslant \sigma_P \tag{8-15}$$

由此可以求出对应比例极限的柔度λ_P，即

$$\lambda_P = \pi \sqrt{\frac{E}{\sigma_P}} \tag{8-16}$$

这样，就可以用λ_P来表示欧拉公式的使用范围。显然，只有当压杆的实际柔度 $\lambda \geqslant \lambda_P$，欧拉公式才适用。我们将 $\lambda \geqslant \lambda_P$的杆件，统称为**大柔度杆**或**细长杆**。$\lambda_P$仅与材料的弹性模量 E、比例极限 σ_P有关。材料不同，其λ_P值不同。若将不同材料的 E 和σ_P代入，例如，Q235 号钢的 $E=206$ GPa，$\sigma_P=200$ MPa，则可得

$$\lambda_P = \pi \sqrt{\frac{E}{\sigma_P}} = \pi \sqrt{\frac{206 \times 10^3}{200}} \approx 100$$

即可求得 $\lambda \geqslant \lambda_P = 100$

同理可得，铸铁的柔度 $\lambda \geqslant \lambda_P = 80$，木材的柔度 $\lambda \geqslant \lambda_P = 110$。

4）临界应力总图

由临界应力式（8-14）可知，压杆的临界应力是柔度的函数。若以 σ_{cr}为纵坐标，柔度 λ 为横坐标，即可画出如图 8-19 所示的曲线 AB，称为**欧拉双曲线**。

欧拉公式的适用范围可在图上看出，曲线上的实线 BC 段即为适用范围。而虚线 AC 段，由于应力已经超过了比例极限 σ_P，故为无效部分。对应于 C 点的柔度即为λ_P。

5）经验公式

若压杆的柔度 $\lambda \leqslant \lambda_P$，则由式（8-15）算出的压杆临界应力 $\sigma_S \geqslant \sigma_{cr} \geqslant \sigma_P$，属于非弹性稳定问题（图 8-19 中实线 CD 段），欧拉公式就不再适用。故针对此类压杆的临界应力问题，通常可用在实验基础上建立的经验公式来计算，常见的经验公式有直线公式和抛物线公式等。本

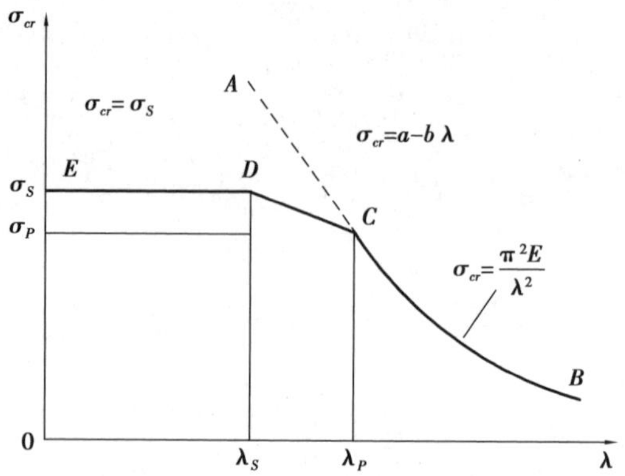

图 8-19　临界应力总图

任务仅介绍工程中常用的直线公式，即

$$\sigma_{cr} = a - b\lambda \tag{8-17}$$

式中，a 和 b 是与材料性能有关的常数，单位为 MPa。几种常用材料的 a、b、λ_P、λ_S 值如表 8-2 所示。

表 8-2　常用材料的 a、b 值

材料	a(MPa)	b(MPa)	λ_P	λ_S
Q235 钢，10、25 钢	310	114	100	60
35 钢	469	2.62	100	60
45、55 钢	589	3.82	100	60
铸铁	338.7	1.483	80	—
木材	29.3	0.194	110	40

柔度很小的短柱，如压缩实验用的金属短柱或水泥块，受压时并不会像大柔度杆那样出现弯曲变形，而会因压应力到达屈服极限（塑性材料）或强度极限（脆性材料）而被破坏，是强度不足引起的失效。所以，式（8-17）还有一个使用范围，即对塑性材料制成的压杆，其临界应力不得超过材料的屈服极限 σ_S，记为

$$\sigma_{cr} = a - b\lambda < \sigma_S$$

或

$$\lambda \geqslant \frac{a - \sigma_S}{b}$$

若把使用经验公式的最小柔度极限值表示为λ_S，则

$$\lambda_S = \frac{a - \sigma_S}{b} \tag{8-18}$$

即按式（8-18）算出的临界应力最高只能等于 σ_S，经验公式的使用范围是：

$$\lambda_S \leqslant \lambda \leqslant \lambda_P$$

若将不同材料的 a，b，σ_S代入，由式（8-18）可得到不同材料的λ_S。例如，Q235 号钢的 $\sigma_S =$

240 MPa，$a=319$ MPa，$b=1.14$ MPa，可得

$$\lambda_S=\frac{a-\sigma_S}{b}=\frac{310-240}{1.14}=61$$

（常用材料的 a、b、λ_P、λ_S值如表 8-2 所示）

一般将柔度$\lambda_S<\lambda<\lambda_P$的压杆称为**中柔度杆**或**中长杆**，柔度 $\lambda<\lambda_S$的压杆称为**小柔度杆**或**短粗杆**。

根据以上分析，可将各类柔度压杆的临界应力计算公式归纳如表 8-3 所示。

表 8-3　各类柔度压杆的临界应力计算公式

材料	柔度 λ	临界应力计算公式		对应应力总图
细长杆	$\lambda\geqslant\lambda_P$	欧拉公式	$\sigma_{cr}=\frac{\pi^2E}{\lambda^2}$	实线 BC 段
中长杆	$\lambda_S<\lambda<\lambda_P$	经验公式 （直线形式）	$\sigma_{cr}=a-b\lambda$	实线 CD 段
短粗杆	$\lambda<\lambda_S$	压缩强度公式	$\sigma_{cr}=\sigma_S$	实线 DE 段

例 8.6　有一长 $l=300$ mm，矩形截面宽 $b=2$ mm，高 $h=10$ mm 的压杆，两端铰接，材料为 Q235 钢，弹性模量 E 按 200 GPa 算，试计算压杆的临界应力和临界力。

解：求惯性半径 i→求柔度 λ→用欧拉公式计算临界应力 σ_{cr}→计算临界力F_{cr}

（1）求惯性半径 i：

因采用矩形截面，如果失稳必在刚度较小的平面产生微弯曲，故应求出最小半径

$$i_{\min}=\sqrt{\frac{I_{\min}}{A}}=\sqrt{\frac{hb^3}{12}\times\frac{1}{bh}}=\frac{b}{\sqrt{12}}=\frac{2}{3.46}=0.578$$

（2）求柔度 λ，因两端铰接，查表 8-1 得$\mu=1$，故有

$$\lambda=\frac{\mu l}{i}=\frac{1\times300}{0.578}=519>\lambda_p=100$$

（3）计算临界应力 σ_{cr}，根据式（8-14）得

$$\sigma_{cr}=\frac{\pi^2E}{\lambda^2}=\frac{3.14^2\times200\times10^3}{519^2}=732\ \text{MPa}$$

（4）计算临界力F_{cr}，根据式（8-12）得

$$F_{cr}=\sigma_{cr}\cdot A=\sigma_{cr}\cdot bh=7.32\times2\times10=146\ \text{N}$$

8.2.3　稳定性校核

为了使压杆具有足够的稳定性，不仅要使作用在压杆上的工作压力小于临界力，而且还应具有一定的稳定储备，即

$$n_w=\frac{F_{cr}}{F}=\frac{\sigma_{cr}}{\sigma}\tag{8-19}$$

式中，F 和 σ 为压杆的工作压力和横截面上的实际应力，F_{cr}和σ_{cr}为压杆的临界力和临界应力，n_w为**工作安全因数**，它反映了压杆稳定储备的实际程度。

在工程实际中，对构件的稳定安全储备都有一定的要求，常以$[n_w]$表示要求受压杆必须达到的稳定储备程度，称为规定的**稳定安全因数**。即

$$n_w = \frac{F_{cr}}{F} = \frac{\sigma_{cr}}{\sigma} \geqslant [n_w] \tag{8-20}$$

上式称为**压杆的稳定条件**。按式(8-20)进行稳定计算的方法称为**安全因数法**。由于压杆失稳大都具有突发性，且危害性比较大，故通常规定稳定的安全因数要大于强度安全因数。确定稳定安全系数$[n_w]$涉及的因素较多，是一个既复杂又重要的问题。$[n_w]$的值在有关的设计范围中都有明确的规定，常用材料的$[n_w]$值见表8-4。

表8-4　常见压杆的稳定安全系数$[n_w]$

压杆材料	金属压杆	机床丝杆	油缸活塞杆	发动机挺杆
$[n_w]$	1.8~3.0	2.5~4	2~5	4~6
压杆材料	铸铁	木材	起重螺旋	矿山冶金设备
$[n_w]$	5.0~5.5	2.8~3.2	3.5~5	4~8

例8.7　螺旋千斤顶如图8-20(a)所示，丝杠长度$l=375$ mm，直径$d=40$ mm，材料为45号钢，最大起重量$F=80$ kN，规定的稳定安全因数$n_{st}=4$。试校核丝杠的稳定性。

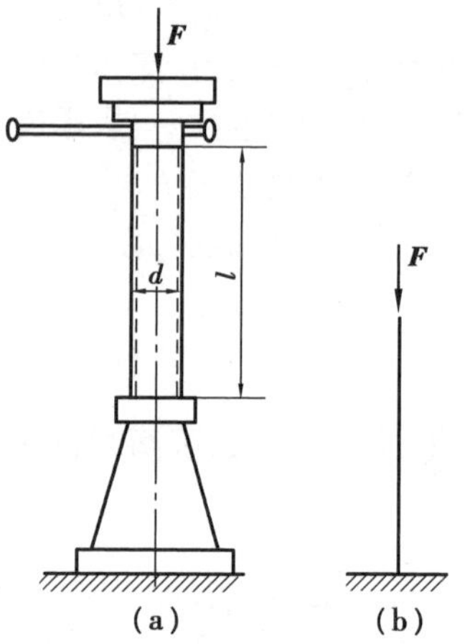

图8-20　例8.7图

解：求柔度λ→计算临界力F_{cr}→校核稳定性

(1)求柔度λ

丝杠可简化为下端固定、上端自由的压杆，如图8-20(b)所示，故查表8-1可得长度系数$\mu=2$，故可知

$$i = \sqrt{\frac{I}{A}} = \sqrt{\frac{\frac{\pi d^4}{64}}{\frac{\pi d^2}{4}}} = \frac{d}{4} = \frac{40}{4} = 10 \text{ mm}$$

得

$$\lambda = \frac{\mu l}{i} = \frac{2 \times 375}{10} = 75$$

(2)计算临界力$\boldsymbol{F}_{cr}$

查表8-2知45号钢$\lambda_P=100$，$\lambda_S=60$。因$\lambda_S<\lambda<\lambda_P$，故此丝杠为中长杆，应采用经验公式计算临界应力。进一步查表8-2得：$a=589$ MPa，$b=3.82$ MPa。根据式(8-17)可得

$$\sigma_{cr} = a - b\lambda = 589 - 3.82 \times 75 = 303 \text{ MPa}$$

故临界力为

$$F_{cr} = \sigma_{cr} \cdot A = 303 \times \frac{3.14 \times 40^2}{4} = 381 \text{ kN}$$

(3)校核丝杆的稳定性

$$n_w = \frac{F_{cr}}{F} = \frac{381}{80} = 4.76 > [n_w] = 4$$

所以,千斤顶丝杠是稳定的。

8.2.4　提高压杆稳定性的措施

压杆的临界力越大,其稳定性就越高;压杆的临界力越小,其稳定性就越差。即临界力的大小是衡量压杆稳定性强弱的重要依据。所以,提高临界力$\boldsymbol{F}_{cr}$或临界应力$\boldsymbol{\sigma}_{cr}$,是提高压杆稳定性的关键。由其计算表达式可知,临界应力不但与材料的力学性质有关,还与压杆的柔度λ有关。而柔度又与压杆长度、支承情况及截面惯性半径相关。因此,我们可以从上述几方面着手,来提高压杆的稳定性。

1)减小压杆的长度

减小压杆的长度l,可以降低压杆的柔度λ,从而提高压杆的稳定性。所以,在条件允许的情况下,应尽量减小压杆长度作用。

2)合理安排压杆的约束

合理安排压杆的约束,改善杆端的支承情况,会影响到长度系数μ。从表 8-1 可看出,杆端约束的刚性越强,压杆的长度系数越小,相应的柔度就越低,稳定性就越高。固定端约束的刚性最强,铰接次之,而自由端的刚性最差。所以,应尽量加强杆端支承的刚性,使其稳定性得到提高。

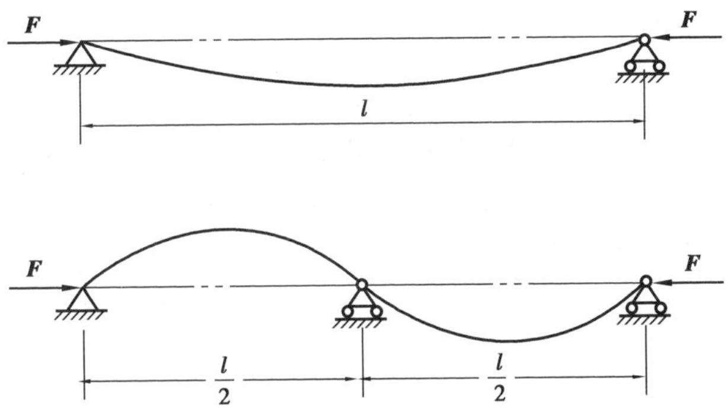

图 8-21　合理安排压杆约束

压杆的临界压力或临界应力与相当长度(μl)的平方成反比,因此,增强对压杆的约束与合理地选择杆长,均能提高压杆的稳定性。

3)选择合理的截面形状

在其他条件和截面面积A相同的情况下,选择合理的截面形状能使临界应力提高。合理的截面形状是指在截面面积A相同时,具有较大的轴惯性矩I,这样就会使得惯性半径i增大,而柔度λ减小,从而使临界应力$\boldsymbol{\sigma}_{cr}$和临界压力$\boldsymbol{F}_{cr}$得到提高。

显然,材料远离中性轴是较为合理的,所以截面积相同的情况下,空心圆管的临界力要比实心圆管大。所以在实际工程中,如图 8-21 所示,用型钢组成的空心方截面代替实心方截面,用圆环截面代替实心圆截面,都是提高压杆稳定性的措施。

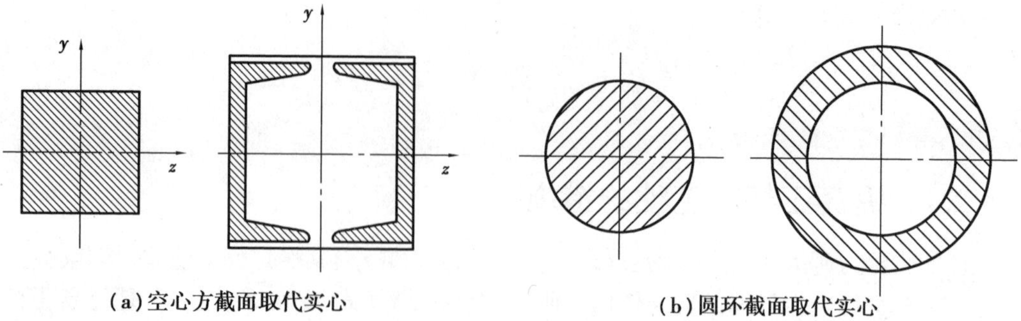

(a)空心方截面取代实心　　(b)圆环截面取代实心

图 8-22　选择合理的截面形状

另外，杆端约束情况在各个方向上相同时，压杆首先在$I_{\min}$的方向失稳。所以，应尽量使截面对任一形心轴的惯性矩相同，从而使压杆在各个方向都具有相同的稳定性。

> ➢ **高能提醒**
>
> Q:既然空心可以增强压杆的稳定性，那在实际工程应用中，杆件是不是越空越好?
>
> A:需要指出的是，杆件除了校核稳定性外，还应进行强度校核。合理的空心截面会提高杆件的稳定性，但过度的空心截面会使得强度减小，所以在实际的工程应用中，要寻找强度和稳定性的平衡点。

4)合理选用材料

对于大柔度杆，用欧拉公式计算临界应力，因$\sigma_{cr}=\dfrac{\pi^2E}{\lambda^2}$，故$\sigma_{cr}$与材料的弹性模量$E$成正比，而与材料的强度指标无关。所以选用$E$值较高的材料，显然可以提高细长杆的稳定性。且对于$E$值大致相同的材料来说，就没必要选用高强度的。例如，几种备选钢的E值相差不大，用高强度钢并不能提高临界应力，就不如用普通钢来的经济划算。

对于中、小柔度的压杆，则用经验公式计算临界应力，由$\sigma_{cr}=a-b\lambda$可知，临界应力与材料的强度有关，所以此时，选用高强度材料显然有利于稳定性的提高。

课程育人

> **竹子与麦秆的压杆稳定**
>
> 竹子的结构非常符合压杆稳定方面的知识。在不改变横截面面积的前提下，空心圆截面的惯性矩远大于实心圆截面的惯性矩，因此空心的竹子质量轻，临界压力大；竹子每隔一段就生出一个硬节来，这相当于增加了多个中间约束，硬节的出现大大增强了竹的稳定性。这就是竹子能生长至很高的高度，并且可以在风雪中挺拔不折的原因。是力学美感的重要体现。

(a)竹竿不弯

(b)麦秆不倒

图8-23　生活中的压杆稳定实例

小麦的“抗倒伏”就是指农作物在生长过程中,遇到风、雨、涝等恶劣环境时能够保持直立生长的能力。农作物如果成片发生歪斜,甚至全株匍匐在地,产量和质量会大幅度降低,灌浆后可造成减产10%~40%,还会给收割带来困难。运用压杆失稳原理进行分析,麦穗或稻穗可以看作加在细长杆上的竖向荷载,在作物成熟期重量会接近茎秆的临界压力,在很小的水平力作用下,植物的茎秆就有可能发生过度弯曲而折断。因此,优良的水稻、小麦抗倒伏品种应该具有防失稳的力学特征。通常这些特征包括:植株矮化、粗壮、基部节间短、根须发达,这都是抗倒伏作物具有的性状,这些性状可以减少压杆总长、增加横截面惯性矩、减小每节杆计算长度、加强植株与土壤的联系,故现在市场上的许多“矮抗”品种都是具备了这些性状的优良品种。

课后练习

[知识检测]

一、填空题

1.承受________的________,当压力超过一定的数值时,在________________下,其直线的________将突然转变为________,致使杆件或由之组成的结构丧失正常功能。这是区别于________、________失效的又一种失效形式,称为________,简称________。压杆的稳定性问题,就是针对________能否________________________而言的。

2.临界力的欧拉公式可写为________。式中,μ是________,是与压杆两端的________有关的系数;E是________;I是________;l是________;μl称为________。由此可以看出,临界力与________、________________、________和________________等方面的因素有关。

3.提高压杆稳定的措施主要有____________、____________、____________。

二、客观题

1.压杆的临界力越大,其稳定性就越高;压杆的临界力越小,其稳定性就越差,所以临界力的大小是衡量压杆稳定性强弱的重要依据。　　(　　)

2.临界应力不但与材料的力学性质有关,还与压杆长度、支承情况及截面惯性半径相关。 (　　)

3.在其他条件和截面面积 A 相同的情况下,选择合理的截面形状能使临界应力提高。所以截面积相同的情况下,实心圆管的临界力要比空心圆管大。 (　　)

三、主观题

1.为什么计算临界力时必须首先计算柔度?

2.为什么说大柔度杆的临界应力与材料的强度指标无关,而中小柔度杆的临界应力却与材料的强度指标有关?

3.三根圆截面压杆,其直径 $d=160$ mm,材料为 Q235 钢,$E=200$ GPa,$[\sigma_S]=240$ MPa,两端均为铰支,长度分别为 L_1、L_2 和 L_3,且 $L_1=2L_2=4L_3=5$ m。计算各杆的的临界力。

4.千斤顶的最大承重 $P=150$ kN,丝杆的内径 $d=52$ mm,长度 $L=500$ mm,材料是 45 钢,试求丝杆工作的稳定安全因数。

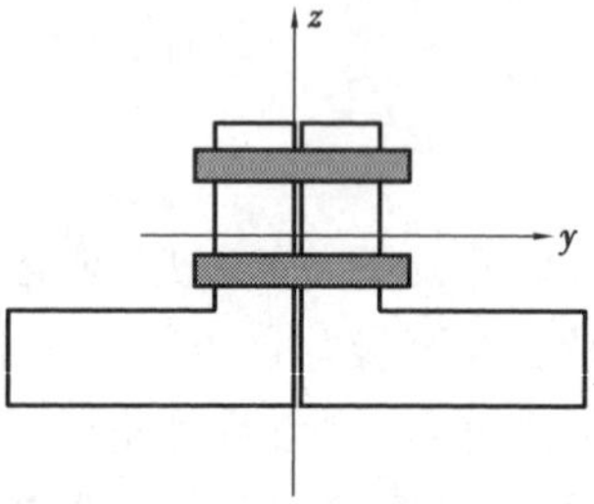

图 8-24　题 5 图

5.一压杆长 $L=1.5$ m,由两根 56×56×8 等边角钢组成,两端铰支,压力 $F=150$ kN,角钢为 A3 钢,试用欧拉公式或抛物线公式求临界压力和安全系数。

[素质拓展]

名人走廊“杂交水稻之父”袁隆平

袁隆平是我国著名的杂交水稻育种专家,中国研究与发展杂交水稻的开创者,被誉为“世界杂交水稻之父”。在 20 世纪 60 年代,我国人民物质生活水平较低,吃饭都成了大问题。袁隆平培育的水稻品种不仅具有抗倒伏的特性,还使得亩产翻倍,让国人不再饿肚子。可以说,中国能用世界上 7%的耕地养活 21%的人口,袁隆平团队的杂交水稻功不可没。2019 年 9 月 29 日,习近平总书记向袁隆平颁授“共和国勋章”。袁老曾说过:“只有下田才最快乐。”这句话蕴含了怎样的科研态度?了解更多袁老和科研团队背后的故事并与同学分享。

(a)共和国勋章授勋

(b)袁老和水稻

图 8-25　“杂交水稻之父”袁隆平

项目小结

(1)用叠加法求解组合变形杆件强度问题的步骤：

①对杆件进行受力分析，确定杆件是哪些基本变形的组合；

②分别画出各基本变形的内力图；

③确定危险截面上危险点的应力分布；

④运用强度理论进行计算。

(2)对弯曲与拉(压)组合变形而言，在画出危险截面上的应力分布图确定危险点后，要按杆件的材料性质分别处理。

塑性材料：

$$\sigma_{max} = \frac{|M_{max}|}{W_z} + \frac{|F_N|}{A} \leqslant [\sigma]$$

脆性材料：

$$\sigma_{t,max} \leqslant [\sigma_t], \quad \sigma_{c,max} \leqslant [\sigma_c]$$

(3)对于弯曲与扭转组合变形的圆轴而言，一般工程上的圆轴由塑性材料制成，在确定了危险截面上的内力后，可直接按第三、第四强度理论计算：

$$\sigma_{r3} = \frac{\sqrt{M^2 + T^2}}{W_z} \leqslant [\sigma]$$

$$\sigma_{r4} = \frac{\sqrt{M^2 + 0.75T^2}}{W_z} \leqslant [\sigma]$$

(4)对于因受压而丧失工作能力的细长杆，不是强度不够而是由于其轴线不能维持原有直线形状的平衡状态所致，这种现象称为丧失稳定(失稳)。

(5)压杆临界应力计算公式：

材料	柔度 λ	临界应力计算公式	
细长杆	$\lambda \geqslant \lambda_P$	欧拉公式	$\sigma_{cr} = \frac{\pi^2 E}{\lambda^2}$
中长杆	$\lambda_S < \lambda < \lambda_P$	经验公式 (直线形式)	$\sigma_{cr} = a - b\lambda$
短粗杆	$\lambda < \lambda_S$	压缩强度公式	$\sigma_{cr} = \sigma_S$

(6)压杆稳定计算公式：

$$n_w = \frac{F_{cr}}{F} = \frac{\sigma_{cr}}{\sigma}$$

附　录

常用型钢规格表

普通工字钢

符号：h—高度；
b—宽度；
t_w—腹板厚度；
t—翼缘平均厚度；
I—惯性矩；
W—截面模量

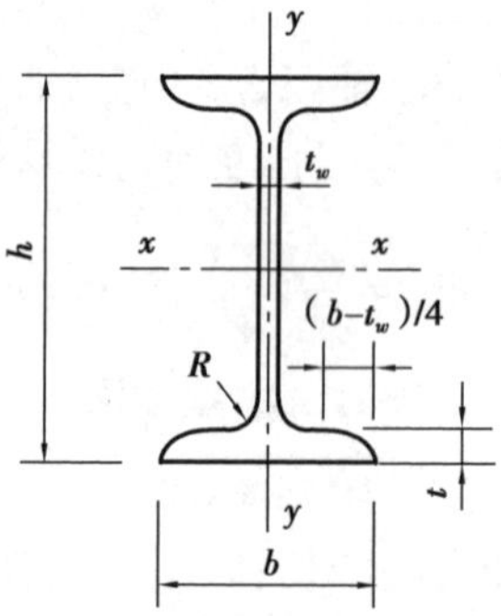

i—回转半径；
S_x—半截面的面积矩；
长度：
型号 10~18，长 5~19 m；
型号 20~63，长 6~19 m。

型号		尺寸/mm					截面面积/cm^2	理论重量/(kg·m^{-1})	x-x 轴				y-y 轴		
		h/mm	b/mm	t_w/mm	t/mm	R/mm			I_x/cm^4	W_x/cm^3	i_x/cm	I_x/S_x/cm	I_y/cm^4	W_y/cm^3	I_y/cm
10		100	68	4.5	7.6	6.5	14.3	11.2	245	49	4.14	8.69	33	9.6	1.51
12		120	74	5	8.4	7	18.1	14.2	488	77	5.19	11	47	12.7	1.61
14		140	80	5.5	9.1	7.5	21.5	16.9	712	102	5.75	12.2	64	16.1	1.73
16		160	88	6	9.9	8	26.1	20.5	1 127	141	6.57	13.9	93	21.1	1.89
18		180	94	6.5	10.7	8.5	30.7	24.1	1 699	185	7.37	15.4	123	26.2	2.00
20	a	200	100	7	11.4	9	35.5	27.9	2 369	237	8.16	17.4	158	31.6	2.11
	b		102	9			39.5	31.1	2 502	250	7.95	17.1	169	33.1	2.07
22	a	220	110	7.5	12.3	9.5	42.1	33	3 406	310	8.99	19.2	226	41.1	2.32
	b		112	9.5			46.5	36.5	3 583	326	8.78	18.9	240	42.9	2.27

续表

型号		尺寸/mm					截面面积 /cm^2	理论重量 /$(kg \cdot m^{-1})$	x-x 轴				y-y 轴		
		h /mm	b /mm	t_w /mm	t /mm	R /mm			I_x /cm^4	W_x /cm^3	i_x /cm	I_x/S_x /cm	I_y /cm^4	W_y /cm^3	I_y /cm
25	a	250	116	8	13	10	48.5	38.1	5 017	401	10.2	21.7	280	48.4	2.4
	b		118	10			53.5	42	5 278	422	9.93	21.4	297	50.4	2.36
28	a	280	122	8.5	13.7	10.5	55.4	43.5	7 115	508	11.3	24.3	344	56.4	2.49
	b		124	10.5			61	47.9	7 481	534	11.1	24	364	58.7	2.44
32	a	320	130	9.5	15	11.5	67.1	52.7	11 080	692	12.8	27.7	459	70.6	2.62
	b		132	11.5			73.5	57.7	11 626	727	12.6	27.3	484	73.3	2.57
	c		134	13.5			79.9	62.7	12 173	761	12.3	26.9	510	76.1	2.53
36	a	360	136	10	15.8	12	76.4	60	15 796	878	14.4	31	555	81.6	2.69
	b		138	12			83.6	65.6	16 574	921	14.1	30.6	584	84.6	2.64
	c		140	14			90.8	71.3	17 351	964	13.8	30.2	614	87.7	2.6
40	a	400	142	10.5	16.5	12.5	86.1	67.6	21 714	1 086	15.9	34.4	660	92.9	2.77
	b		144	12.5			94.1	73.8	22 781	1 139	15.6	33.9	693	96.2	2.71
	c		146	14.5			102	80.1	23 847	1 192	15.3	33.5	727	99.7	2.67
45	a	450	150	11.5	18	13.5	102	80.4	32 241	1 433	17.7	38.5	855	114	2.89
	b		152	13.5			111	87.4	33 759	1 500	17.4	38.1	895	118	2.84
	c		154	15.5			120	94.5	35 278	1 568	17.1	37.6	938	122	2.79
50	a	500	158	12	20	14	119	93.6	46 472	1 859	19.7	42.9	1 122	142	3.07
	b		160	14			129	101	48 556	1 942	19.4	42.3	1 171	146	3.01
	c		162	16			139	109	50 639	2 026	19.1	41.9	1 224	151	2.96
56	a	560	166	12.5	21	14.5	135	106	65 576	2 342	22	47.9	1 366	165	3.18
	b		168	14.5			147	115	68 503	2 447	21.6	47.3	1 424	170	3.12
	c		170	16.5			158	124	71 430	2 551	21.3	46.8	1 485	175	3.07
63	a	630	176	13	22	15	155	122	94 004	2 984	24.7	53.8	1 702	194	3.32
	b		178	15			167	131	98 171	3 117	24.2	53.2	1 771	199	3.25
	c		180	17			180	141	102 339	3 249	23.9	52.6	1 842	205	3.2

H 型钢

符号：h—高度；
b—宽度；
t_1—腹板厚度；
t_2—翼缘厚度；
I—惯性矩；
W—截面模量

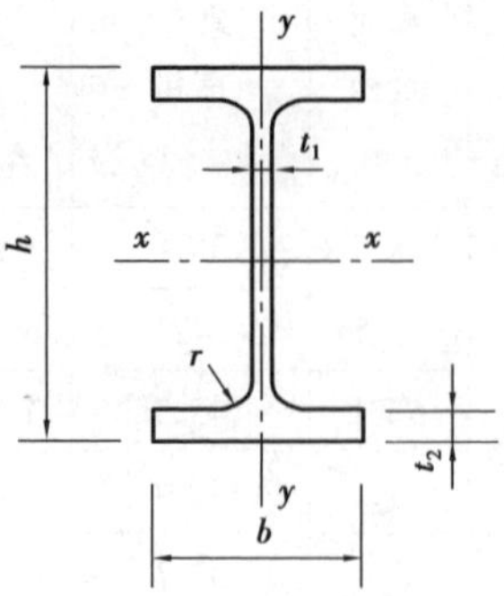

i—回转半径；
S_x—半截面的面积矩。

类别	H 型钢规格 ($h \times b \times t_1 \times t_2$)	截面积 A /cm^2	质量 q /(kg·m^{-1})	x-x 轴			y-y 轴		
				I_x /cm^4	W_x /cm^3	i_x /cm	I_y /cm^4	W_y /cm^3	I_y /cm
HW	100×100×6×8	21.9	17.22	383	76.576.5	4.18	134	26.7	2.47
	125×125×6.5×9	30.31	23.8	847	136	5.29	294	47	3.11
	150×150×7×10	40.55	31.9	1 660	221	6.39	564	75.1	3.73
	175×175×7.5×11	51.43	40.3	2 900	331	7.5	984	112	4.37
	200×200×8×12	64.28	50.5	4 770	477	8.61	1 600	160	4.99
	#200×204×12×12	72.28	56.7	5 030	503	8.35	1 700	167	4.85
	250×250×9×14	92.18	72.4	10 800	867	10.8	3 650	292	6.29
	#250×255×14×14	104.7	82.2	11 500	919	10.5	3 880	304	6.09
	#294×302×12×12	108.3	85	17 000	1 160	12.5	5 520	365	7.14
	300×300×10×15	120.4	94.5	20 500	1 370	13.1	6 760	450	7.49
	300×305×15×15	135.4	106	21 600	1 440	12.6	7 100	466	7.24
	#344×348×10×16	146	115	33 300	1 940	15.1	11 200	646	8.78
	350×350×12×19	173.9	137	40 300	2 300	15.2	13 600	776	8.84
	#388×402×15×15	179.2	141	49 200	2 540	16.6	16 300	809	9.52
	#394×398×11×18	187.6	147	56 400	2 860	17.3	18 900	951	10
	400×400×13×21	219.5	172	66 900	3 340	17.5	22 400	1 120	10.1
	#400×408×21×21	251.5	197	71 100	3 560	16.8	23 800	1 170	9.73
	#414×405×18×28	296.2	233	93 000	4 490	17.7	31 000	1 530	10.2
	#428×407×20×35	361.4	284	119 000	5 580	18.2	39 400	1 930	10.4

续表

类别	H 型钢规格 $(h \times b \times t_1 \times t_2)$	截面积 A /cm^2	质量 q /$(kg \cdot m^{-1})$	x-x 轴			y-y 轴		
				I_x /cm^4	W_x /cm^3	i_x /cm	I_y /cm^4	W_y /cm^3	I_y /cm
HM	148×100×6×9	27.25	21.4	1 040	140	6.17	151	30.2	2.35
	194×150×6×9	39.76	31.2	2 740	283	8.3	508	67.7	3.57
	244×175×7×11	56.24	44.1	6 120	502	10.4	985	113	4.18
	294×200×8×12	73.03	57.3	11 400	779	12.5	1 600	160	4.69
	340×250×9×14	101.5	79.7	21 700	1 280	14.6	3 650	292	6
	390×300×10×16	136.7	107	38 900	2 000	16.9	7 210	481	7.26
	440×300×11×18	157.4	124	56 100	2 550	18.9	8 110	541	7.18
	482×300×11×15	146.4	115	60 800	2 520	20.4	6 770	451	6.8
	488×300×11×18	164.4	129	71 400	2 930	20.8	8 120	541	7.03
	582×300×12×17	174.5	137	103 000	3 530	24.3	7 670	511	6.63
	588×300×12×20	192.5	151	118 000	4 020	24.8	9 020	601	6.85
	#594×302×14×23	222.4	175	137 000	4 620	24.9	10 600	701	6.9
HN	100×50×5×7	12.16	9.54	192	38.5	3.98	14.9	5.96	1.11
	125×60×6×8	17.01	13.3	417	66.8	4.95	29.3	9.75	1.31
	150×75×5×7	18.16	14.3	679	90.6	6.12	49.6	13.2	1.65
	175×90×5×8	23.21	18.2	1 220	140	7.26	97.6	21.7	2.05
	198×99×4.5×7	23.59	18.5	1 610	163	8.27	114	23	2.2
	200×100×5.5×8	27.57	21.7	1 880	188	8.25	134	26.8	2.21
	248×124×5×8	32.89	25.8	3 560	287	10.4	255	41.1	2.78
	250×125×6×9	37.87	29.7	4 080	326	10.4	294	47	2.79
	298×149×5.5×8	41.55	32.6	6 460	433	12.4	443	59.4	3.26
	300×150×6.5×9	47.53	37.3	7 350	490	12.4	508	67.7	3.27
	346×174×6×9	53.19	41.8	11 200	649	14.5	792	91	3.86
	350×175×7×11	63.66	50	13 700	782	14.7	985	113	3.93
	#400×150×8×13	71.12	55.8	18 800	942	16.3	734	97.9	3.21
	396×199×7×11	72.16	56.7	20 000	1 010	16.7	1 450	145	4.48
	400×200×8×13	84.12	66	23 700	1 190	16.8	1 740	174	4.54

续表

类别	H 型钢规格 ($h \times b \times t_1 \times t_2$)	截面积 A /cm^2	质量 q /($kg \cdot m^{-1}$)	x-x 轴			y-y 轴		
				I_x /cm^4	W_x /cm^3	i_x /cm	I_y /cm^4	W_y /cm^3	I_y /cm
HN	#450×150×9×14	83.41	65.5	27 100	1 200	18	793	106	3.08
	446×199×8×12	84.95	66.7	29 000	1 300	18.5	1 580	159	4.31
	450×200×9×14	97.41	76.5	33 700	1 500	18.6	1 870	187	4.38
	#500×150×10×16	98.23	77.1	38 500	1 540	19.8	907	121	3.04
	496×199×9×14	101.3	79.5	41 900	1 690	20.3	1 840	185	4.27
	500×200×10×16	114.2	89.6	47 800	1 910	20.5	2 140	214	4.33
	#506×201×11×19	131.3	103	56 500	2 230	20.8	2 580	257	4.43
	596×199×10×15	121.2	95.1	69 300	2 330	23.9	1 980	199	4.04
	600×200×11×17	135.2	106	78 200	2 610	24.1	2 280	228	4.11
	#606×201×12×20	153.3	120	91 000	3 000	24.4	2 720	271	4.21
	#692×300×13×20	211.5	166	172 000	4 980	28.6	9 020	602	6.53
	700×300×13×24	235.5	185	201 000	5 760	29.3	10 800	722	6.78

注:“#”表示的规格为非常用规格。

普通槽钢

符号：
同普通工字钢
但 W_y 为对应翼缘肢尖

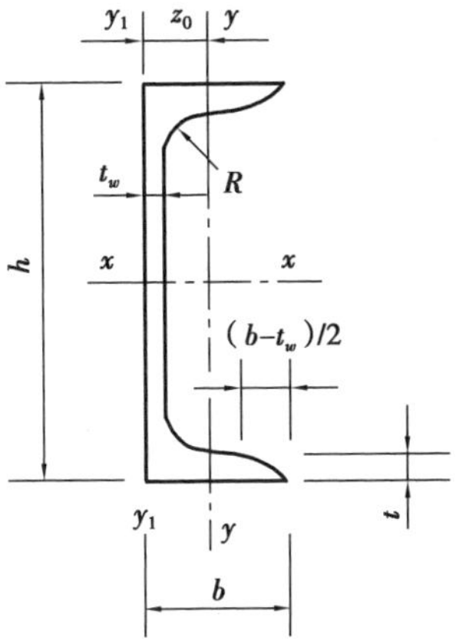

长度：
型号 5~8,长 5~12 m；
型号 10~18,长 5~19 m；
型号 20~20,长 6~19 m。

型号		尺寸/mm					截面面积 /cm²	理论重量 /(kg·m⁻¹)	x-x 轴			y-y 轴			y-y_1 轴	Z_0 /cm
		h	b	t_w	t	R			I_x /cm⁴	W_x /cm³	i_x /cm	I_y /cm⁴	W_y /cm³	I_y /cm	I_{y_1} /cm⁴	
5		50	37	4.5	7	7	6.92	5.44	26	10.4	1.94	8.3	3.5	1.1	20.9	1.35
6.3		63	40	4.8	7.5	7.5	8.45	6.63	51	16.3	2.46	11.9	4.6	1.19	28.3	1.39
8		80	43	5	8	8	10.24	8.04	101	25.3	3.14	16.6	5.8	1.27	37.4	1.42
10		100	48	5.3	8.5	8.5	12.74	10	198	39.7	3.94	25.6	7.8	1.42	54.9	1.52
12.6		126	53	5.5	9	9	15.69	12.31	389	61.7	4.98	38	10.3	1.56	77.8	1.59
14	a	140	58	6	9.5	9.5	18.51	14.53	564	80.5	5.52	53.2	13	1.7	107.2	1.71
	b		60	8	9.5	9.5	21.31	16.73	609	87.1	5.35	61.2	14.1	1.69	120.6	1.67
16	a	160	63	6.5	10	10	21.95	17.23	866	108.3	6.28	73.4	16.3	1.83	144.1	1.79
	b		65	8.5	10	10	25.15	19.75	935	116.8	6.1	83.4	17.6	1.82	160.8	1.75
18	a	180	68	7	10.5	10.5	25.69	20.17	1 273	141.4	7.04	98.6	20	1.96	189.7	1.88
	b		70	9	10.5	10.5	29.29	22.99	1 370	152.2	6.84	111	21.5	1.95	210.1	1.84
20	a	200	73	7	11	11	28.83	22.63	1 780	178	7.86	128	24.2	2.11	244	2.01
	b		75	9	11	11	32.83	25.77	1 914	191.4	7.64	143.6	25.9	2.09	268.4	1.95
22	a	220	77	7	11.5	11.5	31.84	24.99	2 394	217.6	8.67	157.8	28.2	2.23	298.2	2.1
	b		79	9	11.5	11.5	36.24	28.45	2 571	233.8	8.42	176.5	30.1	2.21	326.3	2.03
25	a	250	78	7	12	12	34.91	27.4	3 359	268.7	9.81	175.9	30.7	2.24	324.8	2.07
	b		80	9	12	12	39.91	31.33	3 619	289.6	9.52	196.4	32.7	2.22	355.1	1.99
	c		82	11	12	12	44.91	35.25	3 880	310.4	9.3	215.9	34.6	2.19	388.6	1.96

续表

型号		尺寸/mm					截面面积 /cm^2	理论重量 /(kg · m^{-1})	x-x 轴			y-y 轴			y-y_1 轴	Z_0 /cm
		h	b	t_w	t	R			I_x /cm^4	W_x /cm^3	i_x /cm	I_y /cm^4	W_y /cm^3	I_y /cm	I_{y_1} /cm^4	
28	a	280	82	7.5	12.5	12.5	40.02	31.42	4 753	339.5	10.9	217.9	35.7	2.33	393.3	2.09
	b		84	9.5	12.5	12.5	45.62	35.81	5 118	365.6	10.59	241.5	37.9	2.3	428.5	2.02
	c		86	11.5	12.5	12.5	51.22	40.21	5 484	391.7	10.35	264.1	40	2.27	467.3	1.99
32	a	320	88	8	14	14	48.5	38.07	7 511	469.4	12.44	304.7	46.4	2.51	547.5	2.24
	b		90	10	14	14	54.9	43.1	8 057	503.5	12.11	335.6	49.1	2.47	592.9	2.16
	c		92	12	14	14	61.3	48.12	8 603	537.7	11.85	365	51.6	2.44	642.7	2.13
36	a	360	96	9	16	16	60.89	47.8	11 874	659.7	13.96	455	63.6	2.73	818.5	2.44
	b		98	11	16	16	68.09	53.45	12 652	702.9	13.63	496.7	66.9	2.7	880.5	2.37
	c		100	13	16	16	75.29	59.1	13 429	746.1	13.36	536.6	70	2.67	948	2.34
40	a	400	100	10.5	18	18	75.04	58.91	17 578	878.9	15.3	592	78.8	2.81	1 057.9	2.49
	b		102	12.5	18	18	83.04	65.19	18 644	932.2	14.98	640.6	82.6	2.78	1 135.8	2.44
	c		104	14.5	18	18	91.04	71.47	19 711	985.6	14.71	687.8	86.2	2.75	1 220.3	2.42

等边角钢

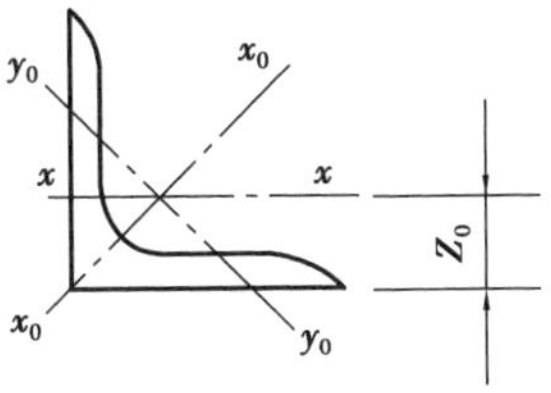

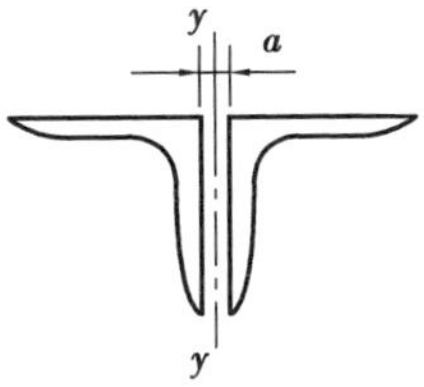

型号		单角钢										双角钢				
		圆角	重心矩	截面积	质量	惯性矩	截面模量		回转半径			i_y，当 a 为下列数值				
		R	Z_0	A		I_x	$W_{x,max}$	$W_{x,min}$	i_x	i_{x_0}	i_{y_0}	6 mm	8 mm	10 mm	12 mm	14 mm
		/mm		/cm^2	/$(kg \cdot m^{-1})$	/cm^4	/cm^3		/cm			/cm				
20×	3	3.5	6	1.13	0.89	0.40	0.66	0.29	0.59	0.75	0.39	1.08	1.17	1.25	1.34	1.43
	4		6.4	1.46	1.15	0.50	0.78	0.36	0.58	0.73	0.38	1.11	1.19	1.28	1.37	1.46
L25×	3	3.5	7.3	1.43	1.12	0.82	1.12	0.46	0.76	0.95	0.49	1.27	1.36	1.44	1.53	1.61
	4		7.6	1.86	1.46	1.03	1.34	0.59	0.74	0.93	0.48	1.30	1.38	1.47	1.55	1.64
L30×	3	4.5	8.5	1.75	1.37	1.46	1.72	0.68	0.91	1.15	0.59	1.47	1.55	1.63	1.71	1.8
	4		8.9	2.28	1.79	1.84	2.08	0.87	0.90	1.13	0.58	1.49	1.57	1.65	1.74	1.82
L36×	3	4.5	10	2.11	1.66	2.58	2.59	0.99	1.11	1.39	0.71	1.70	1.78	1.86	1.94	2.03
	4		10.4	2.76	2.16	3.29	3.18	1.28	1.09	1.38	0.70	1.73	1.8	1.89	1.97	2.05
	5		10.7	2.38	2.65	3.95	3.68	1.56	1.08	1.36	0.70	1.75	1.83	1.91	1.99	2.08
L40×	3	5	10.9	2.36	1.85	3.59	3.28	1.23	1.23	1.55	0.79	1.86	1.94	2.01	2.09	2.18
	4		11.3	3.09	2.42	4.60	4.05	1.60	1.22	1.54	0.79	1.88	1.96	2.04	2.12	2.2
	5		11.7	3.79	2.98	5.53	4.72	1.96	1.21	1.52	0.78	1.90	1.98	2.06	2.14	2.23
L45×	3	5	12.2	2.66	2.09	5.17	4.25	1.58	1.39	1.76	0.90	2.06	2.14	2.21	2.29	2.37
	4		12.6	3.49	2.74	6.65	5.29	2.05	1.38	1.74	0.89	2.08	2.16	2.24	2.32	2.4
	5		13	4.29	3.37	8.04	6.20	2.51	1.37	1.72	0.88	2.10	2.18	2.26	2.34	2.42
	6		13.3	5.08	3.99	9.33	6.99	2.95	1.36	1.71	0.88	2.12	2.2	2.28	2.36	2.44
L50×	3	5.5	13.4	2.97	2.33	7.18	5.36	1.96	1.55	1.96	1.00	2.26	2.33	2.41	2.48	2.56
	4		13.8	3.90	3.06	9.26	6.70	2.56	1.54	1.94	0.99	2.28	2.36	2.43	2.51	2.59
	5		14.2	4.80	3.77	11.21	7.90	3.13	1.53	1.92	0.98	2.30	2.38	2.45	2.53	2.61
	6		14.6	5.69	4.46	13.05	8.95	3.68	1.51	1.91	0.98	2.32	2.4	2.48	2.56	2.64

续表

型号		单角钢										双角钢				
		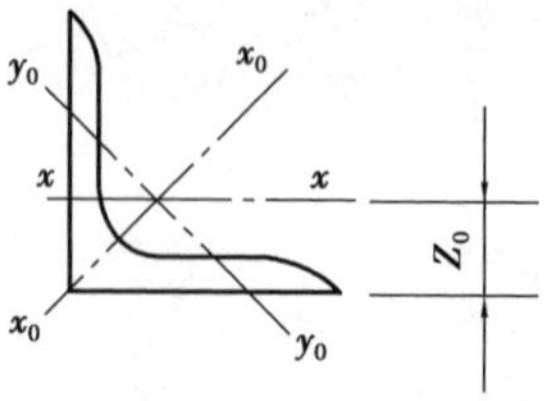										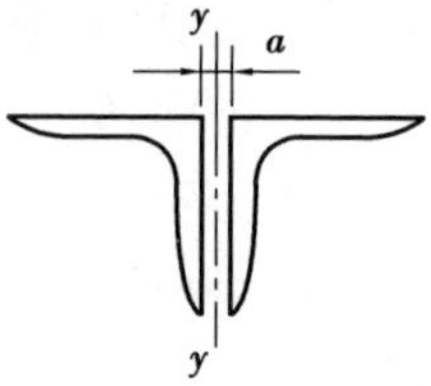				
		圆角	重心矩	截面积	质量	惯性矩	截面模量		回转半径			i_y，当 a 为下列数值				
		R	Z_0	A		I_x	$W_{x,\max}$	$W_{x,\min}$	i_x	i_{x_0}	i_{y_0}	6 mm	8 mm	10 mm	12 mm	14 mm
		/mm		/cm^2	/(kg·m^{-1})	/cm^4	/cm^3		/cm			/cm				
L56×	3	6	14.8	3.34	2.62	10.19	6.86	2.48	1.75	2.2	1.13	2.50	2.57	2.64	2.72	2.8
	4		15.3	4.39	3.45	13.18	8.63	3.24	1.73	2.18	1.11	2.52	2.59	2.67	2.74	2.82
	5		15.7	5.42	4.25	16.02	10.22	3.97	1.72	2.17	1.10	2.54	2.61	2.69	2.77	2.85
	8		16.8	8.37	6.57	23.63	14.06	6.03	1.68	2.11	1.09	2.60	2.67	2.75	2.83	2.91
L63×	4	7	17	4.98	3.91	19.03	11.22	4.13	1.96	2.46	1.26	2.79	2.87	2.94	3.02	3.09
	5		17.4	6.14	4.82	23.17	13.33	5.08	1.94	2.45	1.25	2.82	2.89	2.96	3.04	3.12
	6		17.8	7.29	5.72	27.12	15.26	6.00	1.93	2.43	1.24	2.83	2.91	2.98	3.06	3.14
	8		18.5	9.51	7.47	34.45	18.59	7.75	1.90	2.39	1.23	2.87	2.95	3.03	3.1	3.18
	10		19.3	11.66	9.15	41.09	21.34	9.39	1.88	2.36	1.22	2.91	2.99	3.07	3.15	3.23
L70×	4	8	18.6	5.57	4.37	26.39	14.16	5.14	2.18	2.74	1.4	3.07	3.14	3.21	3.29	3.36
	5		19.1	6.88	5.40	32.21	16.89	6.32	2.16	2.73	1.39	3.09	3.16	3.24	3.31	3.39
	6		19.5	8.16	6.41	37.77	19.39	7.48	2.15	2.71	1.38	3.11	3.18	3.26	3.33	3.41
	7		19.9	9.42	7.40	43.09	21.68	8.59	2.14	2.69	1.38	3.13	3.2	3.28	3.36	3.43
	8		20.3	10.67	8.37	48.17	23.79	9.68	2.13	2.68	1.37	3.15	3.22	3.30	3.38	3.46
L75×	5	9	20.3	7.41	5.82	39.96	19.73	7.30	2.32	2.92	1.5	3.29	3.36	3.43	3.5	3.58
	6		20.7	8.80	6.91	46.91	22.69	8.63	2.31	2.91	1.49	3.31	3.38	3.45	3.53	3.6
	7		21.1	10.16	7.98	53.57	25.42	9.93	2.30	2.89	1.48	3.33	3.4	3.47	3.55	3.63
	8		21.5	11.50	9.03	59.96	27.93	11.2	2.28	2.87	1.47	3.35	3.42	3.50	3.57	3.65
	10		22.2	14.13	11.09	71.98	32.40	13.64	2.26	2.84	1.46	3.38	3.46	3.54	3.61	3.69

续表

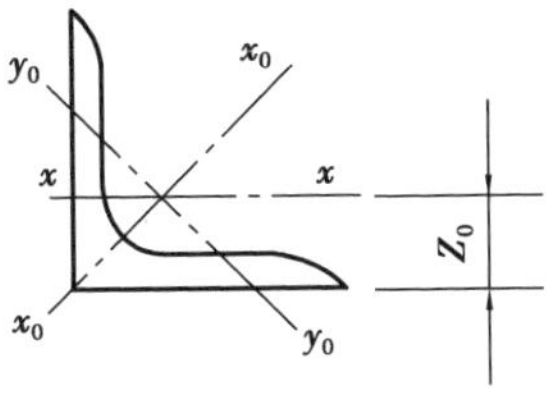

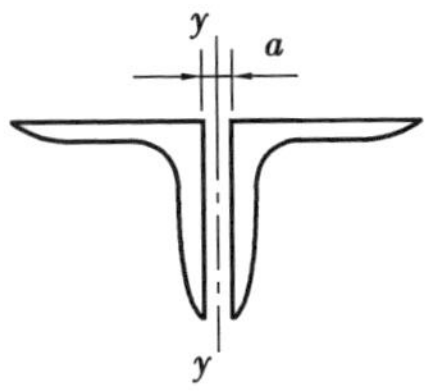

型号		单角钢										双角钢				
		圆角	重心矩	截面积	质量	惯性矩	截面模量		回转半径			i_y,当 a 为下列数值				
		R	Z_0	A		I_x	$W_{x,\max}$	$W_{x,\min}$	i_x	i_{x_0}	i_{y_0}	6 mm	8 mm	10 mm	12 mm	14 mm
		/mm		/cm^2	/(kg·m^{-1})	/cm^4	/cm^3		/cm			/cm				
L80×	5	9	21.5	7.91	6.21	48.79	22.70	8.34	2.48	3.13	1.6	3.49	3.56	3.63	3.71	3.78
	6		21.9	9.40	7.38	57.35	26.16	9.87	2.47	3.11	1.59	3.51	3.58	3.65	3.73	3.8
	7		22.3	10.86	8.53	65.58	29.38	11.37	2.46	3.1	1.58	3.53	3.60	3.67	3.75	3.83
	8		22.7	12.30	9.66	73.50	32.36	12.83	2.44	3.08	1.57	3.55	3.62	3.70	3.77	3.85
	10		23.5	15.13	11.87	88.43	37.68	15.64	2.42	3.04	1.56	3.58	3.66	3.74	3.81	3.89
L90×	6	10	24.4	10.64	8.35	82.77	33.99	12.61	2.79	3.51	1.8	3.91	3.98	4.05	4.12	4.2
	7		24.8	12.3	9.66	94.83	38.28	14.54	2.78	3.5	1.78	3.93	4	4.07	4.14	4.22
	8		25.2	13.94	10.95	106.5	42.3	16.42	2.76	3.48	1.78	3.95	4.02	4.09	4.17	4.24
	10		25.9	17.17	13.48	128.6	49.57	20.07	2.74	3.45	1.76	3.98	4.06	4.13	4.21	4.28
	12		26.7	20.31	15.94	149.2	55.93	23.57	2.71	3.41	1.75	4.02	4.09	4.17	4.25	4.32
L100×	6	12	26.7	11.93	9.37	115	43.04	15.68	3.1	3.91	2	4.3	4.37	4.44	4.51	4.58
	7		27.1	13.8	10.83	131	48.57	18.1	3.09	3.89	1.99	4.32	4.39	4.46	4.53	4.61
	8		27.6	15.64	12.28	148.2	53.78	20.47	3.08	3.88	1.98	4.34	4.41	4.48	4.55	4.63
	10		28.4	19.26	15.12	179.5	63.29	25.06	3.05	3.84	1.96	4.38	4.45	4.52	4.6	4.67
	12		29.1	22.8	17.9	208.9	71.72	29.47	3.03	3.81	1.95	4.41	4.49	4.56	4.64	4.71
	14		29.9	26.26	20.61	236.5	79.19	33.73	3	3.77	1.94	4.45	4.53	4.6	4.68	4.75
	16		30.6	29.63	23.26	262.5	85.81	37.82	2.98	3.74	1.93	4.49	4.56	4.64	4.72	4.8
L110×	7	12	29.6	15.2	11.93	177.2	59.78	22.05	3.41	4.3	2.2	4.72	4.79	4.86	4.94	5.01
	8		30.1	17.24	13.53	199.5	66.36	24.95	3.4	4.28	2.19	4.74	4.81	4.88	4.96	5.03
	10		30.9	21.26	16.69	242.2	78.48	30.6	3.38	4.25	2.17	4.78	4.85	4.92	5	5.07
	12		31.6	25.2	19.78	282.6	89.34	36.05	3.35	4.22	2.15	4.82	4.89	4.96	5.04	5.11
	14		32.4	29.06	22.81	320.7	99.07	41.31	3.32	4.18	2.14	4.85	4.93	5	5.08	5.15

续表

型号		单角钢										双角钢				
		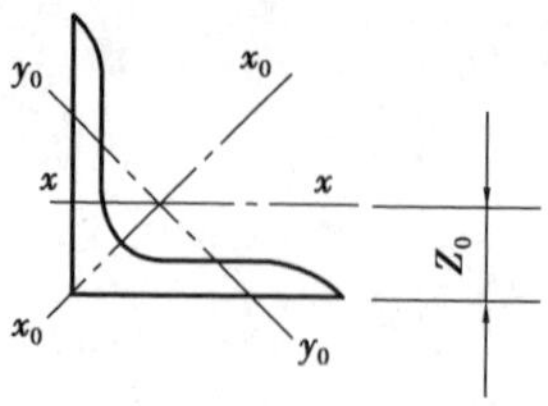										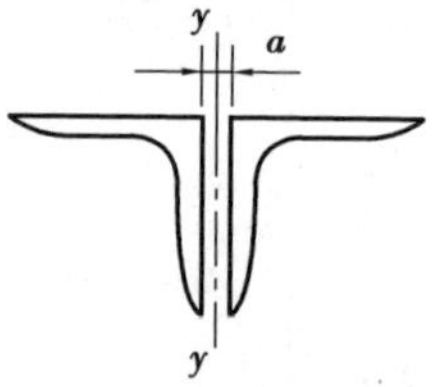				
		圆角	重心矩	截面积	质量	惯性矩	截面模量		回转半径			i_y,当 a 为下列数值				
		R	Z_0	A		I_x	$W_{x,\max}$	$W_{x,\min}$	i_x	i_{x_0}	i_{y_0}	6 mm	8 mm	10 mm	12 mm	14 mm
		/mm		/cm²	/(kg·m⁻¹)	/cm⁴	/cm³		/cm			/cm				
L125×	8	14	33.7	19.75	15.5	297	88.2	32.52	3.88	4.88	2.5	5.34	5.41	5.48	5.55	5.62
	10		34.5	24.37	19.13	361.7	104.8	39.97	3.85	4.85	2.48	5.38	5.45	5.52	5.59	5.66
	12		35.3	28.91	22.7	423.2	119.9	47.17	3.83	4.82	2.46	5.41	5.48	5.56	5.63	5.7
	14		36.1	33.37	26.19	481.7	133.6	54.16	3.8	4.78	2.45	5.45	5.52	5.59	5.67	5.74
L140×	10	14	38.2	27.37	21.49	514.7	134.6	50.58	4.34	5.46	2.78	5.98	6.05	6.12	6.2	6.27
	12		39	32.51	25.52	603.7	154.6	59.8	4.31	5.43	2.77	6.02	6.09	6.16	6.23	6.31
	14		39.8	37.57	29.49	688.8	173	68.75	4.28	5.4	2.75	6.06	6.13	6.2	6.27	6.34
	16		40.6	42.54	33.39	770.2	189.9	77.46	4.26	5.36	2.74	6.09	6.16	6.23	6.31	6.38
L160×	10	16	43.1	31.5	24.73	779.5	180.8	66.7	4.97	6.27	3.2	6.78	6.85	6.92	6.99	7.06
	12		43.9	37.44	29.39	916.6	208.6	78.98	4.95	6.24	3.18	6.82	6.89	6.96	7.03	7.1
	14		44.7	43.3	33.99	1 048	234.4	90.95	4.92	6.2	3.16	6.86	6.93	7	7.07	7.14
	16		45.5	49.07	38.52	1 175	258.3	102.6	4.89	6.17	3.14	6.89	6.96	7.03	7.1	7.18
L180×	12	16	48.9	42.24	33.16	1 321	270	100.8	5.59	7.05	3.58	7.63	7.7	7.77	7.84	7.91
	14		49.7	48.9	38.38	1 514	304.6	116.3	5.57	7.02	3.57	7.67	7.74	7.81	7.88	7.95
	16		50.5	55.47	43.54	1 701	336.9	131.4	5.54	6.98	3.55	7.7	7.77	7.84	7.91	7.98
	18		51.3	61.95	48.63	1 881	367.1	146.1	5.51	6.94	3.53	7.73	7.8	7.87	7.95	8.02
L200×	14	18	54.6	54.64	42.89	2 104	385.1	144.7	6.2	7.82	3.98	8.47	8.54	8.61	8.67	8.75
	16		55.4	62.01	48.68	2 366	427	163.7	6.18	7.79	3.96	8.5	8.57	8.64	8.71	8.78
	18		56.2	69.3	54.4	2 621	466.5	182.2	6.15	7.75	3.94	8.53	8.6	8.67	8.75	8.82
	20		56.9	76.5	60.06	2 867	503.6	200.4	6.12	7.72	3.93	8.57	8.64	8.71	8.78	8.85
	24		58.4	90.66	71.17	3 338	571.5	235.8	6.07	7.64	3.9	8.63	8.71	8.78	8.85	8.92

不等边角钢

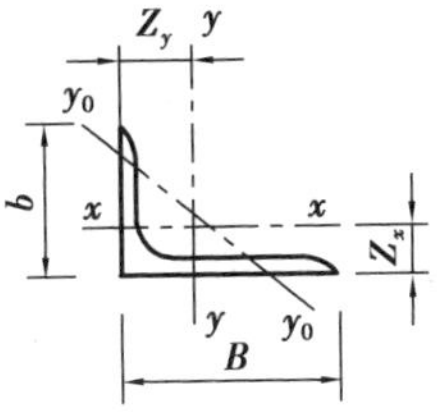

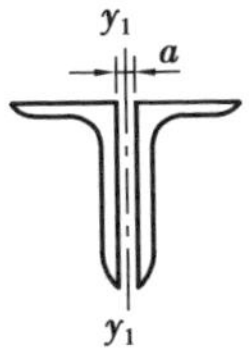

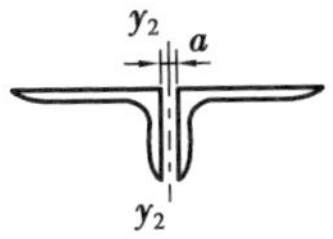

角钢型号 $B\times b\times t$		单角钢								双角钢							
		圆角	重心矩		截面积	质量	回转半径			i_y,当 a 为下列数值				i_y,当 a 为下列数值			
		R	Z_x	Z_y	A		i_x	i_y	i_{y_0}	6 mm	8 mm	10 mm	12 mm	6 mm	8 mm	10 mm	12 mm
		/mm			/cm^2	/(kg·m^{-1})	/cm			/cm				/cm			
L25×16×	3	3.5	4.2	8.6	1.16	0.91	0.44	0.78	0.34	0.84	0.93	1.02	1.11	1.4	1.48	1.57	1.65
	4		4.6	9.0	1.50	1.18	0.43	0.77	0.34	0.87	0.96	1.05	1.14	1.42	1.51	1.6	1.68
L32×20×	3	3.5	4.9	10.8	1.49	1.17	0.55	1.01	0.43	0.97	1.05	1.14	1.23	1.71	1.79	1.88	1.96
	4		5.3	11.2	1.94	1.52	0.54	1	0.43	0.99	1.08	1.16	1.25	1.74	1.82	1.9	1.99
L40×25×	3	4	5.9	13.2	1.89	1.48	0.7	1.28	0.54	1.13	1.21	1.3	1.38	2.07	2.14	2.23	2.31
	4		6.3	13.7	2.47	1.94	0.69	1.26	0.54	1.16	1.24	1.32	1.41	2.09	2.17	2.25	2.34
L45×28×	3	5	6.4	14.7	2.15	1.69	0.79	1.44	0.61	1.23	1.31	1.39	1.47	2.28	2.36	2.44	2.52
	4		6.8	15.1	2.81	2.2	0.78	1.43	0.6	1.25	1.33	1.41	1.5	2.31	2.39	2.47	2.55
L50×32×	3	5.5	7.3	16	2.43	1.91	0.91	1.6	0.7	1.38	1.45	1.53	1.61	2.49	2.56	2.64	2.72
	4		7.7	16.5	3.18	2.49	0.9	1.59	0.69	1.4	1.47	1.55	1.64	2.51	2.59	2.67	2.75
L56×36×	3	6	8.0	17.8	2.74	2.15	1.03	1.8	0.79	1.51	1.59	1.66	1.74	2.75	2.82	2.9	2.98
	4		8.5	18.2	3.59	2.82	1.02	1.79	0.78	1.53	1.61	1.69	1.77	2.77	2.85	2.93	3.01
	5		8.8	18.7	4.42	3.47	1.01	1.77	0.78	1.56	1.63	1.71	1.79	2.8	2.88	2.96	3.04
L63×40×	4	7	9.2	20.4	4.06	3.19	1.14	2.02	0.88	1.66	1.74	1.81	1.89	3.09	3.16	3.24	3.32
	5		9.5	20.8	4.99	3.92	1.12	2	0.87	1.68	1.76	1.84	1.92	3.11	3.19	3.27	3.35
	6		9.9	21.2	5.91	4.64	1.11	1.99	0.86	1.71	1.78	1.86	1.94	3.13	3.21	3.29	3.37
	7		10.3	21.6	6.8	5.34	1.1	1.96	0.86	1.73	1.8	1.88	1.97	3.15	3.23	3.3	3.39
L70×45×	4	7.5	10.2	22.3	4.55	3.57	1.29	2.25	0.99	1.84	1.91	1.99	2.07	3.39	3.46	3.54	3.62
	5		10.6	22.8	5.61	4.4	1.28	2.23	0.98	1.86	1.94	2.01	2.09	3.41	3.49	3.57	3.64
	6		11.0	23.2	6.64	5.22	1.26	2.22	0.97	1.88	1.96	2.04	2.11	3.44	3.51	3.59	3.67
	7		11.3	23.6	7.66	6.01	1.25	2.2	0.97	1.9	1.98	2.06	2.14	3.46	3.54	3.61	3.69

续表

角钢型号 $B\times b\times t$		单角钢								双角钢							
		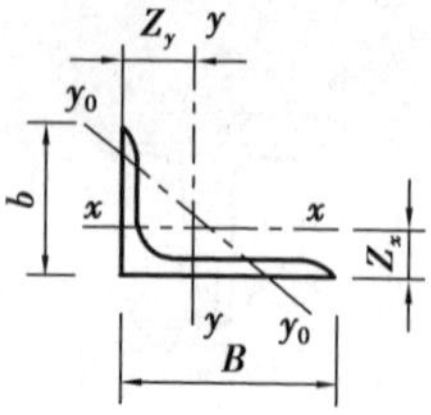								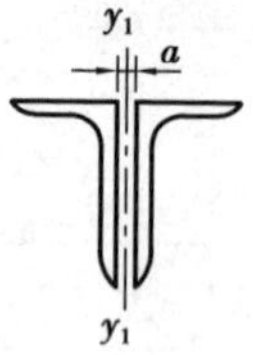				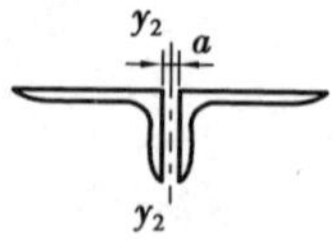			
		圆角	重心矩		截面积	质量	回转半径			i_y,当 a 为下列数值				i_y,当 a 为下列数值			
		R	Z_x	Z_y	A		i_x	i_y	i_{y_0}	6 mm	8 mm	10 mm	12 mm	6 mm	8 mm	10 mm	12 mm
		/mm			/cm^2	/(kg·m^{-1})	/cm			/cm				/cm			
L75×50×	5	8	11.7	24.0	6.13	4.81	1.43	2.39	1.09	2.06	2.13	2.2	2.28	3.6	3.68	3.76	3.83
	6		12.1	24.4	7.26	5.7	1.42	2.38	1.08	2.08	2.15	2.23	2.3	3.63	3.7	3.78	3.86
	8		12.9	25.2	9.47	7.43	1.4	2.35	1.07	2.12	2.19	2.27	2.35	3.67	3.75	3.83	3.91
	10		13.6	26.0	11.6	9.1	1.38	2.33	1.06	2.16	2.24	2.31	2.4	3.71	3.79	3.87	3.96
L80×50×	5	8	11.4	26.0	6.38	5	1.42	2.57	1.1	2.02	2.09	2.17	2.24	3.88	3.95	4.03	4.1
	6		11.8	26.5	7.56	5.93	1.41	2.55	1.09	2.04	2.11	2.19	2.27	3.9	3.98	4.05	4.13
	7		12.1	26.9	8.72	6.85	1.39	2.54	1.08	2.06	2.13	2.21	2.29	3.92	4	4.08	4.16
	8		12.5	27.3	9.87	7.75	1.38	2.52	1.07	2.08	2.15	2.23	2.31	3.94	4.02	4.1	4.18
L90×56×	5	9	12.5	29.1	7.21	5.66	1.59	2.9	1.23	2.22	2.29	2.36	2.44	4.32	4.39	4.47	4.55
	6		12.9	29.5	8.56	6.72	1.58	2.88	1.22	2.24	2.31	2.39	2.46	4.34	4.42	4.5	4.57
	7		13.3	30.0	9.88	7.76	1.57	2.87	1.22	2.26	2.33	2.41	2.49	4.37	4.44	4.52	4.6
	8		13.6	30.4	11.2	8.78	1.56	2.85	1.21	2.28	2.35	2.43	2.51	4.39	4.47	4.54	4.62
L100×63×	6	10	14.3	32.4	9.62	7.55	1.79	3.21	1.38	2.49	2.56	2.63	2.71	4.77	4.85	4.92	5
	7		14.7	32.8	11.1	8.72	1.78	3.2	1.37	2.51	2.58	2.65	2.73	4.8	4.87	4.95	5.03
	8		15	33.2	12.6	9.88	1.77	3.18	1.37	2.53	2.6	2.67	2.75	4.82	4.9	4.97	5.05
	10		15.8	34	15.5	12.1	1.75	3.15	1.35	2.57	2.64	2.72	2.79	4.86	4.94	5.02	5.1
L100×80×	6	10	19.7	29.5	10.6	8.35	2.4	3.17	1.73	3.31	3.38	3.45	3.52	4.54	4.62	4.69	4.76
	7		20.1	30	12.3	9.66	2.39	3.16	1.71	3.32	3.39	3.47	3.54	4.57	4.64	4.71	4.79
	8		20.5	30.4	13.9	10.9	2.37	3.15	1.71	3.34	3.41	3.49	3.56	4.59	4.66	4.73	4.81
	10		21.3	31.2	17.2	13.5	2.35	3.12	1.69	3.38	3.45	3.53	3.6	4.63	4.7	4.78	4.85

续表

角钢型号 $B\times b\times t$		单角钢								双角钢							
		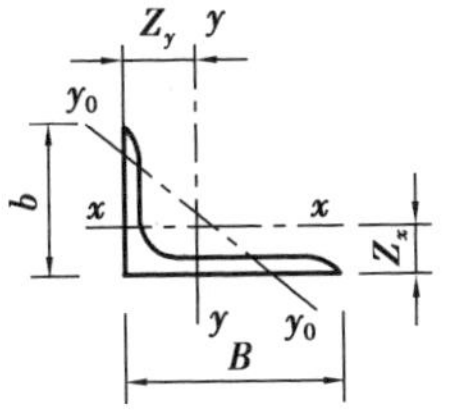								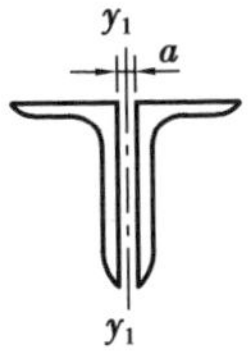				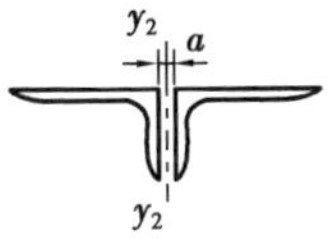			
		圆角	重心矩		截面积	质量	回转半径			i_y，当 a 为下列数值				i_y，当 a 为下列数值			
		R	Z_x	Z_y	A		i_x	i_y	i_{y_0}	6 mm	8 mm	10 mm	12 mm	6 mm	8 mm	10 mm	12 mm
		/mm			/cm^2	/(kg·m^{-1})	/cm			/cm				/cm			
L110×70×	6	10	15.7	35.3	10.6	8.35	2.01	3.54	1.54	2.74	2.81	2.88	2.96	5.21	5.29	5.36	5.44
	7		16.1	35.7	12.3	9.66	2	3.53	1.53	2.76	2.83	2.9	2.98	5.24	5.31	5.39	5.46
	8		16.5	36.2	13.9	10.9	1.98	3.51	1.53	2.78	2.85	2.92	3	5.26	5.34	5.41	5.49
	10		17.2	37	17.2	13.5	1.96	3.48	1.51	2.82	2.89	2.96	3.04	5.3	5.38	5.46	5.53
L125×80×	7	11	18	40.1	14.1	11.1	2.3	4.02	1.76	3.11	3.18	3.25	3.33	5.9	5.97	6.04	6.12
	8		18.4	40.6	16	12.6	2.29	4.01	1.75	3.13	3.2	3.27	3.35	5.92	5.99	6.07	6.14
	10		19.2	41.4	19.7	15.5	2.26	3.98	1.74	3.17	3.24	3.31	3.39	5.96	6.04	6.11	6.19
	12		20	42.2	23.4	18.3	2.24	3.95	1.72	3.21	3.28	3.35	3.43	6	6.08	6.16	6.23
L140×90×	8	12	20.4	45	18	14.2	2.59	4.5	1.98	3.49	3.56	3.63	3.7	6.58	6.65	6.73	6.8
	10		21.2	45.8	22.3	17.5	2.56	4.47	1.96	3.52	3.59	3.66	3.73	6.62	6.7	6.77	6.85
	12		21.9	46.6	26.4	20.7	2.54	4.44	1.95	3.56	3.63	3.7	3.77	6.66	6.74	6.81	6.89
	14		22.7	47.4	30.5	23.9	2.51	4.42	1.94	3.59	3.66	3.74	3.81	6.7	6.78	6.86	6.93
L160×100×	10	13	22.8	52.4	25.3	19.9	2.85	5.14	2.19	3.84	3.91	3.98	4.05	7.55	7.63	7.7	7.78
	12		23.6	53.2	30.1	23.6	2.82	5.11	2.18	3.87	3.94	4.01	4.09	7.6	7.67	7.75	7.82
	14		24.3	54	34.7	27.2	2.8	5.08	2.16	3.91	3.98	4.05	4.12	7.64	7.71	7.79	7.86
	16		25.1	54.8	39.3	30.8	2.77	5.05	2.15	3.94	4.02	4.09	4.16	7.68	7.75	7.83	7.9
L180×110×	10	14	24.4	58.9	28.4	22.3	3.13	8.56	5.78	2.42	4.16	4.23	4.3	4.36	8.49	8.72	8.71
	12		25.2	59.8	33.7	26.5	3.1	8.6	5.75	2.4	4.19	4.33	4.33	4.4	8.53	8.76	8.75
	14		25.9	60.6	39	30.6	3.08	8.64	5.72	2.39	4.23	4.26	4.37	4.44	8.57	8.63	8.79
	16		26.7	61.4	44.1	34.6	3.05	8.68	5.81	2.37	4.26	4.3	4.4	4.47	8.61	8.68	8.84

续表

角钢型号 $B \times b \times t$		单角钢								双角钢							
		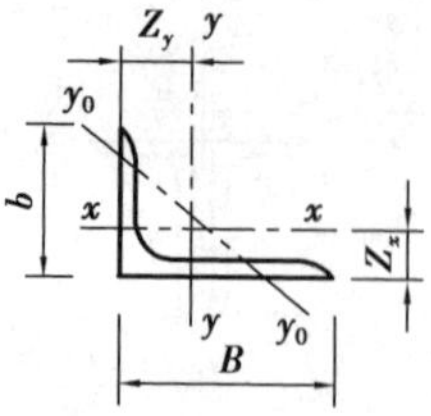								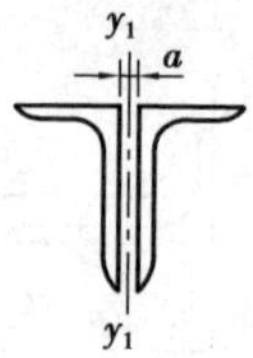				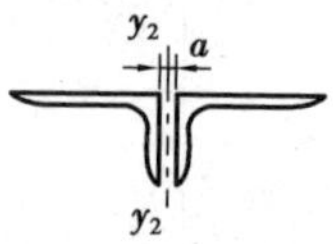			
		圆角	重心矩		截面积	质量	回转半径			i_y,当 a 为下列数值				i_y,当 a 为下列数值			
		R	Z_x	Z_y	A		i_x	i_y	i_{y_0}	6 mm	8 mm	10 mm	12 mm	6 mm	8 mm	10 mm	12 mm
		/mm			/cm²	/(kg·m⁻¹)	/cm			/cm				/cm			
L200×125×	12	14	28.3	65.4	37.9	29.8	3.57	6.44	2.75	4.75	4.82	4.88	4.95	9.39	9.47	9.54	9.62
	14		29.1	66.2	43.9	34.4	3.54	6.41	2.73	4.78	4.85	4.92	4.99	9.43	9.51	9.58	9.66
	16		29.9	67.8	49.7	39	3.52	6.38	2.71	4.81	4.88	4.95	5.02	9.47	9.55	9.62	9.7
	18		30.6	67	55.5	43.6	3.49	6.35	2.7	4.85	4.92	4.99	5.06	9.51	9.59	9.66	9.74

注:一个角钢的惯性矩 $I_x = Ai_x^2, I_y = Ai_y^2$;一个角钢的截面个角钢的截面模量 $W_x^{max} = I_x/Z_x, W_x^{min} = I_x/(b - Z_x)$; $W_y^{ax} = I_y Z_y W_x^{min} = I_y(b - Z_y)$。

参考文献

[1] 范钦珊.工程力学[M].北京:高等教育出版社,1989.

[2] 张定华.工程力学[M].3 版.北京:高等教育出版社,2014.

[3] 陈波,宋殊仁,陈晓可.工程力学[M].长春:吉林大学出版社,2016.

[4] 闫新虎.简明工程力学[M].北京:人民邮电出版社,2016.

[5] 哈尔滨工业大学理论力学教研室.理论力学(Ⅰ)[M].3 版.北京:高等教育出版社,2010.

[6] 刘东星,郭志梅.理论力学(Ⅰ)同步辅导及习题全解[M].7 版.北京:中国水利水电出版社,2010.

[7] 孟庆东,钟云晴.理论力学简明教程(中、少学时)[M].北京:机械工业出版社,2012.

[8] 章志芳.工程力学[M].北京:人民邮电出版社,2007.

[9] 韩向东,张小亮.工程力学[M].北京:机械工业出版社,2014.